初等数学研究

官运和 编著

清华大学出版社

北京

内 容 简 介

本书紧密结合现行中小学数学教学内容,对中小学数学中的基本概念、基本理论进行适当的阐述、加深与拓广,力求用较高的数学观点、思想与方法,对初等数学作比较深入的研究,力求使用通俗的语言、严密的论述,结合典型实例研究解题思路与方法,使教材具有较好的可读性与思考性.

全书共分 11 章,包含数、整除与同余、解析式、初等函数、方程、不等式、数列、解析几何、求解与三角形有关的几何量、几何证明、几何作图等内容,每章之后均精选有各种类型和不同梯度的习题,并附有参考答案.

本书可作为高等师范院校数学教育专业的教材,也可作为中小学教师继续教育、各类数学教育工作者的参考书.

图书在版编目(CIP)数据

初等数学研究/官运和编著. —北京:清华大学出版社,2017(2024.1重印)
ISBN 978-7-302-48792-0

Ⅰ. ①初… Ⅱ. ①官… Ⅲ. ①初等数学—研究 Ⅳ. ①O12

中国版本图书馆 CIP 数据核字(2017)第 272626 号

责任编辑:刘 颖
封面设计:常雪影
责任校对:王淑云
责任印制:沈 露

出版发行:清华大学出版社
　　　　网　　　址:https://www.tup.com.cn,https://www.wqxuetang.com
　　　　地　　　址:北京清华大学学研大厦 A 座　　　　　　邮　　编:100084
　　　　社 总 机:010-83470000　　　　　　　　　　　　邮　　购:010-62786544
　　　　投稿与读者服务:010-62776969,c-service@tup.tsinghua.edu.cn
　　　　质量反馈:010-62772015,zhiliang@tup.tsinghua.edu.cn
印 装 者:三河市科茂嘉荣印务有限公司
经　　销:全国新华书店
开　　本:185mm×260mm　　　　印　　张:16.25　　　　字　　数:394 千字
版　　次:2017 年 12 月第 1 版　　　　　　　　　　印　　次:2024 年 1 月第 9 次印刷
定　　价:46.00 元

产品编号:075951-03

前言

FOREWORD

　　"初等数学研究"是高等师范院校数学教育专业的必修课程.本书根据"初等数学研究"课程标准的要求进行编写.本书中的初等数学泛指基础教育阶段的中小学数学.本书紧密结合现行中小学数学教学内容,对中小学数学中的基本概念、基本原理、基本方法等基本理论进行适当的阐述、加深与拓广,力求用较高的数学观点、思想与方法,对初等数学作比较深入的研究,力求使用通俗的语言、严密的论述,结合典型实例,使教材具有较好的可读性与思考性,力求在总结自己教学经验的同时充分吸收各位前辈和同仁的经验和方法,丰富本书内容.

　　全书共分11章,包含数、整除与同余、解析式、初等函数、方程、不等式、数列、解析几何、求解与三角形有关的几何量、几何证明、几何作图等内容,每章之后均精选有各种类型和不同梯度的习题供读者练习,并附有参考答案.

　　本书在编写的过程中,得到了宋杰、简国明、孙宇锋、邓四清、李银等领导的支持和帮助.同事李善佳、罗静、盛维林等老师,岭南师范学院张映姜、陈美英等老师,嘉应学院蔺云、侯新华、陈星荣等老师,肇庆学院王传利、吴振英、苏丽卿等老师,惠州学院沈威、王海清等老师,北京师范大学珠海分校马迎秋老师,韩山师范学院欧慧谋、张磊、黄红梅等老师,五邑大学吴焱生、盛业青、金迎迎等老师,南昌师范学院胡启宙老师,景德镇学院黄顺发老师,新余学院陈裕先老师,萍乡学院程丽萍老师等为本书的编写提出了许多宝贵的建议和热情鼓励,在此表示衷心的感谢.

　　本书在出版过程中得到了清华大学出版社的大力支持,特别是清华大学出版社刘颖编审付出了大量的心血.在此表示衷心的感谢.

　　本书可作为高等师范院校数学教育专业的教材,也可作为中小学教师继续教育、各类数学教育工作者的参考书.

　　本书在编写过程中,引用或参考了现有初等数学研究教材、数学专著、数学丛书、数学论文、数学帖子及中小学教师课堂教学中的内容等方面的内容,在此谨向有关作者表示由衷的谢意.

　　由于编者水平有限,错误和缺点在所难免,恳请读者批评指正.

编　者

2017 年 5 月于广东韶关

目录

CONTENTS

第 1 章

数

虽然我们已学习了不少关于数的知识,知道了正整数、整数、有理数、实数、复数等,但是,我们对数的理论与体系还有不少疑问,比如,数有什么作用? 为什么 $\frac{2}{4}=\frac{1}{2}$? 为什么两个负数相乘得正数? 数学归纳法的依据是什么? 实数与有理数的本质区别是什么? 等等.因此,为了深刻了解、掌握数的本质,有必要建立科学的数的理论体系.

1.1 数的扩充

1.1.1 自然扩充

数是数学最基本的概念之一,"数"概念的形成比较古老.数的概念是人类由于生产和生活的实际需要而逐步形成并加以扩充的,它产生于数数和测量,人类最初为了实际需要,要对某种物体的集合作出量的估计,最早是手指计数,十进制、五进制多发于此,然后有石子计数、结绳计数、刻痕计数等,这种计数方法,实际上是在"绳结""石子"与被计数事物之间建立一一对应关系,逐渐形成了"多少"的概念,随后把数与具体事物相分离,引进了数字符号,希腊人使用了正整数 1,2,… 的集合,公元六世纪,印度数学家运用了"0",我国古代也在筹算中利用空位来表示"0".

在数的发展史中,零作为数被引进数系是比较迟的,而数的概念的最早一次扩充,则是引进正分数.生产、生活的发展,需要丈量土地、计算产量、分配劳动果实等,对于像长度、时间、重量等量,仅用正整数就不能把它们完全表示出来,正整数的局限性,促使人们引进正分数,形成非负有理数集,即算术数集.我国的古代数学名著《九章算术》中一开头就讲了分数,并给出了加、减、乘、除四则运算的法则.

由于表示具有相反意义的量的需要,在算术数的基础上,引进负数形成有理数集.阿拉伯人受印度的影响而发明了代数之后,提出了求解像 $3x+2=0$ 之类的方程,"负数"也就应运而生了.后来,笛卡儿把正负数用有向线段来表示.《九章算术》第八章"方程"里,提出了"正负术",完整地叙述了正负数的不同表示法和正负数的加减法则,这是数学史上的一大成就.

　　公元 6 世纪,希腊数学家毕达哥拉斯在研究用一个正方形的边长作为单位长度,去度量这个正方形的对角线时,发现两者是不可公度的,不能用分数表示二者之间的比. 为了解决这个矛盾,导致了无理数概念的产生,但这时对实数系统 $\mathbb{R}$ 仅停留在直观的理解上,直到 19 世纪 70 年代才由戴德金、康托尔、维尔斯特拉斯建立了严格的实数理论.

　　16 世纪中叶,欧洲工商业十分繁荣,航海、测量、天文、建筑等方面都提出了大量的、新的数学问题.1545 年,意大利数学家卡丹在解三次方程中引用了负数开平方的运算,并引进了新的数——虚数 i,但许多数学家都不承认这种新数.1572 年意大利数学家邦别利第一次在代数里给复数的运算以正式的论据,1777 年数学家欧拉建立了复数的系统理论,对这种数才有了进一步的认识.19 世纪,数学家高斯用他的代数基本定理,说明了复数系为一切多项式方程提供了足够的解后,复数得到了广泛的应用.

　　数的概念是逐步发展的,新数的产生是交错的. 例如,在人们没有认识负数之前,早已有了无理数概念;在实数理论还没有建立之前,已经产生了虚数概念. 但是从大体上看,数的概念的历史发展按照以下的顺序:

　　正整数集(添正分数)→正有理数集(添负数和零)→有理数集(添无理数)→实数集(添虚数)→复数集.

　　中小学数学课程关于数的扩展过程如下:

　　正整数集(添零)→自然数集(添正分数)→算术数集(添负数)→有理数集(添无理数)→实数集(添虚数)→复数集.

1.1.2　理论扩充

　　数的理论扩充就是,从理论上构造一个集合,即通过定义和等价类来建立新的数系,然后指出新数系的某一个子集与以前的数系是同构①的.

　　数系扩充的方法有添加元素法和构造法.

　　作为科学的数系建立过程一般采用如下的扩充过程:

　　正整数集($\mathbb{N}$)→整数集($\mathbb{Z}$)→有理数集($\mathbb{Q}$)→实数集($\mathbb{R}$)→复数集($\mathbb{C}$).

　　其后的几节将具体介绍数的理论扩充.

1.1.3　扩充原则

　　从一个数系 A 扩充到新的数系 B,应当遵循如下的结构主义原则:

　　(1) A 是 B 的真子集,即 $A \subset B$.

　　(2) 在 B 上建立各种运算,A 的元素间所定义的运算关系,在 B 的元素间也有相应的定义,且 B 的元素间的这些关系和运算对 B 中的 A 的元素来说与原定义一致,这保证老结构和新结构彼此相容.

---

　　① 同构是指数集 A 到数集 B 的一一映射 f,对任意的 $m, n \in A$,满足:
$$f(m+n) = f(m) + f(n),$$
$$f(mn) = f(m)f(n).$$

(3) B 的结构和 A 的结构可能有本质不同. 某种运算在 A 中不是总能实施,在 B 中却总能实施.

(4) 在 A 的具有上述三个性质的所有扩充中,在同构意义下,B 是唯一最小的扩充.

数系的每一次扩充,解决了原数系的某些矛盾,从而适用范围扩大了,但每次扩充也失去了一些性质,如实数域中有顺序性,但在复数域中失去了.

1.2 正整数的序数理论

1.2.1 皮亚诺公理

基于正整数具有表示次序(第几个)的意义,建立了正整数的序数理论.

序数理论是完全采用公理化的方法,以两个原始的概念:"集合""后继"与四条公理为基础,并且还使用"对应"的概念而建立起来的.

1891 年意大利数学家皮亚诺证明了正整数的一切性质都可以由下面四个公理推出,这些公理叫做皮亚诺公理.

定义 1.1 一个非空集合 $\mathbb{N}^*$ 的元素叫做正整数,在这个集合里的元素之间有一个叫做"直接后继"的基本关系(即对 $\mathbb{N}^*$ 中每个元素 a 来说,都相应地有一个叫做 a 的直接后继的元素 $a^+ \in \mathbb{N}^*$),且满足下面的公理:

(1) 存在一个元素,记作 1,它不是 $\mathbb{N}^*$ 中任何元素的后继元素(即 $1 \in \mathbb{N}^*$,对于任意元素 $a \in \mathbb{N}^*$,$a^+ \neq 1$).

(2) $\mathbb{N}^*$ 中每个元素 a,有且仅有一个后继元素 a^+(即如果 $a = b$,那么 $a^+ = b^+$).

(3) 除 1 以外,任何元素只能是一个元素的后继元素(即如果 $a^+ = b^+$,那么 $a = b$).

(4)(归纳公理). 若 $\mathbb{N}^*$ 的子集 M 满足:

① $1 \in M$;

② 当 $a \in M$ 时,有 $a^+ \in M$,

则 $M = \mathbb{N}^*$.

公理(1)说明 1 是正整数,而且是 $\mathbb{N}^*$ 里最前面的数;

公理(2)、公理(3)说明任何一个数都有唯一的后继数(指直接后继数),不同的正整数的后继数也不同.

这样,1 的后继数 1^+ 是正整数,记作 2(即 $1^+ = 2$);2 的后继数 2^+ 是正整数,记作 3(即 $2^+ = 3$)……这样继续下去就得到正整数:

$$1, 2, 3, \cdots, n, \cdots.$$

公理(4)是第一数学归纳法原理的理论根据.

1.2.2 正整数的运算

1. 正整数的加法与乘法

定义 1.2(加法的定义) 正整数的加法是指这样的对应,对于每一对正整数 a, b 有且

仅有一个正整数 $a+b$ 与它对应,而且具有下面的性质:

(1) 对于任何 a,$a+1=a^+$;

(2) 对于任何 a,b,$a+b^+=(a+b)^+$.

这里数 a 和 b 分别叫做被加数和加数,而 $a+b$ 叫做它们的和.

例 1.1 求 $2+3$.

解 求 $2+1$,$2+1=2^+=3$;

再求 $2+2$,$2+2=2+1^+=(2+1)^+=3^+=4$;

然后求 $2+3$,$2+3=2+2^+=(2+2)^+=4^+=5$.

定理 1.1 正整数的加法满足结合律,即对于任意正整数 a,b,c,有
$$(a+b)+c=a+(b+c).$$

证明 设对给定两个正整数 a,b,M 是所有使等式成立的正整数 c 的集合.

(1) $(a+b)+1=(a+b)^+=a+b^+=a+(b+1)$,所以,$1\in M$.

(2) 假设 $c\in M$,即 $(a+b)+c=a+(b+c)$,则
$$(a+b)+c^+=[(a+b)+c]^+=[a+(b+c)]^+=a+(b+c)^+=a+(b+c^+),$$
所以,$c^+\in M$.

根据公理(4),$M=\mathbb{N}^*$,即等式对于任意 a,b,$c\in\mathbb{N}^*$ 都是正确的.

定理 1.2 正整数的加法满足交换律,即对于任意正整数 a,b,有 $a+b=b+a$.

证明 (1) 首先证明 $a+1=1+a$.

对 a 用归纳公理,设 M 是使 $a+1=1+a$ 成立的所有正整数 a 的集合.

① 因为 $1+1=1+1$,所以 $1\in M$.

② 假设 $a\in M$,即 $a+1=1+a$,则
$$a^++1=(a+1)+1=(1+a)+1=(1+a)^+=1+a^+,$$
所以 $a^+\in M$.

根据公理(4),对于任意正整数 a,$a+1=1+a$ 成立.

(2) 再对 b 用归纳公理证明 $a+b=b+a$.

设 M 是对于给定的 a 而使等式成立的所有正整数 b 的集合.

① 按照已证过的(1),$1\in M$.

② 如果 $b\in M$,即 $a+b=b+a$,利用定理 1.1,于是得到
$$a+b^+=(a+b)^+=(b+a)^+=b+a^+=b+(a+1)$$
$$=b+(1+a)=(b+1)+a=b^++a,$$
所以 $b^+\in M$.

按照公理(4),定理 1.2 得证.

定义 1.3(乘法的定义) 正整数的乘法是指这样的一个对应,对于每一对正整数 a,b,有且仅有一个正整数 ab(或者 $a\cdot b$,或者 $a\times b$)与它对应,且具有下面的性质:

(1) 对于任意正整数 a,$a\cdot 1=a$;

(2) 对于任意正整数 a,b,$ab^+=ab+a$.

数 a 叫做被乘数,b 叫做乘数,a 和 b 都叫因数,ab 叫做积.

例 1.2 求 2 和 3 的积.

解 先求 2×1,$2\times 1=2$;

再求 2×2，$2\times2=2\times1^+=2\times1+2=2+2=4$；

最后求 2×3，$2\times3=2\times2^+=2\times2+2=4+2=6$.

所以，$2\times3=6$.

定理 1.3 乘法对于加法满足右分配律，即设 a,b,c 是正整数，则
$$(a+b)c=ac+bc.$$

证明 对于给定的正整数 a,b，设 M 是所有使等式成立的正整数 c 的集合.

① $(a+b)\cdot1=a+b=a\cdot1+b\cdot1$，所以 $1\in M$.

② 如果 $c\in M$，即 $(a+b)c=ac+bc$.利用加法结合律和交换律，我们得到
$$(a+b)c^+=(a+b)c+(a+b)=(ac+bc)+(a+b)$$
$$=(ac+a)+(bc+b)=ac^++bc^+,$$

即 $c^+\in M$.

按照公理(4)，右分配律成立.

定理 1.4 乘法满足交换律，即设 a,b 是正整数，则 $ab=ba$.

证明 (1) 首先证明 $a\cdot1=1\cdot a$.对 a 用归纳公理.

设 M 是使等式 $a\cdot1=1\cdot a$ 成立的所有正整数 a 的集合.

① 因为 $1\cdot1=1\cdot1$，所以 $1\in M$.

② 假设 $a\in M$，即 $a\cdot1=1\cdot a$，则
$$a^+\cdot1=a^+=a+1=a\cdot1+1=1\cdot a+1=1\cdot a^+.$$

所以，$a^+\in M$.

根据归纳公理(4)，对于任意正整数 $a,a\cdot1=1\cdot a$.

(2) 再对 b 用归纳公理.

对于给定正整数 a，设 M 是使等式 $ab=ba$ 成立的所有正整数 b 的集合.

① 由(1)，$1\in M$.

② 假设 $b\in M$，即 $ab=ba$，则
$$a\cdot b^+=ab+a=ba+a=ba+a\cdot1=ba+1\cdot a=(b+1)a=b^+\cdot a.$$

所以，$b^+\in M$.

由归纳公理(4)，定理得证.

推论 乘法对加法满足左分配律，即设 a,b,c 是正整数，则 $c(a+b)=ca+cb$.

左分配律和右分配律统称为分配律.

定理 1.5 乘法满足结合律，即设 a,b,c 是正整数，则 $(ab)c=a(bc)$.

证明 设给定正整数 a 与 b，M 是使这个等式成立的所有正整数 c 的集合.

① $(ab)\cdot1=ab=a(b\cdot1)$，所以，$1\in M$.

② 设 $c\in M$，即 $(ab)c=a(bc)$.利用左分配律，得
$$(ab)c^+=(ab)c+ab=a(bc)+ab=a(bc+b)=a(bc^+),$$

所以，$c^+\in M$.

根据公理(4)，乘法结合律得证.

2. 正整数的顺序

正整数的顺序这个概念是建立在正整数加法及其性质的基础上的.下面给出定义.

定义 1.4 对于给定两个正整数 a,b,如果存在一个正整数 k,使得 $a=b+k$ 成立,那么,就说 a 大于 b,或 b 小于 a,记为 $a>b$,或 $b<a$.

定理 1.6 (1)(三分律) 对于任意两个正整数 a,b,三个关系式 $a=b,a>b,b>a$ 中有一个且仅有一个成立;

(2)(传递性) 设 a,b,c 是正整数,如果 $a>b,b>c$,那么 $a>c$.

证略.

3. 正整数的减法和除法

定义 1.5 满足条件 $b+x=a$ 的正整数 x 叫做正整数 a 减去正整数 b 的差,记作 $a-b$,a 叫做被减数,b 叫做减数.求两数差的运算叫做减法.

减法是加法的逆运算.

在正整数集中,减法不是总能实施的.差 $a-b$ 存在的充要条件是 $a>b$.如果 $a-b$ 存在,它是唯一的.

定义 1.6 满足条件 $bx=a$ 的正整数 x 叫做正整数 a 除以正整数 b 的商,记作 $a\div b$ 或 $\dfrac{a}{b}$,a 叫做被除数,b 叫做除数,求两数商的运算叫做除法.

除法是乘法的逆运算.

在正整数集中,除法不是总能实施的.商 $\dfrac{a}{b}$ 存在的必要条件是 $a\geqslant b$.如果 $\dfrac{a}{b}$ 存在,它是唯一的.

1.2.3 正整数的性质

定理 1.7(阿基米德性质) 设 a,b 为任意两个正整数,则存在正整数 n,使得 $nb>a$.
证略.

定理 1.8 1 是正整数中最小的数,即对任意正整数 a,有 $a\geqslant 1$.
证略.

定理 1.9(最小数原理) 正整数集的任何非空子集都有最小数.
最小数原理与归纳公理等价.

证明 (1)用归纳公理证明最小数原理(反证法).

设非空集合 $A\subseteq \mathbb{N}^*$,但 A 没有最小数.令所有小于 A 中任何一个数的正整数组成的集合为 M.因为 1 是正整数集的最小数,而 A 没有最小数,所以 1 不属于 A,这说明 $1\in M$.

假设 $m\in M$,现在证明 $m^+\in M$.

事实上,如果 m^+ 不属于 M,则存在 $a\in A$,使 $a\leqslant m^+$.又因 A 中没有最小数,a 不是 A 中最小数,故存在 $b\in A$,使 $b<a\leqslant m^+$,于是 $b<m^+$,故 $b\leqslant m$,与 $m\in M$ 矛盾.

所以 $M=\mathbb{N}^*$.

因为 A 非空,A 中至少有一数 t,且 $t\in\mathbb{N}^*=M$,由集 M 的定义知 $t<t$,矛盾.所以集 A 有最小数.

（2）用最小数原理证明归纳公理（反证法）.

设 $M \subseteq \mathbb{N}^*$，且①$1 \in M$；②若 $a \in M$，则 $a^+ \in M$，但是 $M \neq \mathbb{N}^*$.

令 $B = \{b \mid b$ 不属于 $M, b \in \mathbb{N}^*\}$，显然 B 非空. 于是 $B \subseteq \mathbb{N}^*$，B 有最小数 b，且 $b \neq 1$，故存在正整数 c，使 $b = c^+$. 这样，$c < b$，c 不属于 B，由 B 的定义知 $c \in M$. 由②知 $c^+ = b \in M$，与 $b \in B$ 矛盾.

所以 $M = \mathbb{N}^*$.

由上述证明可知，正整数的归纳公理与最小数原理等价.

1.3　数学归纳法

数学归纳法是证明与正整数有关的命题 $p(n)$ 的一种重要的证明方法，也是一种完全归纳法.

数学归纳法的理论依据是正整数的"归纳公理".

1. 数学归纳法的基本形式（第一数学归纳法）

对于与所有正整数有关的命题 $P(n)$，满足：

（1）命题 $P(1)$ 成立；

（2）假设对于任意正整数 k，$P(k)$ 成立，能推出 $P(k+1)$ 也成立.

则命题 $P(n)$ 对所有正整数 n 都成立.

2. 数学归纳法的另一种形式（第二数学归纳法）

对于与所有正整数有关的命题 $P(n)$，满足：

（1）命题 $P(1)$ 成立.

（2）假设对于任一正整数 k，当 $1 \leqslant n \leqslant k$ 时，$P(n)$ 成立，能推出 $P(k+1)$ 也成立.

则对所有正整数 n，命题 $P(n)$ 都成立.

3. 应用数学归纳法时应注意以下几个问题

A. 命题 $p(n)$ 的 n 取的第一个值不一定是 1.

（1）第一数学归纳法

设 $P(n)$ 是一个与正整数有关的命题，如果：

① 当 $n = n_0 (n_0 \in \mathbb{N})$ 时，$P(n)$ 成立；

② 假设 $n = k (k \geqslant n_0, k \in \mathbb{N})$ 成立，由此推得 $n = k+1$ 时，$P(n)$ 也成立.

那么，根据①，②对一切正整数 $n \geqslant n_0$，$P(n)$ 成立.

（2）第二数学归纳法

设 $P(n)$ 是一个与正整数有关的命题，如果：

① 当 $n = n_0 (n_0 \in \mathbb{N})$ 时，$P(n)$ 成立；

② 假设 $n \leqslant k (k \geqslant n_0, k \in \mathbb{N})$ 成立，由此推得 $n = k+1$ 时，$P(n)$ 也成立.

那么，根据①，②对一切正整数 $n \geqslant n_0$ 时，$P(n)$ 成立.

B. 两个步骤缺一不可.

比如,对错误的命题

$$1+2+3+\cdots+n=\frac{n(n+1)}{2}+1.$$

满足步骤②,即,假设 $n=k$ 时等式成立,能推出当 $n=k+1$ 时等式成立.

又比如,经过计算,$n=1,2,3,\cdots,100$ 时,式子 $n^2+n+72491$ 都是素数,但当 $n=72490$ 时,$n^2+n+72491=72491^2$,可见它不是素数.

C. 两个步骤紧密联系,步骤②假设 $n=k$ 时命题成立,其中 $k\geqslant1$.

比如对错误的命题:任何 n 个人都一样高.

错证 当 $n=1$ 时,命题变为"任何一个人都一样高",结论显然成立.

设 $n=k$ 时,结论成立,即"任何 k 个人都一样高",那么,当 $n=k+1$ 时,将 $k+1$ 个人记为 $A_1,A_2,\cdots,A_k,A_{k+1}$,由归纳假设,$A_1,A_2,\cdots,A_k$ 都一样高,而 $A_2,A_3,\cdots,A_k,A_{k+1}$ 也都一样高,故 $A_1,A_2,\cdots,A_k,A_{k+1}$ 都一样高.

根据数学归纳法,任何 n 个人都一样高.

4. 数学归纳法应用举例

数学归纳法应用广泛,可以涉及代数、几何、三角、数列等.

数学归纳法常用来解决以下几类问题:

(1) 证明恒等式;

(2) 证明整除问题;

(3) 证明不等式;

(4) 证明某些几何问题.

例 1.3 已知数列 $a_n=\dfrac{8n}{(2n-1)^2(2n+1)^2}$,$S_n$ 为其前 n 项和,即 $S_n=\sum\limits_{i=1}^{n}a_i$,求 S_1,S_2,S_3,S_4,推测 S_n 公式,并用数学归纳法证明.

解 计算得 $S_1=\dfrac{8}{9}$,$S_2=\dfrac{24}{25}$,$S_3=\dfrac{48}{49}$,$S_4=\dfrac{80}{81}$,猜测 $S_n=\dfrac{(2n+1)^2-1}{(2n+1)^2}$ $(n\in\mathbb{N})$.

证明 当 $n=1$ 时,等式显然成立.

假设当 $n=k$ 时等式成立,即 $S_k=\dfrac{(2k+1)^2-1}{(2k+1)^2}$. 当 $n=k+1$ 时,有

$$S_{k+1}=S_k+\frac{8(k+1)}{(2k+1)^2(2k+3)^2}$$

$$=\frac{(2k+1)^2-1}{(2k+1)^2}+\frac{8(k+1)}{(2k+1)^2(2k+3)^2}$$

$$=\frac{(2k+1)^2(2k+3)^2-(2k+3)^2+8(k+1)}{(2k+1)^2(2k+3)^2}$$

$$=\frac{(2k+1)^2(2k+3)^2-(2k+1)^2}{(2k+1)^2(2k+3)^2}=\frac{(2k+3)^2-1}{(2k+3)^2},$$

由此可知,当 $n=k+1$ 时等式也成立.

综上所述,等式对任何 $n\in\mathbb{N}$ 都成立.

例 1.4 已知数列 $\{a_n\}$ 满足 $a_1=0$,$a_2=1$,当 $n\in\mathbb{N}^*$ 时,$a_{n+2}=a_{n+1}+a_n$. 求证:数列 $\{a_n\}$ 的第 $4m+1$ 项 $(m\in\mathbb{N}^*)$ 能被 3 整除.

证明 ① 当 $m=1$ 时,有

$$a_{4m+1}=a_5=a_4+a_3=(a_3+a_2)+(a_2+a_1)=a_2+a_1+a_2+a_2+a_1=3,$$

能被 3 整除.

② 假设当 $m=k$ 时,a_{4k+1} 能被 3 整除,那么当 $m=k+1$ 时,有

$$\begin{aligned}
a_{4(k+1)+1}=a_{4k+5}&=a_{4k+4}+a_{4k+3}\\
&=a_{4k+3}+a_{4k+2}+a_{4k+2}+a_{4k+1}\\
&=a_{4k+2}+a_{4k+1}+a_{4k+2}+a_{4k+2}+a_{4k+1}\\
&=3a_{4k+2}+2a_{4k+1}.
\end{aligned}$$

由假设 a_{4k+1} 能被 3 整除,又 $3a_{4k+2}$ 能被 3 整除,故 $3a_{4k+2}+2a_{4k+1}$ 能被 3 整除.因此,当 $m=k+1$ 时,$a_{4(k+1)+1}$ 也能被 3 整除.

由①,②可知,对一切正整数 $m\in\mathbb{N}$,数列 $\{a_n\}$ 中的第 $4m+1$ 项都能被 3 整除.

例 1.5 用数学归纳法证明等式

$$\cos\frac{x}{2}\cdot\cos\frac{x}{2^2}\cdot\cos\frac{x}{2^3}\cdot\cdots\cdot\cos\frac{x}{2^n}=\frac{\sin x}{2^n\sin\frac{x}{2^n}}$$

对一切正整数 n 都成立.

证明 当 $n=1$ 时,左边 $=\cos\dfrac{x}{2}$,而

$$右边=\frac{\sin x}{2\sin\frac{x}{2}}=\frac{2\sin\frac{x}{2}\cos\frac{x}{2}}{2\sin\frac{x}{2}}=\cos\frac{x}{2}.$$

所以当 $n=1$ 时等式成立.

假设当 $n=k$ 时等式成立,即

$$\cos\frac{x}{2}\cdot\cos\frac{x}{2^2}\cdot\cos\frac{x}{2^3}\cdot\cdots\cdot\cos\frac{x}{2^k}=\frac{\sin x}{2^k\sin\frac{x}{2^k}},$$

于是,根据归纳假设可得

$$\cos\frac{x}{2}\cdot\cos\frac{x}{2^2}\cdot\cos\frac{x}{2^3}\cdot\cdots\cdot\cos\frac{x}{2^k}\cdot\cos\frac{x}{2^{k+1}}$$

$$=\frac{\sin x\cdot\cos\frac{x}{2^{k+1}}}{2^k\sin\frac{x}{2^k}}=\frac{\sin x\cdot\cos\frac{x}{2^{k+1}}}{2^k\cdot2\sin\frac{x}{2^{k+1}}\cos\frac{x}{2^{k+1}}}=\frac{\sin x}{2^{k+1}\sin\frac{x}{2^{k+1}}}.$$

故当 $n=k+1$ 时等式成立.

所以,等式对于任意正整数 n 都成立.

注 本题也可以用三角函数的方法证明,利用积化和差等公式.

例 1.6 设数列 $\{a_n\}$ 满足关系式:

(1) $a_1=\dfrac{1}{2}$,

(2) $a_1+a_2+\cdots+a_n=n^2a_n(n\geqslant1)$.

求证数列的通项公式为 $a_n = \dfrac{1}{n(n+1)}$.

证明 **证法一** $a_1 = \dfrac{1}{2} = \dfrac{1}{1 \times 2}$,故 $n=1$ 时结论成立.

假设 $n=k$ 时结论成立,即 $a_k = \dfrac{1}{k(k+1)}$. 于是,由(2)得

$$a_1 + a_2 + \cdots + a_k + a_{k+1} = (k+1)^2 a_{k+1}, \tag{1.1}$$

$$a_1 + a_2 + \cdots + a_k = k^2 a_k. \tag{1.2}$$

(1.1)式$-$(1.2)式得

$$a_{k+1} = (k+1)^2 a_{k+1} - k^2 a_k, \quad 即 \ k(k+2)a_{k+1} = k^2 a_k,$$

于是得 $a_{k+1} = a_k \dfrac{k}{k+2}$. 根据归纳假设,得

$$a_{k+1} = \dfrac{k}{k+2} \cdot \dfrac{1}{k(k+1)}, \quad 即 \ a_{k+1} = \dfrac{1}{(k+1)(k+2)}.$$

故 $n=k+1$ 时,结论也成立.

根据数学归纳原理,对于任意正整数 n,都有 $a_n = \dfrac{1}{n(n+1)}$.

证法二 $a_1 = \dfrac{1}{2} = \dfrac{1}{1 \times 2}$,故 $n=1$ 时结论成立.

假设 $n \leqslant k$ 时结论成立,即

$$a_i = \dfrac{1}{i(i+1)} \quad (i = 1, 2, \cdots, k),$$

于是,由(2)得

$$a_1 + a_2 + \cdots + a_k + a_{k+1} = (k+1)^2 a_{k+1}, \quad 即 \ k(k+2)a_{k+1} = a_1 + a_2 + \cdots + a_k.$$

根据归纳假设,得

$$k(k+2)a_{k+1} = \dfrac{1}{1 \times 2} + \dfrac{1}{2 \times 3} + \cdots + \dfrac{1}{k(k+1)}$$

$$= 1 - \dfrac{1}{2} + \dfrac{1}{2} - \dfrac{1}{3} + \cdots + \dfrac{1}{k} - \dfrac{1}{k+1}$$

$$= 1 - \dfrac{1}{k+1} = \dfrac{k}{k+1},$$

故

$$a_{k+1} = \dfrac{1}{(k+1)(k+2)}.$$

根据数学归纳法可知,对于任意正整数 n,都有 $a_n = \dfrac{1}{n(n+1)}$.

注 证法一用的是第一数学归纳法,证法二用的是第二数学归纳法.

例 1.7 证明不等式 $1 + \dfrac{1}{\sqrt{2}} + \dfrac{1}{\sqrt{3}} + \cdots + \dfrac{1}{\sqrt{n}} < 2\sqrt{n} \ (n \in \mathbb{N}^*)$.

证明 ① 当 $n=1$ 时,左边$=1$,右边$=2$.左边$<$右边,不等式成立.

② 假设 $n=k$ 时,不等式成立,即 $1 + \dfrac{1}{\sqrt{2}} + \dfrac{1}{\sqrt{3}} + \cdots + \dfrac{1}{\sqrt{k}} < 2\sqrt{k}$.那么当 $n=k+1$ 时,有

$$1 + \frac{1}{\sqrt{2}} + \frac{1}{\sqrt{3}} + \cdots + \frac{1}{\sqrt{k}} + \frac{1}{\sqrt{k+1}} < 2\sqrt{k} + \frac{1}{\sqrt{k+1}}$$

$$= \frac{2\sqrt{k}\ \sqrt{k+1}+1}{\sqrt{k+1}} < \frac{k+(k+1)+1}{\sqrt{k+1}}$$

$$= \frac{2(k+1)}{\sqrt{k+1}} = 2\sqrt{k+1}.$$

这就是说,当 $n=k+1$ 时,不等式成立.

由①,②可知,原不等式对任意正整数 n 都成立.

例 1.8 若 $a_i > 0 (i=1,2,\cdots,n)$,且 $a_1 + a_2 + \cdots + a_n = 1$,则

$$a_1^2 + a_2^2 + \cdots + a_n^2 \geqslant \frac{1}{n} \quad (n \geqslant 2).$$

证明 当 $n=2$ 时,$a_1 + a_2 = 1$,于是 $a_1{}^2 + a_2{}^2 \geqslant \frac{(a_1+a_2)^2}{2} = \frac{1}{2}$,命题成立.

假设当 $n=k (k \geqslant 2)$ 时命题成立,即若 $a_i > 0 (i=1,2,\cdots,k)$,且

$$a_1 + a_2 + \cdots + a_k = 1, \quad 则 a_1^2 + a_2^2 + \cdots + a_k^2 \geqslant \frac{1}{k}.$$

当 $n=k+1$ 时,由 $a_1 + a_2 + \cdots + a_k + a_{k+1} = 1$,得

$$\frac{a_1}{1-a_{k+1}} + \frac{a_2}{1-a_{k+1}} + \cdots + \frac{a_k}{1-a_{k+1}} = 1, \quad 且 \frac{a_i}{1-a_{k+1}} > 0 \quad (i=1,2,\cdots,k).$$

由归纳假设得

$$\left(\frac{a_1}{1-a_{k+1}}\right)^2 + \left(\frac{a_2}{1-a_{k+1}}\right)^2 + \cdots + \left(\frac{a_k}{1-a_{k+1}}\right)^2 \geqslant \frac{1}{k},$$

$$a_1^2 + a_2^2 + \cdots + a_k^2 + a_{k+1}^2 \geqslant \frac{(1-a_{k+1})^2}{k} + a_{k+1}^2.$$

又 $(k+1)^2 a_{k+1}^2 - 2(k+1)a_{k+1} + 1 \geqslant 0$,由此可推出

$$\frac{(1-a_{k+1})^2}{k} + a_{k+1}^2 \geqslant \frac{1}{k+1},$$

故当 $n=k+1$ 时命题也成立.

所以,原命题得证.

注 $n=k+1$ 时的 a_i 与 $n=k$ 时的 a_i 不同,这是容易出错的地方.

5. 数学归纳法的其他形式

(1) 多基归纳法(包括双基归纳法,三基归纳法……)

双基归纳法:

设 $P(n)$ 是一个与正整数有关的命题,如果:

① 当 $n=1, n=2$ 时,$P(n)$ 成立;

② 假设 $n=k, n=k+1$ 时,$P(n)$ 成立,由此推得 $n=k+2$ 时,$P(n)$ 也成立.

那么,根据①,②对一切正整数 $n \geqslant 1$ 时,$P(n)$ 成立.

同样可得三基归纳法,四基归纳法……

例 1.9 已知 $f(n)$ 时定义在 $\mathbb{N}^*$ 上的函数,且 $f(1)=1,f(2)=2$,

$$f(n) = f(n-1) + f(n-2), n = 3, 4, \cdots$$

求证:$f(n) < 2^n (n \in \mathbb{N}^*)$.

证明 当 $n=1$ 时,$f(1)=1<2^1$,结论成立;当 $n=2$ 时,$f(2)=2<2^2$,结论成立.

假设当 $n=k-1, n=k-2$ 时,有 $f(n)<2^n$ 成立.

当 $n=k$ 时,$f(k)=f(k-1)+f(k-2)$.由归纳假设,有

$$f(k) < 2^{k-1} + 2^{k-2} = 2^{k-2}(2+1) = 3 \times 2^{k-2} < 4 \times 2^{k-2} = 2^k,$$

即 $f(k)<2^k$ 成立.

由归纳法,对一切 $n \in \mathbb{N}^*$,$f(n)<2^n$ 成立.

(2) 跳跃数学归纳法

设 $P(n)$ 是一个与正整数有关的命题,如果:

① 当 $n=1,2,3,\cdots,l$ 时,$P(1),P(2),P(3),\cdots,P(l)$ 成立;

② 假设 $n=k$ 时 $P(k)$ 成立,由此推得 $n=k+l$ 时,$P(n)$ 也成立.

那么,根据①,②对一切正整数 n 时,$P(n)$ 成立.

例 1.10 证明:4^n+1 不是 7 的倍数.

证明 (1) 当 $n=1$ 时,$4+1=5$,不是 7 的倍数,结论成立;

当 $n=2$ 时,$4^2+1=16+1=17$,不是 7 的倍数,结论成立;

当 $n=3$ 时,$4^3+1=65$,不是 7 的倍数,结论成立.

(2) 假设 $n=k$ 时,4^n+1 不是 7 的倍数,当 $n=k+3$ 时,

$$4^{k+3} + 1 = 4^3 \times 4^k + 1 = 4^3(4^k+1) - 63 = 64(4^k+1) - 63.$$

由归纳假设,4^k+1 不是 7 的倍数,所以当 $n=k+3$ 时,$4^{k+3}+1$ 不是 7 的倍数.

由 (1),(2) 可以推断,对于一切正整数 $n4^n+1$ 都不是 7 的倍数.

例 1.11 证明:可以用 2 元及 5 元的两种邮票邮递任何多于 3 元的整数元邮资的邮件.

证明 证法一 设邮资是 n 元,当 $n=4$ 时,可用两张 2 元的邮票,故结论成立.

设 $n=k$ 时结论成立 $(k \geqslant 4)$,即 k 元邮资可用 2 元或 5 元的邮票,下面证明 $k+1$ 元邮资也可用 2 元或 5 元的邮票.

情况 1:如果支付 k 元邮资的邮票全是 2 元的,那么 2 元邮票至少有两张,取出其中两张 2 元邮票换成一张 5 元邮票,就得到了支付 $k+1$ 元邮资的办法.

情况 2:如果支付 k 元邮资的邮票中至少有一张是 5 元的,那么取出其中一张 5 元邮票,换成 3 张 2 元邮票,就得到支付 $k+1$ 元邮资的办法.

这就是说,无论哪种情况,$n=k+1$ 时结论均成立.

根据数学归纳原理,对于任何一笔多于 3 元的整数款项,结论都成立.

分析 因为可以用 2 元邮票,所以只要"k 元邮资可以支付",那么再添一张 2 元邮票,就可支付 $k+2$ 元邮资.

这就是说,如果 4 元邮资可以支付,那么 6 元、8 元、10 元……之类的邮资都能支付,如果 5 元邮资可以支付,那么 7 元、9 元、11 元……之类的邮资都能支付.

因此,我们用以下证法.

证法二 设需支付的整数邮资是 n 元,当 $n=4$ 时,用两张 2 元的邮票;当 $n=5$ 时,用一张 5 元的邮票,因此 $n=4,5$ 时结论成立.

假设 $n=k$ 时结论成立 $(k \geqslant 4)$,即 k 元邮资可以支付,于是再添一张 2 元到 k 元邮资中,就使 $k+2$ 元邮资得以支付.

根据数学归纳法,结论成立.

例 1.12 求证一个正方形可以剖分成 n 个正方形,其中 n 是大于 5 的正整数.

证明 按图 1.1 所示方式可以将一个正方形剖分成 6 个正方形、7 个正方形或 8 个正方形,即 $n=6,7,8$ 时命题成立.

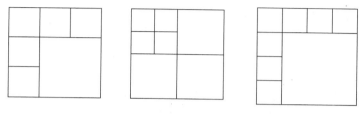

图 1.1

假设 $n=k$ 时命题成立,即一个正方形可剖分成 k 个正方形,我们将这 k 个正方形中的一个小正方形对边中点连接起来,这个小正方形就剖分成 4 个更小的正方形了,于是原来的正方形就剖分成 $k+3$ 个正方形.这就是说,$n=k+3$ 时命题也成立.

也就是说,如果当 $n=k$ 时命题正确,那么 $n=k+3$ 时命题也正确.

所以一个正方形可以剖分成 n 个正方形,n 为大于 5 的正整数.

(3) 反向数学归纳法

设 $P(n)$ 是一个与正整数有关的命题,如果:

① 对无限多个正整数 n,$P(n)$ 成立;

② 假设 $n=k$ 时,命题 $P(k)$ 成立,则当 $n=k-1$ 时命题 $P(k-1)$ 也成立.

那么根据①,②对一切正整数 n,$P(n)$ 成立.

例 1.13 求证 n 个非负数的几何平均数不大于它们的算术平均数,即

$$\sqrt[n]{a_1 a_2 \cdots a_n} \leqslant \frac{a_1 + a_2 + \cdots + a_n}{n}. \tag{1.3}$$

证明 (1) 首先证明:当 $n=2^m$(m 为正整数)时,不等式成立.

对 m 施行数学归纳法.当 $m=1$,即 $n=2$ 时,容易证得 $\sqrt{a_1 a_2} \leqslant \frac{a_1 + a_2}{2}$,结论成立.

假设当 $m=k$ 时不等式(1.3)成立,那么当 $m=k+1$ 时,有

$$\sqrt[2^{k+1}]{a_1 a_2 \cdots a_{2^k} a_{2^k+1} \cdots a_{2^{k+1}}} = \sqrt{\sqrt[2^k]{a_1 a_2 \cdots a_{2^k}} \sqrt[2^k]{a_{2^k+1} a_{2^k+2} \cdots a_{2^{k+1}}}}$$

$$\leqslant \frac{1}{2} \left(\sqrt[2^k]{a_1 a_2 \cdots a_{2^k}} + \sqrt[2^k]{a_{2^k+1} a_{2^k+2} \cdots a_{2^{k+1}}} \right)$$

$$\leqslant \frac{1}{2} \left(\frac{a_1 + a_2 + \cdots + a_{2^k}}{2^k} + \frac{a_{2^k+1} + a_{2^k+2} + \cdots + a_{2^{k+1}}}{2^k} \right)$$

$$= \frac{a_1 + a_2 + \cdots + a_{2^k} + a_{2^k+1} + a_{2^k+2} + \cdots + a_{2^{k+1}}}{2^{k+1}},$$

即当 $m=k+1$ 时,结论成立.所以当 $n=2^m$ 时,不等式成立.

假设 $n=k+1$ 时不等式成立,要推导出 $n=k$ 时不等式也成立.

记 $b=\dfrac{a_1+a_2+\cdots+a_k}{k}$,则 $a_1+a_2+\cdots+a_k=kb$,于是

$$\sqrt[k+1]{a_1a_2\cdots a_kb}\leqslant\frac{a_1+a_2+\cdots+a_k+b}{k+1}=\frac{kb+b}{k+1}=b,$$
$$a_1a_2\cdots a_kb\leqslant b^{k+1},$$
$$a_1a_2\cdots a_k\leqslant b^k,$$
$$\sqrt[k]{a_1a_2\cdots a_k}\leqslant\frac{a_1+a_2+\cdots+a_k}{k}.$$

所以对于任意正整数 n,原不等式都成立.

(4) 二重归纳法

设 $P(m,n)$ 是一个与正整数有关的二元命题,如果满足:

① $P(1,1)$ 成立;

② 假设 $P(k,h)$ 成立,则能推出 $P(k+1,h)$ 及 $P(k,h+1)$ 也成立.

那么根据①,②对一切正整数 m,n,$P(m,n)$ 成立.

例 1.14 已知 m,n 为正整数,求证:$2^{mn}>m^n$.

证明 用二重归纳法,先验证,当 $m=n=1$ 时,有 $2^1>1^1$,命题为真.

假设对任一 $k\geqslant1,h\geqslant1$,命题为真,即有 $2^{kh}>k^h$ 成立. 只需要推出 $2^{(k+1)h}>(k+1)^h$ 及 $2^{k(h+1)}>k^{h+1}$ 即可.

事实上,$2^{(k+1)h}=2^{kh}\times2^h>k^h\times2^h=(2k)^h\geqslant(k+1)^h$,且 $2^{k(h+1)}=2^{kh}\times2^k>k^hk=k^{h+1}$.

综合上述两步,可知原不等式成立.

此时由于 $2^{mn}=2^{nm}$,故还有 $2^{mn}>n^m$,其实质与前不等式相同.

(5) 螺旋式归纳法

设 $A(n),B(n)$ 为两个与正整数 n 有关的命题,满足:

① $A(1)$ 成立;

② 假设 $A(k)$ 成立($k\geqslant1$),能推出 $B(k)$ 成立;

③ 假设 $B(k)$ 成立($k\geqslant1$),能推出 $A(k+1)$ 成立.

综合①,②,③,对于一切正整数 n,$A(n),B(n)$ 都成立.

例 1.15 在数列 $\{a_n\}$ 中,已知 $a_{2n}=3n^2$,$a_{2n-1}=3n(n-1)+1(n\in\mathbb{N}^*)$,$S_n=\sum_{i=1}^{n}a_i$,求证:

$$S_{2n-1}=\frac{1}{2}n(4n^2-3n+1),\quad S_{2n}=\frac{1}{2}n(4n^2+3n+1).$$

证明 记命题 $A(n)$ 为 $S_{2n-1}=\dfrac{1}{2}n(4n^2-3n+1)$,命题 $B(n)$ 为 $S_{2n}=\dfrac{1}{2}n(4n^2+3n+1)$.

(1) 当 $n=1$ 时,

$$a_1=3\times1\times(1-1)+1=1,\quad S_1=\frac{1}{2}\times1\times(4\times1-3\times1+1)=1,$$

故 $A(1)$ 成立.

(2) 假设 $A(k)$ 成立,即 $S_{2k-1}=\dfrac{1}{2}k(4k^2-3k+1)$,则

$$S_{2k}=S_{2k-1}+a_{2k}=\frac{1}{2}k(4k^2-3k+1)+3k^2=\frac{1}{2}k(4k^2+3k+1),$$

故 $B(k)$ 成立.

（3）假设 $B(k)$ 成立，即 $S_{2k}=\dfrac{1}{2}k(4k^2+3k+1)$，则

$$S_{2k+1}=S_{2k}+a_{2k+1}=\frac{1}{2}k(4k^2+3k+1)+3(k+1)k+1$$

$$=\frac{1}{2}(k+1)\left[4(k+1)^2-3(k+1)+1\right].$$

故 $A(k+1)$ 成立.

综上可得，对任意正整数 n，$A(n)$ 和 $B(n)$ 都成立，即

$$S_{2n-1}=\frac{1}{2}n(4n^2-3n+1)，\quad S_{2n}=\frac{1}{2}n(4n^2+3n+1).$$

1.4　正整数的基数理论

一只羊、一头狼、一条鱼之间存在着某种共同的东西.

基于正整数具有表示多少个（个数）的意义，建立了正整数基数理论. 基数理论是以原始概念"集合"为基础的.

定义 1.7　若集合 A 和 B 之间，存在一一对应 $f\colon A\leftrightarrow B$，就称集合 A 和 B 等价（或等势），记作 $A\sim B$.

根据等价的定义，设 A,B,C 是集合，不难验证集合等价具有下面的性质：

（1）反身性　$A\sim A$；

（2）对称性　若 $A\sim B$，则 $B\sim A$；

（3）传递性　若 $A\sim B$，且 $B\sim C$，则 $A\sim C$.

定义 1.8　不能与其自身的任一真子集等价的集合叫做有限集.

定义 1.9　一切等价集合的共同特征的标志叫做基数. 非空有限集合的基数叫做正整数. 由所有正整数组成的集合称为正整数集，用 $\mathbb{N}^*$ 来表示.

$$\{\varnothing\},\{\varnothing,\{\varnothing\}\},\{\varnothing,\{\varnothing\},\{\varnothing,\{\varnothing\}\}\},\cdots$$

这一系列集合所对应的基数记作为正整数 $1,2,3,\cdots$

定义 1.10　如果有限集 A 和 B 的基数分别是 a 和 b，则：

（1）当 $A\sim B$ 时，称 a 等于 b，记作 $a=b$；

（2）当 $A'\subset A$，$A'\sim B$ 时. 称 a 大于 b，记作 $a>b$；

（3）当 $B'\subset B$，$A\sim B'$ 时，称 a 小于 b，记作 $a<b$.

由于对于有限集 A,B 来说，A 与 B 等价、A 的真子集与 B 等价、A 与 B 的真子集等价，这三种情况必有且仅有一种成立，因此，有下面的定理.

定理 1.10（三分律）　对于任意两个正整数 a 和 b，则三个式子 $a=b$、$a>b$、$a<b$ 中，有且仅有一个式子成立.

根据上面的定义和集合等价的性质，可得出正整数的相等与不等的其他一些主要性质.

定理 1.11　如果 $a,b,c\in\mathbb{N}^*$，那么：

（1）相等的反身性　$a=a$；

（2）相等的对称性　　如果 $a=b$，那么 $b=a$；

（3）相等的传递性　　如果 $a=b,b=c$，那么 $a=c$；

（4）不等的对逆性　　如果 $a>b$，那么 $b<a$；

　　　　　　　　　　如果 $a<b$，那么 $b>a$.

（5）不等的传递性　　如果 $a>b,b>c$，那么 $a>c$；

　　　　　　　　　　如果 $a<b,b<c$，那么 $a<c$；

（6）如果 $a>b,b=c$，那么 $a>c$；

（7）如果 $a<b,b=c$，那么 $a<c$.

这些结论表示数的顺序关系，统称为顺序律.

规定了大小顺序关系，并且满足顺序律的正整数，可按从小到大的次序排列出来，于是得到一个正整数列：$1,2,3,\cdots,n,\cdots$.

下面我们来定义正整数的运算法则.

（1）正整数的加法

定义 1.11　设 $A\cap B=\varnothing$，有限集 A,B,C 的基数分别是 a,b,c. 如果 $C=A\cup B$，那么 c 叫做 a 与 b 的和，记作 $a+b=c$. a 和 b 分别叫做被加数和加数. 求和的运算叫做加法.

正整数的加法满足交换律与结合律：

加法交换律：$a+b=b+a$（因为 $A\cup B=B\cup A$）；

加法结合律：$a+(b+c)=(a+b)+c$（因为 $A\cup(B\cup C)=(A\cup B)\cup C$）.

（2）正整数的减法

定义 1.12　设正整数 a,b,c，如果 $a=b+c$，那么 c 叫做 a 减去 b 的差，记作 $a-b=c$. a 叫做被减数，b 叫做减数. 求差的运算叫做减法.

由定义 1.12 可以看出，减法是加法的逆运算，和就是被减数，已知的加数是减数.

因为当 $A\cap B=\varnothing$ 时，有 $A\cup B\supset A,A\cup B\supset B$，所以两个正整数的和大于任何一个加数，因此，被减数要大于减数，不然的话，差是不存在的. 这说明在正整数集中减法不是封闭的.

（3）正整数的乘法

从正整数的乘法是求相同加数的和的简便运算这一意义来看，正整数 a 乘以 b 的积，就可以看成 b 个基数为 a 且没有公共元素的集合 $A_1,A_2,\cdots,A_b$ 并集的基数. 于是对于正整数的乘法可以这样来定义.

定义 1.13　设 b 个等价集合 $A_1,A_2,\cdots,A_b$（其中任何两个集合的交集都是空集）的基数都是 $a,A_1\cup A_2\cup\cdots\cup A_b=C$，那么集合 C 的基数 c 叫做 a 与 b 的积，记作 $ab=c$（或 $a\times b=c$，或 $a\cdot b=c$）. a 叫做被乘数，b 叫做乘数. 求积的运算叫做乘法.

求正整数 a 乘以 b 的积就是求 b 个相同加数 a 的和.

事实上，$A_1,A_2,\cdots,A_b$ 彼此不相交，说明它们没有相同的元素，它们的基数又都是 a，可设

$$A_1=\{\alpha_1,\alpha_2,\cdots,\alpha_a\},$$
$$A_2=\{\beta_1,\beta_2,\cdots,\beta_a\},$$
$$\vdots$$
$$A_b=\{\gamma_1,\gamma_2,\cdots,\gamma_a\},$$

其中 $\alpha_i \neq \beta_j \neq \gamma_k$（$i,j,k$ 都是从 $1 \sim a$ 的正整数）.

$$C = A_1 \bigcup A_2 \bigcup \cdots \bigcup A_b = \{\alpha_1, \alpha_2, \cdots, \alpha_a, \beta_1, \beta_2, \cdots, \beta_a, \cdots, \gamma_1, \gamma_2, \cdots, \gamma_a\},$$

于是 $c = \underbrace{a + a + \cdots + a}_{b\text{个}}.$

另一方面，$c = ab$，所以有 $ab = \underbrace{a + a + \cdots + a}_{b\text{个}}.$

定理 1.12 设 a,b,c 是正整数，则：

① $ab = ba$；

② $(a+b)c = ac + bc$；

③ $a(bc) = (ab)c$.

现在来证①：

b 个互不相交的集合 $A_1, A_2, \cdots, A_b$，它们的基数都是 a，求得它们的并集 C 的基数 $c = ab$.

如果把 $A_1, A_2, \cdots, A_b$ 中的第一个元素放在一起组成集合 B_1，把第二个元素放在一起组成集合 B_2……把第 a 个元素放在一起组成 B_a，就有

$$B_1 = \{\alpha_1, \beta_1, \cdots, \gamma_1\},$$
$$B_2 = \{\alpha_2, \beta_2, \cdots, \gamma_2\},$$
$$\vdots$$
$$B_a = \{\alpha_a, \beta_a, \cdots, \gamma_a\}.$$

这时 $B_1, B_2, \cdots, B_a$ 也是彼此不相交的，它们的基数都是 b，且并集仍是 C，所以 $c = ba$. 于是有 $ab = ba$.

②的证明留给读者.

最后来证③：

$$a(bc) = a(\underbrace{b + b + \cdots + b}_{c\text{个}}) \quad （乘法可看成相同加数的简便算法）$$

$$= \underbrace{ab + ab + \cdots + ab}_{c\text{个}} \quad （分配律）$$

$$= (ab)c \quad （乘法可看成相同加数的简便算法）.$$

（4）正整数的除法

定义 1.14 设 a,b,c 是正整数，如果 $bc = a$，那么 c 叫做 a 除以 b 的商，记 $a \div b$ 或 $\dfrac{a}{b}$，a 叫做被除数，b 叫做除数，求商的运算叫做除法. 0 除以任何数是 0.

除法是乘法的逆运算.

在正整数集中，除法是不封闭的.

自然数集是正整数集增加元素 0，有的教材把自然数集称为扩大的正整数集，将正整数理论稍加修改可得自然数理论.

1.5 整数

在正整数集$\mathbb{N}^*$中,对任意的正整数a和b,方程$b+x=a$,不总是有解,亦即减法不封闭,因此产生了将正整数集进行扩充的需要.

要使方程$b+x=a$在新的数集中有解,x必定与有序正整数对(a,b)有关,如果用$a-b$表示新数x,就会产生符号表示新数的不唯一性.我们采用正整数序偶等价类的方法来构造整数集.类似的思想方法也适用于有理数集、复数集的建立.

定义 1.15 设$\mathbb{N}^*\times\mathbb{N}^*$是一切正整数序偶的集合,即$\mathbb{N}^*\times\mathbb{N}^*=\{(a,b)|a,b\in\mathbb{N}^*\}$.

定义 1.16 设$(a,b),(c,d)\in\mathbb{N}^*\times\mathbb{N}^*$,如果$a+d=b+c$,则称$(a,b)$等价于$(c,d)$,记为$(a,b)\sim(c,d)$.

定理 1.13 $\mathbb{N}^*\times\mathbb{N}^*$中关系"$\sim$"是个等价关系,即关系"$\sim$"满足:

(1) (反身性)$(a,b)\sim(a,b)$;

(2) (对称性)若$(a,b)\sim(c,d)$,则$(c,d)\sim(a,b)$;

(3) (传递性)若$(a,b)\sim(c,d)$,$(c,d)\sim(e,f)$,则$(a,b)\sim(e,f)$.

这里只证(3),而(1),(2)的证明留给读者完成.

证明 因为$(a,b)\sim(c,d)$,$(c,d)\sim(e,f)$,所以
$$a+d=b+c,\quad c+f=d+e.$$
于是
$$a+d+f=b+c+f=b+d+e$$
由消去律,得$a+f=b+e$,即$(a,b)\sim(e,f)$.(3)得证.

定义 1.17 $\mathbb{N}^*\times\mathbb{N}^*$中与$(a,b)$等价的一切序偶组成的集合叫做$(a,b)$的等价类,记为$[a,b]$.序偶的等价类叫做整数.一切整数的集合叫做整数集,记为$\mathbb{Z}$.

例如,$[3,1]=\{(4,2),(6,4),(9,7),\cdots\}$,

$\qquad\quad[2,5]=\{(1,4),(3,6),(4,7),\cdots\}$,

$\qquad\quad[1,1]=\{(2,2),(3,3),(4,4),\cdots\}$.

由定义 1.16、定义 1.17 可知,两整数$[a,b]$,$[c,d]$相等,当且仅当$a+d=b+c$.

特别地,有$[a+m,b+m]=[a,b]$,$m\in\mathbb{N}^*$.

定义 1.18 $\mathbb{Z}$中加法、乘法规定如下:
$$[a,b]+[c,d]=[a+c,b+d],$$
$$[a,b]\cdot[c,d]=[ac+bd,ad+bc].$$
这里,$[a+c,b+d]$和$[ac+bd,ad+bc]$分别叫做$[a,b]$与$[c,d]$的和与积.

要说明所定义的加法、乘法运算是整数集$\mathbb{Z}$中的代数运算,必须证明运算结果与等价类的代表元素的选择无关.

例 1.16 设$[a,b]=[a',b']$,$[c,d]=[c',d']$,求证:

(1) $[a,b]+[c,d]=[a',b']+[c',d']$;

(2) $[a,b]\cdot[c,d]=[a',b']\cdot[c',d']$.

证明 仅证(2)因为$[a,b]=[a',b']$,$[c,d]=[c',d']$,所以
$$a+b'=b+a',\quad c+d'=d+c'.$$

于是，$ac+b'c=bc+a'c$，$ad+b'd=bd+a'd$，两式相加，得

$$ac+b'c+bd+a'd=bc+a'c+ad+b'd,$$

所以

$$[ac+bd,bc+ad]=[a'c+b'd,b'c+a'd], \quad 即[a,b]\cdot[c,d]=[a',b']\cdot[c,d].$$

同理可证$[a',b']\cdot[c,d]=[a',b']\cdot[c',d']$，所以

$$[a,b]\cdot[c,d]=[a',b']\cdot[c',d'].$$

定理 1.14 整数集$\mathbb{Z}$中的加法、乘法运算满足结合律、交换律和分配律.

此定理可利用正整数的运算性质和定义 1.18 得到证明，具体过程从略.

在$\mathbb{Z}$中，整数$[1,1]$具有特殊性质：

(1) 对任意整数$[a,b]$，$[a,b]+[1,1]=[a,b]$；

(2) 对任意整数$[a,b](a\neq b)$，存在整数$[b,a]$，使$[a,b]+[b,a]=[1,1]$.

定义 1.19 整数$[1,1]$叫做整数集$\mathbb{Z}$的零元(或者叫做数零)，可简记为 0；对任意整数$[a,b](a\neq b)$，$[b,a]$叫做$[a,b]$的负元(或者叫做相反数)，记为$-[a,b]$.

在整数集中，可以解决正整数集中某些不能解决的问题.

例 1.17 已知$[a,b]$，$[c,d]\in\mathbb{Z}$，求证方程$[c,d]+x=[a,b]$在$\mathbb{Z}$中有且仅有一解.

证明 在方程两边同加上$[c,d]$的负元$[d,c]$，得

$$[c,d]+x+[d,c]=[a,b]+[d,c].$$

由交换律，结合律得$([c,d]+[d,c])+x=[a+d,b+c]$，即$x=[a+d,b+c]$.

反之，$[a+d,b+c]$也适合方程，所以方程有唯一解$[a+d,b+c]$.

$[a+d,b+c]$叫做$[a,b]$减去$[c,d]$的差，记为$[a,b]-[c,d]$.

又因为$[a+d,b+c]=[a,b]+[d,c]=[a,b]+(-[c,d])$，于是得到我们所熟悉的减法运算法则：减去一个数等于加上这个数的相反数.

例 1.17 说明在整数集$\mathbb{Z}$中，减法总能实施.

令$\mathbb{Z}^+=\{[1+m,1]|m\in\mathbb{N}^*\}$，$\mathbb{Z}^-=\{[1,1+n]|n\in\mathbb{N}^*\}$. 那么对于任意整数$[a,b]$来说：

当$a=b$时，$[a,b]=[1,1]$是$\mathbb{Z}$的零元；

当$a>b$时，$[a,b]\in\mathbb{Z}^+$；

当$b>a$时，$[a,b]\in\mathbb{Z}^-$.

我们把$\mathbb{Z}^+$，$\mathbb{Z}^-$分别称为正整数、负整数集.

由上述分析可知，$\mathbb{Z}=\mathbb{Z}^+\cup\{0\}\cup\mathbb{Z}^-$.

定理 1.15 $\mathbb{Z}^+$与$\mathbb{N}^*$关于加法和乘法运算是同构的.

证明 设集$\mathbb{Z}^+$到集$\mathbb{N}^*$的映射f为$f:[1+m,1]\to m$，显然f是一一映射，并且对任意的$m,n\in\mathbb{Z}^+$，有

$$\begin{aligned}
f([1+m,1]+[1+n,1])&=f([(1+m)+(1+n),1+1])\\
&=f([1+m+n,1])=m+n\\
&=f([1+m,1])+f([1+n,1]);
\end{aligned}$$

$$\begin{aligned}
f([1+m,1]\cdot[1+n,1])&=f([(1+m)\cdot(1+n)+1,1+m+1+n])\\
&=f([mn+1,1])=m\cdot n\\
&=f([1+m,1])\cdot f([1+n,1]).
\end{aligned}$$

所以 $\mathbb{Z}^+$ 与 $\mathbb{N}^*$ 同构.

在同构的意义下,$\mathbb{Z}^+$ 与 $\mathbb{N}^*$ 可以不加区别.因此,可以规定 $[1+n,1]=n$,于是 $\mathbb{N}^*=\mathbb{Z}^+\subset \mathbb{Z}$,$\mathbb{N}^*$ 是整数集 $\mathbb{Z}$ 的一个真子集.

因为负整数 $[1,1+n]=-[1+n,1]=-n,n\in\mathbb{N}^*$,所以 $\mathbb{Z}^-=\{-n\mid n\in\mathbb{N}^*\}$.

这样,整数恢复了本来面目,并且我们所熟悉的正、负数的加法法则、乘法法则也成立.

定理 1.16 设 $a,b\in\mathbb{N}^*$,那么

(1) $[1+a,1]+[1+b,1]=a+b$;

(2) $[1,1+a]+[1,1+b]=-(a+b)$;

(3) $[1+a,1]+[1,1+b]=\begin{cases} a-b,a>b,\\ 0,a=b,\\ -(b-a),a<b; \end{cases}$

(4) $[1+a,1]\cdot[1+b,1]=ab$;

(5) $[1,1+a]\cdot[1,1+b]=ab$;

(6) $[1+a,1]\cdot[1,1+b]=-ab$.

证明略.

定理 1.17 设 α,β 是两个整数,则 $\alpha\cdot\beta=0$ 的充要条件是 $\alpha=0$ 或 $\beta=0$.

证明 若 $\alpha=0=[1,1],\beta=[a,b]$,则
$$\alpha\cdot\beta=[1,1]\cdot[a,b]=[a+b,a+b]=[1,1]=0.$$
如果 $\alpha\neq0,\beta\neq0$,由定理 1.16 中(4),(5),(6),知 $\alpha\cdot\beta\neq0$.

定义 1.20 设 $\alpha,\beta\in\mathbb{Z}$,若 $\alpha-\beta\in\mathbb{Z}^+$,则称 α 大于 β,记为 $\alpha>\beta$,或称 β 小于 α,记 $\beta<\alpha$.

由定义 1.20 知,正整数大于零,零大于负整数,正整数大于负整数.

定理 1.18 设 $a,b,c\in\mathbb{Z}$.

(1) 若 $a>b,b>c$,则 $a>c$;

(2) 若 $a>b$,则 $a+c>b+c$;

(3) 若 $a>b,c>0$,则 $a\cdot c>b\cdot c$;

(4) 若 $a+c=b+c$,则 $a=b$;

(5) 若 $c\neq0,ac=bc$,则 $a=b$.

证明留给读者.

1.6 有理数

由于方程 $bx=a(b\neq0)$ 在整数集中未必有解,因此有必要将整数集 $\mathbb{Z}$ 进一步扩充.同样地,在新数集中,要使方程 $bx=a(b\neq0)$ 总有解,x 必与整数序偶 $(a,b)(b\neq0)$ 有关.因此,沿着将 $\mathbb{N}^*$ 扩充为 $\mathbb{Z}$ 的同样途径,我们也可以将 $\mathbb{Z}$ 扩充为有理数集 $\mathbb{Q}$.将正整数集扩充为正有理数集也可以用类似的方法.

1.6.1 有理数的定义及运算

定义 1.21 记$\mathbb{Z}_0$为非零整数集,$\mathbb{Z} \times \mathbb{Z}_0 = \{(a,b) \mid a \in \mathbb{Z}, b \in \mathbb{Z}_0\}$. 若$(a,b),(c,d) \in \mathbb{Z} \times \mathbb{Z}_0$,且$ad = bc$,则称$(a,b)$等价于$(c,d)$,记为$(a,b) \sim (c,d)$.

根据整数的性质,我们可以证明关系"$\sim$"具有反身性、对称性和传递性,所以,关系"$\sim$"是$\mathbb{Z} \times \mathbb{Z}_0$上的一个等价关系.

定义 1.22 $\mathbb{Z} \times \mathbb{Z}_0$中与$(a,b)$等价的一切序偶组成的集合叫做$(a,b)$的等价类,记为$[a,b]$. $\mathbb{Z} \times \mathbb{Z}_0$中序偶的等价类叫做有理数,一切有理数的集合叫做有理数集,记为$\mathbb{Q}$.

例如:
$$[1,2] = \{(1,2),(2,4),(3,6),(-1,-2),\cdots\},$$
$$[0,1] = \{(0,-1),(0,1),(0,3),(0,4),\cdots\},$$

显然,有理数$[a,b]$与$[c,d]$相等,当且仅当$ad = bc$.

特别地,当$m \in \mathbb{Z}_0$时,$[am,bm] = [a,b]$.

定义 1.23 设$[a,b],[c,d] \in \mathbb{Q}$,则$\mathbb{Q}$中加法、乘法规定为:
$$[a,b] + [c,d] = [ad + bc,bd];$$
$$[a,b] \cdot [c,d] = [ac,bd].$$

当然,必须证明这样规定的加法、乘法运算结果与等价类的代表元素的选择无关. 证明过程留给读者完成.

定理 1.19 有理数的加法、乘法满足结合律、交换律和分配律.

证明略.

在有理数集$\mathbb{Q}$中,有理数$[0,1],[1,1]$具有一些特殊性质:

(1) 对任意有理数$[a,b]$,$[a,b] + [0,1] = [a,b]$;

(2) 对任意有理数$[a,b]$,存在$[-a,b] \in \mathbb{Q}$,使$[a,b] + [-a,b] = [0,1]$;

(3) 对任意有理数$[a,b]$,$[a,b] \cdot [1,1] = [a,b]$;

(4) 若$[a,b] \in \mathbb{Q}$,且$[a,b] \neq [0,1]$,则存在$[b,a] \in \mathbb{Q}$,使$[a,b] \cdot [b,a] = [1,1]$.

定义 1.24 有理数$[0,1],[1,1]$分别叫做$\mathbb{Q}$的零元(或数"0"),单位元(或数"1"). 对任意的有理数$[a,b]$,$[-a,b]$叫做$[a,b]$的负元(或相反数),记为$-[a,b]$;如果$[a,b] \neq [0,1]$,则$[b,a]$叫做$[a,b]$的逆元(或倒数),记为$[a,b]^{-1}$或$\dfrac{1}{[a,b]}$.

例 1.18 证明:在有理数集中,方程$[c,d] + x = [a,b]$有且仅有一解.

证明 在方程两边同加上$[c,d]$的负元$[-c,d]$,则有
$$[c,d] + x + [-c,d] = [a,b] + [-c,d],$$
于是$x = [a,b] + [-c,d]$,即$x = [ad - bc,bd]$.

反之,$[ad - bc,bd]$适合方程. 所以方程有且仅有一解$[ad - bc,bd]$.

$[ad - bc,bd]$叫做$[a,b]$减去$[c,d]$的差,记为
$$[a,b] - [c,d], \quad \text{即} [a,b] - [c,d] = [ad - bc,bd].$$

由于$[ad - bc,bd] = [a,b] + [-c,d]$,于是得到减法法则:减去一个数等于加上这个数

的相反数.

例 1.19   证明:在有理数集中,当 $[c,d]\neq[0,1]$ 时,方程 $[c,d] \cdot x = [a,b]$ 有且仅有一解.

证明   在方程两边同乘以 $[c,d]$ 的逆元 $[d,c]$,得

$$[c,d] \cdot x \cdot [d,c] = [a,b] \cdot [d,c], \text{即} \ x = [ad,bc].$$

反之,$[ad,bc]$ 也适合方程.所以方程有且仅有一解 $[ad,bc]$.

我们把 $[ad,bc]$ 叫做 $[a,b]$ 除以 $[c,d]$ 的商,记为 $[a,b] \div [c,d]$,或 $\dfrac{[a,b]}{[c,d]}$.于是

$$[ad,bc] = [a,b] \div [c,d] = [a,b] \cdot [c,d]^{-1}.$$

由此得出有理数除法法则:除以一个数等于乘以这个数的倒数.

由例 1.18、例 1.19 可知,在有理数集 $\mathbb{Q}$ 中,加、减、乘、除四则运算封闭.

下面讨论 $\mathbb{Q}$ 与整数集 $\mathbb{Z}$ 的关系.

$\mathbb{Q}$ 的一个真子集 $Q' = \{[a,1] \mid a \in \mathbb{Z}\}$ 与整数集 $\mathbb{Z}$ 之间建立一个映射

$$f: [a,1] \to a, a \in \mathbb{Z}.$$

易证 f 是 Q' 与 $\mathbb{Z}$ 之间的同构映射,所以 Q' 与 $\mathbb{Z}$ 同构.

在同构的意义下,$[a,1]$ 与 a 没有本质区别,故可规定 $[a,1] = a$.特别地,$[0,1] = 0$,$[1,1] = 1$.这样,$\mathbb{Z} = Q' \subset \mathbb{Q}$,$\mathbb{Z}$ 是 $\mathbb{Q}$ 的一个真子集.

因为 $[a,b] = [a,1] \cdot [1,b] = [a,1] \div [b,1] = \dfrac{[a,1]}{[b,1]} = \dfrac{a}{b}$,现在我们可以用熟悉的符号 $\dfrac{a}{b}$ 来表示有理数 $[a,b]$.

由于 $\dfrac{a}{b}$ 是个等价类,所以 $\dfrac{am}{bm} = \dfrac{a}{b} \ (m \neq 0)$,这正是分数的基本性质.

令 $Q^+ = \left\{ \dfrac{a}{b} \mid ab \in \mathbb{N} \right\}$,$Q^- = \left\{ \dfrac{a}{b} \mid -ab \in \mathbb{N} \right\}$,由于 $ab > 0$,$ab = 0$,$-ab > 0$,有且仅有一个成立,所以任一个非零有理数不是属于 $\mathbb{Q}^+$,就是属于 $\mathbb{Q}^-$.

因此,$\mathbb{Q} = \mathbb{Q}^+ \cup \{0\} \cup \mathbb{Q}^-$,$\mathbb{Q}^+$,$\mathbb{Q}^-$ 分别叫做正有理数集、负有理数集.

1.6.2   有理数的顺序关系

定义 1.25   若 $\dfrac{a}{b}$,$\dfrac{c}{d}$ 是有理数,且 $\dfrac{a}{b} - \dfrac{c}{d} \in \mathbb{Q}^+$,则称 $\dfrac{a}{b}$ 大于 $\dfrac{c}{d}$ 或者 $\dfrac{c}{d}$ 小于 $\dfrac{a}{b}$,记为

$$\frac{a}{b} > \frac{c}{d} \quad \text{或} \quad \frac{c}{d} < \frac{a}{b}.$$

根据定义 1.25,一切正有理数大于零,零大于一切负有理数,正有理数大于一切负有理数.

1.6.3 有理数的性质

定理 1.20（阿基米德性质） 设 $\frac{a}{b}, \frac{c}{d} \in \mathbb{Q}^+$，则存在 $n \in \mathbb{N}$，使 $n \cdot \frac{a}{b} > \frac{c}{d}$.

证明 不妨设 $a, b, c, d \in \mathbb{N}^*$，对于正整数 ad, bc，总存在 $n \in \mathbb{N}^*$，使 $nad > bc$，即 $n \cdot \frac{a}{b} > \frac{c}{d}$.

定理 1.21（稠密性） 若 $\alpha, \beta \in \mathbb{Q}$，且 $\alpha < \beta$，则存在无数多的 $\gamma \in \mathbb{Q}$，使 $\alpha < \gamma < \beta$.

证明 取 $\gamma = \frac{\alpha + \beta}{2}$，于是 $\beta - \gamma = \beta - \frac{\alpha + \beta}{2} = \frac{\beta - \alpha}{2} > 0$，所以 $\beta > \gamma$. 同理 $\gamma > \alpha$，故 $\alpha < \gamma < \beta$.

对 α, γ 重复上述过程，同样可以无限重复上述过程. 由此可知，在任意两个有理数之间，存在着无穷多个有理数，这就是有理数的稠密性.

定理 1.22 有理数集是可数集. 一切能与正整数集建立一一对应关系的集合叫做可数集.

证明 把一切非零有理数写成分数 $\frac{a}{b}$ 和 $-\frac{a}{b}$ 的形式（a, b 是正整数），我们按以下的方法来排列所有的有理数：

（1）0 排在最前边；

（2）对于正分数，按照它的分子与分母的和的大小排列，和较小的排在前边，和较大的排在后边. 如果和相等，分子小的排在前边；

（3）对于负分数，把它紧排在与它的绝对值相等的正分数的后边；

（4）分数值相等的分数，只保留最前边的一个.

这样，就把全体有理数排成一列：

$$0, \frac{1}{1}, -\frac{1}{1}, \frac{2}{1}, -\frac{2}{1}, \frac{1}{2}, -\frac{1}{2}, \frac{3}{1}, -\frac{3}{1}, \frac{1}{3}, -\frac{1}{3},$$

$$\frac{3}{2}, -\frac{3}{2}, \frac{2}{3}, -\frac{2}{3}, \frac{1}{4}, -\frac{1}{4}, \frac{4}{1}, -\frac{4}{1}, \cdots$$

这样，在这个排列里，每个有理数都有它固定的位置，可以与正整数列建立一一对应关系，因此，有理数集是可数集. 解答可以用图 1.2 来表示.

$\begin{array}{c}a\\b\end{array}$	1	2	3	4	5	$\cdots$
1	$\frac{1}{1}$	$\frac{2}{1}$	$\frac{3}{1}$	$\frac{4}{1}$	$\frac{5}{1}$	$\cdots$
2	$\frac{1}{2}$		$\frac{3}{2}$		$\frac{5}{2}$	$\cdots$
3	$\frac{1}{3}$	$\frac{2}{3}$		$\frac{4}{3}$	$\frac{5}{3}$	$\cdots$
4	$\frac{1}{4}$		$\frac{3}{4}$		$\frac{5}{4}$	$\cdots$
5	$\frac{1}{5}$	$\frac{2}{5}$	$\frac{3}{5}$	$\frac{4}{5}$		$\cdots$
$\vdots$	$\vdots$	$\vdots$	$\vdots$	$\vdots$	$\vdots$	$\vdots$

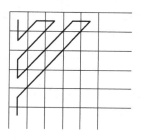

图 1.2

1.7 实数

因为有理数不能满足开方运算的需要和不足以精确地表示任意线段的度量结果,所以有必要引进新数——无理数,把有理数集扩展到实数集.

1.7.1 无理数的引入

定理 1.23 没有一个有理数,它的平方等于 2.

证明 要证明没有一个有理数的平方等于 2,只要证明没有一个正有理数的平方等于 2 就可以了.

首先,因为 $1^2=1$,$2^2=4$,所以 $1^2<2<2^2$,因此,没有一个正整数,它的平方等于 2. 其次,我们来证明任意正分数的平方也不等于 2.用反证法.

假定有一个正分数 $\dfrac{m}{n}$(m,n 是正整数,$n\neq1$,m,n 互质),它的平方等于 2,即

$$\left(\frac{m}{n}\right)^2=2,\quad 于是\ m^2=2n^2.$$

因而 m^2 是一个偶数,m 一定也是个偶数.

设 $m=2m_1$(m_1 是一个正整数),代入上式,得

$$(2m_1)^2=2n^2,\quad 即\ 4m_1^2=2n^2,\quad n^2=2m_1^2.$$

因此 n^2 是一个偶数,n 一定也是个偶数.

这就推出了 m 与 n 都是偶数,它们必定有一个公因数 2,这与 m,n 互质矛盾.定理得证.

定理 1.23 说明有理数集不能满足开方运算的需要,为此,有必要引进新数,把有理数集予以扩充.

1.7.2 实数的无限小数定义

下面我们从度量线段的角度来引入无理数概念.

定义 1.26 已知线段 AB 和 CD,如果存在第三条线段 EF 去度量 AB 和 CD,刚好都能整数次量完,就说线段 EF 是线段 AB 和 CD 的公度,这时就说 AB 和 CD 可公度.

度量线段的根据是下面的公理.

阿基米德公理 不论线段 OP 与 OM 是怎样的线段,总存在正整数 n,使 $n\cdot OP>OM$.

这条公理说的是,无论线段 OP 怎样小,点 M 距 O 怎样远,用 OP 在直线上连续截取足够多次,总可得到一点 Q,它位于点 M 右端(如图 1.3 所示).

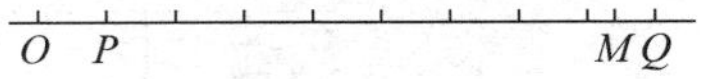

图　1.3

对于直线 MN 上的某线段 OP 的度量,可按下面的步骤进行:

先取一条作为单位长度的线段 E.从 O 点沿着 OP 连续截取单位线段 E,根据阿基米德

公理,这个步骤进行到 p_0 次时,所得线段还小于或等于 OP,而截取 p_0+1 次所得线段 OB_0 就超过 OP,这时有以下两种可能情形:

(1) 线段 E 恰好在 OP 上截取 p_0 次,这时线段 OP 的长度可以用非负整数 p_0 表示.

(2) 线段 E 在 OP 上截取 p_0 次后还剩下小于 E 的线段 A_0P,而线段 $A_0B_0(=(p_0+1)E)$ 含点 P,这时数 p_0 和 p_0+1 可以分别看作是线段 OP 的长度精确到 1 的不足近似值和过剩近似值.

① 如果线段 OP 与单位线段 E 可公度,那么线段 OP 的长度为无限循环小数.

② 如果线段 OP 与单位线段 E 不可公度,那么线段 OP 的长度不能用无限循环小数表示.把表示这种线段长度的小数叫做无限不循环小数.

定义 1.27 无限不循环小数 $p_0.p_1p_2\cdots p_n\cdots$ 叫做无理数,其中 p_0 是正整数或零,而
$$0\leqslant p_i\leqslant 9(i=1,2,\cdots,n,\cdots).$$

例如 $\sqrt{5},\sqrt{7},\mathrm{e}$ 等是无理数.

定义 1.28 有理数与无理数总称为实数.

由于有理数都可以用无限循环小数表示(整数和有限小数都可以表示成以零或 9 为循环节的无限小数),而无理数是无限不循环小数,所以实数也可以定义为无限小数.

定义 1.29 称十进小数 $a=a_0+\dfrac{a_1}{10}+\dfrac{a_2}{10^2}+\cdots+\dfrac{a_n}{10^n}+\cdots$ 为正实数(a_0 为非负整数,$0\leqslant a_i\leqslant 9,a_i\in\mathbb{N},i=1,2,\cdots,n,\cdots$),简记为 $a=a_0.a_1a_2\cdots a_n$. 对于每一个正实数 a,有一个数 $-a$ 与之对应,$-a$ 叫做负实数.正实数、负实数、零构成实数集,记为 $\mathbb{R}$.

定义 1.30 设正实数 $\alpha=a_0.a_1a_2\cdots a_n\cdots$,记有理数
$$\alpha_n^-=a_0.a_1a_2\cdots a_n,\quad \alpha_n^+=a_0.a_1a_2\cdots a_n+\dfrac{1}{10^n},$$
则 α_n^-,α_n^+ 分别叫做 α 的精确到 $\dfrac{1}{10^n}$ 的不足近似值和过剩近似值.

1.7.3 实数的顺序

定义 1.31 两个正实数 α 与 β 都表示成无限十进小数的形式.如果它们的整数部分不同,整数部分较大的那个数较大;如果整数部分相同,而小数第一位数码不相同,则小数第一位数码较大的那个数较大;如果小数第一位数码也相同,则小数第二位数码较大的那个数较大;依此类推.

定义 1.32 两个正实数 α 与 β 都表示成无限十进小数的形式,如果它们的所有对应数位上的数码都相同,就说这两个数相等.

关于正、负实数和零的大小规定也与有理数的规定一致.

同样,如果数 α 大于数 β,就认为数 β 小于数 α.

定理 1.24 在实数集中,仍保持有理数的基本顺序律,即对于不等关系来说,保持三分律、对逆性和传递性.

下面就三分律作出证明,即证:设 α,β 是实数,$\alpha<\beta,\alpha=\beta,\alpha>\beta$ 中有且只有一种情形成立.

证明　设 $\alpha = a_0 . a_1 a_2 \cdots a_n \cdots, \beta = b_0 . b_1 b_2 \cdots b_n \cdots$. 如果 $a_j \neq b_j$ 而 $a_k = b_k (k = 0, 1, 2, \cdots, j-1)$, 因为在有理数集中 $a_j > b_j, a_j = b_j, a_j < b_j$ 有且只有一种情况成立, 但已知 $a_j \neq b_j$, 所以只能有 $a_j > b_j$ 或 $a_j < b_j$, 这时, 相应地就有 $\alpha > \beta$ 或 $\alpha < \beta$. 这就证明了在 $\alpha < \beta, \alpha = \beta, \alpha > \beta$ 中有且只有一种情况成立.

1.7.4　实数的性质

定理 1.25（实数的稠密性）　设任意实数 α, β, 且 $\alpha < \beta$, 则在 α 与 β 之间总存在着无限多个实数.

证明　在 $\alpha < \beta$ 的条件下, 可以有下面 3 种情况:

(1) α, β 是非负数, 即 $0 \leqslant \alpha < \beta$. 设

$$\alpha = p_0 . p_1 p_2 \cdots p_n \cdots, \quad \beta = q_0 . q_1 q_2 \cdots q_n \cdots.$$

把整数和有限小数都看成以 0 为循环节的循环小数.

比较有限小数的序列

$$p_0; \ p_0 . p_1; \ p_0 . p_1 p_2; \ \cdots \tag{1.4}$$

$$q_0; \ q_0 . q_1; \ q_0 . q_1 q_2; \ \cdots \tag{1.5}$$

因为 $\alpha < \beta$, 在序列 (1.4) 中, 必能找到第一个数 $p_0 . p_1 p_2 \cdots p_k$ 小于序列 (1.5) 中对应的数 $q_0 . q_1 q_2 \cdots q_k$, 这里 $p_0 . p_1 p_2 \cdots p_{k-1} = q_0 . q_1 q_2 \cdots q_{k-1}$, 但 $p_k < q_k$.

构造无限小数 $\gamma = p_0 . p_1 \cdots p_k l_{k+1} l_{k+2} \cdots$, 显然 $\gamma < \beta$.

如果 $p_{k+1} \neq 9$, 则 l_{k+1} 可取大于 p_{k+1} 的数码, 这时不论 $l_{k+2}, \cdots$ 取什么数码, 将有 $\alpha < \gamma$. 如果 $p_{k+1} = 9$, 但 $p_{k+2} \neq 9$, 则取 $l_{k+1} = 9, l_{k+2}$ 为大于 p_{k+2} 的数码, 其余数码可以任意取, 都有 $\alpha < \gamma$. 这样继续下去, 由于 α 的 p_k 以后的数码 $p_{k+1}, p_{k+2}, \cdots$ 不可能都是 9, 否则与我们前面规定整数与有限小数表示成以 0 为循环节矛盾, 所以, 总可以构造 γ 使 $\alpha < \gamma < \beta$.

因为数码 $l_{k+1}, l_{k+2}, \cdots$, 从某一个开始可以任意选择, 所以在 α 与 β 之间存在着无限多个实数.

(2) 设 $\alpha < \beta \leqslant 0$, 这时有 $0 \leqslant -\beta < -\alpha$, 由 (1) 知, 在 $-\beta$ 与 $-\alpha$ 之间存在无限多个实数 γ, 所以, 在 α 与 β 之间存在无限多个实数 $-\gamma$.

(3) 设 $\alpha < 0 < \beta$, 则在 α 与 0 之间以及 0 与 β 之间各存在无限多个实数, 因而在 α 与 β 之间, 存在无限多个实数.

1.7.5　区间套定义实数

定义 1.33　一个有理闭区间序列:

$$[a_1, b_1], [a_2, b_2], \cdots, [a_n, b_n], \cdots, \text{其中 } a_i, b_i (i = 1, 2, \cdots, n, \cdots)$$

都是有理数, 如果有以下性质:

(1) $a_1 \leqslant a_2 \leqslant \cdots \leqslant a_n \leqslant \cdots, \quad b_1 \geqslant b_2 \geqslant \cdots \geqslant b_n \geqslant \cdots$;

(2) $a_n < b_n$;

(3) 当 n 充分大时, 差 $b_n - a_n$ 将小于任何预先给定的小正数 ε.

那么这个序列叫做退缩有理闭区间序列.

定义 1.34 如果存在一个数 M,它大于给定的不减序列

$$a_1, a_2, \cdots, a_n, \cdots \quad (a_1 \leqslant a_2 \leqslant \cdots \leqslant a_n \leqslant \cdots) \tag{1.6}$$

的任何一项,或者小于给定的不增序列

$$b_1, b_2, \cdots, b_n, \cdots \quad (b_1 \geqslant b_2 \geqslant \cdots b_n \geqslant \cdots) \tag{1.7}$$

的任何一项,序列(1.6)或序列(1.7)都叫做有界序列.

如果上述的 M 不存在,序列(1.6)和序列(1.7)都叫做无界序列.

定理 1.26 对于任意不减的有界序列

$$a_1, a_2, \cdots, a_n, \cdots \tag{1.8}$$

必定存在一个不小于序列(1.8)中各项的最小的实数 α.

证明 如果从 $n = k$ 起,以后的各项都相等,即 $a_k = a_{k+1} = a_{k+2} = \cdots$,那么 $\alpha = a_k$.

如果从 $n = k$ 起,以后的各项不都相等,那么,必定存在一个大于序列(1.8)中各项的最小的整数,否则序列(1.8)无界. 设这个最小的整数为 $p_0 + 1$,于是,在序列(1.8)中必有大于 p_0 的数,但没有大于 $p_0 + 1$ 的数,否则 $p_0 + 1$ 就不是大于序列(1.8)中所有项的最小整数.

在两个整数 p_0 与 $p_0 + 1$ 之间,取含有一位小数的数

$$p_0 + \frac{1}{10}, \quad p_0 + \frac{2}{10}, \cdots, p_0 + \frac{9}{10}.$$

于是必定存在一个大于序列(1.8)中各项的最小的具有一位小数的数

$$p_0 + \frac{p_1 + 1}{10} \quad (p_1 = 0, 1, 2, \cdots, 9),$$

并且序列(1.8)中有大于 $p_0 + \frac{p_1}{10} + \frac{p_2}{100}$ 的数,而没有大于 $p_0 + \frac{p_1}{10} + \frac{p_2 + 1}{100}$ 的数.

再在两个一位小数 $p_0.p_1$ 与 $p_0.\overline{p_1 + 1}$ 之间,取含有两位小数的数

$$p_0 + \frac{p_1}{10} + \frac{1}{100}, \quad p_0 + \frac{p_1}{10} + \frac{2}{100}, \cdots, p_0 + \frac{p_1}{10} + \frac{9}{100}.$$

于是必定存在一个大于序列(1.8)中各项的最小的具有两位小数的数

$$p_0 + \frac{p_1}{10} + \frac{p_2 + 1}{100} \quad (p_2 = 0, 1, 2, \cdots, 9),$$

并且序列(1.8)中有大于 $p_0 + \frac{p_1}{10}$ 的数,但没有大于 $p_0 + \frac{p_1 + 1}{10}$ 的数.

如此继续下去,必存在一个大于序列(1.8)中各项的最小实数

$$p_0 + \frac{p_1}{10} + \frac{p_2}{100} + \cdots + \frac{p_n}{10^n} + \cdots, \quad \text{即 } \alpha = p_0.p_1 p_2 \cdots p_n \cdots.$$

下面证明这样的实数 α 是唯一的. 事实上,假定存在一个实数 α',它不小于序列(1.8)中的任何一项的数,且 $\alpha' < \alpha$. 那么必有 α 的不足近似值大于 α',当然这些不足近似值也大于序列(1.8)中任何一项的数,这与 α 的不足近似值要小于序列(1.8)中某些数相矛盾,所以 α' 不存在.

同理可证下面的定理.

定理 1.27 对于任意不增的有界序列

$$b_1, b_2, \cdots, b_n, \cdots, \tag{1.9}$$

必存在一个不大于序列(1.9)中各项的最大实数 β.

定理 1.28 对于每一个退缩有理闭区间序列

$$[a_1,b_1],[a_2,b_2],\cdots,[a_n,b_n],\cdots$$

存在唯一的实数 α，它属于序列里每一个闭区间，即 $a_n\leqslant\alpha\leqslant b_n$，其中 n 为正整数.

证明 因为 $a_1,a_2,\cdots,a_n,\cdots$ 是不减的有界序列，根据定理 1.26，必存在一个不小于序列各项的最小实数 α，即 $a_1\leqslant a_2\leqslant\cdots\leqslant a_n\leqslant\alpha$. 又因为 $b_1,b_2,\cdots,b_n,\cdots$ 是不增的有界序列，根据定理 1.27，必存在一个不大于序列各项的最大实数 β，即 $b_1\geqslant b_2\geqslant\cdots\geqslant b_n\geqslant\beta$.

下面证明 $\alpha=\beta$.

(1) 如果 $\alpha>\beta$，那么根据定理 1.26，存在实数 δ 使 $\beta<\delta<\alpha$.

当 n 充分大时，有 $a_n>\delta$，否则 α 不是大于所有 $a_i(i=1,2,\cdots,n,\cdots)$ 的最小实数. 同时还有 $b_n<\delta$，否则 β 不是小于所有 $b_i(i=1,2,\cdots,n,\cdots)$ 的最大实数. 于是有 $\beta\leqslant b_n<\delta<a_n\leqslant\alpha$，即 $b_n<a_n$，这与退缩有理闭区间序列所要满足的性质(2)矛盾，所以 $\alpha\not>\beta$.

(2) 如果 $\alpha<\beta$，那么根据定理 1.27，存在实数 γ_1,γ_2 使 $\alpha<\gamma_1<\gamma_2<\beta$，于是 $a_n<\gamma_1<\gamma_2=b_n$，从而有 $b_n-a_n>\gamma_2-\gamma_1$. 因此，当 n 充分大时，b_n-a_n 可以任意小，当然可以小于 $\gamma_2-\gamma_1$，这就与 $b_n-a_n>\gamma_2-\gamma_1$ 矛盾，所以 $\alpha\not<\beta$.

由(1),(2)可知 $\alpha=\beta$. 这就说明存在唯一的实数 α，满足 $a_n\leqslant\alpha\leqslant b_n$.

这个定理说明了每一个退缩有理闭区间序列确定唯一的实数. 今后我们常用它来确定实数.

反之，对每一个无限小数 α，总能找到一个确定它的退缩有理闭区间序列. 例如 $\alpha=\pi=3.14159\cdots$，分别取 π 精确到 $1,\frac{1}{10},\cdots,\frac{1}{10^n},\cdots$ 的不足近似值与过剩近似值所构成的有理闭区间序列，就是确定 π 的退缩有理闭区间序列.

1.7.6　实数的运算

(1) 实数的加法

定义 1.35 设 $\alpha,\beta\in\mathbb{R}$，则由退缩有理闭区间序列 $\{[\alpha_n^-+\beta_n^-,\alpha_n^++\beta_n^+]\}$ 所确定的实数 γ 叫做实数 α,β 的和，记为 $\gamma=\alpha+\beta$.

定理 1.29 正实数的和存在且唯一.

证明 设 α,β 是任意两个正实数，作两个序列：

$$a_0=\alpha_0^-+\beta_0^-,\quad a_1=\alpha_1^-+\beta_1^-,\cdots,a_n=\alpha_n^-+\beta_n^-,\cdots \tag{1.10}$$

$$b_0=\alpha_0^++\beta_0^+,\quad b_1=\alpha_1^++\beta_1^+,\cdots,b_n=\alpha_n^++\beta_n^+,\cdots \tag{1.11}$$

序列(1.10)不减，序列(1.11)不增，对任何 n，有 $a_n<b_n$，且

$$b_n-a_n=(\alpha_n^++\beta_n^+)-(\alpha_n^-+\beta_n^-)=(\alpha_n^+-\alpha_n^-)+(\beta_n^+-\beta_n^-).$$

取足够大的 n，使 $\alpha_n^+-\alpha_n^-<\frac{\varepsilon}{2},\beta_n^+-\beta_n^-<\frac{\varepsilon}{2}$，于是有 $b_n-a_n<\varepsilon$，所以序列

$$[\alpha_0^-+\beta_0^-,\alpha_0^++\beta_0^+],[\alpha_1^-+\beta_1^-,\alpha_1^++\beta_1^+],\cdots,[\alpha_n^-+\beta_n^-,\alpha_n^++\beta_n^+],\cdots$$

是退缩有理闭区间序列，根据定理 1.28，它确定唯一的实数 γ，由定义 1.35 知，γ 就是 α,β 的和，所以任意两个正实数的和是存在且唯一的.

由有理数加法满足交换律、结合律，很容易得到正实数的加法满足交换律、结合律.

因为 $\alpha+\beta$ 是由序列 $\{[\alpha_n^-+\beta_n^-,\alpha_n^++\beta_n^+]\}$ 确定,而 $\beta+\alpha$ 是由序列 $\{[\beta_n^-+\alpha_n^-,\beta_n^++\alpha_n^+]\}$ 确定,显然有

$$\alpha+\beta=\beta+\alpha.$$

同理可得

$$(\alpha+\beta)+\gamma=\alpha+(\beta+\gamma).$$

(2) 实数的乘法

定义 1.36 若 α,β 是正实数,则由退缩有理闭区间序列 $\{[\alpha_n^-\cdot\beta_n^-,\alpha_n^+\cdot\beta_n^+]\}$ 所确定的唯一实数 γ 叫做 α 乘以 β 的积,记为 $\gamma=\alpha\cdot\beta$,并且规定

$$\alpha\cdot 0=0\cdot\alpha=0;\ (-\alpha)\cdot\beta=\alpha\cdot(-\beta)=-(\alpha\beta);\ (-\alpha)\cdot(-\beta)=\alpha\beta.$$

用类似于加法的证明方法可证任意两个正实数的积是存在且唯一的,并且乘法满足交换律、结合律和分配律.

(3) 实数的减法

定义 1.37 设 α,β 是两个正实数,且 $\alpha>\beta$,满足条件 $\alpha=\beta+x$ 的数 x,叫做 α 减去 β 的差,记作 $x=\alpha-\beta$.

当 $\alpha>\beta$ 时,$\alpha-\beta$ 存在且唯一,它为退缩有理闭区间序列 $\{[\alpha_n^--\beta_n^+,\alpha_n^+-\beta_n^-]\}$ 所确定.

(4) 实数的除法

定义 1.38 设 α,β 是两个正实数,满足条件 $\beta x=\alpha$ 的数 x 叫做 α 除以 β 的商,记作 $x=\dfrac{\alpha}{\beta}$.

与有理数的除法一样,设 β 是正实数,则 $\dfrac{1}{\beta}$ 叫做 β 的倒数,它由退缩有理闭区间序列 $\left\{\left[\dfrac{1}{\beta_n^+},\dfrac{1}{\beta_n^-}\right]\right\}$ 所确定,这样,商 $\dfrac{\alpha}{\beta}$ 是由退缩有理闭区间序列 $\left\{\left[\alpha_n^-\cdot\dfrac{1}{\beta_n^+},\alpha_n^+\cdot\dfrac{1}{\beta_n^-}\right]\right\}$ 所确定的唯一实数.

对于两个负实数,正负实数以及正、负实数与零的算术四则运算,按有理数规定的法则进行.

(5) 正实数的开方

定义 1.39 如果一个正实数 x,它的 n 次乘方等于给定的正实数 α,即 $x^n=\alpha$,那么,正实数 x 就叫做正实数 α 的 n 次方根(n 是大于 1 的整数),记作 $\sqrt[n]{\alpha}$.

定理 1.30 对于任意正实数 α,存在唯一的正实数 x,它的 n 次乘方等于 α.

证明 作非负整数的 n 次方幂的序列

$$0^n,1^n,2^n,\cdots,k^n,\cdots \tag{1.12}$$

在序列 (1.12) 中,取大于 1 且大于 α 的正整数 k:$1<k,\alpha<k$,则有

$$\alpha<k^2,\alpha<k^3,\cdots,\alpha<k^n,\cdots,$$

因此,在序列 $\{k^n\}$ 里必有大于 α 的数,设 $(p+1)^n$ 是这些数中最小者,即有

$$p^n\leqslant\alpha<(p+1)^n. \tag{1.13}$$

若 (1.13) 式中等号成立,则 p 是所求的实数 x.

若 (1.13) 式中等号不成立,则将闭区间 $[p,p+1]$ 分成十等份,得

$$p,p+\frac{1}{10},p+\frac{2}{10},\cdots,p+\frac{9}{10},p+1.$$

这样在

$$p^n, \left(p+\frac{1}{10}\right)^n, \left(p+\frac{2}{10}\right)^n, \cdots, \left(p+\frac{9}{10}\right)^n, (p+1)^n$$

中必有大于 α 的数,设 $p+\dfrac{q_1+1}{10}$ 为其最小者,即有

$$\left(p+\frac{q_1}{10}\right)^n \leqslant \alpha < \left(p+\frac{q_1+1}{10}\right)^n. \tag{1.14}$$

若(1.14)式中等号成立,则 $p.q_1$ 是所求的实数 x.

若(1.14)式中等号不成立,则将区间 $\left[p+\dfrac{q_1}{10}, p+\dfrac{q_1+1}{10}\right]$ 分成十等份,如此继续下去,就得到实数 $x = p.q_1q_2\cdots q_m\cdots$,它精确到 $\dfrac{1}{10^m}$ 的不足近似值和过剩近似值分别是 $x_m^- = p.q_1q_2\cdots q_m$,$x_m^+ = p.q_1q_2\cdots\overline{(q_m+1)}$,它们满足 $(x_m^-)^n \leqslant \alpha < (x_m^+)^n$,由乘法定义知,$x^n$ 是唯一的实数,且 $(x_m^-)^n \leqslant x^n < (x_m^+)^n$,所以,$x^n = \alpha$,即 $x = \sqrt[n]{\alpha}$.

下面证唯一性.

设 y 为满足 $y^n = \alpha$ 的另一正实数,且 $y \neq x$,则当 $y < x$ 时,有 $y^n < x^n$,即 $y^n < \alpha$;当 $y > x$ 时,有 $y^n > x^n$,即 $y^n > \alpha$,都与 $y^n = \alpha$ 矛盾,所以假设的 y 不存在.

必须指出,虽然非负实数集内,开方运算永远可以实施,但在整个实数集内,开方运算不是永远可以实施的,要解决这一问题,还需将实数集再作进一步的扩展.

1.8 复数

在实数集中,负数不能开偶次方,因此方程 $x^2+1=0$ 在实数集中没有解,所以有必要构造一个新的数集,使实数集作为它的子集,并使方程 $x^2+1=0$ 有解.

1.8.1 复数概念

定义 1.40 设 (a,b) 是有序实数对,C_0 是所有这种数对的集合.在 C_0 中我们定义:

(1) 当且仅当 $a=c, b=d$ 时,$(a,b)=(c,d)$;

(2) 数对的加法:$(a,b)+(c,d)=(a+c, b+d)$;

(3) 数对的乘法:$(a,b)(c,d)=(ac-bd, ad+bc)$.

定理 1.31 全体有序实数对的集合 C_0 关于上述加法和乘法构成一个域.

证明 要证明 C_0 对上述定义的加法和乘法构成一个域,就要证明:①加法的结合律;②加法的交换律;③加法有零元;④对 C_0 的每一个元素,都有加法负元;⑤乘法的结合律;⑥乘法的交换律;⑦乘法对加法的分配律;⑧乘法有单位元;⑨对 C_0 的每个非零元素,都有乘法逆元.详细证明留给读者.

设 R_0 是 C_0 中所有形如 $(a,0)$ 的实数对作成的集合.

设 $f:(a,0) \to a$ 是 R_0 到实数域 $\mathbb{R}$ 的一个映射,不难证明 f 是 R_0 到 $\mathbb{R}$ 上的一一映射.

设 $\alpha=(a,0), \beta=(b,0)$ 是 R_0 中的任意两个元素,由数对的加法和乘法以及规定的映射

f, 知
$$f(\alpha) + f(\beta) = a + b = f(\alpha + \beta), \quad f(\alpha) \cdot f(\beta) = a \cdot b = f(\alpha\beta).$$
所以 f 是 R_0 到 $\mathbb{R}$ 上的一个同构映射.

设 $\mathbb{C}$ 是这样的集合, 它以 $\mathbb{R}$ 为真子集, 且还包含 C_0 中一切不是形如 $(a, 0)$ 的有序对. 建立 C_0 到 $\mathbb{C}$ 的一个映射 f:
$$f(\alpha) = a, \text{当} \alpha = (a, 0), \quad f(\beta) = \beta, \text{当} \beta \neq (a, 0),$$
这里 $a \in \mathbb{R}$, α, β 为 C_0 中任意两个元素. 不难证明, f 是 C_0 到 $\mathbb{C}$ 上的一一映射.

在集合 $\mathbb{C}$ 中, 定义加法和乘法如下:
$$f(\alpha) + f(\beta) = f(\alpha + \beta), \quad f(\alpha)f(\beta) = f(\alpha\beta), \tag{1.15}$$
这里 α, β 是 C_0 中的任意元素.

因为 f 是 C_0 到 $\mathbb{C}$ 上的一一映射, 故 $f(\alpha), f(\beta)$ 是 $\mathbb{C}$ 的任意元素.

由于 $\alpha + \beta, \alpha\beta$ 在 C_0 中唯一确定, 因此 $f(\alpha + \beta), f(\alpha\beta)$ 就唯一确定, 从而 $f(\alpha) + f(\beta)$, $f(\alpha) \cdot f(\beta)$ 就唯一确定. 因而 (1.15) 式, 对于集合 $\mathbb{C}$ 中的任意元素实际定义出加法和乘法, 因此 $\mathbb{C}$ 是具有两种代数运算的集合.

另一方面, (1.15) 式指出集合 $\mathbb{C}$ 关于这样定义的两种运算与域 C_0 同构. 所以 $\mathbb{C}$ 是一个域.

我们把上面得到的域 $\mathbb{C}$ 叫做复数域, 其中的元素叫做复数. $\mathbb{R}$ 是它的子域.

令 $i = (0, 1)$, 由 C_0 所定义的乘法, 有 $i^2 = (0, 1)(0, 1) = (-1, 0)$, 而在 C_0 与 $\mathbb{C}$ 间的同构映射下, C_0 的元素 $(-1, 0)$ 恰好有 $\mathbb{C}$ 中的元素 -1 与之对应, 所以, 在 $\mathbb{C}$ 中有 $i^2 = -1$. 因而在 $\mathbb{C}$ 中 i 是方程 $x^2 + 1 = 0$ 的一个解.

又 $-i = -(0, 1) = (0, -1)$, 而 $(-i)^2 = (-i)(-i) = (0, -1)(0, -1) = (-1, 0)$, 所以在 $\mathbb{C}$ 中有 $(-i)^2 = -1$, 因而在 $\mathbb{C}$ 中 $-i$ 也是方程 $x^2 + 1 = 0$ 的一个解.

至此, 我们已经找到了 $x^2 + 1 = 0$ 在 $\mathbb{C}$ 中的解 $x = \pm i$, 这里 $i = (0, 1)$, 它具有性质 $i^2 = -1$.

定理 1.32   在复数域 $\mathbb{C}$ 中, 任一元素 α, 都可表示成 $\alpha = a + bi$ 的形式, 其中 a, b 都是实数.

证明   在 C_0 与 $\mathbb{C}$ 间的同构映射下, $\mathbb{C}$ 中的元素 α 对应于 C_0 中的有序实数对 (a, b), 而在 C_0 中有 $(a, b) = (a, 0) + (b, 0)(0, 1)$, 由 C 与 C_0 间的同构对应, 有 $\alpha = a + bi$.

在 $\alpha = a + bi$ 中, a 叫做复数 α 的实部, b 叫做虚部, i 叫做虚数单位. 若 $b = 0$, 则 $\alpha = a + 0i$ 看作实数 a; 若 $b \neq 0$, 则 α 叫做虚数; 若 $a = 0, b \neq 0$, 则 α 叫做纯虚数. $a + (-b)i$ 叫做 $\alpha = a + bi$ 的共轭复数, 用 $\bar{\alpha}$ 表示, 即 $\bar{\alpha} = a + (-b)i$ 或写成 $\bar{\alpha} = a - bi$.

这样, 就有
$$(a + bi) + (c + di) = (a + c) + (b + d)i,$$
$$(a + bi)(c + di) = (ac - bd) + (ad + bc)i.$$
减法和除法作为加法的逆运算, 有
$$(a + bi) - (c + di) = (a - c) + (b - d)i,$$
$$\frac{a + bi}{c + di} = \frac{ac + bd}{c^2 + d^2} + \frac{bc - ad}{c^2 + d^2}i \quad (c + di \neq 0).$$

在平面上建立直角坐标系, 规定点 $Z(a, b)$ 表示复数 $z = a + bi$. 这样, 复数集与平面上点集间构成一一对应.

由于平面上的点也可用极坐标 (ρ,θ) 表示,所以 $z=a+bi$ 可以表示成三角形式.

定义 1.41 数 $z=a+bi$ 可以表示为 $z=r(\cos\theta+i\sin\theta)$ 的形式,叫做复数 z 的三角形式,相应的 $a+bi$ 叫做 z 的代数式,其中 r 叫做复数 z 的模,记作 $|z|$;θ 称为 z 的一个辐角,并且 $\cos\theta=\dfrac{a}{r}$,$\sin\theta=\dfrac{b}{r}$,$r=\sqrt{a^2+b^2}$.

显然,不等于零的复数 z 有无限多个辐角,它们的值相差 2π 的整数倍,z 的辐角记作 $\mathrm{Arg}z$.$0\leqslant\theta\leqslant2\pi$ 的 θ 值叫做辐角 θ 的主值,记作 $\mathrm{arg}z$.

由复数的乘法容易得到下面的结论.

定理 1.33(棣莫弗定理) $[r(\cos\theta+i\sin\theta)]^n=r^n(\cos n\theta+i\sin n\theta)$.

1.8.2 复数的性质

1. 域 $\mathbb{C}$ 不包含异于其自身的且又具有以实数域为其子域,并含有具有性质 $i^2=-1$ 的元素 $i=(0,1)$ 的其他子域.

证明 设 P 是包含实数域 $\mathbb{R}$,且含具有性质 $j^2=-1$ 的元素 j 的 $\mathbb{C}$ 的任何一个子域,则由 $i^2=j^2=-1$ 得 $(i+j)(i-j)=i^2-ij+ji-j^2=0$.但域 $\mathbb{C}$ 没有零因子,因此,$i+j=0$ 或 $i-j=0$,即 $j=\pm i$,于是对于 $\mathbb{C}$ 中的任意 α,有 $\alpha=a+bi=a\pm bj$,即 $\alpha\in P$,故 P 与 $\mathbb{C}$ 相同.这就证明了域 $\mathbb{C}$ 的最小性.

2. 复数域是有序集但不是有序域.

如果在一个集合中规定了一种顺序,用符号 $a>b$ 表示,且适合顺序律(三分律、传递性),则我们就说这个集合是有序集.复数集 $\mathbb{C}$ 是有序集,事实上,我们可以这样来规定顺序:两个复数,先比较实部,当实部比不出大小时,再比较虚部.任何异于零的复数都比零大.我们也可以这样来规定复数的顺序,辐角主值大的复数大,而辐角相同时,按模的大小比较,规定任何异于零的复数都比零大.上述规定的顺序都符合三分律及传递性,即符合顺序律,所以复数集合是一个有序集.

所谓不全是实数的复数,不能比较它们的大小,是指它们不具有"数目顺序",即 $\mathbb{C}$ 不是有序域.

所谓"数目顺序",就是既适合顺序律,再进一步要求这种先后顺序适合以下条件:

(1) 如果 $a<b$,那么对任意 c,$a+c<b+c$;

(2) 如果 $a<b$,那么对任意 $0<c$,$ac<bc$.

按照这种要求,我们就无法规定复数的数目顺序了.事实上,假定我们给复数规定了顺序,且适合顺序律及条件(1),条件(2).那么,因为 $i\neq0$,由三分律知 $0<i$ 或 $i<0$.

假定 $0<i$,则由条件(2)得 $0\cdot i<i^2$,即

$$0<-1. \tag{1.16}$$

由条件(1)得 $0+1<(-1)+1$,即

$$1<0. \tag{1.17}$$

(1.16)式的两边同乘以 -1,由于(1.16)式:$0<-1$ 且根据条件(2)得 $0(-1)<(-1)(-1)$,即

$$0<1. \tag{1.18}$$

由于(1.17)式和(1.18)式的结果与三分律矛盾,故 $0<i$ 不成立.

同理可证,$i<0$ 不成立.因此在复数内不能规定数目顺序,即复数不能有大小的规定.

3. 在复数域内,开方运算总是可实施的.

可利用复数三角式的开方来证明下面的定理.

定理 1.34 设 $z\in\mathbb{C}$.如果 $z\neq0$,那么存在 n 个且只有 n 个不同复数 $\omega_k(k=0,1,\cdots n-1)$ 满足条件 $\omega^n=z$,当 $z=0$ 时,只有一个数 $\omega=0$ 满足条件 $\omega^n=z$.

证明 设 $z=\rho(\cos\theta+i\sin\theta)$,则我们在中学里已知复数 $z(\neq0)$ 的 n 次方根存在,并可用

$$\omega_k=\sqrt[n]{\rho}\left[\cos\left(\frac{2k\pi}{n}+\frac{\theta}{n}\right)+i\sin\left(\frac{2k\pi}{n}+\frac{\theta}{n}\right)\right]$$ 来计算(k 是整数).

现在来证明,在 ω_k 中只有 n 个相异的数.

令 $k=0,1,2,\cdots,n-1$,得到 n 个值 $\omega_0,\omega_1,\cdots,\omega_{n-1}$,其中任意两个都不相等,即 $\omega_l\neq\omega_s(0\leqslant l\leqslant n-1,0\leqslant s\leqslant n-1,$ 且 $l\neq s)$.

由 $|l-s|<n$,有 $\frac{|l-s|}{n}<1$,由此知 ω_l 与 ω_s 的辐角之差

$$\left(\frac{2l\pi}{n}+\frac{\theta}{n}\right)-\left(\frac{2s\pi}{n}+\frac{\theta}{n}\right)=\frac{(l-s)2\pi}{n}$$

不是 2π 的整数倍,所以 $\omega_0,\omega_1,\cdots,\omega_{n-1}$ 都相异.

另一方面,任何整数 k 都可写成 $k=nq+t(0\leqslant t<n-1)$,故

$$\frac{2k\pi}{n}+\frac{\theta}{n}=\frac{2(nq+t)\pi}{n}+\frac{\theta}{n}=2q\pi+\frac{2t\pi}{n}+\frac{\theta}{n},$$

这说明和 k 对应的 ω_k 与 $\omega_0,\omega_1,\cdots,\omega_{n-1}$ 中的某一个的辐角之间相差 2π 的整数倍.

以上证明了复数 $z(\neq0)$ 有且只有 n 个不同的 n 次方根.

若 $z=0$,显然有 $0^n=0$.

1.8.3 复数的应用

复数的应用比较广.由复数乘法很容易得到
$$r_1(\cos\theta_1+i\sin\theta_1)\cdot r_2(\cos\theta_2+i\sin\theta_2)=r_1r_2[\cos(\theta_1+\theta_2)+i\sin(\theta_1+\theta_2)],$$
即两个复数相乘,积的模等于各复数的模的积,积的辐角等于这两个复数的辐角的和,且可以推广到 n 个复数的乘法公式.

复数三角形式乘法的几何意义:

在复平面内 z_1,z_2 对应向量 $\overrightarrow{OP_1},\overrightarrow{OP_2}$,将向量 $\overrightarrow{OP_1}$ 按逆时针旋转一个角 θ_2(若 $\theta_2<0$,则按顺时针方向旋转一个角 $|\theta_2|$),再把它的模变为原来的 r_2 倍,所得向量 $\overrightarrow{OP}$ 就表示积 z_1z_2.

复数三角形式的除法法则:

$$\frac{r_1(\cos\theta_1+i\sin\theta_1)}{r_2(\cos\theta_2+i\sin\theta_2)}=\frac{r_1}{r_2}[\cos(\theta_1-\theta_2)+i\sin(\theta_1-\theta_2)],\quad z_2\neq0,$$

即两个复数相除,商的模等于各复数的模的商,商的辐角等于被除数的辐角减去除数的辐角所得的差.

注意 $\arg\frac{z_1}{z_2}=\arg z_1-\arg z_2+2k\pi(k$ 取某一整数),其中整数 k 使

$$\arg z_1 - \arg z_2 + 2k\pi \in [0, 2\pi).$$

复数除法的几何意义：

$\dfrac{z_1}{z_2}$ 的几何意义是：设 O 为坐标原点，把 z_1 对应的向量 $\overrightarrow{OP_1}$ 按顺时针方向旋转一个角 θ_2，同时把它的模变为原来的 $\dfrac{1}{r_2}$，所得的向量 $\overrightarrow{OP}$ 就表示商 $\dfrac{z_1}{z_2}$.

有关复数的一些常用结论：

1. $(1 \pm i)^2 = \pm 2i, (\pm 1 \pm i)^4 = -4, \dfrac{1+i}{1-i} = i, i^n$ 的周期性.

2. 1 的立方虚根 $\omega, \bar{\omega}$ 的系列性质，其中 $\omega = -\dfrac{1}{2} + \dfrac{\sqrt{3}}{2}i$，则

$$\omega^{3n} = 1, \quad \bar{\omega}^{3n} = 1, \quad \omega^2 = \bar{\omega}, \quad \bar{\omega}^2 = \omega, \quad \omega^2 + \omega + 1 = 0.$$

3. 若复数 $z = a + bi\,(a, b \in \mathbb{R}^+)$，则有 $\cot(\arg z) = \dfrac{b}{a}$.

4. 设 z 是虚数，$m > 0$，若 $z + \dfrac{m}{z} \in \mathbb{R}$，则 $|z|^2 = m$.

5. 若 $z_1, z_2 \in \mathbb{C}$，满足 $|z_1| = |z_2| = 1$，则有 $z_1 z_2 = \dfrac{(z_1 + z_2)^2}{|z_1 + z_2|^2}$.

6. ① $|z_1 + z_2|^2 + |z_1 - z_2|^2 = 2|z_1|^2 + 2|z_2|^2$;

② $||z_1| - |z_2|| \leqslant |z_1 + z_2| \leqslant |z_1| + |z_2|$;

③ $z\bar{z} = |z|^2$;

④ $z_1 = z_2 \Leftrightarrow \bar{z}_1 = \bar{z}_2$;

⑤ z 为纯虚数 $\Leftrightarrow z + \bar{z} = 0\,(z \neq 0)$;

⑥ $z \in \mathbb{R} \Leftrightarrow z = \bar{z}$;

⑦ $z^2 \in \mathbb{R} \Leftrightarrow z \in \mathbb{R}$ 或 z 为纯虚数.

7. 常见几何曲线的复数方程（其中 $a > 0, r > 0$）：

① 圆 $|z - z_0| = r$;

② 中垂线 $|z - z_1| = |z - z_2|$;

③ 椭圆 $|z - z_1| + |z - z_2| = 2a\,(2a > |z_1 - z_2|)$;

④ 线段 $|z - z_1| + |z - z_2| = 2a\,(2a = |z_1 - z_2|)$;

⑤ 双曲线 $|z - z_1| - |z - z_2| = \pm 2a\,(2a < |z_1 - z_2|)$;

⑥ 射线 $|z - z_1| - |z - z_2| = 2a\,(2a = |z_1 - z_2|)$.

例 1.20　已知 $\arctan a + \arctan b + \arctan c = \pi$，求证：$ab + bc + ca > 1$，且 $a + b + c = abc$.

证明　设 $\arctan a = \alpha, \arctan b = \beta, \arctan c = \gamma$，则 α, β, γ 分别是复数 $z_1 = 1 + ai, z_2 = 1 + bi, z_3 = 1 + ci$ 的辐角，$\alpha + \beta + \gamma$ 则是复数 $z_1 z_2 z_3$ 的一个辐角.

因为 $\alpha + \beta + \gamma = \pi$，所以 $z_1 z_2 z_3$ 是负实数，而

$$z_1 z_2 z_3 = (1 + ai)(1 + bi)(1 + ci) = (1 - ab - bc - ac) + (a + b + c - abc)i < 0,$$

故 $ab + bc + ca > 1, a + b + c = abc$.

例 1.21　设复数 α, β 对应于复平面上的点 A, B，且 $\alpha^2 - 2\alpha\beta + 4\beta^2 = 0$，$|\alpha - \sqrt{3} + i| = 1$，$O$ 为原点，求 $\triangle OAB$ 的最大面积.

解 依题意知 $\alpha\beta\neq0$,原方程可变为 $\left(\dfrac{\alpha}{\beta}\right)^2-2\dfrac{\alpha}{\beta}+4=0$,解得

$$\frac{\alpha}{\beta}=1\pm\sqrt{3}\,\mathrm{i}=2\left[\cos\left(\pm\frac{\pi}{3}\right)+\mathrm{i}\sin\left(\pm\frac{\pi}{3}\right)\right],$$

此式的几何意义是:$|OA|=2|OB|$,且 $\angle AOB=60°$,于是 $\angle B=90°$.

由 $|\alpha-\sqrt{3}+\mathrm{i}|=1$ 知点 A 在 $\odot C$ 上移动,故要求 $\triangle OAB$ 的最大面积,只要求 $|OA|$ 的最大值,而 $|OA|_{max}=3=|OC|$,所以 $\triangle OAB$ 的最大面积为

$$\frac{1}{2}OB\cdot AB=\frac{1}{2}\times\frac{3}{2}\times\frac{3\sqrt{3}}{2}=\frac{9\sqrt{3}}{8}.$$

例 1.22 已知复数 z_1,z_2 在复平面内的对应点分别是 P,Q,且 $|z_2|=4,4z_1^2-2z_1z_2+z_2^2=0$,求 $\triangle OPQ$ 的面积.

解 因为 $4z_1^2-2z_1z_2+z_2^2=0$,所以 $4\left(\dfrac{z_1}{z_2}\right)^2-2\dfrac{z_1}{z_2}+1=0$,解得

$$\frac{z_1}{z_2}=\frac{1+\sqrt{3}\,\mathrm{i}}{4}\quad\text{或}\quad\frac{z_1}{z_2}=\frac{1-\sqrt{3}\,\mathrm{i}}{4},$$

于是 $\dfrac{z_1}{z_2}=\dfrac{1}{2}\left(\cos\dfrac{\pi}{3}+\mathrm{i}\sin\dfrac{\pi}{3}\right)$ 或 $\dfrac{z_1}{z_2}=\dfrac{1}{2}\left(\cos\dfrac{5\pi}{3}+\mathrm{i}\sin\dfrac{5\pi}{3}\right)$,故 $\angle POQ=\dfrac{\pi}{3}$.

因为 $\left|\dfrac{z_1}{z_2}\right|=\dfrac{1}{2}$,$|z_2|=4$,故 $|z_1|=2$,于是 $|OP|=2$,$|OQ|=4$,故

$$S_{\triangle OPQ}=\frac{1}{2}|OP|\cdot|OQ|\sin\angle POQ=\frac{1}{2}\times2\times4\times\sin\frac{\pi}{3}=2\sqrt{3}.$$

例 1.23 复数 z 在复平面内对应的点为 Z,将点 Z 绕原点按逆时针方向旋转 $\dfrac{\pi}{3}$,再向左平移 1 个单位,向下平移 1 个单位,得到点 Z_1,此时点 Z_1 与 Z 恰好关于原点对称,求复数 z.

解 依题意,$z_1=z\left(\cos\dfrac{\pi}{3}+\mathrm{i}\sin\dfrac{\pi}{3}\right)+(-1)+(-\mathrm{i})=-z$,所以

$$z\left(\cos\frac{\pi}{3}+\mathrm{i}\sin\frac{\pi}{3}\right)=1+\mathrm{i}-z,\quad\text{即}\quad z\left(\frac{3}{2}+\frac{\sqrt{3}}{2}\mathrm{i}\right)=1+\mathrm{i}.$$

由此得 $z=\dfrac{1}{2}+\dfrac{\sqrt{3}}{6}+\left(\dfrac{1}{2}-\dfrac{\sqrt{3}}{6}\right)\mathrm{i}$.

例 1.24 已知复数 $z=1-\sin\theta+\mathrm{i}\cos\theta\left(\dfrac{\pi}{2}<\theta<\pi\right)$,求 z 的共轭复数 $\bar{z}$ 的辐角主值.

解 $\bar{z}=1-\sin\theta-\mathrm{i}\cos\theta$,且 $\dfrac{\pi}{2}<\theta<\pi$,故有 $1-\sin\theta>0$,$-\cos\theta>0$,则

$$\tan(\arg z)=\frac{-\cos\theta}{1-\sin\theta}=\frac{\sin\left(\frac{3\pi}{2}-\theta\right)}{1+\cos\left(\frac{3}{2}\pi-\theta\right)}=\tan\left(\frac{3\pi}{4}-\frac{\theta}{2}\right).$$

又 $\dfrac{\pi}{4}<\dfrac{3}{4}\pi-\dfrac{\theta}{2}<\dfrac{\pi}{2}$,所以 $\bar{z}$ 的辐角主值是 $\dfrac{3\pi}{4}-\dfrac{\theta}{2}$.

例 1.25 若复数 z 满足 $|2z-4\mathrm{i}|=|z-\bar{z}+4\mathrm{i}|$,求复数 z 在复平面内的对应点的轨迹.

解 设 $z=x+y\mathrm{i}(x,y\in\mathbb{R})$，由题设得

$$|2(x+y\mathrm{i})-4\mathrm{i}|=|(x+y\mathrm{i})-(x-y\mathrm{i})+4\mathrm{i}|,\quad|2x+(2y-4)\mathrm{i}|=|(2y+4)\mathrm{i}|,$$

即 $\sqrt{x^2+(y-2)^2}=|y+2|$，化简得 $x^2=8y$. 所以复数 z 在复平面内的对应点的轨迹是以原点为顶点，虚轴为对称轴，开口向上的抛物线.

例 1.26 已知 $|z_1|=3$，$|z_2|=5$，$|z_1+z_2|=7$，求 $u=\dfrac{z_1}{z_2}$ 的值.

解 方法一 由题意得 $|u+1|=\left|\dfrac{z_1+z_2}{z_2}\right|=\dfrac{7}{5}$，$|u|=\left|\dfrac{z_1}{z_2}\right|=\dfrac{3}{5}$，故复数 u 对应的点是以原点为圆心、半径长为 $\dfrac{3}{5}$ 的圆和以 $A(-1,0)$ 为圆心、半径长为 $\dfrac{7}{5}$ 的圆的交点.

设 $u=x+y\mathrm{i}$，则 $u+1=(x+1)+y\mathrm{i}$，于是有

$$\begin{cases} x^2+y^2=\left(\dfrac{3}{5}\right)^2, \\ (x+1)^2+y^2=\left(\dfrac{7}{5}\right)^2, \end{cases} \quad 解得 \begin{cases} x=\dfrac{3}{10}, \\ y=\pm\dfrac{3\sqrt{3}}{10}. \end{cases}$$

故 $u=\dfrac{3}{10}\pm\dfrac{3\sqrt{3}}{10}\mathrm{i}$.

方法二 设 $|OZ_1|=|z_1|=3$，$|OZ_2|=|z_2|=5$，$|OZ|=|z_1+z_2|=7$.

由于 $|u|=\left|\dfrac{z_1}{z_2}\right|=\dfrac{3}{5}$，所以只要求出 u 的辐角即可，即只需求出 $\angle Z_1OZ_2$.

设 $\angle Z_1OZ_2=\theta$，$\angle OZ_2Z=\alpha$，在 $\triangle OZ_2Z$ 中，由余弦定理得 $\cos\alpha=\dfrac{3^2+5^2-7^2}{2\times3\times5}=-\dfrac{1}{2}$，所以 $\alpha=120°$，$\theta=60°$，故

$$\frac{z_1}{z_2}=\frac{3}{5}\left[\cos(\pm60°)+\mathrm{i}\sin(\pm60°)\right]=\frac{3}{10}\pm\frac{3\sqrt{3}}{10}\mathrm{i}.$$

例 1.27 如图 1.4 所示，在 $\square ABCD$ 的边 AB，AD 上向形外作两个正方形 $ABMX$，$ADNY$. 求证：$AC\perp XY$.

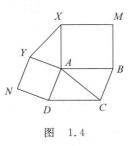

图 1.4

证明 以 A 为原点，以直线 AB 为横轴建立直角坐标系，下面计算出 $\overrightarrow{AC}$，$\overrightarrow{XY}$ 所对应的复数.

为了简便，不妨设 B 对应于复数 1，那么 X 对应于虚数 i. 再设 Y 对应于复数 z，则不难得知 D 对应于复数 $\mathrm{i}z$，C 对应于复数 $\mathrm{i}z+1$. 于是 $\overrightarrow{AC}$ 对应于复数 $\mathrm{i}z+1$，$\overrightarrow{XY}$ 对应于复数 $z-\mathrm{i}$，由此可得

$$\frac{\mathrm{i}z+1}{z-\mathrm{i}}=\frac{\mathrm{i}(z-\mathrm{i})}{z-\mathrm{i}}=\mathrm{i}.$$

因此 $AC\perp XY$.

注：由 $|\overrightarrow{AC}|=|\overrightarrow{XY}|$，还可得到 $AC=XY$.

例 1.28 证明：圆的内接四边形两组对边乘积的和等于此四边形两条对角线的乘积（托勒密定理）.

证明   如图 1.5 所示,设 $Z_1Z_2Z_3Z_4$ 是复平面上的圆的内接四边形,并设 $z_i(i=1,2,3,4)$ 表示 Z_i 所对应的复数,那么问题可化为证明

$$| z_2 - z_1 | | z_3 - z_4 | + | z_1 - z_4 | | z_2 - z_3 | = | z_3 - z_1 | | z_2 - z_4 |,$$

或

$$\left| \frac{z_2 - z_1}{z_3 - z_1} \div \frac{z_2 - z_4}{z_3 - z_4} \right| + \left| \frac{z_4 - z_1}{z_3 - z_1} \div \frac{z_4 - z_2}{z_3 - z_2} \right| = 1.$$

由 $\angle Z_3Z_1Z_2$ 与 $\angle Z_3Z_4Z_2$ 的大小相等且方向相同,可得

$$\arg\left(\frac{z_2 - z_1}{z_3 - z_1} \div \frac{z_2 - z_4}{z_3 - z_4} \right) = \arg\left(\frac{z_2 - z_1}{z_3 - z_1} \right) - \arg\left(\frac{z_2 - z_4}{z_3 - z_4} \right) = 0,$$

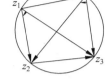

图   1.5

故 $\frac{z_2 - z_1}{z_3 - z_1} \div \frac{z_2 - z_4}{z_3 - z_4}$ 是一个非负实数. 同理 $\frac{z_4 - z_1}{z_3 - z_1} \div \frac{z_4 - z_2}{z_3 - z_2}$ 也是一个非负实数. 由此,为证得结论,只需证

$$\left(\frac{z_2 - z_1}{z_3 - z_1} \div \frac{z_2 - z_4}{z_3 - z_4} \right) + \left(\frac{z_4 - z_1}{z_3 - z_1} \div \frac{z_4 - z_2}{z_3 - z_2} \right) = 1.$$

通过公式运算,上式即可得证.

1.9   多元数

四元数

四元数就是 $1,i,j,k$ 的线性组合,一般可表示为 $d+ai+bj+ck$,其中 a,b,c,d 是实数,且

$$i^2 = j^2 = k^2 = -1, \quad ij = k, \quad ji = -k, \quad jk = i, \quad kj = -i, \quad ki = j, \quad ik = -j.$$

如把四元数的集合考虑成多维实数空间的话,四元数就代表着一个四维空间,相对于复数为二维空间.

同样的道理,可以建立八元数、十六元数,在初等数学里应用少,故不详述.

思考与练习题 1

1. 数系扩展的原则是什么?有哪两种扩展方式?
2. 证明集合 $\{x | x > 0\}$ 与实数集 $\mathbb{R}$ 等价.
3. 用定义计算 $5 + 4$.
4. 用定义计算 3×4.
5. 在基数理论定义的乘法下,证明 $1 \times a = a$.
6. 用数学归纳法证明 $4^n + 15n - 1$ 是 9 的倍数.
7. 证明 n 为任意正整数时,$(3n+1)7^n - 1$ 能被 9 整除.
8. 若 $a_1 = 3, a_2 = 5$,并且对任意一个正整数 $k(k \geqslant 3)$,有 $a_k = 3a_{k-1} - 2a_{k-2}$,证明对于任意正整数 n,都有 $a_n = 2^n + 1$.
9. 证明数列 $a_n = \frac{1}{\sqrt{5}} \left[\left(\frac{1+\sqrt{5}}{2} \right)^n - \left(\frac{1-\sqrt{5}}{2} \right)^n \right]$ 的每一项都是正整数.

10. 设 a 为有理数, b 为无理数, 证明:

(1) $a+b$ 是无理数;

(2) 当 $a\neq0$ 时, ab 是无理数.

11. 设 p 为正整数, 证明: 若 p 不是完全平方数, 则 $\sqrt{p}$ 是无理数.

12. 判断下面的序列是否为退缩有理闭区间序列, 如果是, 请求出它所确定的实数:

(1) $\left[\dfrac{1}{2},\dfrac{3}{2}\right],\left[\dfrac{2}{3},\dfrac{4}{3}\right],\left[\dfrac{3}{4},\dfrac{5}{4}\right],\cdots,\left[\dfrac{n}{n+1},\dfrac{n+2}{n+1}\right],\cdots$

(2) $\left[0,\dfrac{1}{2}\right],\left[0,\dfrac{1}{3}\right],\left[0,\dfrac{1}{4}\right],\cdots,\left[0,\dfrac{1}{n+1}\right],\cdots$

13. 计算:

(1) $i^{25},i^{70},i^{123},i^{200}$; 　　　　　　　(2) $i\cdot i^3\cdot i^5\cdots i^{99}$;

(3) $1+i+i^2+\cdots+i^{55}$; 　　　　　　　(4) $i^k+i^{k+1}+i^{k+2}+i^{k+3}$.

14. 设 $z_1=a_1+b_1i,z_2=a_2+b_2i$, 证明:

(1) $\overline{z_1}+\overline{z_2}=\overline{z_1+z_2}$; 　　　(2) $\overline{z_1}\cdot\overline{z_2}=\overline{z_1\cdot z_2}$; 　　　(3) $z_1\cdot\overline{z_2}=\overline{\overline{z_1}\cdot z_2}$.

15. 设 z_1,z_2 为复数, 证明 $|z_1+z_2|\leqslant|z_1|+|z_2|$.

16. 求适合下列等式的复数:

(1) $z^2=\bar{z}$; 　　　　　　　(2) $z+z\bar{z}=\dfrac{i}{2}$.

17. 求证 m 次单位根与 n 次单位根的乘积是 mn 次单位根.

18. 利用复数推导三倍角公式.

19. 设 x,y 是实数, $z=x+yi$, 且 $|z|=1$, 求 $u=|z^2-z+1|$ 的最大值和最小值.

20. 设 ω 是方程 $z^n=1$ (n 为正整数) 的一个虚根,

$$\omega=\cos\dfrac{2m\pi}{n}+i\sin\dfrac{2m\pi}{n},$$

其中 $m,n\in\mathbb{N},1\leqslant m\leqslant n$, 且 m,n 互质, 求证:

(1) $\omega,\omega^2,\cdots,\omega^n$ 是 1 的 n 个不同的 n 次方根 (n 次单位根);

(2) $1+\omega+\omega^2+\cdots+\omega^{n-1}=0$;

(3) $(1-\omega)(1-\omega^2)\cdots(1-\omega^{n-1})=n$.

21. 证明: 当 k 为正整数时, 有

$$\left(\dfrac{-1+\sqrt{3}i}{2}\right)^n+\left(\dfrac{-1-\sqrt{3}i}{2}\right)^n=\begin{cases}2, & n=3k,\\ -1, & n\neq 3k.\end{cases}$$

22. 用复数证明:

(1) $\arctan\dfrac{1}{3}+\arctan\dfrac{1}{5}+\arctan\dfrac{1}{7}+\arctan\dfrac{1}{8}=\dfrac{\pi}{4}$;

(2) $\arcsin\dfrac{4}{5}+\arcsin\dfrac{5}{13}+\arcsin\dfrac{16}{65}=\dfrac{\pi}{2}$.

23. 证明下面的结论:

(1) $(1\pm i)^2=\pm 2i,(\pm 1\pm i)^4=-4,\dfrac{1+i}{1-i}=i$;

（2）1 的立方虚根 $\omega,\bar{\omega}$ 的系列性质,其中,$\omega=-\dfrac{1}{2}+\dfrac{\sqrt{3}}{2}\mathrm{i}$,则

$$\omega^{3n}=1,\quad \bar{\omega}^{3n}=1,\quad \omega^2=\bar{\omega},\quad \bar{\omega}^2=\omega,\quad \omega^2+\omega+1=0;$$

（3）若复数 $z=a+b\mathrm{i}(a,b\in\mathbb{R}^+)$,则有 $\cot(\arg z)=\dfrac{b}{a}$;

（4）设 z 是虚数,$m>0$,若 $z+\dfrac{m}{z}\in\mathbb{R}$,则 $|z|^2=m$;

（5）若 $z_1,z_2\in\mathbb{C}$,满足 $|z_1|=|z_2|=1$,则有 $z_1 z_2=\dfrac{(z_1+z_2)^2}{|z_1+z_2|^2}$;

（6）① $|z_1+z_2|^2+|z_1-z_2|^2=2|z_1|^2+2|z_2|^2$,

　　② $||z_1|-|z_2||\leqslant|z_1+z_2|\leqslant|z_1|+|z_2|$,

　　③ $z\bar{z}=|z|^2$,

　　④ $z_1=z_2\Leftrightarrow\bar{z}_1=\bar{z}_2$,

　　⑤ z 为纯虚数 $\Leftrightarrow z+\bar{z}=0(z\neq0)$,

　　⑥ $z\in\mathbb{R}\Leftrightarrow z=\bar{z}$,

　　⑦ $z^2\in\mathbb{R}\Leftrightarrow z\in\mathbb{R}$ 或 z 为纯虚数;

（7）复数方程表示的几何曲线（其中 $a>0,r>0$）：

　　① $|z-z_0|=r$ 是以 z_0 为圆心半径为 r 的圆,

　　② $|z-z_1|=|z-z_2|$ 是 $z_1 z_2$ 的中垂线,

　　③ $|z-z_1|+|z-z_2|=2a(2a>|z_1-z_2|)$ 是以 z_1,z_2 为焦点的椭圆,

　　④ $|z-z_1|+|z-z_2|=2a(2a=|z_1-z_2|)$ 是线段 z_1,z_2,

　　⑤ $|z-z_1|-|z-z_2|=\pm2a(2a<|z_1-z_2|)$ 是以 z_1,z_2 为焦点的双曲线,

　　⑥ $|z-z_1|-|z-z_2|=2a(2a=|z_1-z_2|)$ 是射线.

第 2 章
整除与同余

整除问题是初等数学中的重要内容,本章主要讨论整除与同余的有关问题,包括带余除法、整除、因数和素数的概念,算术基本定理;欧拉定理及孙子定理等内容.

2.1　整除

1. 带余除法

任意两个整数相除(除数不为零),有下面的定理.

定理 2.1(带余除法)　若 $a \in \mathbb{Z}$,$b \in \mathbb{Z}_0$,则有且只有一对整数 q 与 r,使得

$$a = bq + r, \quad 0 \leqslant r < |b|. \tag{2.1}$$

定理 2.1 中的 q 与 r 分别叫做 a 除以 b 的不完全商与最小非负的余数,简称商与余数.余数为零的情形是特别值得注意的.

证明　当 $b > 0$ 时,作整数序列

$$\cdots, -3b, -2b, -b, 0, b, 2b, 3b, \cdots$$

a 必落在此序列某两项之间,即存在整数 q,使

$$qb \leqslant a < (q+1)b.$$

令 $a - qb = r$,则 $a = bq + r, 0 \leqslant r < b$.

设又有 q_1, r_1,使

$$a = bq_1 + r_1, \quad 0 \leqslant r_1 < b.$$

则 $bq_1 + r_1 = bq + r, b(q - q_1) = r_1 - r, b|q - q_1| = |r_1 - r|$.

由于 $0 \leqslant r, r_1 < b$,故 $|r_1 - r| < b$,由此易得 $|q - q_1| = 0$. 于是 $q = q_1$,从而 $r = r_1$.

若 $b < 0$,则用 $-b$ 代替 b,(2.1)式仍成立.

定义 2.1　设 $a \in \mathbb{Z}$,$b \in \mathbb{Z}_0$,若有 $q \in \mathbb{Z}$,使得 $a = bq$,就说 b 整除 a,记作 $b \mid a$. 这时也说 b 是 a 的因数,a 是 b 的倍数. 如果这样的整数 q 不存在,就说 b 不整除 a,记作 $b \nmid a$.

由整除的定义,可以证明整除的一些常用性质:

(1) 若 $a \in \mathbb{Z}$,则 $1 \mid a, -1 \mid a$;

(2) 若 $a \in \mathbb{Z}_0$,则 $a \mid a$;

(3) 若 $b \in \mathbb{Z}_0$，则 $b \mid 0$；

(4) 若 $a \mid b$，则 $\pm a \mid \pm b$；

(5) 若 $b \mid a, a \neq 0$，则 $|b| \leqslant |a|$；

(6) 若 $b \mid a, a \mid b$，则 $a = \pm b$；

(7) 若 $b \mid a, c \in \mathbb{Z}$，则 $b \mid ac$；

(8) 若 $b \mid a, c \in \mathbb{Z}_0$，则 $bc \mid ac$；

(9) 若 $a \mid b, b \mid c$，则 $a \mid c$；

(10) 若 $b \mid a_i, k_i \in \mathbb{Z}, i = 1, 2, \cdots, n$，则 $b \mid k_1 a_1 + k_2 a_2 + \cdots + k_n a_n$.

另外有关整数的整除的一些结论(为了方便，我们只就正整数讨论)：

任意一正整数 n 可以写成 $n = 10^m a_m + 10^{m-1} a_{m-1} + \cdots + 10 a_1 + a_0$，其中 $0 \leqslant a_i \leqslant 9$. 称 a_m 为 n 的首位数码，a_0 为末位数码或个位数. 正整数 n 也可记作为 $n = \overline{a_m a_{m-1} \cdots a_1 a_0}$.

定义 2.2 设 a, b 是两个整数.

(1) 如果整数 d 适合：$d \mid a, d \mid b$，则称 d 是 a, b 的一个公约数.

(2) 设 d 是 a, b 的一个公约数. 如果对于 a, b 的任一公约数 h 都适合：$h \mid d$，则称 d 是 a, b 的一个最大公约数.

由此定义，若 d 是 a, b 的一个最大公约数，则 $-d$ 也是 a, b 的最大公约数，其中非负的那个最大公约数，记为 (a, b).

a, b 都为 0 时，由定义可得 $(a, b) = 0$. 如果 $a = 0$，则 $(0, b) = |b|$.

相仿地，可以定义多个整数的公约数及最大公约数.

用同样的方式，可以定义 $[a, b]$ 为 a, b 的最小公倍数.

定理 2.2 一个正整数 n 能被 3(或 9)整除的充要条件是它的各数位上数码的和能被 3(或 9)整除.

证明 $n = a_m 10^m + a_{m-1} 10^{m-1} + \cdots + a_1 10 + a_0$

$\qquad = a_m (10^m - 1) + a_{m-1}(10^{m-1} - 1) + a_1(10 - 1) + (a_m + a_{m-1} + \cdots + a_1 + a_0)$.

因为 $3(或 9) \mid (10^k - 1)(k = 1, 2, \cdots, m)$，所以

$$3(或 9) \mid n \text{ 当且仅当 } 3(或 9) \mid (a_m + a_{m-1} + \cdots + a_1 + a_0).$$

定理 2.3 一个正整数 n 能被 $p = 2^k$(或 5^k)整除的充要条件是它的末 k 位数是 2^k(或 5^k)的倍数.

证明 设 $n = \overline{a_m a_{m-1} \cdots a_k} \times 10^k + \overline{a_{k-1} \cdots a_0}$. 因为 $10^k = 2^k \times 5^k$，所以

$$2^k(或 5^k) \mid \overline{a_m a_{m-1} \cdots a_k} \times 10^k,$$

于是

$$2^k(或 5^k) \mid n \text{ 当且仅当 } 2^k(或 5^k) \mid \overline{a_{k-1} \cdots a_0}.$$

定理 2.4 一个整数 N 能被 13 整除的充要条件是把它的末位上数码截去后，加上这个末位上数码的 4 倍，其和能被 13 整除.

证明 $N = 10a + b = 10a + 40b - 39b = 10(a + 4b) - 39b$.

因为 $13 \mid 39b, (10, 13) = 1$，所以 $13 \mid N$ 当且仅当 $13 \mid a + 4b$.

定理 2.5 一个正整数 N 能被 7 整除的充要条件是把它的末位上数码截去后，减去这个末位上数码的 2 倍，其差能被 7 整除.

证明 $N=10a+b=10a-20b+21b=10(a-2b)+21b.$

因为 $7|21b,(10,7)=1$，所以 $7|N$ 当且仅当 $7|a-2b.$

定理 2.6 一个正整数 n 能被 $p=10n-1$ 整除的充要条件是把它的末位数码截去后，加上这个末位数码的 n 倍，其和能被 $10n-1$ 整除.

证明 设正整数 $N=10a+b,b$ 为个位数，则
$$N=10a+b+10nb-10nb=10(a+nb)-b(10n-1).$$
所以 $10n-1|N$ 当且仅当 $10n-1|10(a+nb).$ 又因为 $(10n-1,10)=1$，所以
$$10n-1|N \text{ 当且仅当 } 10n-1|a+nb.$$

这种方法叫做"截尾"判别法.这个定理给出了被 $9,19,29,39,\cdots$ 这些数整除的判别方法.

下面结论直接给出，证明留给读者完成.

(1) 若一个整数的末位是 $0,2,4,6$ 或 8，则这个数能被 2 整除.

(2) 若一个整数的末尾两位数能被 $4(25)$ 整除，则这个数能被 $4(25)$ 整除.

(3) 若一个整数的末位是 0 或 5，则这个数能被 5 整除.

(4) 若一个整数的末尾三位数能被 $8(125)$ 整除，则这个数能被 $8(125)$ 整除.

(5) 若一个整数的奇位数字之和与偶位数字之和的差能被 11 整除，则这个数能被 11 整除.

(6) 如果一个整数的末三位与末三位以前的数字组成的数之差能被 $7,11$ 或 13 整除，那么这个数能被 $7,11$ 或 13 整除.

(7) 若一个整数的个位数字截去，再从余下的数中，减去个位数的 5 倍，如果差是 17 的倍数，则原数能被 17 整除.

(8) 若一个整数的个位数字截去，再从余下的数中，加上个位数的 2 倍，如果和是 19 的倍数，则原数能被 19 整除.

例 2.1 设 $a,b,c,d\in\mathbb{Z}$，且 $a-c|ab+cd$，求证 $a-c|ad+bc.$

证明 由于
$$ab+cd-(ad+bc)=(b-d)(a-c),$$
$$a-c|ab+cd,\quad a-c|(b-d)(a-c),$$
于是依整除的性质，$a-c|ad+bc.$

为了讨论一类整除问题，必须熟知下面的公式：
$$x^n-y^n=(x-y)(x^{n-1}+x^{n-2}y+x^{n-3}y^2+\cdots+y^{n-1}),\quad \text{其中 } n\in\mathbb{N};$$
$$x^n-y^n=(x+y)(x^{n-1}-x^{n-2}y+x^{n-3}y^2-\cdots-y^{n-1}),\quad \text{其中 } n \text{ 是正偶数};$$
$$x^n+y^n=(x+y)(x^{n-1}-x^{n-2}y+x^{n-3}y^2-\cdots+y^{n-1}),\quad \text{其中 } n \text{ 是正奇数}.$$

例 2.2 已知 b 为各位数码全是 9 的 31 位数，a 为各位数码全是 9 的 1984 位数，求证 $b|a.$

证明 因为 $b=10^{31}-1$，
$$a=10^{1984}-1=(10^{31})^{64}-1=(10^{31}-1)[(10^{31})^{63}+(10^{31})^{62}+\cdots+10^{31}+1],$$
且方括号内的数是整数，于是根据整除的定义，$b|a.$

例 2.3 设 $a_1,a_2,\cdots,a_n$ 是整数，且 $a_1+a_2+\cdots+a_n=0,a_1a_2\cdots a_n=n$，求证 $4|n.$

证明 如果 $2\nmid n$，由 $a_1a_2\cdots a_n=n$ 得 $n,a_1,a_2,\cdots,a_n$ 都是奇数，于是 $a_1+a_2+\cdots+a_n$ 是奇数个奇数之和，不可能等于零，这与题设矛盾，所以 $2|n$，即在 $a_1,a_2,\cdots,a_n$ 中至少有一个

偶数.

如果只有一个偶数,不妨设为 a_1,那么 $2 \nmid a_i (2 \leqslant i \leqslant n)$. 此时有等式 $a_2 + \cdots + a_n = -a_1$.

在上式中,左端是 $(n-1)$ 个奇数之和,右端是偶数,这是不可能的,因此,在 $a_1, a_2, \cdots, a_n$ 中至少有两个偶数,即 $4 \mid n$.

例 2.4 已知 n 是奇数,求证 $8 \mid n^2 - 1$.

解 设 $n = 2k+1$,则 $n^2 - 1 = (2k+1)^2 - 1 = 4k(k+1)$. 在 k 和 $k+1$ 中有一个是偶数,所以 $8 \mid n^2 - 1$.

定理 2.7 在 $m(m \geqslant 2)$ 个相邻整数中有且只有一个数能被 m 整除.

定理 2.8 设 $a = bq + c$,则 $(a, b) = (b, c)$.

定义 2.3 下面的一组带余数除法,称为辗转相除法.

设 a 和 b 是整数,$b \neq 0$,依次做带余数除法:

$$a = bq_1 + r_1, \quad 0 < r_1 < |b|,$$
$$b = r_1 q_2 + r_2, \quad 0 < r_2 < r_1,$$
$$\cdots$$
$$r_{k-1} = r_k q_{k+1} + r_{k+1}, \quad 0 < r_{k+1} < r_k,$$
$$\cdots$$
$$r_{n-2} = r_{n-1} q_n + r_n, \quad 0 < r_n < r_{n-1},$$
$$r_{n-1} = r_n q_{n+1}.$$

由于 b 是固定的,而且 $|b| > r_1 > r_2 > \cdots$,所以上述过程中只包含有限个等式,且

$$r_n = (r_{n-1}, r_n) = (r_{n-2}, r_{n-1}) = \cdots = (r_1, r_2) = (b, r_1) = (a, b).$$

用求两个整数的最大公约数的辗转相除法,可同时证明最大公约数的存在.

例 2.5 求 $(3961, 952)$.

解 列式如下

	$a=3961$	$b=952$	
	3808	918	$q_1 = 4$
$q_2 = 6$	$r_1 = 153$	$r_2 = 34$	
	136	34	$q_3 = 4$
$q_4 = 2$	$r_3 = 17$	0	

由上得 $(3961, 952) = 17$(其中 $a = bq_1 + r_1, b = r_1 q_2 + r_2, \cdots$).

定理 2.9 若 $d = (a, b)$,则存在整数 r, s,使 $ra + sb = d$.

定义 2.4 设 $a_1, a_2, \cdots, a_n$ 是 n 个整数.

(1) 若整数 m 适合:$a_i \mid m(i = 1, 2, \cdots, n)$,则称 m 为 $a_1, a_2, \cdots, a_n$ 的一个公倍数.

(2) 设 m 是 $a_1, a_2, \cdots, a_n$ 的一个公倍数,如果对于 $a_1, a_2, \cdots, a_n$ 任一公倍数 m_1 都适合 $m \mid m_1$,则称 m 是 $a_1, a_2, \cdots, a_n$ 的最小一个公倍数.

设 m 是 $a_1, a_2, \cdots, a_n$ 的一个最小公倍数,则 $-m$ 亦然,通常把 $a_1, a_2, \cdots, a_n$ 的非负的最小公倍数记为 $[a_1, a_2, \cdots, a_n]$.

定义 2.5 若 $(a, b) = 1$,则称 a 与 b 互素.

定理 2.10 设 p 是一个素数,则对任何整数 a,有 $p|a$ 或 p 与 a 互素.

定理 2.11 a 与 b 互素的充分必要条件是存在整数 r 和 s 使 $ra+sb=1$.

定理 2.12 设 $(a,b)=(a,c)=1$ 则 $(a,bc)=1$.

定理 2.13 设 p 为素数. 若 $p|bc$,则 $p|b$ 或 $p|c$.

证明 用反证法. 设 $p\nmid b$,且 $p\nmid c$,从定理 2.10 得

$$(p,b)=(p,c)=1.$$

又从定理 2.12 推出 $p\nmid bc$,矛盾于定理的假设.

2. 素数与算术基本定理

为了进一步研究整数的性质,有必要把全体正整数按照正因数的个数加以分类.

定义 2.6 如果大于 1 的整数 p 恰有两个正因数 1 与 p,就说 p 是素数;如果正整数 n 有多于两个的正因数,就说 n 是合数.

这样一来,正整数集被分成三类:$\{1\}$、素数类与合数类.

我们来看有关素数在自然数列中分布的一个命题.

定理 2.14 大于 1 的整数 n 的大于 1 的最小因数是素数.

素数 p 是整数 n 的因数,也说 p 是 n 的素因数. 这个定理说的是,凡大于 1 的整数至少有一个素因数.

定理 2.14 还表明素数的存在. 素数有多少个?早在两千多年前欧几里得发现了下面的结论.

定理 2.15 素数有无限多个.

证明 若素数只有有限个,设它们为 $p_1,p_2,\cdots,p_n$,令 $a=p_1 p_2\cdots p_n+1$,根据定理2.14,a 有素因数,设它为 p.

问题在于证明 p 不能是 $p_1,p_2,\cdots,p_n$ 中的任何一个.

事实上,若 $p=p_k(1\leqslant k\leqslant n)$,则 $p|p_1 p_2\cdots p_n$. 又 $p|a$,于是 $p|1$,这与 p 是素数矛盾.

所以素数有无限多.

定理 2.16 若 n 是合数,则 n 有平方不大于 n 的素因数.

证明 设 $n=ab,1<a\leqslant b$,这就有 $a^2\leqslant ab=n$. 若 a 是素数,结论已成立;若 a 是合数,则 a 必有素因数,设为 p,于是 $p^2<a^2\leqslant n$.

由定义 2.6 可知,素数 p 与任一个整数 a 之间的关系是,要么 $p|a$,要么 $(p,a)=1$. 由此,有下面的定理.

定理 2.17 若 p 是素数,$a_i\in\mathbb{Z}(i=1,2,\cdots,n)$,$p|a_1 a_2\cdots a_n$,则 p 整除某一个 a_i.

证明 假设 $p\nmid a_1,p\nmid a_2,\cdots,p\nmid a_n$,于是,$(p,a_i)=1(i=1,2,\cdots,n)$,则有 $(p,a_1 a_2\cdots a_n)=1$,此与 $p|a_1 a_2\cdots a_n$,矛盾. 所以,p 整除某一个 a_i.

下面是整数的唯一分解定理,亦称算术基本定理.

定理 2.18 每个大于 1 的整数,都可以唯一地分解成素因数的乘积(不计因数的顺序).

证明 该定理的意思是,对于任何大于 1 的整数 a,有素数 $p_1,p_2,\cdots,p_s$,使得

$$a=p_1 p_2\cdots p_s; \tag{2.2}$$

这样的分解是唯一的,即若还有

$$a=q_1 q_2\cdots q_t, \tag{2.3}$$

其中 $q_1,q_2,\cdots,q_t$ 都是素数,则 $s=t$,且 $p_1,p_2,\cdots,p_s$ 与 $q_1,q_2,\cdots,q_t$ 两两相等.

先证存在性. 若 a 是素数,显然(2.2)式成立.

若 a 是合数,则它至少有一个素因数 p_1,设 $a=p_1a_1$.

如果 a_1 是素数,那么(2.2)式即告成立. 如果 a_1 是合数,则 a_1 至少有一个素因数 p_2,$a_1=p_2a_2$,从而 $a=p_1p_2a_2$. 这样继续下去,由于 $a>a_1>a_2>\cdots$,所以经过有限次后必得(2.2)式.

再证唯一性. 若 a 还有分解式(2.3),则

$$p_1p_2\cdots p_s=q_1q_2\cdots q_t. \tag{2.4}$$

可见,$q_1\mid p_1p_2\cdots p_s$.

由定理 2.17,知 q_1 能整除 $p_1,p_2,\cdots,p_s$ 中某一数,不妨设 $q_1\mid p_1$. 又 p_1 是素数,于是 $q_1=p_1$.

(2.4)式的两边同除以 p_1,得

$$p_2p_3\cdots p_s=q_2q_3\cdots q_t.$$

再用同样方法就会得到如 $q_2=p_2$,这样继续下去,必有 $t=s$.

事实上,假设 $t>s$,则由(2.4)式得 $1=q_{s+1}\cdots q_t$. 显然这是不可能的.

(2.2)式中各个素因数可能有些是相同的,如果把相同素数的乘积写成幂的形式,就有如下的推论

推论 大于 1 的整数 a 可以唯一地分解成

$$a=p_1^{a_1}p_2^{a_2}\cdots p_k^{a_k},$$

其中 $p_1,p_2,\cdots,p_k$ 是相异素数,$a_i\in\mathbb{N}(i=1,2,\cdots,k)$.

$a=p_1^{a_1}p_2^{a_2}\cdots p_k^{a_k}$ 叫做 a 的标准分解式. 为了方便,有时也允许幂指数 $a_i=0$.

例 2.6 求 105840 的标准分解式.

解 由小到大依次找出 105840 的全部素因数,得

$$105840=2^4\cdot 3^3\cdot 5\cdot 7^2.$$

从理论上说,任何大于 1 的整数都有标准分解式. 但是,当给定的正整数很大时,具体写出它的标准分解式,是非常困难的.

例 2.7 设 $2^m+1(m\in\mathbb{N})$ 为素数,求证 m 是 2 的非负整数次幂.

证明 设 m 的标准分解式为

$$m=2^np_2^{a_2}\cdots p_k^{a_k},$$

这里 $p_2,p_3,\cdots,p_k$ 都是奇素数. 令 $p_2^{a_2}\cdots p_k^{a_k}=\lambda$,于是 $m=2^n\lambda$,λ 是正奇数.

假设 $\lambda>1$,则 $2^m+1=(2^{2^n})^\lambda+1$,于是 $2^{2^n}+1\mid 2^m+1$. 但 $1<2^{2^n}+1<2^m+1$,这与已知条件矛盾,所以 $\lambda=1$,而 $m=2^n$.

注 若 2^{2^m} 是素数,则称其为费马数,且记为 $F_m=2^{2^m}$. 反过来,1640 年费马发现 F_0,F_1,F_2,F_3,F_4 都是素数. 由此,他猜想对任何非负整数 n,F_n 是素数. 但是,他猜错了. 1732 年欧拉举出了一个反例,F_5 是合数. 因为

$$F_5=2^{2^5}+1=2^4(2^7)^4+1=(5\times2^7-5^4+1)(2^7)^4+1$$
$$=(1+5\times2^7)(2^7)^4+1-(5\times2^7)^4$$
$$=(1+5\times2^7)\{(2^7)^4+(1-5\times2^7)[1+(5\times2^7)^2]\}$$
$$=641\times6700417.$$

除了前述 5 个费马素数以外,是否还有费马素数? 这还是一个谜.

下面用标准分解式来讨论最大公因数与最小公倍数的问题.

定理 2.19 若 a,b 的标准分解式分别为

$$a = p_1^{\alpha_1} p_2^{\alpha_2} \cdots p_n^{\alpha_n}, \quad b = p_1^{\beta_1} p_2^{\beta_2} \cdots p_n^{\beta_n},$$

则 a,b 的最大公因数为 $(a,b) = p_1^{\gamma_1} p_2^{\gamma_2} \cdots p_n^{\gamma_n}$,最小公倍数为 $[a,b] = p_1^{\delta_1} p_2^{\delta_2} \cdots p_n^{\delta_n}$,这里

$$\gamma_i = \min\{\alpha_i, \beta_i\}, \quad \delta_i = \max\{\alpha_i, \beta_i\}, \quad i = 1, 2, \cdots, n.$$

定理 2.20 若 a 的标准分解式为

$$a = p_1^{\alpha_1} p_2^{\alpha_2} \cdots p_n^{\alpha_n},$$

则 a 的一切正因数的个数为 $\tau(a) = \prod_{i=1}^{n} (\alpha_i + 1)$,而 a 的一切正因数的和为

$$\sigma(a) = \prod_{i=1}^{n} (1 + p_i + p_i^2 + \cdots + p_i^{\alpha_i}).$$

自然数列中素数的分布是漫无规则的,至今谁也找不到表示素数的一般公式,但要指出的是,在自然数列中,素数确实是微乎其微的.

在结束本节之前,还有必要提及有关素数的另两个著名问题.

一个是哥德巴赫(Goldbach)猜想:

(1) 每个大于 4 的偶数都是两个奇素数之和;

(2) 每个大于 7 的奇数都是三个奇素数之和.

大于 7 的奇数减去 3 是大于 4 的偶数,3 是素数,所以猜想(2)等价于猜想(1),因此关注猜想(1)即可.

这是 1742 年哥德巴赫与欧拉在通信中提出的问题. 哥德巴赫猜想貌似简单,要证明它却着实不易,成为数学中一个著名的难题. 直接证明哥德巴赫猜想不行,人们采取了"迂回战术",就是先考虑把大于 4 的偶数表示为两数之和,而每一个数又是若干素数之积. 如果把命题"每一个大于 4 的偶数可以表示成为一个素因子个数不超过 a 个的数与另一个素因子不超过 b 个的数之和"记作"$a+b$",那么哥氏猜想就是要证明"$1+1$"成立.

1920 年,挪威的布朗(Brun)证明了"$9+9$". 1924 年,德国的拉特马赫(Rademacher)证明了"$7+7$". 1932 年,英国的埃斯特曼(Estermann)证明了"$6+6$". 1937 年,意大利的蕾西(Ricei)先后证明了"$5+7$","$4+9$","$3+15$"和"$2+366$". 1938 年和 1940 年,苏联的布赫夕太勃(Byxwrao)先后证明了"$5+5$"和"$4+4$". 1948 年,匈牙利的瑞尼(Renyi)证明了"$1+c$",其中 c 是一很大的自然数. 1956 年和 1957 年,中国的王元先后证明了"$3+4$"、"$3+3$"和"$2+3$". 1962 年,中国的潘承洞和苏联的巴尔巴恩(BapoaH)证明了"$1+5$",中国的王元证明了"$1+4$". 1965 年,苏联的布赫夕太勃(Byxwrao)和小维诺格拉多夫(BHHopappB),及意大利的朋比利(Bombieri)证明了"$1+3$". 1966 年,中国的陈景润证明了"$1+2$". 有许多数学家认为,要想证明"$1+1$",必须通过创造新的数学方法,以往的路很可能都是走不通的.

再一个是孪素数问题. 当 $p, p+2$ 同为素数时,则称它们为孪素数. 至今所知道的最大孪素数是 $297 \times 2^{546} - 1, 297 \times 2^{546} + 1$.

设 $z(x)$ 表示不大于 x 的正整数中,孪素数对的个数,经过计算,得出

$z(10^2) = 8, \quad z(10^3) = 35, \quad z(10^4) = 205, \quad z(10^5) = 1224, \quad z(10^6) = 8164.$

由此设想,孪素数可能有无限多对,也就是当 x 不断增大时,$z(x)$ 可能越来越大. 这是

与哥德巴赫猜想同样著名的难题.

2.2 同余

1. 同余的概念

对于整数除以某个正整数的问题,如果只关心余数的情况,就产生同余的概念.

定义 2.7 用给定的正整数 m 分别除整数 a,b,若所得的余数相等,则称 a,b 对模 m 同余,记作 $a\equiv b(\mathrm{mod}\ m)$.

若所得的余数不等,就说 a,b 对模 m 不同余,记作 $a\not\equiv b(\mathrm{mod}\ m)$.

例如,$-2\equiv 9(\mathrm{mod}\ 11)$,$36\equiv 9(\mathrm{mod}\ 9)$,$15\equiv -5(\mathrm{mod}\ 5)$,$21\equiv 0(\mathrm{mod}\ 7)$,$5\equiv 1(\mathrm{mod}\ 4)$.

考察两个整数对某个模是否同余,经常用下面的定理.

定理 2.21 整数 a,b 对模 m 同余的充要条件是 $m\mid a-b$.

证明 设

$$\begin{cases} a = mq_1 + \gamma_1, & 0\leqslant \gamma_1 < m, \\ b = mq_2 + \gamma_2, & 0\leqslant \gamma_2 < m. \end{cases}$$

若 $a\equiv b(\mathrm{mod}\ m)$,按定义 2.7,则 $\gamma_1=\gamma_2$,所以 $a-b=m(q_1-q_2)$,即 $m\mid a-b$.

反之,若 $m\mid a-b$,则 $m\mid m(q_1-q_2)+\gamma_1-\gamma_2$. 所以 $m\mid \gamma_1-\gamma_2$. 另外,由 $0\leqslant \gamma_1<m$,$0\leqslant\gamma_2<m$ 得,$|\gamma_1-\gamma_2|<m$,故 $\gamma_1=\gamma_2$,即 $a\equiv b(\mathrm{mod}\ m)$.

推论 $a\equiv b(\mathrm{mod}\ m)$ 的充要条件是 $a=mt+b(t\in\mathbb{Z})$.

表示对模 m 同余关系的式子叫做模 m 的同余式,简称同余式.

同余式具有类似于等式的一些性质.

定理 2.22 同余关系具有反身性、对称性与传递性,即:

(1) $a\equiv a\ (\mathrm{mod}\ m)$;

(2) 若 $a\equiv b(\mathrm{mod}\ m)$,则 $b\equiv a\ (\mathrm{mod}\ m)$;

(3) 若 $a\equiv b(\mathrm{mod}\ m)$,$b\equiv c(\mathrm{mod}\ m)$,则 $a\equiv c(\mathrm{mod}\ m)$.

定理 2.23 若 $a\equiv b(\mathrm{mod}\ m)$,$c\equiv d\ (\mathrm{mod}\ m)$,则:

(1) $a+c\equiv b+d(\mathrm{mod}\ m)$;

(2) $a-c\equiv b-d(\mathrm{mod}\ m)$;

(3) $ac\equiv bd(\mathrm{mod}\ m)$.

多于两个的同模同余式也能够进行加、乘运算,对于乘法,特别有下面的推论.

推论 若 $a\equiv b(\mathrm{mod}\ m)$,$n\in\mathbb{N}$,则 $a^n\equiv b^n(\mathrm{mod}\ m)$.

同余式还具有与等式相类似的一些性质,比如,考虑同余式的两边能否同除以非零的整数,有下面的定理.

定理 2.24 若 $ca\equiv cb(\mathrm{mod}\ m)$,$(c,m)=d$,且 $a,b\in\mathbb{Z}$,则 $a\equiv b\left(\mathrm{mod}\ \dfrac{m}{d}\right)$.

证明 设 $c=dc'$,$m=dm'$,易见 $m'\mid c'(a-b)$. 又由 $(c',m')=1$,知 $m'\mid(a-b)$,即 $a\equiv b\left(\mathrm{mod}\ \dfrac{m}{d}\right)$. 证毕.

推论 若 $ca \equiv cb \pmod{m}$，$(c, m) = 1$，且 $a, b \in \mathbb{Z}$，则 $a \equiv b \pmod{m}$.

现在用同余式的上述性质，考察任意整数能被一个给定的整数整除的条件.

例 2.8 证明：正整数 a 是 9 的倍数必须且只需 a 的各位数码之和是 9 的倍数.

证明 设 $a = \overline{a_n a_{n-1} \cdots a_0}$. 由 $10 \equiv 1 \pmod 9$，得 $10^k \equiv 1 \pmod 9$，$k = 0, 1, 2, \cdots, n$. 而

$$a \equiv a_0 + a_1 + \cdots + a_n \pmod 9,$$

因此，$9 \mid a$ 的充要条件是 $9 \mid a_0 + a_1 + \cdots + a_n$.

例 2.9 设 $a = \overline{a_n a_{n-1} \cdots a_1 a_0}$，求 $11 \mid a$ 的充要条件.

解 由 $10 \equiv -1 \pmod{11}$，得 $10^k \equiv (-1)^k \pmod{11}$，$k = 0, 1, 2, \cdots, n$. 而

$$a \equiv a_0 - a_1 + a_2 - \cdots + (-1)^n a_n \pmod{11},$$

因此，$11 \mid a$ 的充要条件是 $11 \mid a_0 - a_1 + a_2 - \cdots + (-1)^n a_n$.

例 2.10 求 7^{10} 用 11 除所得的余数.

解 $7^2 \equiv 49 \equiv 5 \pmod{11}$，$7^3 \equiv 5 \times 7 \equiv 35 \equiv 2 \pmod{11}$，

$7^5 \equiv 7^2 \cdot 7^3 \equiv 5 \times 2 \equiv 10 \equiv -1 \pmod{11}$，$7^{10} \equiv (-1)^2 \equiv 1 \pmod{11}$.

由于同余关系是等价关系，所以用它可以把整数集划分为若干个等价类.

定义 2.8 如果 $m \in \mathbb{N}^*$，集合 $k_r = \{x \mid x = mt + r, t \text{ 是任意整数}\}$，$r = 0, 1, 2, \cdots, m-1$，则称 $k_0, k_1, \cdots, k_{m-1}$ 为模 m 的剩余类.

例如，模 2 的剩余类是偶数类与奇数类；

模 3 的剩余类是

$$k_0 = \{\cdots, -6, -3, 0, 3, 6, \cdots\},$$
$$k_1 = \{\cdots, -5, -2, 1, 4, 7, \cdots\},$$
$$k_2 = \{\cdots, -4, -1, 2, 5, 8, \cdots\}.$$

剩余类具有下列比较明显的性质：

(1) 模 m 的剩余类 $k_0, k_1, \cdots, k_{m-1}$ 都是 $\mathbb{Z}$ 的非空子集；

(2) 每个整数必属于且只属于一个剩余类；

(3) 两个整数属于同一个剩余类的充要条件是它们对模 m 同余.

定义 2.9 从模 m 的每个剩余类中任取一个数，所得到的 m 个数叫做模 m 的完全剩余系.

对模 m 来说，它的完全剩余系是很多的. 经常采用的是

$$0, 1, 2, \cdots, m-1;$$
$$1, 2, 3, \cdots, m;$$
$$-\frac{m-1}{2}, \cdots, -1, 0, 1, \cdots, \frac{m-1}{2} \quad (m \text{ 为奇数}),$$
$$-\frac{m}{2} + 1, \cdots, -1, 0, 1, \cdots, \frac{m}{2} \quad (m \text{ 为偶数}),$$
$$-\frac{m}{2}, \cdots, -1, 0, 1, \cdots, \frac{m}{2} - 1 \quad (m \text{ 为偶数}).$$

定理 2.25 k 个整数 $a_1, a_2, \cdots, a_k$ 构成模 m 的完全剩余系的充要条件是 $k = m$，且这 m 个数对模 m 两两不同余.

2. 欧拉函数

定义 2.10　在模 m 的完全剩余系中,所有与 m 互素的数叫做模 m 的简化剩余.

例如,1,3,7,9 是模 10 的一个简化剩余系.

注意,模 m 简化剩余系中数的个数与所取的简化剩余系无关,仅与 m 有关,并由 m 唯一确定,这就可以给出下面的定义.

定义 2.11　若对任意 $m \in \mathbb{N}^*$,用记号 $\varphi(m)$ 表示 $0,1,2,\cdots,m-1$ 中与 m 互素的数的个数,则称 $\varphi(m)$ 为欧拉函数.

例如,$\varphi(10)=4$,$\varphi(7)=6$,$\varphi(1)=1$.

定理 2.26　k 个整数 $a_1,a_2,\cdots,a_k$ 构成模 m 的简化剩余系的充要条件是 $k=\varphi(m)$,$(a_i,m)=1,i=1,2,\cdots,\varphi(m)$,且这 $\varphi(m)$ 个数对模 m 两两不同余.

证明　必要性是显然的,下证充分性.

由于
$$(a_i,m)=1, \quad a_i \neq a_j (\mathrm{mod}\ m) \quad i,j=1,2,\cdots,\varphi(m),i \neq j,$$
于是 $a_1,a_2,\cdots,a_{\varphi(m)}$ 是模的完全剩余系中所有与 m 互素的数.因此,$a_1,a_2,\cdots,a_{\varphi(m)}$ 是模 m 的简化剩余系.

定理 2.27　若 $(a,m)=1$,$x_1,x_2,\cdots,x_{\varphi(m)}$ 是模 m 的简化剩余系,则 $ax_1,ax_2,\cdots,ax_{\varphi(m)}$ 也是模 m 的简化剩余系.

定理 2.28　若 $(a,m)=1$,则 $a^{\varphi(m)} \equiv 1 (\mathrm{mod}\ m)$.

推论　若 p 是素数,则:

(1) 当 $(a,p)=1$ 时,$a^{p-1} \equiv 1 (\mathrm{mod}\ p)$;

(2) $a^p \equiv a (\mathrm{mod}\ p)$.

证明　先证(1),由 p 是素数,知 $0,1,2,\cdots,p-1$ 中有 $p-1$ 个数与 p 互素,于是 $\varphi(p)=p-1$.又因为 $(a,p)=1$,故由定理 2.27 得(1)得证.

再证(2),当 $(a,p)=1$ 时,由结论(1)知结论(2)成立.当 $(a,p) \neq 1$ 时,$p \mid a$,于是(2)也成立.

欧拉最早证明了本定理,故称为欧拉定理.这个推论是由费马提出的.所以通常叫做费马小定理.

例 2.11　设 $a \in \mathbb{Z}$,求证 $a^5 \equiv a (\mathrm{mod}\ 30)$.

证明　由于 $30=2 \times 3 \times 5$,而依费马小定理,有
$$a^5 \equiv a (\mathrm{mod}\ 5), \tag{2.5}$$
$$a^3 \equiv a (\mathrm{mod}\ 3), \tag{2.6}$$
$$a^2 \equiv a (\mathrm{mod}\ 2). \tag{2.7}$$
由(2.6)式,得
$$a^5 \equiv a^3 \equiv a (\mathrm{mod}\ 3). \tag{2.8}$$
由(2.7)式,得
$$a^5 \equiv a^4 \equiv a^2 \equiv a (\mathrm{mod}\ 2). \tag{2.9}$$

于是，从(2.5)式，(2.8)式，(2.9)式，并注意到 2,3,5 两两互素，即得 $a^5 \equiv a (\bmod 30)$.

例 2.12 已知 $x=h$ 是使 $a^x \equiv 1 (\bmod m)$ 成立的最小正整数，求证 $h \mid \varphi(m)$.

证明 由 $a^h - 1 = mt (t \in \mathbb{Z})$，可知 $(a,m)=1$，于是
$$a^{\varphi(m)} \equiv 1 (\bmod m).$$
令 $\varphi(m) = hq + r, 0 \leqslant r < h, q \in \mathbb{N}$. 代入上面的同余式，可得
$$a^r \equiv 1 (\bmod m).$$

这就有 $r=0$，故 $h \mid \varphi(m)$.

下面给出计算 $\varphi(m)$ 的一般公式. 从标准分解式 $m = p_1^{a_1} p_2^{a_2} \cdots p_k^{a_k}$ 着眼，先看 $\varphi(p^m)$ 的计算公式.

定理 2.29 若 p 是素数，则 $\varphi(p^a) = p^a - p^{a-1}$.

证明 考虑模 p^a 的完全剩余系
$$0,1,2,\cdots,p,\cdots,2p,\cdots,p^a-1. \tag{2.10}$$
(2.10)式中与 p^a 不互素的数只有 p 的倍数 $0,p,2p,\cdots,(p^{a-1}-1)p$. 这共有 p^{a-1} 个，于是(2.10)式中与 p^a 互素的数有 $p^a - p^{a-1}$ 个，所以，$\varphi(p^a) = p^a - p^{a-1}$.

定理 2.30 若 $(m,n)=1$，则 $\varphi(mn) = \varphi(m)\varphi(n)$.

推论 若正整数 $m_1, m_2, \cdots, m_k$ 两两互素，则
$$\varphi(m_1 m_2 \cdots m_k) = \varphi(m_1)\varphi(m_2)\cdots\varphi(m_k).$$

定理 2.31 若 m 的标准分解式为 $m = p_1^{a_1} p_2^{a_2} \cdots p_k^{a_k}$，则
$$\varphi(m) = p_1^{a_1-1} p_2^{a_2-1} \cdots p_k^{a_k-1}(p_1-1)(p_2-1)\cdots(p_k-1).$$

证明 由定理 2.30 的推论，有
$$\varphi(m) = \varphi(p_1^{a_1})\varphi(p_2^{a_2})\cdots\varphi(p_k^{a_k}).$$
再把定理 2.29 用于上式，即得定理 2.31.

例 2.13 设 $(n,10)=1$，求证 n^{101} 与 n 的末三位数相同.

证明 为了证明
$$n^{101} - n \equiv 0 (\bmod 1000), \tag{2.11}$$
只要证明
$$n^{100} \equiv 1 (\bmod 1000). \tag{2.12}$$
事实上，由 $(n,125)=1, \varphi(125)=100$，有
$$n^{100} \equiv 1 (\bmod 125). \tag{2.13}$$
再由 n 是奇数，知 $8 \mid n^2 - 1$，进而
$$n^{100} \equiv 1 (\bmod 8). \tag{2.14}$$
由(2.13)式，(2.14)式，并注意到 $(125,8)=1$，可得(2.12)式，于是(2.11)式成立.

例 2.14 今天是星期日，过 2^{2000} 天是星期几？

解 由费马定理知 $2^6 \equiv 1 (\bmod 7)$，而 $2^1 \equiv 2 (\bmod 7), 2^2 \equiv 3 (\bmod 7)$，于是有
$$2^{2000} \equiv 2^{6 \times 333 + 2} \equiv 4 \times (2^6)^{333} \equiv 4 (\bmod 7),$$
即 2^{2000} 除以 7 余数是 4，所以再过 2^{2000} 天后是星期四.

例 2.15 设素数 $p \neq 2,5$，求证：在数列 $1,11,111,\cdots$ 中有无穷多个是 p 的倍数.

证明 如果 $p=3$，则显然 $\underbrace{11\cdots1}_{3k位}$ 都是 3 的倍数，它们有无穷多个.

设 $p \geqslant 7$,我们有

$$\overbrace{11\cdots1}^{k位} = \frac{10^k - 1}{9}.$$

由于 $(10,p)=1$,故

$$10^{\varphi(p)} \equiv 10^{p-1} \equiv 1 (\mathrm{mod}\ p).$$

因此对任何 $l \geqslant 1$ 有

$$10^{l(p-1)} \equiv 1(\mathrm{mod}\ p), \quad 即\ p \mid 10^{l(p-1)} - 1.$$

取 $k = l(p-1)$,就有

$$p \mid \frac{10^k - 1}{9} = \overbrace{11\cdots1}^{k位}.$$

例 2.16　设 4444^{4444} 的各位数字之和为 A,A 的各位数字之和为 B,求 B 的各位数字之和 C(这里讨论的数都是十进制数).

解　因为 $4444 = 493 \times 9 + 7$,所以 $4444^{4444} \equiv 7^{4444}(\mathrm{mod}\ 9)$.

同理 $7^{4444} \equiv 2^{4444}(\mathrm{mod}\ 9)$. 而

$$2^{4444} \equiv 2^{3 \times 1481 + 1} \equiv 2 \times 8^{1481} \equiv 2 \times (-1)^{1481} \equiv -2 \equiv 7(\mathrm{mod}\ 9).$$

又因

$$4444^{4444} < (4.5 \times 10^3)^{4444} < 10^{(\frac{2}{3}+3) \times 4444} < 10^{16295},$$

所以 4444^{4444} 最多有 16295 位数,因此 $A \leqslant 9 \times 16295 = 146655$.

在不超过 146655 的正整数中,各位数字之和最大的是 99999,因而 $B \leqslant 45$. 又因不超过 45 的正整数中,各位数字之和最大的是 39,所以 B 的各位数字之和 C 满足 $1 \leqslant C \leqslant 12$.

又因其用 9 除时余 7,因而只有 $C = 7$.

2.3　中国剩余定理

韩信是汉朝的开国大将,是位杰出的军事家,据说他非常聪明,他为保守军机,曾运用数学于军事之中."韩信点兵"就是一个突出的例子.其方法是:令士卒从 1~3 报数,记下末卒所报之数;次令士卒从 1~5 报数,记下末卒所报之数,再令士卒从 1~7 报数,又记下末卒所报之数.这样韩信就很快算出了士兵的人数.关于韩信点兵的方法只在数学读物中出现过,没有历史根据.其实,这是一个名传中外的"物不知数"问题,源于中国名著《孙子算经》卷下第 26 题:"今有物不知其数,三三数之剩二,五五数之剩三,七七数之剩二,问物几何?"答曰:"二十三".此题意思是"有一堆物品,每 3 个一数,最后剩 2 个;每 5 个一数,剩 3 个;每 7 个一数,剩 2 个,问这些物品共有多少".答是 23 个.问题一经提出,就在民间广为流传,在流传过程中又有了一些新的有趣味性的叫法,如"韩信点兵""秦王暗点兵""隔墙算""鬼谷算""剪管术"等.

对于这个题,记 x 是所求的"物"的数目,就可以把这个问题归结为求解下列同余式组

$$x \equiv 2(\mathrm{mod}\ 3) \equiv 3(\mathrm{mod}\ 5) \equiv 2(\mathrm{mod}\ 7). \tag{2.15}$$

关于求解一般同余式组

$$x \equiv a(\bmod 3) \equiv b(\bmod 5) \equiv c(\bmod 7),$$

有

$$x \equiv 70a + 21b + 15c(\bmod 105). \tag{2.16}$$

这个一般解法,在我国明朝程大位《算法统宗》(1593 年)里有一首歌:

三人同行七十稀,

五树梅花廿一枝,

七子团圆正月半,

除百零五便得知.

(译:3 个人共同走路,其中有 70 岁以上的老年人的可能性很少,5 棵梅花树总共 21 枝,7 个孩子当正月十五日时在家中团圆,把 105 的某个倍数减去,就得答案)

但对于 70,21,15 是怎么来的,却没有明确的解说.到了公元 1247 年,南宋数学家秦九韶在《数书九章》中创造了一种著名的方法,"大衍求一术".使"孙子问题"有了一个一般的解法.

在西方,瑞士数学家欧拉(Euler,1707—1783),法国数学家拉格朗日(Lagrange,1736—1813)都对此问题作过系统的研究.1801 年德国数学家高斯(Gauss,1777—1855)在《算术探究》中也明确地得出了这个问题的解法,并命名"高斯定理".但这已经在秦九韶之后 500 多年了.如果与《孙子算经》比较则要晚近 1500 多年!公元 1852 年,英国基督教士伟烈亚力将"物不知数"题介绍到西方,人们发现它符合高斯定理,遂称"中国剩余定理",这个定理至今仍闻名海外,给中国和世界数学史增添了光辉的一页.

定理 2.32(中国剩余定理) 如果 $k \geqslant 2$,而 $m_1, m_2, \cdots, m_k$ 是两两互素的 k 个正整数.又令 $M = m_1 m_2 \cdots m_k = m_1 M_1 = m_2 M_2 = \cdots = m_k M_k$,则同时满足同余式组

$$x \equiv b_1(\bmod m_1) \equiv b_2(\bmod m_2) \equiv \cdots \equiv b_k(\bmod m_k)$$

的正整数解是

$$x \equiv b_1 M'_1 M_1 + b_2 M'_2 M_2 + \cdots + b_k M'_k M_k(\bmod M). \tag{2.17}$$

这里 $M'_i(i=1,2,\cdots,k)$ 是满足同余式 $M'_i M_i \equiv 1(\bmod m_i)$ 的正整数解.

利用此定理,即可得到方程(2.15)的解法如下:

$$m_1 = 3, m_2 = 5, m_3 = 7; b_1 = 2, b_2 = 3, b_3 = 2.$$

于是 $M = 105, M_1 = 35, M_2 = 21, M_3 = 15$.

设 M'_1 是一个正整数,满足 $M'_1 M_1 \equiv 1(\bmod 3)$,则有 $1 \equiv M'_1 M_1 \equiv 35 M'_1 \equiv 2 M'_1(\bmod 3)$,得到 $M'_1 = 2$.

设 M'_2 是一个正整数,满足 $M'_2 M_2 \equiv 1(\bmod 5)$,则有 $1 \equiv M'_2 M_2 \equiv 21 M'_2 \equiv M'_2(\bmod 5)$,得到 $M'_2 = 1$.

同理可得 $M'_3 = 1$,代入(2.17)式,即可得(2.16)式.

例 2.17 "余米推数"(摘自《数书九章》).

有一米铺投诉被盗去三箩筐米,不知数量,左箩剩 1 合,中箩剩 14 合,右箩剩 1 合,后捉到盗米贼甲、乙、丙.甲说,当夜他摸得一只马勺,一勺勺将左箩的米舀入布袋,乙说,他用着一只木屐,将中箩的米舀入布袋;丙说,他摸着一只漆碗,将右箩的米舀入布袋.三人将米拿回家食用,日久不知其数.遂交了作案工具.量得一马勺容 19 合,一木屐容 17 合,一漆碗容 12 合,问共丢失的米数及三人所盗的米数.

对于这个题,设每箩米数为 X 合,依题意有

$$X \equiv 1(\bmod 19) \equiv 14(\bmod 17) \equiv 1(\bmod 12).$$

在中国剩余定理中,取 $m_1 = 19, m_2 = 17, m_3 = 12$;$b_1 = 1, b_2 = 14, b_3 = 1.$ 此时有 $M = 19 \times 17 \times 12 = 3876,$ 而

$$M_1 = 204, \quad M_2 = 228, \quad M_3 = 323.$$

又由 $1 \equiv M_1' M_1 \equiv 204 M_1' \equiv 14 M_1' (\bmod 19)$,得 $M_1' = 15.$

由 $1 \equiv M_2' M_2 \equiv 228 M_2' \equiv 7 M_2' (\bmod 17)$,得 $M_2' = 5.$

由 $1 \equiv M_3' M_3 \equiv 323 M_3' \equiv 11 M_3' (\bmod 12)$,得 $M_3' = 11.$

故由 (2.17) 式得

$$X \equiv 1 \times 15 \times 204 + 14 \times 5 \times 228 + 1 \times 11 \times 323 (\bmod 3876),$$

即 $X = 3193 + 3876n, n = 0, 1, 2, \cdots.$

思考与练习题 2

1. 证明下面的结论:

(1) 若一个整数的末位是 0,2,4,6 或 8,则这个数能被 2 整除;

(2) 若一个整数的末尾两位数能被 4(25) 整除,则这个数能被 4(25) 整除;

(3) 若一个整数的末位是 0 或 5,则这个数能被 5 整除;

(4) 若一个整数的末尾三位数能被 8(125) 整除,则这个数能被 8(125) 整除;

(5) 若一个整数的奇位数字之和与偶位数字之和的差能被 11 整除,则这个数能被 11 整除;

(6) 如果一个整数的末三位与末三位以前的数字组成的数之差能被 7,11 或 13 整除,那么这个数能被 7,11 或 13 整除;

(7) 若一个整数的个位数字截去,再从余下的数中,减去个位数的 5 倍,如果差是 17 的倍数,则原数能被 17 整除;

(8) 若一个整数的个位数字截去,再从余下的数中,加上个位数的 2 倍,如果差是 19 的倍数,则原数能被 19 整除.

2. 求 $(90, 126), [55, 70].$

3. 求 $(72, 126, 198), [14, 35, 154].$

4. 证明:三个连续整数的立方和能被 9 整除.

5. 设 n 为偶数,证明 $k = n^3 + 20n$ 能被 48 整除.

6. 若三个正整数之和能被 6 整除,则它们的立方和也能被 6 整除.

7. 若 p 是大于 3 的素数,且 $2p + 1$ 也是素数,求证 $4p + 1$ 是合数.

8. 设 n 为正奇数,证明:$2^n + 1$ 能被 3 整除.

9. 设 n 是正整数,证明 $n^3 + 11n$ 能被 6 整除.

10. 设 n 是正整数,证明 $n^2(n^2 - 1)(n^2 - 4)$ 能被 360 整除.

11. 设 n 是正整数,证明 $4^n + 15n - 1$ 是 9 的倍数.

12. 7^{12} 用 12 除,余数是多少?

13. 验证 $5^6 \equiv 1 \pmod 7$.

14. 如果今天是星期日,问:从今天起再过 $10^{10^{10}}$ 天是星期几?

15. 设 n 是奇数,则 $16 \mid n^4 + 4n^2 + 11$.

16. 韩信点兵:有兵一队,若列成 5 行纵队,则末行 1 人,成 6 行纵队,则末行 5 人,成 7 行纵队,则末行 4 人,成 11 行纵队,则末行 10,求兵数.

17. 求一个正整数 X,用 2 来除 X,则余数是 1,用 5 来除 X,则余数是 3,用 7 来除 X,则余数是 3,用 9 来除 X,则余数是 4.

18. 解同余式组 $\begin{cases} x \equiv 11 \pmod{20}, \\ x \equiv 3 \pmod{24}. \end{cases}$

19. 如果 $ax^3 + bx^2 + cx + d$ 能被 $x^2 + h^2$ 整除,证明 $ad = bc$.

第 3 章

解析式

解析式是中学数学课程的重要内容之一,是在数的概念的基础上发展起来的,是数的概念的进一步抽象与概括,是研究方程、函数的基础.

3.1　相关概念

定义 3.1　用运算符号和括号把数和表示数的字母连接而成的式子叫做解析式.解析式又称数学式子,简称式.

初等数学里的运算包括初等代数运算和初等超越运算.初等代数运算是指有限次的加、减、乘、除、正整数次乘方、开方.初等超越运算包括无理数次乘方、对数、三角和反三角运算.

解析式按字母进行什么运算加以分类.

定义 3.2　在一个解析式中,对字母只进行有限次的代数运算,这个解析式就称为代数式.对字母进行了有限次的初等超越运算,这个解析式就称为初等超越式,简称超越式.

下面对代数式作进一步的分类.

定义 3.3　只含有加、减、乘、除、指数为整数的乘方运算的代数式,叫做有理式.

只含有加、减、乘(包括非负整数次乘方)运算的有理式叫做有理整式(或多项式).特别地,只含有乘法(包括非负整数次乘方)运算的有理整式,叫做单项式.单独一个数或一个字母也看作单项式.

含有除法运算的有理式叫做有理分式.含有开方运算的代数式叫做无理式.

这样,在中学范围内解析式可分类如下:

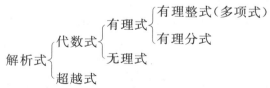

关于这个分类有几点要说明.

1. 定义中的运算是针对字母而言的

例如 $\sqrt{3}x^2 + 2x$,针对字母 x 来说,是多项式而不是无理式.

有时甚至还要看对哪个字母来说的.例如 $\frac{a^2}{2b^2}+a$ 对于字母 a,b 来说是分式,单就字母 a 来说,则是整式.

2. 这种分类方法是就形式而言的

例如 $\sqrt{x^4}$,虽然恒等于整式 x^2,但它是无理式.

3. 对超越式未作进一步分类

按照习惯,把只含有对字母的指数运算、对数运算、三角运算和反三角运算的超越式分别叫做指数式、对数式、三角式和反三角式.至于对字母来说含有两种或两种以上不同的超越运算,则笼统地叫做超越式.

3.2 多项式

有理整式简称整式,也称多项式.

一元多项式经过恒等变形后,都可表示为下面的标准形式:
$$a_nx^n+a_{n-1}x^{n-1}+\cdots+a_0(a_n\neq 0),$$
这里 n 是正整数,当 $a_n\neq 0$ 时,叫做一元 n 次多项式.

如果除 a_0 外的所有系数都是 0,那么多项式就变成异于零的数 a_0,我们约定把每一个异于零的数看作零次多项式.

如果所有系数都是零,那么有 $0x^n+0x^{n-1}+\cdots+0x+0$,这样的多项式叫做零多项式.零多项式不给予任何次数.

3.2.1 多项式的恒等

数域 F 泛指有理数域 $\mathbb{Q}$,实数域 $\mathbb{R}$ 和复数域 $\mathbb{C}$.

定理 3.1 设 F 上的多项式 $f(x)=a_nx^n+a_{n-1}x^{n-1}+\cdots+a_1x+a_0$,如果对任意的 $x_0\in F$,多项式的值都等于零,那么它的所有系数都是零.

此定理表明表示成标准形式的任何多项式,除了零多项式外,不能恒等于零.

证明 对次数 n 用数学归纳法.

当 $n=1$ 时,$f(x)=a_1x+a_0$,因为对 F 内的一切值,$f(x)$ 的值都等于零,所以当 $x=0$ 时,$f(x)$ 的值也等于零,从而有 $a_0=0$,代入 $f(x)=a_1x+a_0$ 中可得 $f(x)=a_1x\equiv 0$,当 $x=1$ 时,则有 $a_1=0$.由此证明了命题对于一次多项式成立.

假定命题对于次数低于 n 的多项式成立,我们证明,在此假定下,它对于 n 次多项式也将成立.

如果对 F 内的一切值,都有
$$f(x)=a_nx^n+a_{n-1}x^{n-1}+\cdots+a_1x+a_0\equiv 0. \tag{3.1}$$
在(3.1)式中,用 $2x$ 代换 x,得恒等式

$$f(2x) = 2^n a_n x^n + 2^{n-1} a_{n-1} x^{n-1} + \cdots + 2a_1 x + a_0 \equiv 0. \qquad (3.2)$$

(3.1)$\times 2^n -$(3.2)得

$$2^{n-1}(2-1)a_{n-1}x^{n-1} + 2^{n-2}(2^2-1)a_{n-2}x^{n-2} + \cdots + (2^n-1)a_0 \equiv 0.$$

这是一个低于 n 次的多项式,它恒等于零,由归纳假设知,它的一切系数必须都等于零,故

$$2^{n-1}(2-1)a_{n-1}=0, 2^{n-2}(2^2-1)a_{n-2}=0, \cdots, 2^{n-k}(2^k-1)a_{n-k}=0, \cdots, (2^n-1)a_0=0.$$

因为 $2^{n-k} \neq 0$,且 $2^{k-1} \neq 0 (k=1,2,\cdots,n)$,所以 $a_{n-1}=a_{n-2}=\cdots=a_1=a_0=0$. 把它们代入 (3.1) 式,得 $f(x)=a_n x^n \equiv 0$.

令 $x=1$,则得 $a_n=0$,于是 $a_n=a_{n-1}=\cdots=a_1=a_0=0$. 即命题对任意次的一元多项式都成立.

定理 3.2(多项式恒等定理) F 上的两个多项式

$$f(x) = a_m x^m + a_{m-1} x^{m-1} + \cdots + a_1 x + a_0,$$
$$g(x) = b_n x^n + b_{n-1} x^{n-1} + \cdots + b_1 x + b_0$$

恒等的充要条件是它们的次数相同,且同次项系数对应相等,即

$$n=m, \quad 且 \quad a_0=b_0, a_1=b_1, \cdots, a_m=b_n.$$

证明(充分性) 如果两个多项式的次数相同且同次项系数对应相等,那么对于 F 内的一切值,两个多项式的值显然都相等,实际上它们是同一个多项式,因而是恒等的.

必要性 不妨设 $m \geqslant n$,则有

$$f(x)-g(x) = a_m x^m + \cdots + a_{n+1} x^{n+1} + (a_n-b_n)x^n + (a_{n-1}-b_{n-1})x^{n-1} + \cdots +$$
$$(a_1-b_1)x + (a_0-b_0).$$

如果对于 F 内的一切值,$f(x)$ 与 $g(x)$ 的值都相等,那么这时 $f(x)-g(x)$ 的值也都等于零,即

$$a_m x^m + \cdots + a_{n+1} x^{n+1} + (a_n-b_n)x^n + (a_{n-1}-b_{n-1})x^{n-1} + \cdots + (a_1-b_1)x + (a_0-b_0) \equiv 0,$$

所以根据定理 3.1 有,$a_m=\cdots=a_{n+1}=0, a_n=b_n, a_{n-1}=b_{n-1}, \cdots, a_1=b_1, a_0=b_0$.

可见 $f(x)$ 与 $g(x)$ 由完全相同的项所组成,即它们的次数相同且同次项系数对应相等.

定理 3.2 是待定系数法的理论根据. 待定系数法是一种重要的方法.

定理 3.3 如果 F 上的两个次数都不高于 n 的多项式 $f(x)$ 与 $g(x)$ 对于 F 内的 $n+1$ 个不同的值,都有相等的值,那么它们恒等.

证明 如果 $f(x)$ 不恒等于 $g(x)$,那么 $f(x)-g(x)$ 不是零多项式. 因为 $f(x)$ 与 $g(x)$ 的次数都不高于 n,所以 $f(x)-g(x)$ 的次数也不可能高于 n,但根据"高等代数"课程中著名的根的存在定理,$f(x)-g(x)=0$ 不可能有多于 n 个的根. 由已知条件,$f(x)-g(x)=0$ 有 $n+1$ 个根,这是不可能的. 所以 $f(x) \equiv g(x)$.

定理 3.3 简化了判别两个多项式是否恒等的方法,因为根据多项式恒等的定义,两个多项式是否恒等,需要看对于 F 内的一切值是否有相等的对应值,这几乎是不可能实现的,但定理 3.3 告诉我们,不必检验一切值,只需检验比多项式次数多一个数的值就可以了.

定理 3.3 还告诉我们,给了 F 内的 $n+1$ 个互不相同的数 $a_1, a_2, \cdots, a_{n+1}$ 以及任意 $n+1$ 个数 $b_1, b_2, \cdots, b_{n+1}$ 后,存在 F 上的一个次数不超过 n 的多项式 $f(x)$,能使 $f(a_i)=b_i$,$i=1,2,\cdots,n+1$,而且这样的多项式是唯一的.

例 3.1 求多项式 $y=Ax^2+Bx+C$,已知 $x_1=1$ 时,$y_1=1$;$x_2=-1$ 时,$y_2=3$;$x_3=2$ 时,$y_3=3$.

解 把 $(x_i,y_i)(i=1,2,3)$ 代入 $y=Ax^2+Bx+C$ 得

$$\begin{cases} A+B+C=1, \\ A-B+C=3, \\ 4A+2B+C=3. \end{cases}$$

解这个线性方程组得 $A=1,B=-1,C=1$. 所以所求二次多项式是 $x^2-x+1=0$.

一般地,我们有较为方便的拉格朗日插值公式,这就是:

一个次数不大于 n 的多项式,如果当 x 等于 $x_1,x_2,\cdots,x_{n+1}$ 时,它的 $n+1$ 个值 $y_1,y_2,\cdots,y_{n+1}$ 是已知的,那么它的一般公式是

$$
\begin{aligned}
f(x)=&y_1\frac{(x-x_2)(x-x_3)\cdots(x-x_n)(x-x_{n+1})}{(x_1-x_2)(x_1-x_3)\cdots(x_1-x_n)(x_1-x_{n+1})}+\\
&y_2\frac{(x-x_1)(x-x_3)\cdots(x-x_{n+1})}{(x_2-x_1)(x_2-x_3)\cdots(x_2-x_{n+1})}+\cdots+\\
&y_n\frac{(x-x_1)(x-x_2)\cdots(x-x_{n+1})}{(x_n-x_1)(x_n-x_2)\cdots(x_n-x_{n+1})}+\\
&y_{n+1}\frac{(x-x_1)(x-x_2)\cdots(x-x_n)}{(x_{n+1}-x_1)(x_{n+1}-x_2)\cdots(x_{n+1}-x_n)}.
\end{aligned}
$$

一般地说,这个式子是一个 n 次多项式(在特殊情况下,次数可能低于 n). 如果令 $x=x_k$,那么上式中与 y_k 相乘的分式变为 1,而一切其他分式变为零. 所以 $f(x_k)=y_k$,即多项式 $f(x)$ 满足提出的条件.

读者可以应用拉格朗日公式解上例.

3.2.2 齐次、对称、交代、轮换多项式

1. 齐次多项式

定义 3.4 若以标准形式给定的多元多项式

$f(x,y,\cdots,z)=a_1x^{k_1}\cdots z^{k_n}+a_2x^{l_1}\cdots z^{l_n}+\cdots+a_tx^{s_1}\cdots z^{s_n}$ 的所有项有相同的次数 m,即 $\sum_{i=1}^{n}k_i=\sum_{i=1}^{n}l_i=\sum_{i=1}^{n}s_i=\cdots=m$,那么 $f(x,y,\cdots,z)$ 叫做 m 次齐次多项式(简称齐次式).

任一单项式或非零数都可看作是齐次多项式.

例如,多项式 $ax+by$ 是关于 x,y 的一次齐次多项式;$x^2+2xy+y^2,x^2-2xy$ 等是二次齐次多项式;x^2-xy^2+4 不是齐次多项式.

齐次多项式有下面的重要性质:

两个同元齐次多项式的积仍是一个齐次多项式,其次数等于两个因式的次数和.

例 3.2 已知 $x>0,y>0$,求 $\dfrac{x^2+2y^2}{2xy}$ 的最小值.

解 令 $t=\dfrac{x}{y}$,则 $\dfrac{x^2+2y^2}{2xy}=\dfrac{t^2+2}{2t}=\dfrac{t+\dfrac{2}{t}}{2}\geqslant\sqrt{2}$,当 $x=\sqrt{2}y$ 时取等号. 故所求最小值为 $\sqrt{2}$.

注 本题的解答利用了齐次式的特征.

例 3.3 已知 $x>0,y>0,x^3+2y^3=x-y$,且 $x^2+ky^2\leqslant1$ 恒成立,求 k 的最大值.

解 由 $x^3+2y^3=x-y>0$ 得 $\dfrac{x^3+2y^3}{x-y}=1$. 于是

$$k \leqslant \frac{1-x^2}{y^2} = \frac{\frac{x^3+2y^3}{x-y}-x^2}{y^2} = \frac{2+\left(\frac{x}{y}\right)^2}{\frac{x}{y}-1}.$$

令 $t=\dfrac{x}{y}$ 则 $t>1$,$k \leqslant \dfrac{2+t^2}{t-1}$ 恒成立. 而

$$\frac{2+t^2}{t-1} = (t-1) + \frac{3}{t-1} + 2 \geqslant 2\sqrt{3} + 2, \qquad 且当 t = \sqrt{3}+1 时等号成立,$$

故 k 的最大值为 $2\sqrt{3}+2$.

例 3.4 已知 $\tan\theta = 2$,求 $\sin^2\theta + \sin\theta\cos\theta - 2\cos^2\theta$ 的值.

分析 $\sin^2\theta + \sin\theta\cos\theta - 2\cos^2\theta = \dfrac{\sin^2\theta + \sin\theta\cos\theta - 2\cos^2\theta}{\sin^2\theta + \cos^2\theta}$

$$= \frac{\tan^2\theta + \tan\theta - 2}{\tan^2\theta + 1} = \frac{4+2-2}{4+1} = \frac{4}{5}.$$

2. 对称多项式

定义 3.5 设 $f(x_1, x_2, \cdots, x_n)$ 是 n 元多项式. 如果对于任意的 $i,j(1 \leqslant i < j \leqslant n)$ 都有 $f(x_1, \cdots, x_i, \cdots, x_j, \cdots, x_n) = f(x_1, \cdots, x_j, \cdots, x_i, \cdots, x_n)$,那么 $f(x_1, x_2, \cdots, x_n)$ 叫做对称多项式(简称对称式).

也就是说,如果一个多元多项式中任意交换两个变数的位置后,原多项式不变,那么它就是一个对称多项式.

例如,多项式 $x^3 + y^3 + z^3 - 3xyz$,$x(y+z) + y(z+x) + z(x+y)$ 是关于 x,y,z 的对称多项式.

在高等代数里,关于对称多项式,有结论:

(1)下面的 n 元多项式称为基本(或初等)对称多项式:

$$\sigma_1 = x_1 + x_2 + \cdots + x_n,$$

$$\sigma_2 = x_1x_2 + x_1x_3 + \cdots + x_1x_n + x_2x_3 + \cdots + x_2x_n + \cdots + x_{n-1}x_n,$$

$$\vdots$$

$$\sigma_n = x_1x_2\cdots x_n.$$

(2)任一对称多项式 $f(x_1, x_2, \cdots, x_n)$ 都能表示成关于基本对称多项式 $\sigma_1, \sigma_2, \cdots, \sigma_n$ 的多项式,并且表法是唯一的.

(3)两个对称多项式(元相同)的和、差、积、商(可整除时)仍是对称多项式.

3. 交代式

定义 3.6 设 $f(x_1, x_2, \cdots, x_n)$ 是 n 元多项式,如果对于任意的 $i,j(1 \leqslant i < j \leqslant n)$ 都有 $f(x_1, x_2, \cdots, x_i, \cdots, x_j, \cdots, x_n) = -f(x_1, \cdots, x_j, \cdots, x_i, \cdots, x_n)$,那么 $f(x_1, x_2, \cdots, x_n)$ 叫做交代多项式(简称交代式).

也就是说,如果多项式中对换其中两个变数字母后原多项式仅改变符号,那么这个多项式就叫做关于这两个变数字母的交代式.

4. 轮换式

定义 3.7 把一个多元多项式中的变数字母按照某种次序排列,同时把第一个变数字

母换成第二个变数字母,第二个变数字母换成第三个变数字母,依次类推,直至最后一个变数字母换成第一个变数字母为止,这种变换叫做轮换.

定义 3.8　如果一个多项式中的变数字母按照任何次序轮换后,原多项式不变,那么称该多项式是轮换多项式(简称轮换式).

例如

$$x^2y + y^2z + z^2x, \quad (x-y)^3 + (y-z)^3 + (z-x)^3,$$
$$x^3 + y^3 + z^3, \quad (x-y+z)(y-z+x)(z-x+y)$$

等都是轮换多项式. 而 $x+y-z$ 不是轮换多项式.

由定义可知,对称多项式一定是轮换多项式.例如,$k(x+y+z)$,$x^3+y^3+z^3$ 等对 x,y,z 来说,既是对称多项式,又是轮换多项式.

但是轮换多项式不一定是对称多项式.例如,$x^2y + y^2z + z^2x$ 则是 x,y,z 的轮换多项式,但不是对称多项式.

容易证明,关于对称多项式、轮换多项式、交代多项式有下面一些性质:

(1) 两个轮换多项式的和、差、积、商(能整除)仍是轮换多项式.

(2) 两个交代多项式的和、差仍是交代多项式;它们的积、商(能整除)是对称多项式.

(3) 对称多项式与交代多项式的积、商(能整除)是交代多项式.

例 3.5　已知 $x+y+z=0$,求证 $\dfrac{x^5+y^5+z^5}{5} = \dfrac{x^3+y^3+z^3}{3} \cdot \dfrac{x^2+y^2+z^2}{2}$.

证明　$(x^3+y^3+z^3)(x^2+y^2+z^2) = x^5+y^5+z^5 + x^2y^2(x+y) + y^2z^2(y+z) + x^2z^2(x+z)$
$$= x^5+y^5+z^5 - xyz(xy+yz+zx). \tag{3.3}$$

因为 $x+y+z=0$,所以
$$x^2+y^2+z^2 = -2(xy+yz+zx), \tag{3.4}$$
$$x^3+y^3+z^3 = 3xyz. \tag{3.5}$$

将(3.4)式、(3.5)式代入(3.3)式右端,得
$$(x^3+y^3+z^3)(x^2+y^2+z^2) = x^5+y^5+z^5 + \frac{x^3+y^3+z^3}{3} \cdot \frac{x^2+y^2+z^2}{2}.$$

所以,原等式成立.

例 3.6　已知 $abcd=1$,求证:
$$\frac{a}{abc+ab+a+1} + \frac{b}{bcd+bc+b+1} + \frac{c}{cda+cd+c+1} + \frac{d}{dab+da+d+1} = 1.$$

证明　记
$$S = \frac{a}{abc+ab+a+1} + \frac{b}{bcd+bc+b+1} + \frac{c}{cda+cd+c+1} + \frac{d}{dab+da+d+1}. \tag{3.6}$$

将每个分母的 1 用 $abcd$ 代替,同时每个分式约分得
$$S = \frac{1}{abc+ab+a+1} + \frac{1}{bcd+bc+b+1} + \frac{1}{cda+cd+c+1} + \frac{1}{dab+da+d+1}. \tag{3.7}$$

将(3.6)式中的第一个、第二个、第三个、第四个分式的分子和分母分别同乘以 d,a,b,c,并利用 $abcd=1$,得
$$S = \frac{da}{1+dab+da+d} + \frac{ab}{1+abc+ab+a} + \frac{bc}{1+bcd+bc+b} + \frac{cd}{1+cda+cd+c},$$

即

$$S = \frac{ab}{abc+ab+a+1} + \frac{bc}{bcd+bc+b+1} + \frac{cd}{cda+cd+c+1} + \frac{da}{dab+da+d+1}. \quad (3.8)$$

再将(3.8)式中的第一个、第二个、第三个、第四个分式的分子和分母分别同乘以 $d,a,$ b,c,并利用 $abcd=1$,又得

$$S = \frac{dab}{1+dab+da+d} + \frac{abc}{1+abc+ab+a} + \frac{bcd}{1+bcd+bc+b} + \frac{cda}{1+cda+cd+c},$$

即

$$S = \frac{abc}{abc+ab+a+1} + \frac{bcd}{bcd+bc+b+1} + \frac{cda}{cda+cd+c+1} + \frac{dab}{dab+da+d+1}. \quad (3.9)$$

(3.6)+(3.7)+(3.8)+(3.9)得

$$4S = \frac{abc+ab+a+1}{abc+ab+a+1} + \frac{bcd+bc+b+1}{bcd+bc+b+1} + \frac{cda+cd+c+1}{cda+cd+c+1} + \frac{dab+da+d+1}{dab+da+d+1} = 4,$$

所以 $S=1$.

3.2.3 多项式因式分解

定义 3.9 若数域 F 上的多项式 $f(x),g(x),\varphi(x)$,满足 $f(x)=g(x)\varphi(x)$,则称 $g(x)$ 和 $\varphi(x)$ 为 $f(x)$ 的因式.

非零的数以及与 $f(x)$ 只相差一个数值因子的多项式,叫做 $f(x)$ 的当然因式,其他因式叫做 $f(x)$ 的非当然因式.

定义 3.10 设 $f(x)$ 是数域 F 上的多项式,如果 $f(x)$ 除当然因式外,没有其他非当然因式,那么 $f(x)$ 就叫做在 F 上既约,否则叫做在 F 上可约.

关于既约多项式,在高等代数中证明过如下定理.

定理 3.4 数域 F 上的任一个 n 次($n>0$)多项式 $f(x)$,都可以表示成既约多项式乘积的形式

$$f(x) = f_1(x)f_2(x)\cdots f_k(x),$$

这里 $f_1(x),f_2(x),\cdots,f_k(x)$ 都是既约多项式,除数值因子与因式次序外,这种形式是唯一的.

定义 3.11 在给定的数域 F 上,把一个多项式表示成若干个既约多项式乘积的形式,叫做在 F 上的多项式的因式分解.

由多项式因式分解的意义可知,多项式因式分解主要讨论两个基本问题.第一个问题:怎样判断一个多项式是否可约?第二个问题:如果一个多项式是可约的,究竟如何去分解?

关于第一个问题,在高等代数里已作了回答,我们简单地回顾一下:

(1) 在复数域 $\mathbb{C}$ 内,只有一次式是既约的,任何次数大于 1 的多项式,都可以分解成一次因式的乘积.

(2) 在实数域 $\mathbb{R}$ 内,次数大于或等于 3 的多项式总是可约的.就是说,在实数范围内,除一次式是既约的以外,可能有的二次式也是既约的(二次式 ax^2+bx+c 在 $\Delta=b^2-4ac<0$ 时是既约的),但不存在次数大于或等于 3 的既约多项式.

(3) 在有理数域 $\mathbb{Q}$ 内,情况比较复杂,除一次式是既约的以外,任何高于一次的多项式都可能是既约的.例如,对于任意的正整数 n,x^n+2 在有理数域上是既约的.

关于第二个问题,在中学课程里,已学习过提取公因式法、公式法、十字相乘法、分组分

解法等,下面再作一些补充.

(1) 应用因式定理分解因式

其原理是,当 $f(a)=0$ 时,$f(x)$ 有 $x-a$ 的因式.因此,可以通过找有理根来分解因式.

这种方法的步骤是:

首先,写出 $f(x)$ 的最高次项系数 a_n 和常数项 a_0 的所有因数.

其次,以 a_n 的因数为分母,a_0 的因数为分子,作出所有可能的有理数.若 $f(x)$ 存在有理数根,则必在这些有理数中.

最后,将这些有理数用综合除法一一试除,即可判断是否为原多项式的有理根.

例 3.7 在 $\mathbb{R}$ 上分解 $f(x)=x^5-5x^4+6x^3+6x^2-16x+8$ 的因式.

解 因为 $f(x)$ 的最高次项的系数是 1,常数项是 8,所以 $f(x)$ 可能的有理数根为 ±1,±2,±4,±8,用综合除法试除得

$$
\begin{array}{r}
1-5+6+6-16+8 \,\big|\, 1 \\
1-4+2+8-8 \,\big|\, \\
\hline
1-4+2+8-8+0 \\
2-4-4+8 \,\big|\, 2 \\
\hline
1-2-2+4+0 \\
2+0-4 \,\big|\, 2 \\
\hline
1+0-2+0
\end{array}
$$

故

$$f(x)=(x-1)(x-2)^2(x^2-2)=(x-1)(x-2)^2(x+\sqrt{2})(x-\sqrt{2}).$$

(2) 应用待定系数法分解因式

应用待定系数法分解因式,关键在于判定给定的多项式分解后的结果的形式,下面通过例子来说明.

例 3.8 在 $\mathbb{R}$ 上分解 $x^4-2x^3-27x^2-44x+7$ 的因式.

解 因为 $f(x)$ 是四次多项式,且最高次项系数是 1,所以在 $\mathbb{R}$ 上可以假定它的分解式为 $f(x)=(x^2+ax+b)(x^2+cx+d)$ 的形式,然后再考察 x^2+ax+b 及 x^2+cx+d 是否还可以再分解,为此,由上所设,有

$$x^4-2x^3-27x^2-44x+7=(x^2+ax+b)(x^2+cx+d)$$
$$=x^4+(a+c)x^3+(d+ac+b)x^2+(ad+bc)x+bd.$$

比较两端系数,得

$$
\begin{cases}
a+c=-2, \\
d+ac+b=-27, \\
ad+bc=-44, \\
bd=7.
\end{cases}
$$

由 $bd=7$,先考虑 $b=1$,$d=7$ 是否有解,这时有

$$
\begin{cases}
a+c=-2, \\
ac=-35, \\
7a+c=-44.
\end{cases}
$$

解之得 $a=-7,c=5$. 所以
$$原式 =(x^2-7x+1)(x^2+5x+7).$$
然后再分解 x^2-7x+1 就可以得到最后的答案.

注意　为什么可以先考虑 $b=1,d=7$,因为这里只要得到方程组的一组解即可. 由于因式分解的唯一性,其他情况如 $b=-1,d=-7$ 等就不必再考虑.

例 3.9　在 $\mathbb{R}$ 上分解 $f(x,y)=12x^2+13xy-35y^2-5x+17y-2$ 的因式.

解　$f(x,y)$ 是二元二次多项式,可先考虑二次项,可以分解为两个一次项的乘积, $12x^2+13xy-35y^2=(4x-5y)(3x+7y)$,故假定 $f(x,y)=(4x-5y+n)(3x+7y+m)$,即
$$12x^2+13xy-35y^2-5x+17y-2$$
$$=12x^2+13xy-35y^2+(4m+3n)x+(7n-5m)y+mn.$$
比较两端系数,有
$$\begin{cases}4m+3n=-5,\\7n-5m=17,\\mn=-2.\end{cases}$$
解之,得 $n=1,m=-2$. 所以
$$f(x,y)=(4x-5y+1)(3x+7y-2).$$

（3）齐次对称（或轮换）多项式的因式分解

利用前面齐次式、对称式、轮换式、交代式的性质及因式定理,有时可以对一些齐次对称式、轮换式与交代式进行因式分解.

例 3.10　分解 $x^3(y-z)+y^3(z-x)+z^3(x-y)$ 的因式.

解　这是一个四次齐次轮换交代多项式.

令 $x=y$,则有 $x^3(y-z)+y^3(z-x)+z^3(x-y)=0$,所以由因式定理可知,它有因式 $x-y$. 同理它有因式 $y-z$,与 $z-x$,即它有因式 $(x-y)(y-z)(z-x)$,这个多项式是一个三次齐次轮换交代多项式. 由前面已述的性质知,还有一个一次齐次对称多项式的因式 $k(x+y+z)$,即
$$x^3(y-z)+y^3(z-x)+z^3(x-y)=k(x-y)(y-z)(z-x)(x+y+z).$$
比较两端 x^3y 项的系数,得 $k=-1$. 所以
$$x^3(y-z)+y^3(z-x)+z^3(x-y)=-(x-y)(y-z)(z-x)(x+y+z).$$

例 3.11　分解 $(x+y+z)^5-x^5-y^5-z^5$ 的因式.

解　这是一个五次齐次对称式. 令 $x=-y$,则有 $(-y+y+z)^5-(-y)^5-y^5-z^5=0$. 所以 $x+y$ 是它的因式. 同理 $y+z,z+x$ 也是它的因式,即它有 $(x+y)(y+z)(z+x)$ 因式,这个因式是三次齐次对称多项式,由于原式为五次齐次对称式,所以还有一个二次齐次对称多项式的因式,设为 $m(x^2+y^2+z^2)+n(xy+yz+zx)$. 于是
$$(x+y+z)^5-x^5-y^5-z^5$$
$$=(x+y)(y+z)(z+x)[m(x^2+y^2+z^2)+n(xy+yz+zx)].$$
令 $x=0,y=1,z=1$ 得 $2m+n=15$;令 $x=1,y=1,z=1$,得 $m+n=10$. 因此,$m=n=5$. 所以
$$原式 =5(x+y)(y+z)+(z+x)[(x^2+y^2+z^2)+xy+yz+zx].$$

（4）添项拆项等方法的分解因式

例 3.12   分解因式 $x^4+y^4+(x+y)^4$.

解   为了使 x^4+y^4 能够分解,添项 x^2y^2,

$$
\begin{aligned}
原式 &= (x^4+x^2y^2+y^4)+[(x+y)^4-x^2y^2] \\
&= [(x^2+y^2)^2-x^2y^2]+[(x+y)^4-x^2y^2] \\
&= (x^2+xy+y^2)(x^2-xy+y^2)+[(x+y)^2-xy][(x+y)^2+xy] \\
&= (x^2+xy+y^2)[(x^2-xy+y^2)+(x+y)^2+xy] \\
&= 2(x^2+xy+y^2)^2.
\end{aligned}
$$

3.3   分式

3.3.1   基本概念

定义 3.12   两个多项式 $f(x),g(x)$ 的比 $\dfrac{f(x)}{g(x)}$ ($g(x)$ 不是零多项式)叫做有理分式(简称分式).

定理 3.5   两个分式 $\dfrac{f(x)}{g(x)}$ 与 $\dfrac{f_1(x)}{g_1(x)}$ 恒等的充要条件是 $f(x)g_1(x)\equiv f_1(x)g(x)$.

证略

3.3.2   部分分式

我们知道,几个分式的代数和可以合并成一个分式,例如

$$\frac{1}{x-1}-\frac{3}{x-2}+\frac{2}{x-3}=\frac{x+1}{(x-1)(x-2)(x-3)}.$$

反过来就是这里所说的把一个分式化成部分分式.将分式化为部分分式是数学中常见的一种变形.

在下面的定理中,所表示的分式都是有理分式,并且约定,如果分子的次数低于分母的次数,则分式称作真分式;如果分子的次数不低于分母的次数,则分式称作假分式.

部分分式需要研究下面几个问题:怎样的分式可以分成部分分式?怎样分法?分到什么程度为止?以及结果是不是唯一等?这里只作结论性的介绍.

在高等代数里证过下面的定理.

定理 3.6   如果多项式 $f(x)$ 的次数不低于多项式 $g(x)$ 的次数,那么存在两个多项式 $q(x)$ 和 $r(x)$,使 $f(x)=q(x)g(x)+r(x)$,其中 $r(x)$ 的次数低于 $g(x)$ 的次数(或者 $r(x)=0$),即

$$\frac{f(x)}{g(x)}=q(x)+\frac{r(x)}{g(x)}.$$

定理 3.7   如果多项式 $f(x)$ 和 $g(x)$ 既约,那么存在两个多项式 $m(x)$ 和 $n(x)$,使

$$m(x)f(x)+n(x)g(x)=1.$$

定理 3.8 如果 $\dfrac{f(x)}{g(x)}$ 和 $\dfrac{h(x)}{k(x)}$ 都是真分式，那么 $\dfrac{f(x)}{g(x)} \pm \dfrac{h(x)}{k(x)}$ 也是真分式（或者 0）.

定理 3.9 设 $p(x)$ 和 $p'(x)$ 是多项式，$\dfrac{f(x)}{g(x)}$ 和 $\dfrac{f'(x)}{g'(x)}$ 是真分式，并且

$$p(x) + \frac{f(x)}{g(x)} \equiv p'(x) + \frac{f'(x)}{g'(x)}, \qquad 则 \quad p(x) \equiv p'(x), \qquad \frac{f(x)}{g(x)} \equiv \frac{f'(x)}{g'(x)}.$$

定理 3.10 如果 $\dfrac{f(x)}{p(x)q(x)}$ 是真分式，$p(x)$ 和 $q(x)$ 既约，则可求得真分式 $\dfrac{g(x)}{p(x)}$ 和 $\dfrac{h(x)}{q(x)}$，

使 $\dfrac{f(x)}{p(x)q(x)} = \dfrac{g(x)}{p(x)} + \dfrac{h(x)}{q(x)}$.

证明 因为 $p(x)$ 和 $q(x)$ 既约，可以求得两个多项式 $m(x)$ 和 $n(x)$，使

$$1 = n(x)q(x) + m(x)p(x), \qquad 故 \quad f(x) = f(x)n(x)q(x) + f(x)m(x)p(x).$$

于是

$$\frac{f(x)}{p(x)q(x)} = \frac{f(x)n(x)q(x) + f(x)m(x)p(x)}{p(x)q(x)} = \frac{f(x)n(x)}{p(x)} + \frac{f(x)m(x)}{q(x)}. \quad (3.10)$$

如果 $\dfrac{f(x)n(x)}{p(x)}$ 和 $\dfrac{f(x)m(x)}{q(x)}$ 都是真分式，则定理获证. 如果 $\dfrac{f(x)n(x)}{p(x)}$ 和 $\dfrac{f(x)m(x)}{q(x)}$ 上至少有一个不是真分式，则：

① 如果 $\dfrac{f(x)n(x)}{p(x)}$ 不是真分式，$\dfrac{f(x)m(x)}{q(x)}$ 是真分式，则可把 $\dfrac{f(x)n(x)}{p(x)}$ 化为非零多项式与真分式的和，即

$$\frac{f(x)n(x)}{p(x)} = k(x) + \frac{g(x)}{p(x)},$$

把它代入 (3.10) 式，得

$$\frac{f(x)}{p(x)q(x)} = k(x) + \frac{g(x)}{p(x)} + \frac{f(x)m(x)}{q(x)},$$

这里 $\dfrac{f(x)}{p(x)q(x)}, \dfrac{g(x)}{p(x)}, \dfrac{f(x)m(x)}{q(x)}$ 都是真分式，而 $k(x)$ 不是零多项式，所以

$$\frac{f(x)}{p(x)q(x)} - \frac{g(x)}{p(x)} - \frac{f(x)m(x)}{q(x)}$$

仍是真分式（或者 0）. 这样，一个真分式（或者 0）恒等于一个非零多项式是不可能的.

同理可证，$\dfrac{f(x)n(x)}{p(x)}$ 不是真分式，$\dfrac{f(x)n(x)}{p(x)}$ 也不可能是真分式.

② 如果 $\dfrac{f(x)n(x)}{p(x)}$ 和 $\dfrac{f(x)m(x)}{q(x)}$ 都不是真分式，则它们都可以化为非零多项式与真分式的和，即

$$\frac{f(x)n(x)}{p(x)} = k(x) + \frac{g(x)}{p(x)}, \qquad \frac{f(x)m(x)}{q(x)} = l(x) + \frac{h(x)}{q(x)}.$$

把它们代入 (3.10) 式，得

$$\frac{f(x)}{p(x)q(x)} = \frac{g(x)}{p(x)} + \frac{h(x)}{q(x)} + k(x) + l(x).$$

但是 $\dfrac{f(x)}{p(x)q(x)}, \dfrac{g(x)}{p(x)}, \dfrac{h(x)}{q(x)}$ 都是真分式，$k(x), l(x)$ 都是非零多项式，故 $k(x) + l(x) = 0$，

于是

$$\frac{f(x)}{p(x)q(x)} = \frac{g(x)}{p(x)} + \frac{h(x)}{q(x)}.$$

这就是所要证明的结论.

如果 $p(x),q(x)$ 都是满足定理 3.10 的既约多项式,那么真分式 $\dfrac{f(x)}{p(x)q(x)}$ 能且只能化成这样一组的和 $\dfrac{g(x)}{p(x)} + \dfrac{h(x)}{q(x)}$.

如果 $\dfrac{f(x)}{p_1(x)p_2(x)\cdots p_n(x)}$ 是真分式,$p_1(x),p_2(x),\cdots,p_n(x)$ 都是既约多项式,且两两既约,则可求得真分式

$$\frac{g_1(x)}{p_1(x)},\frac{g_2(x)}{p_2(x)},\cdots,\frac{g_n(x)}{p_n(x)}, \quad 使\frac{f(x)}{p_1(x)p_2(x)\cdots p_n(x)} = \frac{g_1(x)}{p_1(x)} + \frac{g_2(x)}{p_2(x)} + \cdots + \frac{g_n(x)}{p_n(x)}.$$

下面研究分母中含有相同的因式的情况.

定理 3.11 设 $f(x)$ 和 $g(x)$ 是多项式,且 $f(x)$ 的次数不低于 $g(x)$ 的次数,那么

$$f(x) = q_{k-1}(x)g^k(x) + r_{k-1}(x)g^{k-1}(x) + \cdots + r_1(x)g(x) + r(x),$$

其中 $r(x),r_1(x),\cdots,r_{k-1}(x),q_{k-1}(x)$ 的次数都低于 $g(x)$ 的次数.

证明 用 $g(x)$ 除 $f(x)$,设商式是 $q(x)$,余式是 $r(x)$,则 $f(x) = q(x)g(x) + r(x)$,$r(x)$ 的次数低于 $g(x)$ 的次数.

如果 $q(x)$ 的次数已低于 $g(x)$ 的次数,则定理获证.

如果 $q(x)$ 的次数不低于 $g(x)$ 的次数,则再用 $g(x)$ 除 $q(x)$,设商式是 $q_1(x)$,余式是 $r_1(x)$,得 $q(x) = q_1(x)g(x) + r_1(x)$,因此

$$f(x) = (q_1(x)g(x) + r_1(x))g(x) + r(x) = q_1(x)g^2(x) + r_1(x)g(x) + r(x),$$

其中 $r(x),r_1(x)$ 的次数都低于 $g(x)$ 的次数.

如果 $q_1(x)$ 的次数已低于 $g(x)$ 的次数,则定理获证.

如果 $q_1(x)$ 的次数仍不低于 $g(x)$ 的次数,则照前面的方法继续下去,直到求到商 $q_{k-1}(x)$,它的次数低于 $g(x)$ 的次数为止,这样,就有

$$f(x) = q_{k-1}(x)g^k(x) + r_{k-1}(x)g^{k-1}(x) + \cdots + r_1(x)g(x) + r(x),$$

其中 $r(x),r_1(x),\cdots,r_{k-1}(x),q_{k-1}(x)$ 的次数都低于 $g(x)$ 的次数.

定理 3.12 如果 $\dfrac{f(x)}{p^k(x)}$ 是真分式,$f(x)$ 的次数不低于 $p(x)$ 的次数,则可以求得真分式

$$\frac{g_1(x)}{p(x)},\frac{g_2(x)}{p^2(x)},\cdots,\frac{g_k(x)}{p^k(x)}, \quad 使\frac{f(x)}{p^k(x)} = \frac{g_1(x)}{p(x)} + \frac{g_2(x)}{p^2(x)} + \cdots + \frac{g_k(x)}{p^k(x)},$$

其中 $g_1(x),g_2(x),\cdots,g_k(x)$ 的次数都低于 $p(x)$ 的次数.

证明 因为 $f(x)$ 的次数不低于 $p(x)$ 的次数,但是至少比 $p^k(x)$ 的次数低一次,由定理 3.11 可得

$$f(x) = g_1(x)p^{k-1}(x) + g_2(x)p^{k-2}(x) + \cdots + g_k(x),$$

其中 $g_1(x),g_2(x),\cdots,g_k(x)$ 的次数都低于 $p(x)$ 的次数,两边都除以 $p^k(x)$,得

$$\frac{f(x)}{p^k(x)} = \frac{g_1(x)}{p(x)} + \frac{g_2(x)}{p^2(x)} + \cdots + \frac{g_k(x)}{p^k(x)}.$$

在 $\mathbb{R}$ 上,任何多项式 $f(x) = a_0 x^n + a_1 x^{n-1} + \cdots + a_n(a_0 \neq 0, n$ 是正整数$)$ 都可以分解成

一次与二次不可约因式的积.如果把多项式 $f(x)$ 的最高次项的系数提到括号外面,那么此多项式的一次不可约因式的一般形式是 $x-a$;二次不可约因式的一般形式是 $x^2+px+q(p^2-4q<0)$.因此,一个真分式分成部分分式,可以分成下面 4 类:

(1) 分母中含有因式 $x-a$,并且只含有一个,那么,对应的部分分式是 $\dfrac{A}{x-a}$,式中 A 是常数.

(2) 分母中含有因式 $x-a$,并且含有 $k(k>1)$ 个,那么,对应的部分分式是 k 个分式

$$\frac{A_1}{x-a}+\frac{A_2}{(x-a)^2}+\cdots+\frac{A_k}{(x-a)^k},$$

其中 $A_1,A_2,\cdots,A_k$ 是常数.

(3) 分母中含有因式 $x^2+px+q(p^2-4q<0)$,并且只含有一个,那么,对应的部分分式是 $\dfrac{Ax+B}{x^2+px+q}$,其中 A 和 B 是常数.

(4) 分母中含有因式 $x^2+px+q(p^2-4q<0)$,并且含有 $k(k>1)$ 个,那么,对应的部分分式是 k 个分式

$$\frac{A_1x+B_1}{x^2+px+q}+\frac{A_2x+B_2}{(x^2+px+q)^2}+\cdots+\frac{A_kx+B_k}{(x^2+px+q)^k},$$

其中 $A_1,B_1,A_2,B_2,\cdots,A_k,B_k$ 是常数.

以上几种形式的部分分式,叫做最简部分分式.把一个真分式分成部分分式,一直要分到所有的部分分式都是最简部分分式为止.

例 3.13 把 $\dfrac{3x-1}{x^2-2x-3}$ 分成部分分式.

解 因为 $x^2-2x-3=(x+1)(x-3)$,且这两个因式是既约的.设

$$\frac{3x-1}{x^2-2x-3}=\frac{A}{x+1}+\frac{B}{x-3},$$

其中 A,B 是待定的数,则有

$$3x-1=A(x-3)+B(x+1)=(A+B)x+B-3A,$$

取 $x=-1$,得 $A=1$;取 $x=3$,得 $B=2$.因此

$$\frac{3x-1}{x^2-2x-3}=\frac{1}{x+1}+\frac{2}{x-3}.$$

例 3.14 把 $\dfrac{2x^3-5x^2+2x-3}{(x^2-3x+2)(x^2-2x+3)}$ 分成部分分式.

解 x^2-2x+3 是二次不可约因式 $(\Delta<0)$,而 $x^2-3x+2=(x-1)(x-2)$,故可设

$$\frac{2x^3-5x^2+2x-3}{(x-1)(x-2)(x^2-2x+3)}=\frac{A}{x-1}+\frac{B}{x-2}+\frac{Cx+D}{x^2-2x+3},$$

则

$$2x^3-5x^2+2x-3=A(x-2)(x^2-2x+3)+B(x-1)(x^2-2x+3)+$$
$$(Cx+D)(x-1)(x-2).$$

取 $x=1$,得 $-4=-2A$,即 $A=2$;取 $x=2$,得 $-3=3B$,即 $B=-1$;

比较 x^3 的系数,得 $A+B+C=2$,故得 $C=1$;

比较常数项,得 $-6A-3B+2D=-3$,故得 $D=3$.因此

$$\frac{2x^3 - 5x^2 + 2x - 3}{(x^2 - 3x + 2)(x^2 - 2x + 3)} = \frac{2}{x-1} - \frac{1}{x-2} + \frac{x+3}{x^2 - 2x + 3}.$$

3.4　根式

3.4.1　基本概念

定义 3.13　含有开方运算的代数式叫做根式.

根式是比无理式更为广泛的概念,无理式仅指含有对变数字母开方运算的代数式,而根式只要含有开方运算,例如 $\sqrt{x+2}\,(x \geqslant -2)$ 是无理式,也是根式,而 $\sqrt{2}$ 只是根式,不是无理式.

3.4.2　复合二次根式

复合二次根式是指形如 $\sqrt{A \pm \sqrt{B}}$ 的二次根式,其中 $A > 0, B > 0, A^2 - B > 0$.

下面推导它的简化公式.

设 $\sqrt{A + \sqrt{B}} + \sqrt{A - \sqrt{B}} = x$,则 $x > 0$,两边平方得 $x^2 = 2A + 2\sqrt{A^2 - B}$,两边开平方,得

$$x = \sqrt{2A + 2\sqrt{A^2 - B}} = 2\sqrt{\frac{A + \sqrt{A^2 - B}}{2}}.$$

所以

$$\sqrt{A + \sqrt{B}} + \sqrt{A - \sqrt{B}} = 2\sqrt{\frac{A + \sqrt{A^2 - B}}{2}}. \tag{3.11}$$

同理可得

$$\sqrt{A + \sqrt{B}} - \sqrt{A - \sqrt{B}} = 2\sqrt{\frac{A - \sqrt{A^2 - B}}{2}}. \tag{3.12}$$

由(3.11)式和(3.12)式可得

$$\sqrt{A + \sqrt{B}} = \sqrt{\frac{A + \sqrt{A^2 - B}}{2}} + \sqrt{\frac{A - \sqrt{A^2 - B}}{2}}, \tag{3.13}$$

$$\sqrt{A - \sqrt{B}} = \sqrt{\frac{A + \sqrt{A^2 - B}}{2}} - \sqrt{\frac{A - \sqrt{A^2 - B}}{2}}. \tag{3.14}$$

(3.13)式和(3.14)式即为化简复合二次根式的公式. 如

$$\frac{1}{2}\sqrt{2 - \sqrt{3}} = \frac{1}{2}\left[\sqrt{\frac{2 + \sqrt{4-3}}{2}} - \sqrt{\frac{2 - \sqrt{4-3}}{2}}\right] = \frac{1}{4}(\sqrt{6} - \sqrt{2}).$$

对 $\sqrt{A \pm 2\sqrt{B}}$ 形式的化简可用下面方法:

设 $\sqrt{A \pm 2\sqrt{B}} = \sqrt{x} \pm \sqrt{y}\,(x > y)$,则 $A \pm 2\sqrt{B} = x + y \pm 2\sqrt{xy}$,如果有 $x, y\,(x > y > 0)$.

使 $x+y=A$，$xy=B$，即可使 $\sqrt{A\pm2\sqrt{B}}=\sqrt{x}\pm\sqrt{y}$. 如

$$\sqrt{6-3\sqrt{3}}=\sqrt{6-\sqrt{27}}=\sqrt{\frac{12-2\sqrt{27}}{2}}=\frac{1}{\sqrt{2}}\sqrt{12-2\sqrt{27}}$$

$$=\frac{1}{\sqrt{2}}(\sqrt{9}-\sqrt{3})=\frac{1}{2}(3\sqrt{2}-\sqrt{6}).$$

化简根式有时也可以用配方法.

例 3.15 当 $x>1$ 时，化简 $\sqrt{x+2\sqrt{x-1}}+\sqrt{x-2\sqrt{x-1}}$.

解 原式 $=\sqrt{x-1+2\sqrt{x-1}+1}+\sqrt{x-1-2\sqrt{x-1}+1}$

$$=\sqrt{(\sqrt{x-1}+1)^2}+\sqrt{(\sqrt{x-1}-1)^2}$$

$$=(\sqrt{x-1}+1)+|\sqrt{x-1}-1|$$

$$=\begin{cases}\sqrt{x-1}+1+\sqrt{x-1}-1, & \text{当 } x\geqslant2 \text{ 时}\\ \sqrt{x-1}+1-\sqrt{x-1}+1, & \text{当 } 1<x<2 \text{ 时}\end{cases}$$

$$=\begin{cases}2\sqrt{x-1}, & \text{当 } x\geqslant2 \text{ 时}\\ 2, & \text{当 } 1<x<2 \text{ 时}.\end{cases}$$

除上面介绍的方法外，其他用平方法、代换法也可化简根式，现举例说明如下.

例 3.16 化简 $S=\sqrt{8+2\sqrt{10+2\sqrt{5}}}+\sqrt{8-2\sqrt{10+2\sqrt{5}}}$.

解 $S^2=(8+2\sqrt{10+2\sqrt{5}})+(8-2\sqrt{10+2\sqrt{5}})+(2\sqrt{8^2-4(10+2\sqrt{5})})$

$$=16+2\sqrt{24-2\sqrt{80}}.$$

而 $\sqrt{24-2\sqrt{80}}=\sqrt{20}-\sqrt{4}$，所以

$$S^2=16+2\sqrt{20}-4=12+2\sqrt{20}.$$

又 S 是正数，所以

$$S=\sqrt{12+2\sqrt{20}}=\sqrt{10}+\sqrt{2}=\sqrt{2}(\sqrt{5}+1).$$

3.4.3 共轭因式

在中学代数里经常遇到一个问题是：根式的有理化问题. 这个问题涉及共轭因式的概念及其求法.

定义 3.14 设 S 是已知的根式. 若有一个不恒等于零的根式 M，使乘积 SM 是一个有理式，则称 M 为 S 的共轭因式（或有理化因式）.

显然，S 也是 M 的共轭因式. 因此 S 和 M 互为共轭因式.

一个式子的共轭因式不是唯一的. 事实上，若 M 是 S 的共轭因式，则 S^nM^{n+1}（n 是自然数）也是 S 的共轭因式.

常用的几种求共轭因式的方法如下：

（1）表达式 $S=\sqrt[n]{x^py^q\cdots z^r}$（此处 $p,q,\cdots,r$ 是小于 n 的自然数）共轭因式为

$$M = \sqrt[n]{x^{n-p} y^{n-q} \cdots z^{n-r}},$$

因为 $MS = xy\cdots z$.

（2）对于表达式 $S = \sqrt[n]{x} - \sqrt[n]{y}$，根据公式

$$a^n - b^n = (a-b)(a^{n-1} + a^{n-2}b + a^{n-3}b^2 + \cdots + b^{n-1})$$

来确定它的共轭因式.

设 $a = \sqrt[n]{x}$，$b = \sqrt[n]{y}$，而

$$M = \sqrt[n]{x^{n-1}} + \sqrt[n]{x^{n-2}y} + \sqrt[n]{x^{n-3}y^2} + \cdots + \sqrt[n]{y^{n-1}}.$$

我们得出

$$(\sqrt[n]{x} - \sqrt[n]{y})M = x - y.$$

特别当 $n=2$ 时，对于表达式 $S = \sqrt{x} - \sqrt{y}$. 只要令 $M = \sqrt{x} + \sqrt{y}$ 就够了，即

$$MS = (\sqrt{x} - \sqrt{y})(\sqrt{x} + \sqrt{y}) = x - y.$$

当 $n=3$ 时，即对于表达式 $S = \sqrt[3]{x} - \sqrt[3]{y}$，只要令 $M = \sqrt[3]{x^2} + \sqrt[3]{xy} + \sqrt[3]{y^2}$，则

$$SM = (\sqrt[3]{x} - \sqrt[3]{y})(\sqrt[3]{x^2} + \sqrt[3]{xy} + \sqrt[3]{y^2}) = x - y.$$

（3）对 $S = \sqrt[n]{x} + \sqrt[n]{y}$ 来说，根据恒等式

$$a^n + b^n = (a+b)(a^{n-1} - a^{n-2}b + \cdots + (-1)^{n-1}b^{n-1})$$

来确定 S 的共轭因式.

例如对于 $\sqrt[3]{x} + \sqrt[3]{y}$，可令 $M = \sqrt[3]{x^2} - \sqrt[3]{xy} + \sqrt[3]{y^2}$，来求它的共轭因式.

由（2），（3）可知，求一个含有根式的代数式的共轭因式时，有时需要应用熟知的恒等式.

（4）有时求一个含有根式的代数式的共轭因式需要连续地来做. 如求

$$S = \sqrt{x} + \sqrt{y} + \sqrt{z}$$

的共轭因式. 先用 $M_1 = \sqrt{x} + \sqrt{y} - \sqrt{z}$ 乘，得

$$(\sqrt{x} + \sqrt{y} + \sqrt{z})(\sqrt{x} + \sqrt{y} - \sqrt{z}) = (\sqrt{x} + \sqrt{y})^2 - z = x + y - z + 2\sqrt{xy}.$$

再将所得乘积乘以 $M_2 = x + y - z - 2\sqrt{xy}$ 得有理式 $(x+y-z)^2 - 4xy$. 所以

$$M = M_1 M_2 = (\sqrt{x} + \sqrt{y} - \sqrt{z})(x + y - z - 2\sqrt{xy}).$$

例 3.17 将 $\dfrac{1}{\sqrt[3]{a} + \sqrt[3]{b} + \sqrt[3]{c}}$ 的分母有理化.

解 利用恒等式 $x^3 + y^3 + z^3 - 3xyz = (x+y+z)(x^2+y^2+z^2-xy-yz-zx)$，有

$$(\sqrt[3]{a} + \sqrt[3]{b} + \sqrt[3]{c})(\sqrt[3]{a^2} + \sqrt[3]{b^2} + \sqrt[3]{c^2} - \sqrt[3]{ab} - \sqrt[3]{bc} - \sqrt[3]{ca})$$
$$= (a + b + c) - 3\sqrt[3]{abc}.$$

又 $(a+b+c) - 3\sqrt[3]{abc}$ 的共轭因式为

$$(a + b + c)^2 + 3(a + b + c)\sqrt[3]{abc} + 9\sqrt[3]{a^2 b^2 c^2}.$$

所以 $\sqrt[3]{a} + \sqrt[3]{b} + \sqrt[3]{c}$ 的共轭因式为

$$M = (\sqrt[3]{a^2} + \sqrt[3]{b^2} + \sqrt[3]{c^2} - \sqrt[3]{ab} - \sqrt[3]{bc} - \sqrt[3]{ca}) \cdot$$
$$\left[(a + b + c)^2 + 3(a + b + c)\sqrt[3]{abc} + 9\sqrt[3]{a^2 b^2 c^2} \right].$$

将原分式的分母、分子同乘以 M，就将分母有理化了.

思考与练习题 3

1. 化简 $\sqrt{\sqrt{5}-\sqrt{3-\sqrt{29-12\sqrt{5}}}}$.

2. 设 $x=\dfrac{\sqrt{3}-\sqrt{2}}{\sqrt{3}+\sqrt{2}}$, $y=\dfrac{\sqrt{3}+\sqrt{2}}{\sqrt{3}-\sqrt{2}}$, 求 $f(x,y)=3x^2-5xy+3y^2$ 的值.

3. 将下列分式展开成部分分式:

(1) $\dfrac{2x^4-x^3+2x-6}{(x-2)^5}$; (2) $\dfrac{5x^2-4x+16}{(x-3)(x^2-x+1)}$.

4. 设 $a+b+c=0$, 求证 $a^3+b^3+c^3=3abc$.

5. 已知 $f(x)$ 是二次三项式, 并且 $f(1)=-3$, $f(2)=2$, $f(-1)=5$, 求 $f(x)$.

6. 求证多项式 $p(x)=nx^{n+1}-(n+1)x^n+1$ 能被 $(x-1)^2$ 整除, 并求商式 $Q(x)$.

7. 将 x^4-2x^2-x-2 用 $x-1$ 的不同次幂表示.

8. 试在实数集内求多项式 ax^3+bx^2+cx+d 成为一次二项式的三次方的条件.

9. 试用待定系数法在实数范围内将 $x^4-x^3+6x^2-x+15$ 分解因式.

10. 在实数范围内, 对下列多项式进行因式分解:

(1) $a^6+a^4+a^2b^2-b^6+b^4$;

(2) $x^4+y^4+(x+y)^4$;

(3) $(x+y)^5-x^5-y^5$;

(4) $x^5y^3z^2+y^5z^3x^2+z^5x^3y^2-x^2y^3z^5-y^2z^3x^5-z^2x^3y^5$;

(5) $3x(y+z)+y(2x+3y)+z^2+2(x^2+y^2)$.

11. 已知 $x^{\frac{1}{2}}+x^{-\frac{1}{2}}=3$, 求 $\dfrac{x^{\frac{1}{2}}+x^{-\frac{1}{2}}}{x^2+x^{-2}}$ 的值.

12. 已知 $a^x=m$, $a^y=n$, $m^y n^x=a^{\frac{2}{z}}$ ($a>0$ 且 $a\neq1$), 试证 $xyz=1$.

13. 设 $\dfrac{x(y+z-x)}{\lg x}=\dfrac{y(z+x-y)}{\lg y}=\dfrac{z(x+y-z)}{\lg z}$. 求证: $y^z z^y=z^x x^z=x^y y^x$.

第 4 章

初等函数

函数是数学中重要的概念之一,也是中学数学课程的主要内容.数、式、方程都与函数有密切的关系.

4.1 函数概念

4.1.1 相关概念

函数的定义方式:定义域——规则定义;映射定义;集合论定义.

定义 4.1 给定数集 D,一个函数 f 是如下的一个规则:对于集合 D 内的任何一个元素 a,通过规则 f,有且仅有唯一的元素 $f(a)$ 和它对应.集合 D 称为函数 f 的定义域.所有元素 $f(a)$ 的集合叫做 f 的值域.

定义 4.2 如果在某变化过程中有两个变量 x,y,并且对于 x 在某个范围内每一个确定的值,按照某个对应法则,y 都有唯一确定的值和它对应,那么 y 就是 x 的函数,x 叫做自变量,x 的取值范围叫做函数的定义域,和 x 的值对应的 y 值叫做函数值,函数值的集合叫做函数的值域.

定义 4.3 给定数集 D 和 R,一个函数 f 是如下的一个映射:对于集合 D 内的任何一个元素,在集合 R 内都有唯一的元素和它对应,且 R 的每一个元素都和 D 内的元素对应.这里集合 D 叫做函数 f 的定义域,集合 R 叫做函数 f 的值域.在函数 f 下,和元素 a 对应的元素 b 记作 $b = f(a)$.

定义 4.4 给定数集 D 和 R,一个函数 f 是如下的一个有序对 $(a, f(a))$ 的集合:在这个集合内,没有两个有序对有相同的第一个元素和不同的第二个元素,且有序对的所有第一个元素的集合是 D,第二个元素的集合是 R.

如果把函数看作形如 (a,b) 的有序对的集合,那么我们称有序对中第一个元素 a 为自变量,第二个元素 b 为因变量.把自变量所取的全体元素的集合称为函数的定义域,上述定义中就是 D;把因变量所取的全体元素的集合称为函数的值域,上述定义中就是 R.

同一个函数,如果它的定义方式不同,那么它的表示方式也会不同.

例如,我们用映射的定义方式可以表示如下的函数:

$$f: x \to x^2, \quad -\infty < x < +\infty. \tag{4.1}$$

在初等数学中,习惯上值域 R 不明显地给出.

这个函数用定义域——规则方式表示就是公式

$$f(x) = x^2. \tag{4.2}$$

如果用有序对集方式表示,就是

$$f = \{(x, x^2) \mid x \text{ 是任意实数}\} \tag{4.3}$$

读作" f 是所有形如 (x, x^2) 的有序对的集合,这里 x 是任意实数".习惯上值域 R 也不明显地给出.

在(4.1)式中,不等式 $-\infty < x < +\infty$,以及在(4.3)式中,短语" x 是任意实数",说的是这个函数的定义域是全体实数集合.我们看到(4.2)式并没有说出定义域是什么,按照数学中的习惯,它可以作下面的理解.

对于 $f(x)$ 来说,当一个规则(或公式)已被给出,而其定义域未被明显地指出时, f 的自然定义域就是所有这样的 x 值的集合,这些值代换公式中的 x 后使公式有意义.

如果一个函数是以定义域——规则方式给出,那么有了自然定义域的概念后,就可以用:

"考察函数 $f(x) = \dfrac{x-1}{x-2}$"来代替更为精确的表达:"令 f 是一个函数,其定义域是所有 $x \neq 2$ 的实数集,和 x 对应的数是 $f(x) = \dfrac{x-1}{x-2}$".

定义 4.5 设 A, B 为非空数集.一个法则 f,使得 A 中的任一元素 a,都有且仅有 B 中的一个元素 b 与之对应,就称 f 是一个 A 到 B 的函数,并记为 $f: A \to B$. 当 a 对应到 b 时,称 b 是 a 的函数值,记为 $b = f(a)$,或 $f: a \mapsto b$.

当 f 是 A 到 B 的函数时,称 A 为函数 f 的定义域,而把 A 的所有元素的函数值组成的集称为函数 f 的值域,记为 $f(A)$,即 $f(A) = \{b \mid b = f(a), a \in A\}$. B 称为变程.函数 f 的值域 $f(A)$ 是变程 B 的子集,即 $f(A) \subseteq B$.

对于函数 $f: A \to B$,如果 $f(A) = B$ 成立,那么就称函数 f 为 A 映到 B 上的函数,或简称函数 f 是映上的函数.更简单地可称函数 f 是满的.而当 $f(A)$ 是 B 的真子集时,就称 f 为 A 映到 B 内的函数,或简称函数 f 是映入的函数.更简单地可称函数 f 是不满的.

如果函数 $f: A \to B$ 中,对任何 $a, a' \in A$,如果 $a' \neq a$ 时,都有 $f(a) \neq f(a')$,那么函数 f 就称为 1-1 的函数,简称函数是单的.否则,就称为非 1-1 的函数,简称函数是不单的.

若函数 $f: A \to B$ 是

(1) 1-1 的:对于 $a, a' \in A$,若 $a \neq a'$,则有 $f(a) \neq f(a')$;

(2) 映上的: $f(A) = B$.

那么称函数 f 是 A 到 B 的一一对应,或简称函数 f 是双的.

现在我们来分析一下,为什么定义 4.5 更具有一般性.按理说,给出一个函数 $f: A \to B$ 时, A, B 是必须同时明确的,但在定义 4.1~定义 4.4 中,定义域 D 一般暗示的是自然定义域(如果规则是用式子给出的话).但更为重要的是,把变程集默认为是值域,即 $f(A) = B$,这样事实上只把满的函数才承认为是函数,定义 4.5 的条件加强,就显出它的特殊性了.

最后指出,有序对集的定义方式也可表述为下述更一般的集合论定义.

定义 4.6（函数的集合论定义） 三元序组 $F=(A,B,G)$ 称为函数,其中 A,B 是两个已知数集,G 是笛卡儿积 $A \times B$ 的某一子集,且 G 满足如下条件:

(1) $\forall x \in A,\exists y \in B$,使 $(x,y) \in G$;

(2) 若 $(x,y_1) \in G$,且 $(x,y_2) \in G$,则 $y_1=y_2$,这里 G 称为函数 F 的图像,A 称为函数 F 的定义域,B 称为函数 F 的变程.

为了与中学教材的叙述更接近一些,以后我们基本上采用定义 4.1～定义 4.4,必要时采用定义 4.5.

定义 4.7 函数 f 和 g 是相等的,当且仅当它们有相同的定义域,并且对在它们的定义域内的每一个 x,$f(x)$ 和 $g(x)$ 的值相等.

由于 $|x|$ 和 $\sqrt{x^2}$ 对所有实数都有意义,且对每个 x 来说,其值相等,因此这两个函数是相等的.

4.1.2 复合函数

有时一个函数能表示成由连续实现两个简单映射所得到的映射.我们先举出例子来说明函数的这种复合过程.

比如函数

$$f_1(x)=\sin x^2,\quad -\infty<x<+\infty, \tag{4.4}$$

$$f_2(x)=\sin^2 x,\quad -\infty<x<+\infty \tag{4.5}$$

都是复合函数的例子.

在(4.4)式中,我们先把 x 平方,然后把结果求正弦.这样,如果设

$g(x)=x^2$,且 $h(x)=\sin x$,

那么我们就能把(4.4)式写成 $f_1(x)=h(g(x))$.

在(4.5)式中,我们是先计算 $\sin x$,然后把结果再平方,用前面所定义的 $g(x)$ 和 $h(x)$,我们就能把(4.5)式写成 $f_2(x)=g(h(x))$.

比如假设 $g(x)=\sqrt{1-x}\,(x\leqslant 1)$ 且 $h(x)=\sqrt{x}\,(x\geqslant 0)$,那么

$$g(h(x))=\sqrt{1-h(x)}\,(x\geqslant 0,h(x)\leqslant 1)$$
$$=\sqrt{1-\sqrt{x}}\,(x\geqslant 0,\sqrt{x}\leqslant 1).$$

由 $x\geqslant 0,\sqrt{x}\leqslant 1$,我们可以求出定义域是区间 $0\leqslant x\leqslant 1$.

定义 4.8（复合函数定义） 设 g 是一个函数,其定义域为 D_g,值域为 R_g.设 h 也是一个函数,其定义域是 D_h,值域为 R_h,g 和 h 的复合是由 $f(x)=g(h(x))$ 定义的函数 f,其定义域 D_f 是由 D_h 内使 $h(x) \in D_g$ 的值 x 所组成.

我们也可以用另外的方式来看合成映射 $f=g \circ h$.从 D_g 和 R_h 的交集内的一个数 y 开始.因为这个 y 在 h 的值域内,因而在 D_h 内必有一个 x 存在,使 $h(x)=y$.

另一方面,y 又在 g 的定义域内,因而存在一个数 $z=g(y)$.复合起来有

$$z=g(h(x))=f(x).$$

4.1.3 反函数

定义 4.9 如果确定函数 $y=f(x)$ 的映射 $f:A \to B$ 是 $f(x)$ 的定义域 A 到值域 B 上的一一映射,那么这个映射的逆映射 $f^{-1}:B \to A$ 所确定的函数 $x=f^{-1}(y)$ 叫做函数 $y=f(x)$ 的反函数. 而 $y=f(x)$ 叫做直接函数. 函数 $y=f(x)$ 的定义域和值域分别为函数 $x=f^{-1}(y)$ 的值域和定义域.

按照习惯记法, x 被看作自变量, y 被看作函数, 那么函数 $y=f(x)$ 的反函数就记作 $y=f^{-1}(x)$.

根据这个定义, 可见不是任意一个函数在任何情况下反函数存在, 只有当 $y=f(x)$ 是双的情况下, 反函数才存在.

函数 $y=f(x)$ 和 $x=f^{-1}(y)$ 是同一个表达式的两种不同的形式, 只是变量所处的地位发生了变化, 如在同一坐标系中画出这两个函数的图像, 那么图像是相同的, 只不过直接函数以 x 表示自变量, y 表示因变量, 而反函数以 y 表示自变量, x 表示因变量. 但是当函数 $y=f(x)$ 的反函数表示为 $y=f^{-1}(x)$ 时, 这时在同一坐标系里作出的图像就是两个图像, 它们关于直线 $y=x$ 对称.

例 4.1 试求函数

$$y = \begin{cases} -x+1, & -1 \leqslant x < 0, \\ x, & 0 \leqslant x \leqslant 1 \end{cases}$$

的反函数并画出它们的图像.

解 由 $y=-x+1(-1 \leqslant x<0)$, 可知 $1<y \leqslant 2$, 并可解得 $x=1-y(1<y \leqslant 2)$, 变换 x,y 可得 $y=1-x(1<x \leqslant 2)$.

由 $y=x(0 \leqslant x \leqslant 1)$ 可知 $x=y(0 \leqslant y \leqslant 1)$, 交换 x,y 可得 $y=x(0 \leqslant x \leqslant 1)$.

所以所求反函数为

$$y = \begin{cases} 1-x, & 1<x \leqslant 2, \\ x, & 0 \leqslant x \leqslant 1. \end{cases}$$

图略.

关于反函数有如下一个常用定理.

定理 4.1 如果函数 $y=f(x)$ 是定义在 D 上的单调函数(递增或递减), 那么一定有反函数 $x=f^{-1}(y)$ 存在, 并且也是单调的(递增或递减).

证明 不妨设 $y=f(x)$ 是递增函数, 对应的函数值域为 R. 我们先证明反函数存在.

对于值域 R 中任意一个确定的值 y_0, 我们在 D 中至少可以找到一个值 x_0, 使 $y_0=f(x_0)$, 不然的话, y_0 就不在函数 $y=f(x)$ 的值域中.

假定还有一个值 $x_1 \in D$, 也使 $y_0=f(x_1)$.

如果 $x_1<x_0$, 那么根据递增性, 就有 $f(x_1)<f(x_0)$, 即 $y_0<y_0$, 这是不可能的; 如果 $x_1>x_0$, 同样, 就有 $f(x_1)>f(x_0)$, 即 $y_0>y_0$, 这也是不可能的.

这样, x_1 与 x_0 只能相等: $x_1=x_0$, 就是说, 对于 $y_0 \in R$, 有唯一的 $x_0 \in D$, 使 $y_0=f(x_0)$ 成立, 按反函数定义, 存在着反函数 $x=f^{-1}(y)$.

再证 $x=f^{-1}(y)$ 是递增的.

在 R 中任取 $y_1,y_2,y_1<y_2$,对应有 $x_1=f^{-1}(y_1),x_2=f^{-1}(y_2)$,它们适合
$$y_1=f(x_1),\quad y_2=f(x_2).$$

如果 $x_1=x_2$,那么 $y_1=y_2$,这与 $y_1<y_2$ 矛盾;如果 $x_1>x_2$,据 $f(x)$ 的递增性,$y_1>y_2$,这也与 $y_1<y_2$ 矛盾.

所以 x_1 与 x_2 的关系只能是 $x_1<x_2$. 这就证明了反函数 $x=f^{-1}(y)$ 是递增的.

对于 $y=f(x)$ 是递减的情况,同理可证.

几个有关函数的思考题:

(1) 若函数 $y=f(x+1)$ 为偶函数,则有 $f(x+1)=f(-x-1)$ 吗?

没有. 据偶函数的定义应有"若函数 $y=f(x+1)$ 为偶函数,则 $f(x+1)=f(-x+1)$".

(2) 函数 $y=f(x+1)$ 的反函数是 $y=f^{-1}(x+1)$ 吗?

不是. 函数 $y=f(x+1)$ 的反函数应为 $y=f^{-1}(x)-1$.

(3) 若函数 $y=f(x)$ 的图像与它的反函数 $y=f^{-1}(x)$ 的图像有公共点,则公共点必在直线 $y=x$ 上吗?

不对. 应该是函数 $y=f(x)$ 的图像与它的反函数 $y=f^{-1}(x)$ 的图像的公共点关于直线 $y=x$ 对称.

比如,函数 $y=\left(\dfrac{1}{16}\right)^x$ 与其反函数 $y=\log_{\frac{1}{16}}x$ 的交点为 $\left(\dfrac{1}{2},\dfrac{1}{4}\right)$ 和 $\left(\dfrac{1}{4},\dfrac{1}{2}\right)$,都不在直线 $y=x$ 上,但关于直线 $y=x$ 对称.

如果函数 $y=f(x)$ 是增函数则结论正确,即定义域上的增函数 $y=f(x)$ 的图像与它的反函数 $y=f^{-1}(x)$ 的图像,如果有公共点,则公共点必在直线 $y=x$ 上.

(4) 函数 $y=f(a+x)$ 的图像与函数 $y=f(b-x)$ 的图像关于直线 $x=\dfrac{a+b}{2}$ 对称吗?

不对. 应该是:函数 $y=f(a+x)$ 的图像与函数 $y=f(b-x)$ 的图像关于直线 $x=\dfrac{b-a}{2}$ 对称.

4.1.4　基本初等函数

下列函数叫做基本初等函数:

(1) 常数函数:$f(x)=C,C$ 为常数;

(2) 幂函数:$f(x)=x^n$,n 是常数;

(3) 指数函数:$f(x)=a^x$,$a>0$ 且 $a\neq1$;

(4) 对数函数:$f(x)=\log_a x$,$a>0$ 且 $a\neq1$;

(5) 三角函数:$f(x)=\sin x,f(x)=\cos x,f(x)=\tan x,f(x)=\cot x$;

(6) 反三角函数:$f(x)=\arcsin x,f(x)=\arccos x,f(x)=\arctan x,f(x)=\mathrm{arccot}\,x$.

注　反三角函数的定义是:

函数 $y=\sin x,x\in[-\pi/2,\pi/2]$ 的反函数叫做反正弦函数,记作 $x=\arcsin y$. 习惯上用 x 表示自变量,用 y 表示函数,所以反正弦函数写成 $y=\arcsin x$ 的形式.

函数 $y=\cos x,x\in[0,\pi]$ 的反函数叫做反余弦函数,记作 $y=\arccos x$.

函数 $y=\tan x, x\in(-\pi/2,\pi/2)$ 的反函数叫做反正切函数,记作 $y=\arctan x$.

函数 $y=\cot x, x\in(0,\pi)$ 的反函数叫做反余切函数,记作 $y=\operatorname{arccot} x$.

4.2 初等函数及其分类

4.2.1 初等函数

定义 4.10 凡能用基本初等函数经过有限次四则运算(加、减、乘、除)以及有限次复合步骤构成的、用一个解析式子表示的函数,叫初等函数.

例如,$y=3^{x+2\cos x}$,$y=\cos(2x+1)$,$y=\arcsin\sqrt{x-1}$ 等都是初等函数. 而

$$f(x)=\begin{cases}2x^2, & 0\leqslant x\leqslant 1,\\ x+1, & x>1\end{cases}$$

不是初等函数,因为,在 $[0,1]$ 及 $(1,+\infty)$ 上,函数的对应规律被表示成彼此不相同的两个解析式.

又如 $f(x)=[x]$ 不是初等函数,因为找不到基本初等函数经有限次四则运算和复合步骤来构成它.

再如 $f(x)=1+x+x^2+\cdots$ 不是初等函数,因为它不是通过基本初等函数经过有限次的四则运算构成的. 但

$$y=|x|=\begin{cases}x, & x\geqslant 0,\\ -x, & x<0\end{cases}$$

是初等函数,这是因为 $y=|x|=\sqrt{x^2}$.

4.2.2 初等函数的分类

初等函数所涉及到的运算,除加、减、乘、除四则运算外,还有乘方运算(包括有理数次乘方和无理数次乘方)、对数运算、三角运算和反三角运算. 总之,涉及到的是初等运算.

初等运算又可分为代数运算(加、减、乘、除、正整数次乘方、开方——有理数次乘方),和初等超越运算(无理数次乘方、对数、三角和反三角等运算)两大类.

初等函数按照所涉及到的运算种类加以分类,可分为两大类:(初等)代数函数与(初等)超越函数.

定义 4.11 由基本初等函数 $f_1(x)=x$ 和 $f_2(x)=1$ 经过有限次代数运算得到的初等函数,称为(初等)代数函数.

定义 4.12 非代数函数的初等函数,称为初等超越函数.

如,$f(x)=\ln x+1$,$f(x)=2^{x^2+\cos x+1}$.

根据代数函数的对应法则是否对自变量进行开方运算,又可把代数函数分为两类:有理函数和无理函数.

定义 4.13 由基本初等函数 $f_1(x)=x$ 和 $f_2(x)=1$ 经过有限次加、减、乘、除四则运算得到的初等函数称为有理函数.

定义 4.14 非有理函数的初等代数函数,称为无理函数.

函数 $f(x)=\dfrac{x^2}{1+x+x^2}$ 是有理函数,它是基本初等函数 $f_1(x)=x$ 与 $f_2(x)=1$ 经过有限次四则运算得到的.

函数 $f(x)=x+\sqrt{x^2+1}$ 是无理函数,它是基本初等函数 $f_1(x)=x$ 与 $f_2(x)=1$ 有限次代数运算得到的,并且包括对含有自变数的表达式进行开方运算.

根据有理函数的对应法则是否对自变量运用除法运算,又可把有理函数分为两大类:有理整函数与有理分函数.

定义 4.15 由基本初等函数 $f_1(x)=x$ 和 $f_2(x)=1$ 经过有限次加、减、乘的运算得到的有理函数称为有理整函数.

定义 4.16 非有理整函数的有理函数称为有理分函数.

初等函数的分类列表如下:

$$
\text{初等函数}
\begin{cases}
\text{(初等)超越函数} \\
\text{(初等)代数函数}
\begin{cases}
\text{有理函数}
\begin{cases}
\text{有理整函数} \\
\text{有理分函数}
\end{cases} \\
\text{无理函数}
\end{cases}
\end{cases}
$$

应当指出,对应法则是函数的重要因素之一,所以在函数分类时不能只看外表形式,而要看实质.例如,$f(x)=2^{\log_2(x^2+1)}$ 不是初等超越函数,它是 $f(x)=x^2+1$,是有理整函数;同样,$f(x)=\sqrt[3]{x^9}$ 不是无理函数,有理整函数,它是 $f(x)=x^3$.

关于幂函数的分类,需看幂指数,若幂指数是有理数则为初等代数函数,若为无理数则是初等超越函数.

除了初等代数函数外,凡能作为代数方程的解的函数也属于代数函数(一般是非初等的),这就是下面的定义.

定义 4.17(代数函数的广义定义) 若函数 $y=f(x)$ 满足以自变量 x 的非全为零的多项式 $p_i(x)$ 为系数的方程

$$P(x,y)=P_n(x)y^n+P_{n-1}(x)y^{n-1}+\cdots+P_1(x)y+P_0(x)\equiv0,$$

则称 $y=f(x)$ 为代数函数(就是说,代数函数是由代数隐函数式 $P(x,y)\equiv0$ 所确定的函数).

这样的定义比前面的定义更为广泛,因并非所有的代数函数都能用常量及自变量 x 施行有限次代数运算所组成的显函数式来表达,如 $y^5+(x^2-1)y^2+\sqrt{3}\,y=x$ 所确定的函数 $y=f(x)$ 就是一个代数函数,但它不能用显函数来表示,因为一般说来,五次以上的代数方程是不能用公式来解的.另一方面:

(1) 常函数 $y=C$(C 为常数)是代数函数,因为它满足最简单的代数方程 $y-C=0$.

(2) 有理函数 $y=\dfrac{P(x)}{Q(x)}$(其中 $P(x),Q(x)$ 都是 x 的多项式)是代数函数,因为它满足 $Q(x)y-P(x)\equiv0$.

(3) 无理函数 $y=\sqrt[n]{p(x)}$ 是代数函数,因为它满足 $y^n-p(x)\equiv0$.

（4）有理指数的幂函数 $y=x^{\frac{n}{m}}\left(\dfrac{n}{m}\text{是有理数}\right)$ 是代数函数，因为它满足 $y^m-x^n\equiv0$.

定理 4.2　如果 $y=f(x)$ 是 x 的代数函数，且它的反函数 $x=\phi(y)$ 存在，则它的反函数 $x=\phi(y)$ 是 y 的代数函数.

证明　设 $y=f(x)$ 满足代数方程 $P(x,y)\equiv0$，将它依 x 的降幂次序排列，系数是 y 的多项式. 又由互逆函数关系 $y=f(x)$ 及 $x=\phi(y)$ 的值之间的一一对应，故有 $P(\phi(y),y)\equiv0$，即 $x=\phi(y)$ 也满足 $P(x,y)\equiv0$，故 $x=\phi(y)$ 是 y 的代数函数.

4.3　用初等方法讨论初等函数

所谓初等方法，就是直接根据定义，由解析式里的运算性质、不等式性质、恒等变形、解方程和不等式以及一些简单定理来研究函数的特性.

在初等数学里，对于函数通常有以下问题：

（1）确定函数的定义域；

（2）确定函数的值域；

（3）求出函数的零点；

（4）求出函数的极值；

（5）确定使函数为正（或为负）的区间；

（6）判定函数的特殊性质：有界性、单调性、奇偶性、周期性；

（7）函数图像的绘制.

在讨论上述问题的时候要注意以下几个问题.

1．函数与方程

（1）函数 $f(x)$ 的零点是一个实数，是方程 $f(x)=0$ 的根，也是函数 $y=f(x)$ 的图像与 x 轴交点的横坐标.

（2）函数零点存在性定理是零点存在的一个充分条件，而不是必要条件；判断零点个数还要依据函数的单调性、对称性或结合函数图像.

2．函数的单调性与最值

（1）区分"函数的单调区间"和"函数在某区间上单调"这两个概念，前者是指函数具备单调性的"最大"的区间，后者是前者"最大"区间的子集.

（2）函数的单调区间不一定是整个定义域，可能是定义域的子集，但一定是连续的.

（3）函数的单调性是针对定义域内的某个区间而言的，函数在某个区间上是单调函数，但在整个定义域上不一定是单调函数，如函数 $y=\dfrac{1}{x}$ 在 $(-\infty,0)$ 和 $(0,+\infty)$ 上都是减函数，但在定义域上不具有单调性.

（4）函数在两个不同的区间上单调性相同，这两个区间可能要分开写，不能写成并集.

例如，函数 $f(x)$ 在区间 $(-1,0)$ 上是减函数，在 $(0,1)$ 上也是减函数，但在 $(-1,0)\bigcup(0,1)$

上却不一定是减函数,如函数 $f(x)=\dfrac{1}{x}$.

3. 函数的奇偶性与周期性

(1) $f(0)=0$ 既不是函数 $f(x)$ 是奇函数的充分条件,也不是必要条件.

(2) 判断分段函数的奇偶性要有整体的观点,可以分类讨论,也可以利用图像进行判断.

4. 二次函数与幂函数

(1) 对于函数 $y=ax^2+bx+c$,要认为它是二次函数,就必须满足 $a\neq0$,当题目条件未说明 $a\neq0$ 时,就要讨论 $a=0$ 和 $a\neq0$ 两种情况.

(2) 幂函数的图像一定会出现在第一象限,一定不会出现在第四象限,至于是否出现在第二、三象限,要看函数的奇偶性;幂函数的图像最多能同时出现在两个象限内;如果幂函数图像与坐标轴相交,则交点一定是原点.

5. 指数函数与对数函数

(1) 指数函数与对数函数的底数不确定时,单调性不明确,从而无法确定其最值,故应分 $a>1$ 和 $0<a<1$ 两种情况讨论.

(2) 解决和指数函数、对数函数有关的值域或最值问题时,要熟练掌握指数函数、对数函数的单调性,弄清复合函数的结构,利用换元法求解时要注意"新元"的取值范围.

(3) 在运用性质 $\log_a M^b=b\log_a M(a>0$,且 $a\neq1)$ 时,要特别注意条件 $M>0$,在无 $M>0$ 的条件下应为 $\log_a M^b=b\log_a|M|(b$ 为偶数$)$.

(4) 指数函数 $y=a^x(a>0$,且 $a\neq1)$ 与对数函数 $y=\log_a x(a>0$,且 $a\neq1)$ 互为反函数,应从概念、图像和性质三个方面理解它们之间的联系与区别.

(5) 解决与对数函数有关的问题时需注意两点:①务必先研究函数的定义域;②注意对数底数的取值范围.

下面仅对函数的周期性与利用函数变换作图作进一步的说明.

4.3.1 函数的周期性

定义 4.18 设 $f(x)$ 是定义在某一数集 M 上的函数,若存在一常数 $T(\neq0)$ 具有性质:

(1) 对于任何 $x\in M$,有 $x\pm T\in M$;

(2) 对于任何 $x\in M$,有 $f(x+T)=f(x)$,则称 $f(x)$ 为集 M 上的周期函数.常数 T 称为 $f(x)$ 的一个周期.

对于上述定义,很容易得到如下结论:

(1) 若 $T(\neq0)$ 是 $f(x)$ 的周期,则 $-T$ 也是 $f(x)$ 的周期.

因为 $f(x+(-T))=f(x+(-T)+T)=f(x)$,故周期函数必有正周期.

(2) 若 T 是 $f(x)$ 的周期,则 $nT(n$ 为任一非零的整数$)$也是 $f(x)$ 的周期.

因为

$$f(x+nT)=f(x+(n-1)T+T)=f(x+(n-1)T)=\cdots=f(x+T)=f(x).$$

由此可知,周期函数的所有周期构成一双方都无界的、对称于数轴原点的无穷集合.

（3）若 T 与 L 都是 $f(x)$ 的周期,则 $T\pm L$ 也是 $f(x)$ 的周期.

因为 $f(x+(T\pm L))=f(x+T\pm L)=f(x+T)=f(x)$. 因此,周期函数的周期决不会只有一个.

讨论周期函数的周期,可主要讨论正周期.

定义 4.19 如果在所有正的周期中,有一个最小的,称它为函数的最小正周期.

（4）函数的最小正周期,也称基本周期或主周期.周期函数未必有最小正周期.

例如 $f(x)=C(C$ 常数)是周期函数,任何非零实数都是它的周期,但非零正实数没有最小的,显然,它没有最小正周期.

（5）若 $f(x)$ 有最小正周期 T',则 $f(x)$ 的任何正周期 T 一定是 T' 的正整数倍,即存在一正整数 n,使 $T=nT'$.

因为,若 T 不是 T' 的正整数倍,则由带余除法知,存在一正整数 k,使 $T=kT'+r$ $(0<r<T')$. 对于任何 $x\in M$,有

$$f(x)=f(x+T)=f(x+kT'+r)=f(x+r),$$

可见,r 是 $f(x)$ 的周期,这与 T' 是 $f(x)$ 的最小正周期矛盾.

由此,若 $f(x)$ 有最小正周期 T',则 $f(x)$ 的周期的全体是集合 $\{nT'\mid n$ 是非零整数$\}$.

（6）周期函数的定义域 M,必是双方无界的集合,但定义域未必一定是 $(-\infty,+\infty)$.

例如,$\tan\alpha,\cot\alpha$ 其定义域分别是 $x\neq(2k+1)\dfrac{\pi}{2},x\neq k\pi(k\in\mathbb{Z})$.

下面讨论函数经运算、复合后的周期性问题.

定理 4.3 若周期函数 $y=f(x)$ 有最小正周期 T,则函数 $y=kf(x)+C(k,C$ 为常数,$k\neq0)$ 也是周期函数,且最小正周期为 T.

证略.

定理 4.4 若周期函数 $y=f(x)$ 有最小正周期 T,则函数 $y=\dfrac{1}{f(x)}$ 也是周期函数,且最小正周期为 T.

证略.

定理 4.5 若周期函数 $y=f(x)$ 有最小正周期 T,则函数 $y=f(ax+b)$ 有最小正周期 $\dfrac{T}{|a|}$. 其中 a,b 为常数.

证明 因为 $f\left[a\left(x+\dfrac{T}{|a|}\right)+b\right]=f(ax+b\pm T)=f(ax+b)$,所以 $\dfrac{T}{|a|}$ 是函数 $y=f(ax+b)$ 的一个周期.

假设函数 $y=f(ax+b)$ 存在一个周期 T',且 $0<T'<\dfrac{T}{|a|}$,则对于函数 $f(x)$ 定义域中的任一 x,总存在 x_0,使得 $x=ax_0+b$. 于是有

$$f[a(x_0+T')+b]=f(ax_0+b+T'),\ 即\ f(x+aT')=f(x),$$ 这说明 aT' 是 $f(x)$ 的一个周期. 而 $|aT'|<|a|\dfrac{T}{a}=T$ 与 T 为 $f(x)$ 的最小正周期矛盾,故 $\dfrac{T}{|a|}$ 为

$y=f(ax+b)$ 的最小正周期.

定理 4.6 设 $f(u)$ 定义在集合 M 上,$u=g(x)$ 是集合 M_1 上的周期函数,且当 $x\in M_1$ 时,$g(x)\in M$,则复合函数 $f(g(x))$ 是 M_1 上的周期函数.

证明 设 T 是 $g(x)$ 的周期,则对任何 $x\in M_1$,$x\pm T\in M_1$,且 $g(x\pm T)=g(x)$,于是有 $f(g(x\pm T))=f(g(x))$,即 $f(g(x))$ 在 M 上是以 T 为周期的周期函数.

由定理 4.6 知,$\cos^3 x$,$\ln(2+\sin 3x)$ 以及 $e^{\sin x}$ 等都是定义域上的周期函数.

注意以下几点:

(1) $f(g(x))$ 与 $g(x)$ 的最小正周期未必相同.

若 T 为 $g(x)$ 的最小正周期,则 $f(g(x))$ 的最小正周期 $\leqslant T$.

例如:函数 $\cos^2 x$ 可看成 $f(u)=u^2$ 与 $u=\cos x=g(x)$ 复合而成的,故它为周期函数. $g(x)=\cos x$ 的最小正周期是 2π,而 $f(g(x))=\cos^2 x$ 的最小正周期是 π,因为 $\cos^2(x+\pi)=(-\cos x)^2=\cos^2 x$,而一切小于 π 的正数都不是 $\cos^2 x$ 的周期.

(2) 若 $f(u)$ 是周期函数,$u=g(x)$ 不是周期函数,这时 $f(g(x))$ 仍可能为周期函数.

如 $f(u)=\sin u$ 是周期函数,$u=g(x)=ax+b(a\neq 0)$ 不是周期函数,但 $f(g(x))=\sin(ax+b)$ 却是周期函数.

定理 4.7 设 $f_1(x)$ 与 $f_2(x)$ 都是集 M 上的连续周期函数,T_1 与 T_2 分别是它们的最小正周期,那么:

(1) 函数 $f(x)=f_1(x)+f_2(x)$ 或 $g(x)=f_1(x)f_2(x)$ 为周期函数的充要条件是 $\dfrac{T_1}{T_2}$ 为一有理数;

(2) 设 $\dfrac{T_1}{T_2}=\dfrac{m}{n}$ 为既约分数,那么 $f(x)$(或 $g(x)$)的最小正周期 $T\leqslant nT_1(=mT_2)$.

证明略.

在定理 4.7 中,不等式 $T\leqslant nT_1$ 中的等号与不等号都可能发生,举例说明如下:

函数 $f_1(x)=\sin\dfrac{x}{2}$ 与 $f_2(x)=\sin\dfrac{x}{3}$ 的最小正周期分别为 $T_1=4\pi$,$T_2=6\pi$,故 $\dfrac{T_1}{T_2}=\dfrac{2}{3}$,所以 $f(x)=\sin\dfrac{x}{2}+\sin\dfrac{x}{3}$ 的最小正周期 $T\leqslant 3T_1=2T_2=12\pi$. 可以证明 $f(x)$ 的最小正周期 $T=12\pi$. 即取等号.

函数 $f_1(x)=\sin x+\sin 2x$ 与 $f_2(x)=-\sin x$ 的最小正周期分别为 $T_1=2\pi$,$T_2=2\pi$,故 $\dfrac{T_1}{T_2}=1$,所以 $f(x)=f_1(x)+f_2(x)$ 的最小正周期 $T\leqslant T_1=T_2$. 易证 $f(x)=\sin 2x$ 的最小正周期为 π,它严格小于 T_1.

例 4.2 函数 $f_1(x)=\sin x$ 与 $f_2(x)=\sin\pi x$ 的最小正周期分别是 $T_1=2\pi$,$T_2=2$,于是 $\dfrac{T_1}{T_2}=\pi$ 是一个无理数. 由定理 4.7 得 $f(x)=\sin x+\sin\pi x$ 与 $g(x)=\sin x\cdot\sin\pi x$ 都不是周期函数.

本例告诉我们,两个周期函数的和、积不一定是周期函数.

例 4.3 证明函数 $f(x)=\cos\sqrt{3}x-\sin\sqrt{2}x$ 不是周期函数.

证明 方法一 根据函数 $\cos\sqrt{3}x$ 与 $\sin\sqrt{2}x$ 的最小正周期之比为无理数得证.

方法二　根据定义用反证法.

假设 $f(x)$ 是周期函数,则存在非零实数 T 使 $f(x+T)=f(x)$,即

$$\cos\sqrt{3}(x+T)-\sin\sqrt{2}(x+T)=\cos\sqrt{3}x-\sin\sqrt{2}x,$$

于是 $\cos\sqrt{3}(x+T)-\cos\sqrt{3}x+\sin\sqrt{2}x-\sin\sqrt{2}(x+T)=0$,即

$$\sin\frac{\sqrt{3}(x+T)+\sqrt{3}x}{2}\sin\frac{\sqrt{3}(x+T)-\sqrt{3}x}{2}=\cos\frac{\sqrt{2}x+\sqrt{2}(x+T)}{2}\sin\frac{\sqrt{2}x-\sqrt{2}(x+T)}{2},$$

$$\sin\left(\sqrt{3}x+\frac{\sqrt{3}T}{2}\right)\sin\frac{\sqrt{3}T}{2}+\cos\left(\sqrt{2}x+\frac{\sqrt{2}T}{2}\right)\sin\frac{\sqrt{2}T}{2}=0.$$

由于 x 是任意实数,所以只能是 $\sin\dfrac{\sqrt{3}T}{2}=\sin\dfrac{\sqrt{2}T}{2}=0$,从而得

$$\frac{\sqrt{3}T}{2}=n\pi,\frac{\sqrt{2}T}{2}=m\pi(m,n\text{ 是整数}),$$

于是 $T=\dfrac{2\sqrt{3}n\pi}{3}=\sqrt{2}m\pi$,即 $2\sqrt{3}n=3\sqrt{2}m$,从而得 $\sqrt{2}n=\sqrt{3}m$,即 $\dfrac{m}{n}=\dfrac{\sqrt{2}}{\sqrt{3}}$.

这与 m,n 都是整数相矛盾. 所以这样的实数 T 不存在,即函数 $f(x)=\cos\sqrt{3}x-\sin\sqrt{2}x$ 不是周期函数.

下面简述一些常用结论:

(1) 若 $y=f(x)$ 满足 $f(x+a)=-f(x)$,则 $f(x)$ 为周期函数且 $2a$ 是它的一个周期;

(2) 若 $f(x+a)=f(x-a)$,则 $f(x)$ 是以 $T=2a$ 为周期的周期函数;

(3) 若 $y=f(x)$ 满足 $f(x+a)=\dfrac{1}{f(x)}$ $(a>0)$,则 $f(x)$ 为周期函数且 $2a$ 是它的一个周期;

(4) 若函数 $y=f(x)$ 满足 $f(x+a)=-\dfrac{1}{f(x)}(a>0)$,则 $f(x)$ 为周期函数且 $2a$ 是它的一个周期;

(5) 若 $f(x+a)=\dfrac{1-f(x)}{1+f(x)}$,则 $f(x)$ 是以 $T=2a$ 为周期的周期函数;

(6) 若 $f(x+a)=-\dfrac{1-f(x)}{1+f(x)}$,则 $f(x)$ 是以 $T=4a$ 为周期的周期函数;

(7) 若 $y=f(x)$ 满足 $f(x+a)=\dfrac{1+f(x)}{1-f(x)}(x\in\mathbb{R},a>0)$,则 $f(x)$ 为周期函数且 $4a$ 是它的一个周期;

(8) 若 $y=f(x)$ 的图像关于直线 $x=a,x=b(b>a)$ 都对称,则 $f(x)$ 为周期函数且 $2(b-a)$ 是它的一个周期;

(9) 若 $y=f(x)(x\in\mathbb{R})$ 的图像关于两点 $A(a,y_0),B(b,y_0)(a<b)$ 都对称,则函数 $f(x)$ 是以 $2(b-a)$ 为周期的周期函数;

(10) 若 $y=f(x)(x\in\mathbb{R})$ 的图像关于 $A(a,y_0)$ 和直线 $x=b(a<b)$ 都对称,则函数 $f(x)$ 是以 $4(b-a)$ 为周期的周期函数;

(11) 若偶函数 $y=f(x)$ 的图像关于直线 $x=a$ 对称,则 $f(x)$ 为周期函数且 $2a$ 是它的一个周期;

(12) 若奇函数 $y=f(x)$ 的图像关于直线 $x=a$ 对称,则 $f(x)$ 为周期函数且 $4a$ 是它的一个周期;

(13) 若 $y=f(x)$ 满足 $f(x)=f(x-a)+f(x+a)(a>0)$,则 $f(x)$ 为周期函数且 $6a$ 是它的一个周期;

(14) 若奇函数 $y=f(x)$ 满足 $f(x+T)=f(x)(x\in\mathbb{R},T\neq0)$,则 $f\left(\dfrac{T}{2}\right)=0$.

例 4.4 已知对于任意 $a,b\in\mathbb{R}$,有 $f(a+b)+f(a-b)=2f(a)f(b)$,且 $f(x)\neq0$.

(1) 求证:$f(x)$ 是偶函数;

(2) 若存在正整数 m 使得 $f(m)=0$,求满足 $f(x+T)=f(x)$ 的一个 T 值($T\neq0$).

(1) **证明** 令 $a=b=0$ 得,$f(0)=1,f(0)=0$(舍去,因 $f(x)\neq0$).

又令 $a=0$,得 $f(b)=f(-b)$,即 $f(x)=f(-x)$,所以,$f(x)$ 为偶函数.

(2) **解** 令 $a=x+m,b=m$,得 $f(x+2m)+f(x)=2f(x+m)f(m)=0$,所以 $f(x+2m)=-f(x)$. 于是

$$f(x+4m)=f[(x+2m)+2m]=-f(x+2m)=f(x),$$

即 $T=4m$.

最后指出,研究函数最小正周期至少有如下的作用:

(1) 如果发现一个函数的最小正周期,我们就可以确定函数的所有周期.

(2) 研究函数性态时,可局限在最小正周期内进行讨论. 如 $y=\sin x$ 就可局限在 $[0,2\pi]$ 之内加以讨论,因为它在 $(-\infty,+\infty)$ 的一些性质无非是将它在 $[0,2\pi]$ 之内一切性质经过周期延拓就可以了.

(3) 在作周期函数的图像时,只要作出它在一个周期内的图像,然后向左、右按周期平移图像就可以了.

(4) 在解三角方程时,可在最小正周期内求出特解,然后求出一般解.

4.3.2 函数变换

1. 反射变换

函数 $y=f(-x)$ 与 $y=f(x)$ 的图像关于 y 轴对称;

函数 $y=-f(x)$ 与 $y=f(x)$ 的图像关于 x 轴对称;

函数 $f^{-1}(x)$ 与 $y=f(x)$ 的图像关于直线 $y=x$ 对称.

因此函数 $y=f(-x),y=-f(x)$ 和 $f^{-1}(x)$ 的图像可由函数 $y=f(x)$ 的图像分别对 y 轴、x 轴和直线 $y=x$ 作反射得到.

2. 平移变换

函数 $y=f(x)+b$ 的图像可由函数 $y=f(x)$ 的图像沿 y 轴方向上下平移 $|b|$ 个单位得到. 当 $b>0$ 时,图像向上平移;当 $b<0$ 时,图像向下平移.

函数 $y=f(x+m)$ 的图像可有函数 $y=f(x)$ 的图像沿 x 轴方向左右平移 $|m|$ 个单位得到. 当 $m>0$ 时,图像向左平移;当 $m<0$ 时,图像向右平移.

3. 伸缩变换

函数 $y=kf(x)(k>0)$ 的图像可由函数 $y=f(x)$ 的图像沿 y 轴方向放大 $k(k>1)$ 倍或缩短 $k(0<k<1)$ 倍得到；而函数 $y=f(kx)(k>0)$ 的图像可由函数 $y=f(x)$ 的图像沿轴 x 方向压缩 $k(k>1)$ 倍或伸长 $\frac{1}{k}(0<k<1)$ 倍得到.

例 4.5 将函数 $y=\sin 2x$ 的图像向左平移 $\frac{\pi}{4}$ 个单位,再向上平移 1 个单位,所得图像的函数解析式是(　　).

A. $y=\cos 2x$ 　　　　　　　　　　B. $y=2\cos^2 x$

C. $y=1+\sin\left(2x+\dfrac{\pi}{4}\right)$ 　　　　　　D. $y=2\sin^2 x$

分析 将函数 $y=\sin 2x$ 的图像向左平移 $\frac{\pi}{4}$ 个单位,得到函数 $y=\sin 2\left(x+\dfrac{\pi}{4}\right)$,即 $y=\sin\left(2x+\dfrac{\pi}{2}\right)=\cos 2x$ 的图像,再向上平移 1 个单位,所得图像的函数解析式为 $y=1+\cos 2x=2\cos^2 x$,故选 B.

例 4.6 已知函数 $f(x)=\sin\left(wx+\dfrac{\pi}{4}\right)(x\in\mathbb{R},w>0)$ 的最小正周期为 π,将 $y=f(x)$ 的图像向左平移 $|\varphi|$ 个单位长度,所得图像关于 y 轴对称,则 φ 的一个值是(　　).

A. $\dfrac{\pi}{2}$ 　　　　B. $\dfrac{3\pi}{8}$ 　　　　C. $\dfrac{\pi}{4}$ 　　　　D. $\dfrac{\pi}{8}$

分析 由已知,周期为 $\pi=\dfrac{2\pi}{w}$,故 $w=2$,则结合平移公式和诱导公式可知平移后是偶函数,$\sin\left[2(x+\varphi)+\dfrac{\pi}{4}\right]=\pm\cos 2x$,故选 D.

例 4.7 已知函数 $f(x)=-3x^2-3x+4b^2+\dfrac{9}{4}(b>0)$ 在区间 $[-b,1-b]$ 上的最大值为 25,求实数 b 的值.

解 由已知函数得 $f(x)=-3\left(x+\dfrac{1}{2}\right)^2+4b^2+3$.

(1) 当 $-b\leqslant-\dfrac{1}{2}\leqslant 1-b$,即 $\dfrac{1}{2}\leqslant b\leqslant\dfrac{3}{2}$ 时,$f(x)|_{\max}=f\left(-\dfrac{1}{2}\right)=4b^2+3=25$,所以 $b^2=\dfrac{11}{2}$,这与 $\dfrac{1}{2}\leqslant b\leqslant\dfrac{3}{2}$ 矛盾.

(2) 当 $-\dfrac{1}{2}<-b$,即 $0<b<\dfrac{1}{2}$ 时,$f(x)$ 在 $[-b,1-b]$ 上递减,所以 $f(-b)=\left(b+\dfrac{3}{2}\right)^2<25$.

(3) 当 $-\dfrac{1}{2}>1-b$,即 $b>\dfrac{3}{2}$ 时,$f(x)$ 在 $[-b,1-b]$ 上递增,所以 $f(1-b)=b^2+9b-\dfrac{15}{4}=25$,解得 $b=\dfrac{5}{2}$ 或 $b=-\dfrac{23}{2}$(舍去).

综上可得 $b=\dfrac{5}{2}$.

4.4　三角函数

三角函数是初等数学中的重要知识,但目前中学教材中略去了较多知识,比如,删去了和差化积与积化和差公式、三倍角公式等,因此在这里作一些补充.

4.4.1　两角和与差的余弦公式、正弦公式、正切公式

1. 两角和与差的余弦公式

$$\cos(\alpha+\beta)=\cos\alpha\cos\beta-\sin\alpha\sin\beta,\quad \cos(\alpha-\beta)=\cos\alpha\cos\beta+\sin\alpha\sin\beta.$$

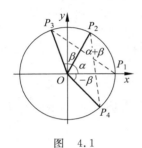

图　4.1

证明　如图 4.1 所示,在直角坐标系 xOy 内作单位圆 O,并作出角 α,β 与 $-\beta$,使角 α 的始边为 Ox,交圆 O 于点 P_1,终边交圆 O 于点 P_2;角 β 的始边为 OP_2,终边交圆 O 于点 P_3,角 $-\beta$ 的始边为 OP_1,终边交圆 O 于点 P_4,这时点 P_1,P_2,P_3,P_4 的坐标分别是

$$P_1(1,0),\quad P_2(\cos\alpha,\sin\alpha),\quad P_3(\cos(\alpha+\beta),\sin(\alpha+\beta)),$$
$$P_4(\cos(-\beta),\sin(-\beta)).$$

由 $|P_1P_3|=|P_2P_4|$ 及两点间距离公式,得

$$[\cos(\alpha+\beta)-1]^2+\sin^2(\alpha+\beta)$$
$$=[\cos(-\beta)-\cos\alpha]^2+[\sin(-\beta)-\sin\alpha]^2.$$

展开并整理,得

$$2-2\cos(\alpha+\beta)=2-2(\cos\alpha\cos\beta-\sin\alpha\sin\beta),$$

所以 $\cos(\alpha+\beta)=\cos\alpha\cos\beta-\sin\alpha\sin\beta.$

这个公式对于任意的角 α,β 都成立. 在公式中用 $-\beta$ 代替 β,就得到

$$\cos(\alpha-\beta)=\cos\alpha\cos(-\beta)-\sin\alpha\sin(-\beta),\quad \text{即} \cos(\alpha-\beta)=\cos\alpha\cos\beta+\sin\alpha\sin\beta.$$

例 4.8　已知锐角 α,β 满足 $\cos\alpha=\dfrac{3}{5}$,$\cos(\alpha+\beta)=-\dfrac{5}{13}$,求 $\cos\beta$.

解　因为 $\cos\alpha=\dfrac{3}{5}$,所以 $\sin\alpha=\dfrac{4}{5}$. 又因为 $\cos(\alpha+\beta)=-\dfrac{5}{13}<0$,所以 $\alpha+\beta$ 为钝角,故 $\sin(\alpha+\beta)=\dfrac{12}{13}$,于是

$$\cos\beta=\cos[(\alpha+\beta)-\alpha]=\cos(\alpha+\beta)\cos\alpha+\sin(\alpha+\beta)\sin\alpha$$
$$=-\frac{5}{13}\times\frac{3}{5}+\frac{12}{13}\times\frac{4}{5}=\frac{33}{65}.$$

2. 两角和与差的正弦公式

$$\sin(\alpha+\beta)=\sin\alpha\cos\beta+\cos\alpha\sin\beta,\quad \sin(\alpha-\beta)=\sin\alpha\cos\beta-\cos\alpha\sin\beta.$$

证明　在两角和的余弦公式中,利用诱导公式,可得到

$$\sin(\alpha+\beta)=\cos\left[\frac{\pi}{2}-(\alpha+\beta)\right]=\cos\left[\left(\frac{\pi}{2}-\alpha\right)-\beta\right]$$

$$= \cos\left(\frac{\pi}{2} - \alpha\right)\cos\beta + \sin\left(\frac{\pi}{2} - \alpha\right)\sin\beta$$
$$= \sin\alpha\cos\beta + \cos\alpha\sin\beta,$$

即 $\sin(\alpha+\beta) = \sin\alpha\cos\beta + \cos\alpha\sin\beta.$

用 $-\beta$ 代替上面公式中的 β,可得到

$$\sin(\alpha-\beta) = \sin\alpha\cos(-\beta) + \cos\alpha\sin(-\beta),$$

即

$$\sin(\alpha-\beta) = \sin\alpha\cos\beta - \cos\alpha\sin\beta.$$

例 4.9 已知 $\triangle ABC$ 中,$\angle A,\angle B,\angle C$ 的对边分别为 a,b,c. 若 $a=c=\sqrt{6}+\sqrt{2}$ 且 $\angle A=75°$,求 b 的值

解 $\sin A = \sin 75° = \sin(30°+45°) = \sin 30°\cos 45° + \sin 45°\cos 30° = \frac{\sqrt{2}+\sqrt{6}}{4}.$

由 $a=c=\sqrt{6}+\sqrt{2}$ 可知,$\angle C=75°$,所以 $\angle B=30°$,$\sin B=\frac{1}{2}.$

由正弦定理得 $b=\frac{a}{\sin A} \cdot \sin B = \frac{\sqrt{2}+\sqrt{6}}{\frac{\sqrt{2}+\sqrt{6}}{4}} \times \frac{1}{2} = 2.$

例 4.10 已知 $\frac{\pi}{2}<\beta<\alpha<\frac{3\pi}{4}$,$\cos(\alpha-\beta)=\frac{12}{13}$,$\sin(\alpha+\beta)=-\frac{3}{5}$,求 $\sin 2\alpha$ 的值.

解 因为 $\cos(\alpha-\beta)=\frac{12}{13}>0$,故 $\frac{\pi}{2}<\beta<\alpha<\frac{3\pi}{4}$,所以 $0<\alpha-\beta<\frac{\pi}{4}$,故得 $\sin(\alpha-\beta)=\frac{5}{13}.$

进一步得 $\pi<\alpha+\beta<\frac{3\pi}{2}$,而 $\sin(\alpha+\beta)=-\frac{3}{5}$,所以 $\cos(\alpha+\beta)=-\frac{4}{5}$,于是

$$\sin 2\alpha = \sin[(\alpha+\beta)+(\alpha-\beta)] = \sin(\alpha+\beta)\cos(\alpha-\beta) + \cos(\alpha+\beta)\sin(\alpha-\beta)$$
$$= -\frac{3}{5}\times\frac{12}{13} - \frac{4}{5}\times\frac{5}{13} = -\frac{56}{65}.$$

例 4.11 已知函数 $f(x)=\sin x + a\cos x$ 的图像经过点 $\left(-\frac{\pi}{3},0\right)$. 求:

(1) 实数 a 的值;

(2) 函数 $f(x)$ 的最小正周期与单调递增区间.

解 (1) 因为函数 $f(x)=\sin x + a\cos x$ 的图像经过点 $\left(-\frac{\pi}{3},0\right)$,所以 $f\left(-\frac{\pi}{3}\right)=0$,即 $\sin\left(-\frac{\pi}{3}\right)+a\cos\left(-\frac{\pi}{3}\right)=0$,从而得 $-\frac{\sqrt{3}}{2}+\frac{a}{2}=0$,解得 $a=\sqrt{3}.$

(2) $f(x)=\sin x+\sqrt{3}\cos x = 2\left(\frac{1}{2}\sin x+\frac{\sqrt{3}}{2}\cos x\right)$

$$= 2\left(\sin x\cos\frac{\pi}{3}+\cos x\sin\frac{\pi}{3}\right) = 2\sin\left(x+\frac{\pi}{3}\right).$$

所以函数 $f(x)$ 的最小正周期为 $2\pi.$

因为函数 $y=\sin x$ 的单调递增区间为 $\left[2k\pi-\frac{\pi}{2},2k\pi+\frac{\pi}{2}\right](k\in\mathbb{Z})$,所以当 $2k\pi-\frac{\pi}{2}\leqslant$

$x + \dfrac{\pi}{3} \leqslant 2k\pi + \dfrac{\pi}{2}(k \in \mathbb{Z})$ 时,函数 $f(x)$ 单调递增,即 $2k\pi - \dfrac{5\pi}{6} \leqslant x \leqslant 2k\pi + \dfrac{\pi}{6}(k \in \mathbb{Z})$ 时,函数

$f(x)$ 单调递增. 所以函数 $f(x)$ 的单调递增区间为 $\left[2k\pi - \dfrac{5\pi}{6}, 2k\pi + \dfrac{\pi}{6}\right](k \in \mathbb{Z})$.

3. 两角和与差的正切公式

$$\tan(\alpha + \beta) = \frac{\tan\alpha + \tan\beta}{1 - \tan\alpha\tan\beta}, \quad \tan(\alpha - \beta) = \frac{\tan\alpha - \tan\beta}{1 + \tan\alpha\tan\beta}.$$

证明　因为 $\cos(\alpha + \beta) = \cos\alpha\cos\beta - \sin\alpha\sin\beta$, $\quad \sin(\alpha + \beta) = \sin\alpha\cos\beta + \cos\alpha\sin\beta$,

当 $\cos(\alpha + \beta) \neq 0$ 时,将两式的两边分别相除,即得

$$\tan(\alpha + \beta) = \frac{\tan\alpha + \tan\beta}{1 - \tan\alpha\tan\beta}.$$

用 $-\beta$ 代替上面公式中的 β,得到 $\tan(\alpha - \beta) = \dfrac{\tan\alpha - \tan\beta}{1 + \tan\alpha\tan\beta}$.

例 4.12　求 $(1 + \tan 1°)(1 + \tan 2°)(1 + \tan 3°)\cdots(1 + \tan 44°)$.

解　$(1 + \tan 1°)(1 + \tan 44°) = 1 + \tan 1° + \tan 44° + \tan 1°\tan 44°$
$$= 1 + \tan 45°(1 - \tan 1°\tan 44°) + \tan 1°\tan 44° = 2.$$

同理可得

$$(1 + \tan 2°)(1 + \tan 43°) = 2, \quad (1 + \tan 3°)(1 + \tan 42°) = 2, \quad \cdots$$

综上可得　　　　　　　　　　　　　原式 $= 2^{22}$.

4.4.2　倍角公式

二倍角的正弦、余弦、正切、余切:
$$\sin 2\alpha = 2\sin\alpha\cos\alpha, \quad \cos 2\alpha = \cos^2\alpha - \sin^2\alpha = 2\cos^2\alpha - 1 = 1 - 2\sin^2\alpha,$$
$$\tan 2\alpha = \frac{2\tan\alpha}{1 - \tan^2\alpha}, \quad \cot 2\alpha = \frac{\cot^2\alpha - 1}{2\cot\alpha}.$$

降幂升角公式: $\cos^2\alpha = \dfrac{1 + \cos 2\alpha}{2}, \sin^2\alpha = \dfrac{1 - \cos 2\alpha}{2}$.

升幂缩角公式: $1 + \cos\alpha = 2\cos^2\dfrac{\alpha}{2}, 1 - \cos\alpha = 2\sin^2\dfrac{\alpha}{2}$.

三倍角的正弦、余弦、正切:
$$\sin 3\alpha = 3\sin\alpha - 4\sin^3\alpha,$$
$$\cos 3\alpha = 4\cos^3\alpha - 3\cos\alpha,$$
$$\tan 3\alpha = \frac{3\tan\alpha - \tan^3\alpha}{1 - \tan^2\alpha}.$$

例 4.13　已知函数 $f(x) = 2\sqrt{3}\sin x\cos x + 2\cos^2 x - 1 \ (x \in \mathbb{R})$.

(1) 求函数 $f(x)$ 的最小正周期;

(2) 求函数 $f(x)$ 在区间 $\left[0, \dfrac{\pi}{2}\right]$ 上的最大值与最小值;

（3）若 $f(x_0)=\dfrac{6}{5}$，$x_0\in\left[\dfrac{\pi}{4},\dfrac{\pi}{2}\right]$，求 $\cos2x_0$ 的值.

解 $f(x)=2\sqrt{3}\sin x\cos x+2\cos^2 x-1=\sqrt{3}\sin2x+\cos2x$

$$=2\left(\dfrac{\sqrt{3}}{2}\sin2x+\dfrac{1}{2}\cos2x\right)=2\sin\left(2x+\dfrac{\pi}{6}\right).$$

（1）$T=\dfrac{2\pi}{2}=\pi.$

（2）因为 $0\leqslant x\leqslant\dfrac{\pi}{2}$，故 $\dfrac{\pi}{6}\leqslant2x+\dfrac{\pi}{6}\leqslant\dfrac{7\pi}{6}$，所以 $-\dfrac{1}{2}\leqslant\sin\left(2x+\dfrac{\pi}{6}\right)\leqslant1$，于是函数 $f(x)$ 在区间 $\left[0,\dfrac{\pi}{2}\right]$ 上的最大值是 2，最小值是 -1.

（3）因为 $f(x_0)=\dfrac{6}{5}$，所以 $2\sin\left(2x_0+\dfrac{\pi}{6}\right)=\dfrac{6}{5}$，故 $\sin\left(2x_0+\dfrac{\pi}{6}\right)=\dfrac{3}{5}$.

因为 $x_0\in\left[\dfrac{\pi}{4},\dfrac{\pi}{2}\right]$，故 $2x_0+\dfrac{\pi}{6}\in\left[\dfrac{2}{3}\pi,\dfrac{7}{6}\pi\right]$，所以 $\cos\left(2x_0+\dfrac{\pi}{6}\right)=-\dfrac{4}{5}$，于是

$$\cos2x_0=\cos\left[\left(2x_0+\dfrac{\pi}{6}\right)-\dfrac{\pi}{6}\right]$$

$$=\cos\left(2x_0+\dfrac{\pi}{6}\right)\cos\dfrac{\pi}{6}+\sin\left(2x_0+\dfrac{\pi}{6}\right)\sin\dfrac{\pi}{6}$$

$$=-\dfrac{4}{5}\times\dfrac{\sqrt{3}}{2}+\dfrac{3}{5}\times\dfrac{1}{2}=\dfrac{3-4\sqrt{3}}{10}.$$

例 4.14 求证：$\sin^2\alpha+\cos\alpha\cos\left(\dfrac{\pi}{3}+\alpha\right)-\sin^2\left(\dfrac{\pi}{6}-\alpha\right)$ 是定值.

解 原式 $=\dfrac{1}{2}(1-\cos2\alpha)-\dfrac{1}{2}\left[1-\cos\left(\dfrac{\pi}{3}-2\alpha\right)\right]+\cos\alpha\cos\left(\dfrac{\pi}{3}+\alpha\right)$

$$=\dfrac{1}{2}\left[\cos\left(\dfrac{\pi}{3}-2\alpha\right)-\cos2\alpha\right]+\cos\alpha\left(\cos\dfrac{\pi}{3}\cos\alpha-\sin\dfrac{\pi}{3}\sin\alpha\right)$$

$$=\dfrac{1}{2}\left(\cos\dfrac{\pi}{3}\cos2\alpha+\sin\dfrac{\pi}{3}\sin2\alpha-\cos2\alpha\right)+\dfrac{1}{2}\cos^2\alpha-\dfrac{\sqrt{3}}{2}\cos\alpha\sin\alpha$$

$$=\dfrac{1}{4}\cos2\alpha+\dfrac{\sqrt{3}}{2}\sin2\alpha-\dfrac{1}{2}\cos2\alpha+\dfrac{1}{4}(1+\cos2\alpha)-\dfrac{\sqrt{3}}{4}\sin2\alpha=\dfrac{1}{4}.$$

4.4.3 半角公式

半角的正弦、余弦、正切：

$$\sin\dfrac{\alpha}{2}=\pm\sqrt{\dfrac{1-\cos\alpha}{2}}, \quad \cos\dfrac{\alpha}{2}=\pm\sqrt{\dfrac{1+\cos\alpha}{2}},$$

$$\tan\dfrac{\alpha}{2}=\pm\sqrt{\dfrac{1-\cos\alpha}{1+\cos\alpha}}. \tan\dfrac{\alpha}{2}=\dfrac{1-\cos\alpha}{\sin\alpha}=\dfrac{\sin\alpha}{1+\cos\alpha}.$$

万能公式：

$$\sin\alpha = \frac{2\tan\frac{\alpha}{2}}{1+\tan^2\frac{\alpha}{2}}, \quad \cos\alpha = \frac{1-\tan^2\frac{\alpha}{2}}{1+\tan^2\frac{\alpha}{2}}, \quad \tan\alpha = \frac{2\tan\frac{\alpha}{2}}{1-\tan^2\frac{\alpha}{2}}.$$

例 4.15 化简 $\dfrac{1+\cos\theta-\sin\theta}{1-\cos\theta-\sin\theta}+\dfrac{1-\cos\theta-\sin\theta}{1+\cos\theta-\sin\theta}$.

解 原式 $= \dfrac{2\cos^2\frac{\theta}{2}-2\sin\frac{\theta}{2}\cos\frac{\theta}{2}}{2\sin^2\frac{\theta}{2}-2\sin\frac{\theta}{2}\cos\frac{\theta}{2}}+\dfrac{2\sin^2\frac{\theta}{2}-2\sin\frac{\theta}{2}\cos\frac{\theta}{2}}{2\cos^2\frac{\theta}{2}-2\sin\frac{\theta}{2}\cos\frac{\theta}{2}}$

$$= \frac{2\cos\frac{\theta}{2}\left(\cos\frac{\theta}{2}-\sin\frac{\theta}{2}\right)}{2\sin\frac{\theta}{2}\left(\sin\frac{\theta}{2}-\cos\frac{\theta}{2}\right)}+\frac{2\sin\frac{\theta}{2}\left(\sin\frac{\theta}{2}-\cos\frac{\theta}{2}\right)}{2\cos\frac{\theta}{2}\left(\cos\frac{\theta}{2}-\sin\frac{\theta}{2}\right)}$$

$$= -\left(\cot\frac{\theta}{2}+\tan\frac{\theta}{2}\right) = -\left(\frac{1+\cos\theta}{\sin\theta}+\frac{1-\cos\theta}{\sin\theta}\right) = -\frac{2}{\sin\theta} = -2\csc\theta.$$

例 4.16 已知 $\sin\theta = -\dfrac{3}{5}, 3\pi < \theta < \dfrac{7\pi}{2}$, 求 $\tan\dfrac{\theta}{2}$.

解 方法一 因为 $\sin\theta = -\dfrac{3}{5}, 3\pi < \theta < \dfrac{7\pi}{2}$, 所以 $\cos\theta = -\sqrt{1-\sin^2\dfrac{\theta}{2}} = -\dfrac{4}{5}$, 故

$$\tan\frac{\theta}{2} = \frac{\sin\theta}{1+\cos\theta} = \frac{-\dfrac{3}{5}}{1+\left(-\dfrac{4}{5}\right)} = -3.$$

方法二 $\cos\theta = -\sqrt{1-\sin^2\dfrac{\theta}{2}} = -\dfrac{4}{5}$, 且 $\dfrac{3\pi}{2} < \dfrac{\theta}{2} < \dfrac{7\pi}{4}$, 所以

$$\tan\frac{\theta}{2} = -\sqrt{\frac{1-\cos\theta}{1+\cos\theta}} = -\sqrt{\frac{1-\left(-\dfrac{4}{5}\right)}{1+\left(-\dfrac{4}{5}\right)}} = -3.$$

方法三 由万能公式, 有

$-\dfrac{3}{5} = \dfrac{2\tan\dfrac{\theta}{2}}{1+\tan^2\dfrac{\theta}{2}}$, 即 $3\tan^2\dfrac{\theta}{2}+10\tan\dfrac{\theta}{2}+3=0$, 从而得 $\tan\dfrac{\theta}{2} = -\dfrac{1}{3}$, 或 $\tan\dfrac{\theta}{2} =$

-3. 但由已知 $\dfrac{3\pi}{2} < \dfrac{\theta}{2} < \dfrac{7\pi}{4}$, 得 $\tan\dfrac{\theta}{2} < -1$, 所以 $\tan\dfrac{\theta}{2} = -3$.

4.4.4 积化和差公式与和差化积公式

$$\sin\alpha + \sin\beta = 2\sin\frac{\alpha+\beta}{2}\cos\frac{\alpha-\beta}{2}, \quad \sin\alpha - \sin\beta = 2\cos\frac{\alpha+\beta}{2}\sin\frac{\alpha-\beta}{2},$$

$$\cos\alpha + \cos\beta = 2\cos\frac{\alpha+\beta}{2}\cos\frac{\alpha-\beta}{2}, \quad \cos\alpha - \cos\beta = -2\sin\frac{\alpha+\beta}{2}\sin\frac{\alpha-\beta}{2}.$$

证明

$$\sin\alpha = \sin\left(\frac{\alpha-\beta}{2}+\frac{\alpha+\beta}{2}\right) = \sin\frac{\alpha-\beta}{2}\cos\frac{\alpha+\beta}{2}+\cos\frac{\alpha-\beta}{2}\sin\frac{\alpha+\beta}{2},$$

$$\sin\beta = \sin\left(\frac{\alpha+\beta}{2}-\frac{\alpha-\beta}{2}\right) = \sin\frac{\alpha+\beta}{2}\cos\frac{\alpha-\beta}{2}-\cos\frac{\alpha+\beta}{2}\sin\frac{\alpha-\beta}{2},$$

两式相加,得

$$\sin\alpha + \sin\beta = 2\sin\frac{\alpha+\beta}{2}\cos\frac{\alpha-\beta}{2}. \tag{4.6}$$

两式相减,得

$$\sin\alpha - \sin\beta = 2\cos\frac{\alpha+\beta}{2}\sin\frac{\alpha-\beta}{2}. \tag{4.7}$$

利用互余性,得

$$\cos\alpha + \cos\beta = 2\cos\frac{\alpha+\beta}{2}\cos\frac{\alpha-\beta}{2}, \tag{4.8}$$

$$\cos\alpha - \cos\beta = -2\sin\frac{\alpha+\beta}{2}\sin\frac{\alpha-\beta}{2}. \tag{4.9}$$

(4.6),(4.7),(4.8),(4.9)式是一组和差化积公式.

在(4.6)式中,令 $x=\frac{\alpha+\beta}{2}, y=\frac{\alpha-\beta}{2}$,得

$$\sin x\cos y = \frac{1}{2}(\sin(x+y)+\sin(x-y)).$$

对(4.7),(4.8),(4.9)式一样处理,可得到另三个积化和差公式:

$$\cos x\sin y = \frac{1}{2}(\sin(x+y)-\sin(x-y)),$$

$$\cos x\cos y = \frac{1}{2}(\cos(x+y)+\cos(x-y)),$$

$$\sin x\sin y = -\frac{1}{2}(\cos(x+y)-\cos(x-y)).$$

例 4.17 求 $\frac{\sin7°+\cos15°\cdot\sin8°}{\cos7°-\sin15°\cdot\sin8°}$ 的值.

解 方法一

$$\frac{\sin7°+\cos15°\cdot\sin8°}{\cos7°-\sin15°\cdot\sin8°}=\frac{\sin(15-8)°+\cos15°\cdot\sin8°}{\cos(15-8)°-\sin15°\cdot\sin8°}$$

$$=\frac{\sin15°\cdot\cos8°}{\cos15°\cdot\cos8°}=\tan15°=\frac{1-\cos30°}{\sin30°}=2-\sqrt{3}.$$

方法二 $\frac{\sin7°+\cos15°\cdot\sin8°}{\cos7°-\sin15°\cdot\sin8°}=\frac{\sin7°+\frac{1}{2}(\sin23°-\sin7°)}{\cos7°+\frac{1}{2}(\cos23°-\cos7°)}$

$$=\frac{\sin23°+\sin7°}{\cos23°-\cos7°}=\frac{2\sin15°\cos8°}{2\cos15°\cos8°}=\tan15°=2-\sqrt{3}.$$

例 4.18 在锐角 $\triangle ABC$ 中,求证

$$\cos A\cos B + \cos B\cos C + \cos C\cos A \leqslant 6\sin\frac{A}{2}\sin\frac{B}{2}\sin\frac{C}{2}.$$

证明 在锐角 $\triangle ABC$ 中,有

$$\cos A + \cos B + \cos C = 2\cos\frac{A+B}{2}\cos\frac{A-B}{2} + \cos C = 2\cos\frac{\pi-C}{2}\cos\frac{A-B}{2} + \cos C$$

$$= 2\sin\frac{C}{2}\cos\frac{A-B}{2} + 1 - 2\sin^2\frac{C}{2} = 1 + 2\sin\frac{C}{2}\left(\cos\frac{A-B}{2} - \sin\frac{C}{2}\right)$$

$$= 1 + 2\sin\frac{C}{2}\left(\cos\frac{A-B}{2} - \sin\frac{\pi-A-B}{2}\right)$$

$$= 1 + 2\sin\frac{C}{2}\left(\cos\frac{A-B}{2} - \cos\frac{A+B}{2}\right)$$

$$= 1 + 2\sin\frac{C}{2}\left(-2\sin\frac{A}{2}\sin\left(-\frac{B}{2}\right)\right) = 1 + 4\sin\frac{A}{2}\sin\frac{B}{2}\sin\frac{C}{2}$$

成立,所以

$$12\sin\frac{A}{2}\sin\frac{B}{2}\sin\frac{C}{2} = 3(\cos A + \cos B + \cos C) - 3.$$

于是所证不等式转化为

$$3(\cos A + \cos B + \cos C) - 3 - 2(\cos A\cos B + \cos B\cos C + \cos C\cos A) \geqslant 0,$$

即 $(\cos A - 1)(1 - 2\cos B) + (\cos B - 1)(1 - 2\cos C) + (\cos C - 1)(1 - 2\cos A) \geqslant 0.$

由余弦定理可得

$$左边 = \frac{b^2 + c^2 - a^2 - 2bc}{2bc} \cdot \frac{ca - c^2 - a^2 + b^2}{ca} + \frac{(c-a)^2 - b^2}{2ca} \cdot \frac{2ab - c^2 - a^2 + c^2 - ab}{ab} + $$

$$\frac{(a-b)^2 - c^2}{2ab} \cdot \frac{a^2 - (b-c)^2 - bc}{bc}$$

$$= \frac{(b-c+a)(b-c-a)}{2bc} \cdot \left[\frac{(b+c-1)(b-c+a)}{ca} - 1\right] + $$

$$\frac{(c-a+b)(c-a-b)}{2ca} \cdot \left[\frac{(c+a-b)(c-a+b)}{ab} - 1\right] + $$

$$\frac{(a-b+c)(a-b-c)}{2ab} \cdot \left[\frac{(a+b-c)(a-b+c)}{bc} - 1\right]$$

$$= \frac{(a+b-c)(c+a-b)}{2bc} + \frac{(b+c-a)(a+b-c)}{2ca} + \frac{(c+a-b)(b+c-a)}{2ab} - $$

$$\frac{(a+b-c)^2(c+a-b)(b+c-a)}{2abc^2} - \frac{(b+c-a)^2(a+b-c)(c+a-b)}{2bca^2} - $$

$$\frac{(c+a-b)^2(b+c-a)(a+b-c)}{2cab^2} = \frac{(a+b-c)(c+a-b)}{2bca^2}[a^2 - (b+c-a)^2] + $$

$$\frac{(b+c-a)(a+b-c)}{2cab^2}[b^2 - (c+a-b)^2] + \frac{(c+a-b)(b+c-a)}{2abc^2}[c^2 - (a+b-c)^2]$$

$$= \frac{(a+b-c)(c+a-b)}{2bca^2}(b+c)[(a-b) + (a-c)] + $$

$$\frac{(b+c-a)(a+b-c)}{2cab^2}(c+a)[(b-c) + (b-a)] + $$

$$\frac{(c+a-b)(b+c-a)}{2abc^2}(a+b)[(c-a) + (c-b)],$$

其中

$$\frac{(a+b-c)(c+a-b)(b+c)}{2bca^2}(a-b)+\frac{(b+c-a)(a+b-c)(c+a)}{2cab^2}(b-a)$$

$$=\frac{(a-b)(a+b-c)}{2abc}\left[\frac{(c+a-b)(b+c)}{a}-\frac{(b+c-a)(c+a)}{b}\right]$$

$$=\frac{(a-b)(a+b-c)}{2a^2b^2c}\left[(a-b)(a^2+b^2-c^2)\right]$$

$$=\frac{(a-b)^2(a+b-c)}{abc}\cos C.$$

所以

$$原式=\frac{(a-b)^2(a+b-c)\cos C+(b-c)^2(b+c-a)\cos A+(c-a)^2(c+a-b)\cos B}{abc}\geqslant 0.$$

故原不等式成立.

思考与练习题 4

1. 函数 $y=f(x)$ 与 $x=f^{-1}(y)$ 在同一坐标系里作出的图像有什么关系?

2. 下列各题中,$f(x)$ 与 $g(x)$ 是否表示同一函数? 为什么?
$$f(x)=x \text{ 与 } g(x)=(\sqrt{x})^2,\quad f(x)=x \text{ 与 } g(x)=\sqrt{x^2}.$$

3. 设 $f(x)=ax^2+bx+5$ 且 $f(x+1)-f(x)=8x+3$,试确定 a,b 的值.

4. 求下列初等函数的定义域:

(1) $y=\sin(\sin x)$;

(2) $y=\lg(\lg x)$;

(3) $y=\log_{x-2}(4+3x-x^2)$;

(4) $y=\arcsin(x-1)+\dfrac{1}{\sqrt{5x-1}}$.

5. 求函数 $y=\dfrac{x^2+2x+2}{x+1}$ 的值域.

6. 求下列函数的复合函数:

(1) $y=x^2,z=y^3$;

(2) $y=\arcsin z,z=2+x^2$.

7. 求函数的反函数:

(1) $y=\sqrt[3]{x}+1$;

(2) $y=1-\sqrt{25-x^2}\ (-5\leqslant x\leqslant 0)$.

8. 在什么条件下,函数 $y=\dfrac{ax+b}{cx+d}$ 的反函数就是它本身?

9. 证明 $y=\sin x$ 在 $\left[-\dfrac{\pi}{2},\dfrac{\pi}{2}\right]$ 严格递增.

10. 证明 $f(x)=x+\sin x$ 在 $\mathbb{R}$ 上严格增.

11. (1) 函数 $f(x)=-2x^2+5x+3$ 在哪个区间是增函数? 并加以证明.

(2) 求函数 $f(x)=\log_{\frac{1}{2}}(-2x^2+5x+3)$ 单调区间.

12. 判别下列函数的奇偶性:

(1) $f(x)=x+\sin x$;

(2) $f(x)=\lg(x+\sqrt{1+x^2})$;

(3) $y=\cos(\sin x)$;

(4) $y=x^2-2|x|-1$.

13. 如果函数 $y=f(x)$ 在区间 $(-\infty,0)$ 上是减函数,并且 $f(x)$ 是偶函数,证明 $f(x)$ 在区间 $(0,+\infty)$ 是增函数.

14. 如果函数 $y=f(x)$ 在区间 $(0,+\infty)$ 上是增函数,并且 $f(x)$ 是奇函数,证明 $f(x)$ 在区间 $(-\infty,0)$ 是增函数.

15. 求下列函数的周期:

(1) $\cos^2 x$;　　(2) $\tan 3x$;　　(3) $\cos\dfrac{x}{2}+2\sin\dfrac{x}{3}$;　　(4) $|\tan x|-|\cot x|$.

16. 已知函数 $f(x)$ 的定义域为 $\mathbb{N}$,且对任意正整数 x,都有 $f(x)=f(x-1)+f(x+1)$,若 $f(0)=2004$,求 $f(2004)$.

17. 设 x 是任意实数,求证 $\arctan x+\operatorname{arccot}x=\dfrac{\pi}{2}$.

18. 求函数 $y=2x+\sqrt{1-2x}$ 的最值.

19. 绘制下列函数图像:

(1) $f(x)=\dfrac{x}{1+x^2}$;　　　　　　　　(2) $y=\dfrac{7-2x}{x-2}$.

20. 试确定下列各式中 x 的正负:

(1) $a^x=\dfrac{7}{4}\,(a>0,a\neq 1)$;　　　　　　(2) $\log_{\frac{3}{5}}\dfrac{2}{3}=x$.

21. (1) $y=\dfrac{2x+5}{x+1}$ 的图像是 $y=\dfrac{1}{x}$ 的图像经过哪些变换得到的;

(2) $y=-3\sin\left(2x-\dfrac{\pi}{3}\right)$ 的图像是 $y=\sin x$ 的图像经过哪些变换得到的.

22. 已知 $y_1=\log_a(3x^2-8x+5)$,$y_2=\log_a(2x^2-10)\,(a>0,a\neq 1)$. 当 x 取何值时有:

(1) $y_1=y_2$;　　　　(2) $y_1>y_2$;　　　　(3) $y_1<y_2$.

23. 已知 $y_1=3^{2x^2-3x-1}$,$y_2=3^{x^2+2x-7}$,当 x 取什么值时有:

(1) $y_1=y_2$;　　　　(2) $y_1>y_2$;　　　　(3) $y_1<y_2$.

24. 证明下面的结论:

(1) 若 $y=f(x)$ 满足 $f(x+a)=-f(x)$,则 $f(x)$ 为周期函数且 $2a$ 是它的一个周期.

(2) 若 $f(x+a)=f(x-a)$,则 $f(x)$ 是以 $T=2a$ 为周期的周期函数.

(3) 若 $y=f(x)$ 满足 $f(x+a)=\dfrac{1}{f(x)}\,(a>0)$,则 $f(x)$ 为周期函数且 $2a$ 是它的一个周期.

(4) 若 $y=f(x)$ 满足 $f(x+a)=-\dfrac{1}{f(x)}\,(a>0)$,则 $f(x)$ 为周期函数且 $2a$ 是它的一个周期.

(5) 若 $f(x+a)=\dfrac{1-f(x)}{1+f(x)}$,则 $f(x)$ 是以 $T=2a$ 为周期的周期函数.

(6) 若 $f(x+a)=-\dfrac{1-f(x)}{1+f(x)}$,则 $f(x)$ 是以 $T=4a$ 为周期的周期函数.

(7) 若 $y=f(x)$ 满足 $f(x+a)=\dfrac{1+f(x)}{1-f(x)}\,(x\in\mathbb{R},a>0)$,则 $f(x)$ 为周期函数且 $4a$ 是它

的一个周期.

（8）若 $y=f(x)$ 的图像关于直线 $x=a$，$x=b(b>a)$ 都对称，则 $f(x)$ 为周期函数且 $2(b-a)$ 是它的一个周期.

（9）若 $y=f(x)(x\in R)$ 的图像关于两点 $A(a,y_0)$，$B(b,y_0)(a<b)$ 都对称，则函数 $f(x)$ 是以 $2(b-a)$ 为周期的周期函数.

（10）若 $y=f(x)(x\in R)$ 的图像关于 $A(a,y_0)$ 和直线 $x=b(a<b)$ 都对称，则函数 $f(x)$ 是以 $4(b-a)$ 为周期的周期函数.

（11）若偶函数 $y=f(x)$ 的图像关于直线 $x=a$ 对称，则 $f(x)$ 为周期函数且 $2a$ 是它的一个周期.

（12）若奇函数 $y=f(x)$ 的图像关于直线 $x=a$ 对称，则 $f(x)$ 为周期函数且 $4a$ 是它的一个周期.

（13）若 $y=f(x)$ 满足 $f(x)=f(x-a)+f(x+a)(a>0)$，则 $f(x)$ 为周期函数，$6a$ 是它的一个周期.

（14）若奇函数 $y=f(x)$ 满足 $f(x+T)=f(x)(x\in\mathbb{R},T\neq0)$，则 $f\left(\dfrac{T}{2}\right)=0$.

第 5 章
方程

5.1 基本概念

定义 5.1 形如

$$f_1(x,y,\cdots,z) = f_2(x,y,\cdots,z) \tag{5.1}$$

的等式(其实质是 $f(x,y,\cdots,z)=0$)叫做方程,其中 $f_1(x,y,\cdots,z)$ 与 $f_2(x,y,\cdots,z)$ 是变数 $x,y,\cdots,z$ 的函数,且 f_1 与 f_2 中至少有一个不是常量函数,变数 $x,y,\cdots,z$ 叫做方程(5.1)的未知数.

定义 5.2 在方程(5.1)中,函数 $f_1(x,y,\cdots,z)$ 与 $f_2(x,y,\cdots,z)$ 的定义域的交集,叫做方程(5.1)的定义域,记作 M.

定义 5.3 若 $x=a,y=b,\cdots,z=c$ 代入方程(5.1),有

$$f_1(a,b,\cdots,c) = f_2(a,b,\cdots,c)$$

成立,则称有序数值组 $(a,b,\cdots,c)$ 为方程(5.1)的一个解.

仅含一个未知数的方程的解也称为方程的根.

方程(5.1)所有解组成的集合,叫做方程(5.1)的解集,记作 D.

由此可见,当且仅当满足下面两条才能成为方程(5.1)的解:

(1) $(a,b,\cdots,c) \in M$;

(2) $f_1(a,b,\cdots,c) = f_2(a,b,\cdots,c)$.

定义 5.4 求方程的解集的过程叫做解方程.

根据函数 $u=f(x,y,\cdots,z)$ 的分类,对应地,将方程 $f(x,y,\cdots,z)=0$ 进行分类,把方程分类列表如下:

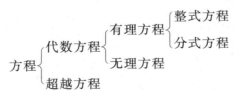

解方程的实质是把已知的方程通过一系列的变形,最后转化为一个或几个形如 $x=a$ 的最简方程. 在这些变形中,有时可使变形后的方程与原方程具有完全相同的解集,有时也可使变形后的方程与原方程的解集不同.

定义 5.5 给定方程

$$f_1(x) = g_1(x),\qquad(5.2)$$
$$f_2(x) = g_2(x).\qquad(5.3)$$

如果方程(5.2)的每一个解都是方程(5.3)的解,换句话说,方程(5.2)的解集 D_1 是方程(5.3)的解集 D_2 的子集,即 $D_1 \subseteq D_2$,那么方程(5.3)叫做方程(5.2)的结果,简称结果.

定义 5.6 如果方程(5.3)是方程(5.2)的结果,且方程(5.2)是方程(5.3)的结果,换句话说,方程(5.2)、方程(5.3)的解集相同,即 $D_1 = D_2$,那么方程(5.2)和方程(5.3)是同解的.

关于方程的同解概念,应当说明以下几点:

(1) 我们约定,在某个数集上的所有矛盾方程都是同解的.

(2) 方程的同解概念与所讨论的数集有关.例如,方程 $x - 1 = 0$ 与方程 $(x-1)(x^2+1) = 0$ 在实数集上是同解的,但在复数集上却不同解.

(3) 当整式方程有重根存在时,只有当一个方程的重根是另一个方程的同次重根时,才算这两个方程是同解的.

方程的同解性实际上是一个等价关系,即同解性满足下列性质:

(1) 自反性 方程 A 与方程 A 同解;

(2) 对称性 如果方程 A 与方程 B 同解,则方程 B 与方程 A 同解.

(3) 传递性 如果方程 A 与方程 B 同解,方程 B 与方程 C 同解,则方程 A 与方程 C 同解.

5.2 整式方程的变换

在讨论整式方程变换之前先讨论整式方程的根与系数的关系.

设 $x^2 + px + q = 0$ 的根为 x_1, x_2,则 $x^2 + px + q = (x - x_1)(x - x_2)$,从而得韦达定理:

$$x_1 + x_2 = -p,\qquad x_1 x_2 = q.$$

设方程 $x^n + a_1 x^{n-1} + \cdots + a_{n-1} x + a_n = 0$ 的 n 个根分别为 $x_1, x_2, \cdots, x_n$,则

$$x^n + a_1 x^{n-1} + \cdots + a_{n-1} x + a_n = (x - x_1)(x - x_2) \cdots (x - x_n),$$

从而得高次方程的根与系数的关系:

$$x_1 + x_2 + \cdots + x_n = -a_1,$$
$$x_1 x_2 + x_1 x_3 + \cdots + x_1 x_n + x_2 x_3 + \cdots + x_{n-1} x_n = a_2,$$
$$\vdots$$
$$x_1 x_2 \cdots x_n = (-1)^n a_n.$$

对方程 $a_0 x^n + a_1 x^{n-1} + \cdots + a_{n-1} x + a_n = 0$ 而言,只要两边除以 a_0 即可.

在解方程时,我们除了根据定理或结论将方程进行(同解或非同解的)变形外,还常常将方程变换成另一方程,使它们的解之间有某种确定的关系,通过求变换后的方程的解,确定原方程的解.

对于整式方程,常用的方程变换有以下三种.

(1) 差根变换

定理 5.1 方程 $f(y+k) = 0$ 的各个根分别等于方程 $f(x) = 0$ 的各个根减去 k.

具体地说：设方程
$$a_0 x^n + a_1 x^{n-1} + \cdots + a_{n-1}x + a_n = 0 \tag{5.4}$$
的 n 个根分别为 $x_1, x_2, \cdots, x_n$, 则方程
$$a_0(y+k)^n + a_1(y+k)^{n-1} + \cdots + a_{n-1}(y+k) + a_n = 0 \tag{5.5}$$
的 n 个根分别为：$x_1-k, x_2-k, \cdots, x_n-k$.

证明略

设对方程(5.4)作差根变换 $y=x-k$ 后所得方程(5.5)的标准形式为
$$c_0 y^n + c_1 y^{n-1} + \cdots + c_{n-1}y + c_n = 0. \tag{5.6}$$
而若令 $k = -\dfrac{a_1}{na_0}$, 则所得方程(5.6)的 y^{n-1} 项的系数为零.

(2) 倍根变换

定理 5.2　方程 $f\left(\dfrac{y}{k}\right)=0$ 的各个根分别等于方程 $f(x)=0$ 的各个根的 k 倍.

证明　设 $a_i(i=1,2,\cdots,n)$ 是 n 次方程 $f(x)=0$ 的根, 则 $f(a_i)=0$, 所以 $f\left(\dfrac{ka_i}{k}\right)=f(a_i)=0$. 因此, ka_i 是 n 次方程 $f\left(\dfrac{y}{k}\right)=0$ 的根.

因为 $f\left(\dfrac{y}{k}\right)=0$ 只有 n 个根, 所以, $f\left(\dfrac{y}{k}\right)=0$ 的各个根分别是 $f(x)=0$ 的各个根的 k 倍.

推论 1　n 次方程 $a_0 x^n + a_1 k x^{n-1} + a_2 k^2 x^{n-2} + \cdots + a_n k^n = 0$ 的各个根分别是方程 $a_0 x^n + a_1 x^{n-1} + a_2 x^{n-2} + \cdots + a_n = 0$ 的各个根的 k 倍.

推论 2（负根变换）　根为 n 次方程 $a_0 x^n + a_1 x^{n-1} + a_2 x^{n-2} + \cdots + a_n = 0$ 的各个根相反数的方程是 $a_0 x^n - a_1 x^{n-1} + a_2 x^{n-2} - \cdots + (-1)^n a_n = 0$.

(3) 倒根变换

使变换后的方程的各个根是原方程的各个根的倒数.

定理 5.3　如果方程 $f(x)=0$ 没有等于零的根, 那么方程 $f\left(\dfrac{1}{y}\right)=0$ 的各个根分别是方程 $f(x)=0$ 的各个根的倒数.

证明　设 $a_i(i=1,2,\cdots,n)$ 是 n 次方程 $f(x)=0$ 的根, 并且 $a_i \neq 0$, 则 $f(a_i)=0$, 所以 $f\left(\dfrac{1}{\frac{1}{a_i}}\right)=f(a_i)=0$. 因此, $\dfrac{1}{a_i}$ 是 $f\left(\dfrac{1}{y}\right)=0$ 的根.

因为 n 次方程只有 n 个根, 所以 $f\left(\dfrac{1}{y}\right)=0$ 的各个根分别是 $f(x)=0$ 的各个根的倒数.

推论　如果 n 次方程 $g(x)=0$ 的各个根分别是 n 次方程
$$f(x) = a_0 x^n + a_1 x^{n-1} + \cdots + a_{n-1}x + a_n = 0$$
的各个根的倒数, 那么
$$g(x) = a_n x^n + a_{n-1} x^{n-1} + \cdots + a_1 x + a_0 = 0.$$
一般地, 已知一元 n 次方程 A 的各根分别为 $x_1, x_2, \cdots, x_n$, 要求一个一元 n 次方程 B, 使其 n 个根分别为 $y_1, y_2, \cdots, y_n$, 且满足 $y_i = g(x_i), i=1,2,\cdots,n$, 则可令 $y=g(x)$, 解出 $x=$

$g^{-1}(y)$（如果可能的话），然后将其代入方程 A 化简即得方程 B.

例 5.1   设 $f(x)=x^3+3x^2+6x+2=0$ 的三个根为 α,β,γ. 求以

$$x_1=\frac{\alpha}{\beta+\gamma-2\alpha},x_2=\frac{\beta}{\gamma+\alpha-2\beta},\quad x_3=\frac{\gamma}{\alpha+\beta-2\gamma}$$

为根的三次方程.

解   **解法一**   因为 $\alpha+\beta+\gamma=-3$，所以

$$x_1=\frac{\alpha}{\beta+\gamma-2\alpha}=\frac{\alpha}{(\alpha+\beta+\gamma)-3\alpha}=-\frac{\alpha}{3(1+\alpha)}.$$

同理 $x_2=\frac{\beta}{\gamma+\alpha-2\beta}=-\frac{\beta}{3(1+\beta)}$，$x_3=\frac{\gamma}{\alpha+\beta-2\gamma}=-\frac{\gamma}{3(1+\gamma)}$. 于是

$$\frac{1}{x_1}=-3\left(\frac{1}{\alpha}+1\right),\quad \frac{1}{x_2}=-3\left(\frac{1}{\beta}+1\right),\quad \frac{1}{x_3}=-3\left(\frac{1}{\gamma}+1\right).$$

由倒根变换，以 $\frac{1}{\alpha},\frac{1}{\beta},\frac{1}{\gamma}$ 为根的方程是

$$2x^3+6x^2+3x+1=0.$$

由差根变换，以 $\frac{1}{\alpha}+1,\frac{1}{\beta}+1,\frac{1}{\gamma}+1$ 为根的方程是

$$2x^3-3x+2=0.$$

由倍根变换，以 $\frac{1}{x_1},\frac{1}{x_2},\frac{1}{x_3}$ 为根的方程是

$$2x^3-27x-54=0.$$

然后再由倒根变换，得到所求 x_1,x_2 和 x_3 为根的方程为

$$54x^3+27x^2-2=0.$$

解法二   在得出 $x_1=\frac{-\alpha}{3(1+\alpha)}$，$x_2=\frac{-\beta}{3(1+\beta)}$，$x_3=\frac{-\gamma}{3(1+\gamma)}$ 之后（过程同解法一），发现它们结构相同.

令 $X=\frac{-x}{3(1+x)}$，由此解出 $x=\frac{-3X}{1+3X}$，则

$$f\left(\frac{-3X}{1+3X}\right)\equiv\left(\frac{-3X}{1+3X}\right)^3+3\left(\frac{-3X}{1+3X}\right)^2+6\left(\frac{-3X}{1+3X}\right)+2=0.$$

化简得 $54x^3+27x^3-2=0$，即所求方程.

5.3   特殊整式方程的解法介绍

5.3.1   二项方程

定义 5.7   形如 $x^n-c=0$ 的方程称为二项方程.

解二项方程 $x^n-c=0$，实际上就是求 c 的 n 次方根.

在复数域上求一个数的 n 次方根可采用复数的三角形式来计算.

定理 5.4   如果 $c=r(\cos\theta+i\sin\theta)$，那么二项方程 $x^n-c=0$ 的根是

$$\sqrt[n]{r}\left(\cos\frac{\theta+2k\pi}{n}+\mathrm{i}\sin\frac{\theta+2k\pi}{n}\right),\quad k=0,1,2,\cdots,n-1.$$

例 5.2 解方程 $x^5+32=0$.

解 原方程可写为 $x^5=32(\cos\pi+\mathrm{i}\sin\pi)$. 所以

$$x=2\left(\cos\frac{\pi+2k\pi}{5}+\mathrm{i}\sin\frac{\pi+2k\pi}{5}\right),\quad k=0,1,2,3,4.$$

于是

$$x_0=2\left(\cos\frac{\pi}{5}+\mathrm{i}\sin\frac{\pi}{5}\right),\quad x_1=2\left(\cos\frac{3\pi}{5}+\mathrm{i}\sin\frac{3\pi}{5}\right),\quad x_2=2(\cos\pi+\mathrm{i}\sin\pi)=-2,$$

$$x_3=2\left(\cos\frac{7\pi}{5}+\mathrm{i}\sin\frac{7\pi}{5}\right)=2\left(\cos\frac{3\pi}{5}-\mathrm{i}\sin\frac{3\pi}{5}\right)=\bar{x}_1,$$

$$x_4=2\left(\cos\frac{9\pi}{5}+\mathrm{i}\sin\frac{9\pi}{5}\right)=2\left(\cos\frac{\pi}{5}-\mathrm{i}\sin\frac{\pi}{5}\right)=\bar{x}_0.$$

5.3.2 三项方程

定义 5.8 形如 $x^{2n}+px^n+q=0$ 的方程叫做三项方程. 特别地,当 $n=2$ 时,得方程 $x^4+px^2+q=0$,这样的方程又叫做双二次方程.

解三项方程可利用换元法转化成二次方程和二项方程来解. 即可令 $y=x^n$,则方程 $x^{2n}+px^n+q=0$ 化成 $y^2+py+q=0$,求得 y 后,再由 $x^n=y$,求出 x.

5.3.3 三次方程

一元三次方程

$$ax^3+bx^2+cx+d=0 \tag{5.7}$$

的解法如下:

两边除以 a 得

$$x^3+\frac{b}{a}x^2+\frac{c}{a}x+\frac{d}{a}=0.$$

各根减去 $-\dfrac{b}{3a}$,可得缺二次项的方程

$$y^3+py+q=0, \tag{5.8}$$

其中 $p=\dfrac{3ac-b^2}{3a^2}$,$q=\dfrac{2b^3-9abc+27a^2d}{27a^3}$.

现在来解方程 $y^3+py+q=0$. 与公式 $(u+v)^3-3uv(u+v)-(u^3+v^3)=0$ 作比较. 令 $y=u+v$,代入方程(5.8)得

$$u^3+v^3+(3uv+p)(u+v)+q=0.$$

令 $3uv+p=0$,有 $uv=-\dfrac{p}{3}$,从而可得 $u^3+v^3=-q$. 亦即

$$\begin{cases} u^3+v^3=-q,\\ u^3v^3=-\dfrac{p^3}{27}.\end{cases}$$

所以, u^3 和 v^3 是二次方程 $z^2 + qz - \dfrac{p^3}{27} = 0$ 的根, 即得

$$u^3 = -\frac{q}{2} + \sqrt{\frac{q^2}{4} + \frac{p^3}{27}}, \quad v^3 = -\frac{q}{2} - \sqrt{\frac{q^2}{4} + \frac{p^3}{27}}.$$

解出 u, v, 各得三个根, 但要满足 uv 是实数.

当 $u_1 v_1$ 是实数时, u, v 的三组解为

$$\begin{cases} u = u_1, \\ v = v_1; \end{cases} \quad \begin{cases} u = \omega u_1, \\ v = \omega^2 v_1; \end{cases} \quad \begin{cases} u = \omega^2 u_1, \\ v = \omega v_1. \end{cases}$$

y 的三个解分别为

$$u_1 + v_1, \quad \omega u_1 + \omega^2 v_1, \quad \omega^2 u_1 + \omega v_1.$$

故方程 $y^3 + py + q = 0$ 的三个解为

$$y_1 = \sqrt[3]{-\frac{q}{2} + \sqrt{\left(\frac{q}{2}\right)^2 + \left(\frac{p}{3}\right)^3}} + \sqrt[3]{-\frac{q}{2} - \sqrt{\left(\frac{q}{2}\right)^2 + \left(\frac{p}{3}\right)^3}},$$

$$y_2 = \omega^3 \sqrt{-\frac{q}{2} + \sqrt{\left(\frac{q}{2}\right)^2 + \left(\frac{p}{3}\right)^3}} + \bar{\omega}^3 \sqrt{-\frac{q}{2} - \sqrt{\left(\frac{q}{2}\right)^2 + \left(\frac{p}{3}\right)^3}},$$

$$y_3 = \bar{\omega}^3 \sqrt{-\frac{q}{2} + \sqrt{\left(\frac{q}{2}\right)^2 + \left(\frac{p}{3}\right)^3}} + \omega^3 \sqrt{-\frac{q}{2} - \sqrt{\left(\frac{q}{2}\right)^2 + \left(\frac{p}{3}\right)^3}},$$

其中 $\omega = \dfrac{-1 + \sqrt{3}\,\mathrm{i}}{2}, \bar{\omega} = \dfrac{-1 - \sqrt{3}\,\mathrm{i}}{2}$. 而 $\left(\dfrac{q}{2}\right)^2 + \left(\dfrac{p}{3}\right)^3$ 被称为方程(5.8)的判别式.

(1) 如果 $\dfrac{q^2}{4} + \dfrac{p^3}{27} > 0$, 那么 u^3 和 v^3 都是实数, 且 $u^3 \neq v^3$. 设它们的实数立方根分别是 u_1 和 v_1, 则方程(5.8)的三个根是

$$u_1 + v_1, \quad \omega u_1 + \omega^2 v_1 = -\frac{u_1 + v_1}{2} + \frac{u_1 - v_1}{2}\sqrt{3}\,\mathrm{i},$$

$$\omega^2 u_1 + \omega v_1 = -\frac{u_1 + v_1}{2} - \frac{u_1 - v_1}{2}\sqrt{3}\,\mathrm{i}.$$

即一个实根和一对共轭虚根.

(2) 如果 $\dfrac{q^2}{4} + \dfrac{p^3}{27} = 0$, 那么 u^3 和 v^3 都是实数, 且 $u^3 = v^3 = -\dfrac{q}{2}$. 设它们的实数立方根是 u_1, 则方程(5.8)的三个根是 $2u_1, -u_1, -u_1$, 即三个实根, 其中两个根相等.

(3) 如果 $\dfrac{q^2}{4} + \dfrac{p^3}{27} < 0$, 那么 u^3 和 v^3 是共轭虚数, 设它们分别是 $r(\cos\theta + \mathrm{i}\sin\theta)$ 和 $r(\cos\theta - \mathrm{i}\sin\theta)$, 则

$$u_1 = \sqrt[3]{r}\left(\cos\frac{\theta}{3} + \mathrm{i}\sin\frac{\theta}{3}\right), \quad v_1 = \sqrt[3]{r}\left(\cos\frac{\theta}{3} - \mathrm{i}\sin\frac{\theta}{3}\right).$$

这里

$$r = \sqrt{\frac{q^2}{4} - \left(\frac{q^2}{4} + \frac{p^3}{27}\right)} = \sqrt{-\frac{p^3}{27}}, \quad \cos\theta = -\frac{q}{2}\sqrt{-\frac{27}{p^3}}, \sin\theta = \sqrt{1 + \frac{27q^2}{4p^3}}.$$

所以方程(5.8)的三个根是

$$x_1 = \sqrt[3]{r}\left(\cos\frac{\theta}{3} + \mathrm{i}\sin\frac{\theta}{3}\right) + \sqrt[3]{r}\left(\cos\frac{\theta}{3} - \mathrm{i}\sin\frac{\theta}{3}\right) = 2\sqrt[3]{r}\cos\frac{\theta}{3},$$

$$x_2 = \sqrt[3]{r}\left(\cos\frac{\theta}{3} + \mathrm{i}\sin\frac{\theta}{3}\right)\omega + \sqrt[3]{r}\left(\cos\frac{\theta}{3} - \mathrm{i}\sin\frac{\theta}{3}\right)\omega^2 = -\sqrt[3]{r}\left(\cos\frac{\theta}{3} + \sqrt{3}\sin\frac{\theta}{3}\right),$$

$$x_3 = \sqrt[3]{r}\left(\cos\frac{\theta}{3} + \mathrm{i}\sin\frac{\theta}{3}\right)\omega^2 + \sqrt[3]{r}\left(\cos\frac{\theta}{3} - \mathrm{i}\sin\frac{\theta}{3}\right)\omega = -\sqrt[3]{r}\left(\cos\frac{\theta}{3} - \sqrt{3}\sin\frac{\theta}{3}\right).$$

即三个互不相等的实根.

例 5.3 解方程 $2x^3 + 6x - 3 = 0$.

解 由三次求根公式,解得 $u^3 = 2$, $v^3 = -\frac{1}{2}$. 取 $u_1 = \sqrt[3]{2}$, $v_1 = -\frac{1}{2}\sqrt[3]{4}$, 得原方程的三个根为

$$x_1 = \sqrt[3]{2} - \frac{1}{2}\sqrt[3]{4}, \quad x_2 = \sqrt[3]{2}\,\omega - \frac{1}{2}\sqrt[3]{4}\,\omega^2 = -\frac{1}{2}\sqrt[3]{2} + \frac{1}{4}\sqrt[3]{4} + \left(\frac{1}{2}\sqrt[6]{108} + \frac{1}{2}\sqrt[6]{432}\right)\mathrm{i},$$

$$x_3 = \sqrt[3]{2}\,\omega^2 - \frac{1}{2}\sqrt[3]{4}\,\omega = -\frac{1}{2}\sqrt[3]{2} + \frac{1}{4}\sqrt[3]{4} - \left(\frac{1}{2}\sqrt[6]{108} + \frac{1}{2}\sqrt[6]{432}\right)\mathrm{i}.$$

5.3.4 四次方程

对于一元实系数四次方程

$$x^4 + ax^3 + bx^2 + cx + d = 0. \tag{5.9}$$

经过配方,可得

$$\left(x^2 + \frac{ax}{2}\right)^2 - \left[\left(\frac{a^2}{4} - b\right)x^2 - cx - d\right] = 0. \tag{5.10}$$

在方程(5.10)左边的 $\left(x^2 + \frac{ax}{2}\right)^2$ 和方括号内同时加上一个含有参数 t 的多项式 $\left(x^2 + \frac{ax}{2}\right)t + \frac{t^2}{4}$,把方程(5.10)变形为

$$\left(x^2 + \frac{ax}{2} + \frac{t}{2}\right)^2 - \left[\left(\frac{a^2}{4} - b + t\right)x^2 - \left(\frac{at}{2} - c\right)x + \left(\frac{t^2}{4} - d\right)\right] = 0. \tag{5.11}$$

要使方程(5.11)方括号内的二次三项式成为一个完全平方式,当且仅当 $\left(\frac{at}{2} - c\right)^2 - 4\left(\frac{a^2}{4} - b + t\right)\left(\frac{t^2}{4} - d\right) = 0$,即

$$t^3 - bt^2 + (ac - 4d)t - a^2d + 4bd - c^2 = 0. \tag{5.12}$$

设 t_0 是方程(5.12)的任意一个根,则方程(5.11)可分解为以下两个二次方程:

$$x^2 + \left(\frac{a}{2} + \sqrt{\frac{a^2}{4} - b + t_0}\right)x + \left(\frac{t_0}{2} + \sqrt{\frac{t_0^2}{4} - d}\right) = 0, \tag{5.13}$$

及

$$x^2 + \left(\frac{a}{2} - \sqrt{\frac{a^2}{4} - b + t_0}\right)x + \left(\frac{t_0}{2} + \sqrt{\frac{t_0^2}{4} - d}\right) = 0. \tag{5.14}$$

解方程(5.13),方程(5.14),就可得到方程(5.9)的根.

用四次方程的系数 a,b,c,d 表示的根的公式比较复杂,并且没有什么实用价值. 在具体解题时,按照上述思路逐步进行运算,反而显得方便,解这里的三次方程,只要解出一个根即可.

这里略去计算过程直接给出一般四次方程的四个根.

设关于 x 的一元四次方程

$$ax^4 + bx^3 + cx^2 + dx + e = 0 \quad (a \neq 0),$$

在复数域内的四个解分别为 x_1, x_2, x_3 和 x_4. 令

$$\begin{cases} \Delta_1 = c^2 - 3bd + 12ae, \\ \Delta_2 = 2c^3 - 9bcd + 27ad^2 + 27b^2e - 72ace, \end{cases}$$

$$\Delta = \frac{\sqrt[3]{2}\,\Delta_1}{3a\,\sqrt[3]{\Delta_2 + \sqrt{-4\Delta_1^3 + \Delta_2^2}}} + \frac{\sqrt[3]{\Delta_2 + \sqrt{-4\Delta_1^3 + \Delta_2^2}}}{3\sqrt[3]{2}\,a}.$$

则有

$$x_1 = -\frac{b}{4a} - \frac{1}{2}\sqrt{\frac{b^2}{4a^2} - \frac{2c}{3a} + \Delta} - \frac{1}{2}\sqrt{\frac{b^2}{2a^2} - \frac{4c}{3a} - \Delta - \frac{-\dfrac{b^3}{a^3} + \dfrac{4bc}{a^2} - \dfrac{8d}{a}}{4\sqrt{\dfrac{b^2}{4a^2} - \dfrac{2c}{3a} + \Delta}}},$$

$$x_2 = -\frac{b}{4a} - \frac{1}{2}\sqrt{\frac{b^2}{4a^2} - \frac{2c}{3a} + \Delta} + \frac{1}{2}\sqrt{\frac{b^2}{2a^2} - \frac{4c}{3a} - \Delta - \frac{-\dfrac{b^3}{a^3} + \dfrac{4bc}{a^2} - \dfrac{8d}{a}}{4\sqrt{\dfrac{b^2}{4a^2} - \dfrac{2c}{3a} + \Delta}}},$$

$$x_3 = -\frac{b}{4a} + \frac{1}{2}\sqrt{\frac{b^2}{4a^2} - \frac{2c}{3a} + \Delta} - \frac{1}{2}\sqrt{\frac{b^2}{2a^2} - \frac{4c}{3a} - \Delta - \frac{-\dfrac{b^3}{a^3} + \dfrac{4bc}{a^2} - \dfrac{8d}{a}}{4\sqrt{\dfrac{b^2}{4a^2} - \dfrac{2c}{3a} + \Delta}}},$$

$$x_4 = -\frac{b}{4a} + \frac{1}{2}\sqrt{\frac{b^2}{4a^2} - \frac{2c}{3a} + \Delta} + \frac{1}{2}\sqrt{\frac{b^2}{2a^2} - \frac{4c}{3a} - \Delta - \frac{-\dfrac{b^3}{a^3} + \dfrac{4bc}{a^2} - \dfrac{8d}{a}}{4\sqrt{\dfrac{b^2}{4a^2} - \dfrac{2c}{3a} + \Delta}}}.$$

四次方程的求根公式,结构十分烦冗,实用价值也不大.

一元四次方程也可以参照三次方程解法来解,简单叙述如下:

令 $x = y - \dfrac{b}{4a}$,代入方程(5.9)得方程

$$y^4 + qy^2 + ry + s = 0. \tag{5.15}$$

令 $y = u + v + w$ 代入方程(5.15),再令

$$2(u^2 + v^2 + w^2) + q = 0, \quad 8uvw + r = 0$$

得 $u^2v^2 + v^2w^2 + w^2u^2 = \dfrac{q^2 - 4s}{16}$.

这就得到根为 u^2, v^2, w^2 的三次方程,解出这个三次方程,再解出 u, v, w,得出 y,就可得到方程(5.9)的 x 的四个根.

例 5.4 解方程 $x^4 - 2x^3 - 5x^2 + 10x - 3 = 0$.

解 将原方程配方,可得

$$(x^2 - x)^2 - (6x^2 - 10x + 3) = 0.$$

引入参数 t,并配方,得

$$\left(x^2 - x + \frac{t}{2}\right)^2 - \left[(6+t)x^2 - (10+t)x + \left(\frac{t^2}{4} + 3\right)\right] = 0. \qquad (5.16)$$

令 $(10+t)^2 - 4(6+t)\left(\frac{t^2}{4}+3\right) = 0$,有

$$t^3 + 5t^2 - 8t - 28 = 0. \qquad (5.17)$$

解方程(5.17),可得 t 的一个根 $t = -2$,代入方程(5.16),得

$$(x^2 - x - 1)^2 - (2x - 2)^2 = 0, \quad 即 (x^2 + x - 3)(x^2 - 3x + 1) = 0.$$

于是原方程的解为 $x_{1,2} = \dfrac{-1 \pm \sqrt{13}}{2}, x_{3,4} = \dfrac{3 \pm \sqrt{5}}{2}$.

5.3.5 倒数方程

定义 5.9 对于一元整式方程 $f(x) = 0$,如果 β 是方程的一个根,那么 β 的倒数也是这个方程的一个根,则这个方程称为倒数方程.

显然,倒数方程无零根.

由定义易得,倒数方程 $f(x) = 0$ 中,对 $f(x)$,与首末两端等距离的项的系数是相等或相反数.

倒数方程有四种类型:

(1) 形如

$$a_0 x^{2m} + a_1 x^{2m-1} + \cdots + a_{m-1} x^{m+1} + a_m x^m + a_{m-1} x^{m-1} + \cdots + a_1 x + a_0 = 0 \quad (a_0 \neq 0)$$

的方程称为第一类偶次倒数方程.

定理 5.5 第一类偶次倒数方程

$$f(x) = a_0 x^{2m} + a_1 x^{2m-1} + \cdots + a_{m-1} x^{m+1} + a_m x^m + a_{m-1} x^{m-1} + \cdots + a_1 x + a_0 = 0$$

可以化为一个 m 次方程.

证明 $f(x) = a_0(x^{2m} + 1) + a_1(x^{2m-1} + x) + \cdots + a_{m-1}(x^{m+1} + x^{m-1}) + a_m x^m = 0$.

因为 $x \neq 0$,所以可以用 $\dfrac{1}{x^m}$ 乘 $f(x)$,得

$$\frac{1}{x^m} \cdot f(x) = a_0\left(x^m + \frac{1}{x^m}\right) + a_1\left(x^{m-1} + \frac{1}{x^{m-1}}\right) + \cdots + a_{m-1}\left(x + \frac{1}{x}\right) + a_m = 0.$$

设 $x + \dfrac{1}{x} = y$,于是

$$x^2 + \frac{1}{x^2} = \left(x + \frac{1}{x}\right)\left(x + \frac{1}{x}\right) - 2 = y^2 - 2,$$

$$x^3 + \frac{1}{x^3} = \left(x^2 + \frac{1}{x^2}\right)\left(x + \frac{1}{x}\right) - \left(x + \frac{1}{x}\right) = y^3 - 3y,$$

$$x^4 + \frac{1}{x^4} = \left(x^3 + \frac{1}{x^3}\right)\left(x + \frac{1}{x}\right) - \left(x^2 + \frac{1}{x^2}\right) = y^4 - 4y^2 + 2,$$

$$\vdots$$

$$x^m + \frac{1}{x^m} = \left(x^{m-1} + \frac{1}{x^{m-1}}\right)\left(x + \frac{1}{x}\right) - \left(x^{m-2} + \frac{1}{x^{m-2}}\right)$$

是 y 的 m 次多项式.

代入 $\dfrac{1}{x^m} \cdot f(x) = 0$,得到的方程是 y 的 m 次方程.

在证明这个定理的同时,也给出了第一类偶次倒数方程的解法.

例 5.5 解方程 $6x^4 - 35x^3 + 62x^2 - 35x + 6 = 0$.

解 因 $x = 0$ 不是原方程的根,所以各项可同除以 x^2,并整理得

$$6\left(x^2 + \frac{1}{x^2}\right) - 35\left(x + \frac{1}{x}\right) + 62 = 0.$$

设 $x + \dfrac{1}{x} = y$,则 $x^2 + \dfrac{1}{x^2} = y^2 - 2$,代入原方程得

$$6(y^2 - 2) - 35y + 62 = 0, \quad \text{即 } 6y^2 - 35y + 50 = 0.$$

解方程得 $y_1 = \dfrac{5}{2}$,$y_2 = \dfrac{10}{3}$,分别代入 $y = \dfrac{1}{x} + x$,解得

$$x_1 = 2, x_2 = \frac{1}{2}, x_3 = 3, x_4 = \frac{1}{3}.$$

例 5.6 解方程 $12x^4 - 56x^3 + 89x^2 - 56x + 12 = 0$.

解 将方程表示为

$$12(x^4 + 1) - 56(x^3 + x) + 89x^2 = 0.$$

因为 $x \neq 0$,将方程两端乘以 $\dfrac{1}{x^2}$,得

$$12\left(x^2 + \frac{1}{x^2}\right) - 56\left(x + \frac{1}{x}\right) + 89 = 0.$$

设 $x + \dfrac{1}{x} = y$, 则 $x^2 + \dfrac{1}{x^2} = y^2 - 2$.从而有

$$12(y^2 - 2) - 56y + 89 = 0.$$

由此得 $y = \dfrac{5}{2}$ 或 $y = \dfrac{13}{6}$.

由 $x + \dfrac{1}{x} = \dfrac{5}{2}$ 或 $x + \dfrac{1}{x} = \dfrac{13}{6}$ 解得 $x = 2, \dfrac{1}{2}, \dfrac{3}{2}, \dfrac{2}{3}$.

(2) 形如

$$b_0 x^{2m+1} + b_1 x^{2m} + \cdots + b_m x^{m+1} + b_m x^m + \cdots + b_1 x + b_0 = 0 (b_0 \neq 0).$$

的方程称为第一类奇次倒数方程.

这种方程其实是 $(x+1)f(x) = 0$,其中 $f(x) = 0$ 是第一类偶次倒数方程.

(3) 形如

$$c_0 x^{2m+1} + c_1 x^{2m} + \cdots + c_m x^{m+1} - c_m x^m - \cdots - c_1 x - c_0 = 0 (c_0 \neq 0).$$

的方程称为第二类奇次倒数方程.

这种方程其实是 $(x-1)f(x) = 0$,其中 $f(x) = 0$ 是第一类偶次倒数方程.

(4) 形如

$$d_0 x^{2m+2} + d_1 x^{2m+1} + \cdots + d_m x^{m+2} - d_m x^m - \cdots - d_1 x - d_0 = 0 \ (d_0 \neq 0)$$

的方程称为第二类偶次倒数方程.

这种形式的倒数方程没有中间项,即没有 $m+1$ 次项,其实是 $(x^2-1)f(x) = 0$,其中

$f(x)=0$ 是第一类偶次倒数方程.

当第一类奇次倒数方程求得根 -1,第二类奇次倒数方程求得根 1,第二类偶次倒数方程求得根 $+1$ 和 -1 以后,所得的降次方程都是 $2m$ 次的第一类偶次倒数方程.由此可见,这三种倒数方程的解法是先求出根 $-1,1,\pm1$,然后按第一类偶次倒数方程的解法求解.

例 5.7　解方程 $f(x)=6x^6+5x^5-44x^4+44x^2-5x-6=0$.

解　$f(x)=0$ 是第二种偶次倒数方程,必定有根 ±1.设

$$g(x)=f(x)/(x^2-1)=6x^4+5x^3-38x^2+5x+6$$
$$=6(x^4+1)+5(x^3+x)-38x^2=0.$$

因为 $x\neq0$,将方程两端除以 x^2,得

$$6\left(x^2+\frac{1}{x^2}\right)+5\left(x+\frac{1}{x}\right)-38=0.$$

设 $x+\dfrac{1}{x}=y$,那么 $x^2+\dfrac{1}{x^2}=y^2-2$.于是得

$$6y^2+5y-50=0.$$

由此得 $y=\dfrac{5}{2}$　或 $y=-\dfrac{10}{3}$.

由 $x+\dfrac{1}{x}=\dfrac{5}{2}$,解得 $x=2$ 或 $x=\dfrac{1}{2}$;由 $x+\dfrac{1}{x}=-\dfrac{10}{3}$,解得 $x=-3$ 或 $x=-\dfrac{1}{3}$.

所以,$f(x)=0$ 的根是 $\pm1,2,\dfrac{1}{2},-3,-\dfrac{1}{3}$.

5.4　不定方程

不定方程,是指未知数的个数多于方程个数,且未知数受到某些限制(如要求是有理数、整数或正整数等)的整式方程或整式方程组.不定方程也称为丢番图方程,是数论的重要分支学科,也是历史上最活跃的数学领域之一.

不定方程的内容十分丰富,限于篇幅,这里不作详述,仅对特殊的不定方程作简单的介绍,而且未加说明的都是考虑整数解.

5.4.1　二元一次不定方程(组)

定义 5.10　形如 $ax+by=c(a,b,c\in\mathbb{Z},a,b$ 均不为零$)$ 的方程称为二元一次不定方程.

定理 5.6　方程 $ax+by=c$ 有解的充要条件是 $(a,b)|c$.

事实上此时可化为简单型:$ax+by=c,(a,b)=1$.

定理 5.7　如果 a,b,c 是整数,$(a,b)=1$ 且方程

$$ax+by=c \tag{5.18}$$

有一组整数解 x_0,y_0,则此方程的一切整数解可以表示为

$$
\begin{cases}
x = x_0 - bt, \\
y = y_0 + at,
\end{cases}
\quad t \text{ 为任意整数.}
$$

证明　因为 x_0, y_0 是方程(5.18)的整数解,所以

$$
ax_0 + by_0 = c, \tag{5.19}
$$

因此 $a(x_0 - bt) + b(y_0 + at) = ax_0 + by_0 = c$. 这表明 $x = x_0 - bt, y = y_0 + at$ 也是方程(5.18)的解.

设 x', y' 是方程(5.18)的任一整数解,则有

$$
ax' + bx' = c. \tag{5.20}
$$

(5.20)式 $-$(5.19)式得

$$
a(x' - x_0) = b(y' - y_0). \tag{5.21}
$$

由于 $(a, b) = 1$,所以 $a \mid y' - y_0$,则 $y' - y_0 = at$,即 $y' = y_0 + at$,其中 t 是整数.

将 $y' = y_0 + at$ 代入(5.21)式,即得 $x' = x_0 - bt$. 因此 x', y' 可以表示成 $x = x_0 - bt, y = y_0 + at$ 的形式,所以 $x = x_0 - bt, y = y_0 + at$ 表示方程(5.18)的一切整数解,命题得证.

解二元一次不定方程通常先判定方程有无解. 若有解,可先求 $ax + by = c$ 的一个特解,从而写出通解.

求特解除了用观察法,还可以用其他方法,下面通过例题介绍求特解的方法.

例 5.8　求 $5x + 13y = 29$ 的整数解.

解　**解法一**　将方程变形得

$$
x = \frac{29 - 13y}{5} = 6 - 3y + \frac{2y - 1}{5}.
$$

因为 x 是整数,所以 $\dfrac{2y - 1}{5}$ 是整数,即 $2y - 1$ 应是 5 的倍数,取 $y_0 = -2$ 即可. 故得 $x_0 = 11$, $y_0 = -2$ 是这个方程的一组整数解,所以方程的解为

$$
\begin{cases}
x = 11 + 13t, \\
y = -2 - 5t,
\end{cases}
\quad t \text{ 为整数.}
$$

解法二　先考察 $5x + 13y = 1$,通过观察易得 $5 \times (-5) + 13 \times (2) = 1$,所以

$$
5 \times (-5 \times 29) + 13 \times (2 \times 29) = 29,
$$

可取 $x_0 = -145, y_0 = 58$. 所以方程的解为

$$
\begin{cases}
x = -145 + 13t, \\
y = 58 - 5t,
\end{cases}
\quad t \text{ 为整数.}
$$

例 5.9　求方程 $7x + 19y = 213$ 的所有整数解.

分析　这个方程的系数较大,用观察法去求其特殊解比较困难,碰到这种情况可用逐步缩小系数的方法使系数变小,最后再用观察法求得其解.

解　用方程

$$
7x + 19y = 213 \tag{5.22}
$$

的最小系数 7 除方程(5.22)的各项,并移项得

$$
x = \frac{213 - 19y}{7} = 30 - 2y + \frac{3 - 5y}{7}. \tag{5.23}
$$

因为 x,y 是整数,故 $\dfrac{3-5y}{7}=u$ 也是整数,于是 $5y+7u=3$.

用 5 除此式的两边得

$$y=\frac{3-7u}{5}=-u+\frac{3-2u}{5}. \tag{5.24}$$

令 $\dfrac{3-2u}{5}=v$(整数),由此得

$$2u+5v=3. \tag{5.25}$$

由观察知 $u=-1,v=1$ 是方程(5.25)的一组解.

将 $u=-1,v=1$ 代入方程(5.24)得 $y=2$;将 $y=2$ 代入方程(5.23)得 $x=25$.于是方程(5.22)有一组解 $x_0=25,y_0=2$,所以它的一切解为

$$\begin{cases} x=25-19t, \\ y=2+7t, \end{cases} \quad t \text{ 为整数}.$$

当方程的系数较大时,我们还可以用辗转相除法求其特解,其解法结合例题说明.

例 5.10   求方程 $37x+107y=25$ 的整数解.

解 $107=2\times37+33$,

$\qquad 37=1\times33+4$,

$\qquad 33=8\times4+1$.

为用 37 和 107 表示 1,我们把上述辗转相除过程回代

$$1=33-8\times4, \quad 4=37-1\times33, \quad 33=107-2\times37$$

从而得

$$\begin{aligned} 1&=33-8\times4=33-8\times(37-1\times33) \\ &=9\times33-8\times37=9\times(107-2\times37)=8\times37 \\ &=9\times107-26\times37=37\times(-26)+107\times9. \end{aligned}$$

由此可知 $x_1=-26,y_1=9$ 是方程 $37x+107y=1$ 的一组整数解.

于是 $x_0=25\times(-26)=-650,y_0=25\times9=225$ 是方程 $37x+107y=25$ 的一组整数解.所以原方程的一切整数解为

$$\begin{cases} x=-650-107t, \\ y=225+37t, \end{cases} \quad t \text{ 是整数}.$$

二元一次不定方程在无约束条件的情况下,通常有无数组整数解,由于求出的特解不同,同一个不定方程的解的形式可以不同,但它们所包含的全部解是一样的.将解中的参数 t 做适当代换,就可化为同一形式.

5.4.2   多元一次不定方程

多元一次不定方程的求解可以化为二元一次不定方程的求解.

定理 5.8 n 元一次不定方程 $a_1x_1+a_2x_2+\cdots+a_nx_n=c,(a_1,a_2,\cdots,a_n,c\in\mathbb{Z})$ 有解的充要条件是 $(a_1,a_2,\cdots,a_n)\,|\,c$.

证 略.

解 n 元一次不定方程 $a_1x_1 + a_2x_2 + \cdots + a_nx_n = c$ 时,可先顺次求出

$$(a_1, a_2) = d_2, (d_2, a_3) = d_3, \cdots, (d_{n-1}, a_n) = d_n.$$

若 $d_n \nmid c$,则方程无解;

若 $d_n | c$,则方程有解,作方程组

$$\begin{cases} a_1x_1 + a_2x_2 = d_2t_2, \\ d_2t_2 + a_3x_3 = d_3t_3, \\ \quad \vdots \\ d_{n-2}t_{n-2} + a_{n-1}x_{n-1} = d_{n-1}t_{n-1}, \\ d_{n-1}t_{n-1} + a_nx_n = c. \end{cases}$$

求出最后一个方程的一切解,然后把 t_{n-1} 的解代入倒数第二个方程,求出它的一切解,这样下去即可得方程的一切解.

例 5.11 求方程 $9x + 24y - 5z = 1000$ 的整数解.

解 解法一 设 $9x + 24y = 3t$,即 $3x + 8y = t$,则得 $3t - 5z = 1000$. 于是原方程可化为

$$\begin{cases} 3x + 8y = t, \\ 3t - 5z = 1000. \end{cases}$$

用前面的方法可以求得方程 $3x + 8y = t$ 的解为

$$\begin{cases} x = 3t - 8u, \\ y = -t + 3u. \end{cases} \quad u \text{ 是整数.}$$

方程 $3t - 5z = 1000$ 的解为

$$\begin{cases} t = 2000 + 5v, \\ z = 1000 + 3v. \end{cases} \quad v \text{ 是整数.}$$

消去 t,得

$$\begin{cases} x = 6000 - 8u + 15v, \\ y = -2000 + 3u - 5v, \quad u, v \text{ 是整数.} \\ z = 1000 + 3v. \end{cases}$$

解法二 取系数绝对值小的项

$$z = \frac{9x + 24y - 1000}{5} = 2x + 5y - 200 - \frac{x+y}{5}.$$

令 $\frac{x+y}{5} = u$,则得 $x + y = 5u$.

令 $y = v$,得 $x = 5u - v$,从而得 $z = 9u + 3v - 200$.

所以原方程的解为:$x = 5u - v, y = v, z = 9u + 3v - 200$.

m 个 n 元一次不定方程组成的方程组,其中 $m < n$,可以消去 $m-1$ 个未知数,从而消去了 $m-1$ 个不定方程,将方程组转化为一个 $n - m + 1$ 元的一次不定方程.

例 5.12 今有公鸡每只五个钱,母鸡每只三个钱,小鸡每个钱三只. 用 100 个钱买 100 只鸡,问公鸡、母鸡、小鸡各买了多少只?

解 设公鸡、母鸡、小鸡各买 x, y, z 只,由题意列出方程组

$$\begin{cases} 5x + 3y + \dfrac{1}{3}z = 100, & (5.26) \\ x + y + z = 100. & (5.27) \end{cases}$$

方程(5.26)化简得

$$15x + 9y + z = 300. \qquad (5.28)$$

(5.28)式－(5.27)式得 $14x + 8y = 200$, 即 $7x + 4y = 100$.

解 $7x + 4y = 1$ 得

$$\begin{cases} x = -1, \\ y = 2. \end{cases}$$

于是 $7x + 4y = 100$ 的一个特解为

$$\begin{cases} x_0 = -100, \\ y_0 = 200. \end{cases}$$

由定理知 $7x + 4y = 100$ 的所有整数解为

$$\begin{cases} x = -100 + 4t, \\ y = 200 - 7t, \end{cases} \qquad t \text{ 是整数}.$$

由题意知, $0 < x, y, z < 100$, 所以

$$\begin{cases} 0 < -100 + 4t < 100, \\ 0 < 200 - 7t < 100. \end{cases}$$

解得

$$\begin{cases} 25 < t < 50, \\ 14\dfrac{2}{7} < t < 28\dfrac{4}{7}, \end{cases}$$

故 $25 < t < 28\dfrac{4}{7}$. 由于 t 是整数, 故 t 只能取 $26, 27, 28$, 可求得相应的 x, y, z.

即可能有三种情况: 4 只公鸡, 18 只母鸡, 78 只小鸡; 或 8 只公鸡, 11 只母鸡, 81 只小鸡; 或 12 只公鸡, 4 只母鸡, 84 只小鸡.

当然, 不买公鸡, 买 25 只母鸡, 75 只小鸡, 也合题意.

5.4.3 非一次不定方程(组)

对于非一次不定方程, 没有固定的解法, 往往可以考虑代数恒等变形: 如因式分解、配方、换元等, 整除性, 同余(如奇偶分析), 不等式估算确定出方程中某些变量的范围等.

例 5.13 求方程 $x^2 - y^2 = 105$ 的正整数解.

解 $(x+y)(x-y) = 105 = 3 \times 5 \times 7$, 所以

$$\begin{cases} x + y = 105, \\ x - y = 1, \end{cases} \text{或} \quad \begin{cases} x + y = 35, \\ x - y = 3, \end{cases} \text{或} \quad \begin{cases} x + y = 21, \\ x - y = 5, \end{cases} \text{或} \quad \begin{cases} x + y = 15, \\ x - y = 7. \end{cases}$$

解得

$$\begin{cases} x = 53, \\ y = 52, \end{cases} \text{或} \quad \begin{cases} x = 19, \\ y = 16, \end{cases} \text{或} \quad \begin{cases} x = 13, \\ y = 8, \end{cases} \text{或} \quad \begin{cases} x = 11, \\ y = 4. \end{cases}$$

例 5.14　求所有满足 $8^x+15^y=17^z$ 的正整数三元组 (x,y,z).

解　两边取 mod 8，得 $(-1)^y\equiv1(\bmod\,8)$，所以 y 是偶数.

再取 mod 7 得 $2\equiv3^z(\bmod\,7)$，所以 z 也是偶数.

此时令 $y=2m,z=2t(m,t\in\mathbb{N}^*)$，于是由 $8^x+15^y=17^z$ 可知 $2^{3x}=(17^t-15^m)(17^t+15^m)$. 由唯一分解定理得

$$17^t-15^m=2^s,\quad17^t+15^m=2^{3x-s},$$

从而 $17^t=\dfrac{1}{2}(2^s+2^{3x-s})=2^{s-1}+2^{3x-s-1}$. 因为 17 是奇数，所以要使 $17^t=\dfrac{1}{2}(2^s+2^{3x-s})=2^{s-1}+2^{3x-s-1}$ 成立，一定有 $s=1$. 于是得 $17^t-15^m=2$.

当 $m\geqslant2$ 时，在 $17^t-15^m=2$ 的两边取 mod 9，得 $(-1)^t\equiv2(\bmod\,9)$，这显然是不成立的，所以 $m=1$，从而 $t=1,x=2$.

故方程 $8^x+15^y=17^z$ 只有唯一的一组解 $(2,2,2)$.

例 5.15　求 $\dfrac{1}{6}=\dfrac{1}{x}+\dfrac{1}{y}$ 的正整数解.

解　由 $\dfrac{1}{6}=\dfrac{1}{x}+\dfrac{1}{y}$，两边减去 $\dfrac{1}{x}$，得 $\dfrac{1}{6}-\dfrac{1}{x}=\dfrac{1}{y}$，即 $\dfrac{x-6}{6x}=\dfrac{1}{y}$，于是 $y=\dfrac{6x}{x-6}$ 且 $x-6$ 大于 0.

令 $t=x-6$，则 $x=t+6$. 因此

$$y=\frac{6(6+t)}{t}=\frac{6\times6}{t}+6.$$

由于 y 是整数，所以 $\dfrac{6\times6}{t}$ 也必须是整数，t 是 6^2 的因数（约数）.

一个完全平方数的因子必然是奇数个，如 36 的因子有

$$6,1;\ 36,2;\ 18,3;\ 12,4;\ 9.$$

6 称为自补的因子. 后面的 2 和 18 等都称为互补因子，这样，不妨记为

$$t_0=6;\ t_1=1,t_1'=36;\ t_2=2,t_2'=18;\ t_3=3,t_3'=12;\ t_4=4,t_4'=9,$$

也即

$$\frac{6^2}{t_1}=t_1',\cdots,\frac{6^2}{t_4}=t_4'.$$

$$x=6+t,\quad y=\frac{36}{t}+6=t'+6.$$

$\dfrac{1}{6}=\dfrac{1}{x}+\dfrac{1}{y}$ 的所有解表示成 $\dfrac{1}{6}=\dfrac{1}{6+t}+\dfrac{1}{6+t'}$，这里 t 和 t' 是 $6^2=36$ 的互补因子（当 $t=t'=6$ 时自补因子也包括在内），所以 $\dfrac{1}{6}=\dfrac{1}{x}+\dfrac{1}{y}$ 的全部整数解为

$$t_0=t_0'=6,\frac{1}{6}=\frac{1}{12}+\frac{1}{12};\quad t_1=1,t_1'=36,\frac{1}{6}=\frac{1}{7}+\frac{1}{42};$$

$$t_2=2,t_2'=18,\frac{1}{6}=\frac{1}{8}+\frac{1}{24};\quad t_3=3,t_3'=12,\frac{1}{6}=\frac{1}{9}+\frac{1}{18};$$

$$t_4=4,t_4'=9,\frac{1}{6}=\frac{1}{10}+\frac{1}{15}.$$

x,y 地位对等，可交换位置.

5.4.4 商高不定方程

定义 5.11 形如 $x^2+y^2=z^2$ 的方程叫做勾股数方程,也叫商高不定方程,这里 x,y,z 为正整数.

对于方程 $x^2+y^2=z^2$,如果 $(x,y)=d$,则 $d^2|z^2$,从而只需讨论 $(x,y)=1$ 的情形,此时易知 x,y,z 两两互素,这种两两互素的正整数组叫方程的本原解,也叫基本勾股数.

当 $(x,y)=1$ 时,则 x,y 必为一奇一偶.不妨设 x 为偶数,即 $2|x$.

事实上,显然 x,y 不能同偶;若 x,y 同奇,则

$$x^2=4m+1,y^2=4n+1,x^2+y^2=4(m+n)+2,$$

而无论 z 为奇为偶,必有 $z^2=4s+1$ 或 $4s$,故 $x^2+y^2\neq z^2$,矛盾.

定理 5.9 不定方程

$$x^2+y^2=z^2 \tag{5.29}$$

(其中 $x>0,y>0,z>0,(x,y)=1,2|x$)的一切整数解为

$$x=2ab, \quad y=a^2-b^2, \quad z=a^2+b^2, \tag{5.30}$$

其中 $a>b>0,(a,b)=1$ 且 a,b 一奇一偶.

证明 先证(5.30)式给出方程(5.29)的符合条件的解.

$$x^2+y^2=(2ab)^2+(a^2-b^2)^2=a^4+2a^2b^2+b^4=(a^2+b^2)^2=z^2.$$

由 $a>b>0,(a,b)=1,a,b$ 一奇一偶知 $x>0,y>0,z>0,(x,y)=1,2|x$.

$$(x,y)=(y,z)=(a^2-b^2,a^2+b^2)=(2a^2,a^2+b^2)$$
$$=(a^2,a^2+b^2)=(a^2,b^2)=(a,b)=1.$$

(注意 $(a^2+b^2,2)=1$).

再证方程(5.29)的符合条件的解是(5.30)式

因为 $x>0,y>0,z>0,(x,y)=1,2|x$ 有 $(z,x)=1$,故 y,z 均为奇数.

由 $x^2=z^2-y^2$ 得

$$\left(\frac{x}{2}\right)^2=\frac{z+y}{2}\cdot\frac{z-y}{2}. \tag{5.31}$$

若 $\left(\frac{z+y}{2},\frac{z-y}{2}\right)=d>1$,则 $d\left|\frac{z+y}{2},d\right|\frac{z-y}{2}$,于是 $d\left|\left(\frac{z+y}{2}+\frac{z-y}{2}\right)\right.$, $d\left|\left(\frac{z+y}{2}-\frac{z-y}{2}\right)\right.$,即 $d|z,d|y$,因而,$d|x$,随之 $d|1$,矛盾.从而有

$$\left(\frac{z+y}{2},\frac{z-y}{2}\right)=1. \tag{5.32}$$

由(5.31)式及(5.32)式可令 $\frac{z+y}{2}=a^2,\frac{z-y}{2}=b^2$,且 $a>b>0$,所以

$$z=a^2+b^2, \quad y=a^2-b^2, \quad x=2ab.$$

又由(5.32)式知,$(a^2,b^2)=1$,从而 $(a,b)=1$. a,b 必一奇一偶.

事实上,由 $(a,b)=1$,故 a,b 不能同偶;也不能同奇,若同奇,则 y,z 必同偶,这与 $(y,z)=(x,y)=1$ 矛盾.

所以方程(5.29)的符合条件的解是

$$x = 2ab, \quad y = a^2 - b^2, \quad z = a^2 + b^2,$$

其中 $a > b > 0$, $(a,b) = 1$ 且 a,b 一奇一偶.

一般地,若 $(x,y) = d$,则方程(5.29)的一切整数解可表示为

$$x = \pm 2abd, \quad y = \pm(a^2 - b^2)d, \quad z = \pm(a^2 + b^2)d.$$

方程(5.29)的整数解称为商高数或勾股数.

古希腊数学家毕达哥拉斯曾研究过方程(5.29)的解,故它的整数解亦称毕达哥拉斯数.

例 5.16　求证:在三边为正整数的直角三角形中,必有

(1) 一条直角边的长是 3 的倍数;

(2) 一条直角边的长是 4 的倍数;

(3) 一条边的长是 5 的倍数.

证明　不妨设直角三角形的三条边为 x,y,z,且 $(x,y) = 1, 2 \mid x$. 由定理 5.9 可设 $x = 2ab, y = a^2 - b^2, z = a^2 + b^2$,其中 $a > b > 0$, $(a,b) = 1$ 且 a,b 一奇一偶. 则对结论(1)有两种证法.

方法一　若 $3 \mid ab$,则 $3 \mid x$,即结论(1)成立;

若 3 不整除 ab,则 3 不整除 a,3 不整除 b,则

$$3 \mid (a+1) \text{ 或 } 3 \mid (a-1), \quad 3 \mid (b+1) \text{ 或 } 3 \mid (b-1).$$

而　　　　$y = a^2 - b^2 = (a^2 - 1) - (b^2 - 1) = (a-1)(a+1) - (b-1)(b+1),$

从而 $3 \mid y$,即结论(1)成立.

方法二　a,b 中至少有一个是 3 的倍数时,$x = 2ab$ 是 3 的倍数;

a,b 都不是 3 的倍数时,a,b 是 $3k \pm 1$ 的形式,这时

$$y = a^2 - b^2 = (3k \pm 1)^2 - (3t \pm 1)^2 = 3[(3k^2 - 3t^2) \pm (2k - 2t)],$$

即 y 是 3 的倍数.

对结论(2),因 a,b 一奇一偶,显然 $x = 2ab$ 是 4 的倍数.

对结论(3)也有两种证法.

方法一

$$\begin{aligned}
xyz &= 2ab(a^2 - b^2)(a^2 + b^2) \\
&= 2ab(a^4 - 1) - 2ab(b^4 - 1) \\
&= 2b(a-1)a(a+1)(a^2 + 1) - 2a(b-1)b(b+1)(b^2 + 1) \\
&= 2b(a-1)a(a+1)(a^2 - 4 + 5) - 2a(b-1)b(b+1)(b^2 - 4 + 5) \\
&= 2b(a-2)(a-1)a(a+1)(a+2) + 10b(a-1)a(a+1) - \\
&\quad 2a(b-2)(b-1)b(b+1)(b+2) - 10a(b-1)b(b+1).
\end{aligned}$$

因五个连续整数之积必为 5 的倍数,于是右端各项都是 5 的倍数,所以 $5 \mid xyz$. 又由于 5 是素数,故 5 能整除 x,y,z 中的某一个.

方法二　a,b 中至少有一个是 5 的倍数时,$x = 2ab$ 是 5 的倍数,即结论(3)成立;a,b 都不是 5 的倍数时,则 a^2 的个位数字是 1 或 9,b^2 的个位数字是 4 或 6.

又因为 $1 + 4 = 5, 1 + 6 = 7, 9 + 4 = 13, 9 + 6 = 15$,而完全平方数的个位数字不可能是 7 和 3,$a^2 + b^2$ 的个位数字只能是 5,所以 z 的个位数字是 5,即结论(3)成立.

例 5.17　求证:边长为整数的直角三角形的面积不可能是完全平方数.

证明　假设结论不成立,在所有的面积为平方数勾股三角形中选取一个面积最小的,设

其边长为 $x<y<z$, 则 $\frac{1}{2}xy$ 是平方数, 则必有 $(x,y)=1$.

因为 $x^2+y^2=z^2$, 故存在整数 $a>b>0$, a,b 中一奇一偶, $(a,b)=1$, 使得(不妨设 y 是偶数) $x=a^2-b^2$, $y=2ab$, $z=a^2+b^2$.

由于 $\frac{1}{2}xy=(a-b)(a+b)ab$ 是完全平方数, 而知 $a-b,a+b,ab$ 两两互素, 故它们是平方数, 即

$$a=p^2,\quad b=q^2,\quad a+b=u^2,\quad a-b=v^2,$$

所以 $u^2-v^2=2q^2$, 即 $(u+v)(u-v)=2q^2$.

因为 u,v 是奇数, 易知 $(u+v,u-v)=2$, 于是 $u+v$ 与 $u-v$ 中有一个是 $2r^2$, 另一个是 $(2s)^2$, 从而 $q^2=4r^2s^2$.

另一方面, 由 $a=p^2,b=q^2,a+b=u^2,a-b=v^2$ 得

$$p^2-a-\frac{1}{2}(u^2+v^2)-\frac{1}{4}\big[(u+v)^2+(u-v)^2\big]=\frac{1}{4}\big[(2r^2)^2+(2s)^4\big]=r^4+4s^4.$$

所以, 以 $r^2,2s^2,p$ 为边的三角形都是直角三角形, 其面积等于 $\frac{1}{2}r^2(2s^3)=(rs)^2$ 是平方数.

但是 $(rs)^2=\frac{q^2}{4}=\frac{b}{4}<(a^2-b^2)ab=\frac{1}{2}xy$, 于是构造出了一个面积更小的勾股三角形, 矛盾!

5.5　整式方程组

整式方程组包括的情形较多, 解整式方程组的主要思路是消元与降次, 采用的主要思想方法是化归与转化、函数与方程、数形结合等. 具体的方法和策略有换元法、代入法、加减法、因式分解法等进行消元降次. 下面举例说明一些特殊整式方程组的解法.

例 5.18　解方程组

$$\begin{cases} y^2+xy+x^2=z,\\ x^2+zx+z^2=y,\\ z^3-y^3=x^2+2zx+zy. \end{cases}$$

解　第 1 个方程减去第 2 个方程得 $(y-z)(x+y+z+1)=0$.

(1) 当 $y=z$ 时, 由第 3 个方程得 $x^2+2xz+z^2=0$, 即 $(x+z)^2=0$. 由此 $x=-z$.

将 $y=z$ 和 $x=-z$ 代入第 1 个方程, 得 $z^2=z$, 由此得, $z_1=0,z_2=1$.

可得原方程组的两个解是

$$\begin{cases} x_1=0,\\ y_1=0,\\ z_1=0; \end{cases} \quad \begin{cases} x_2=-1,\\ y_2=1,\\ z_2=1. \end{cases}$$

(2) 当 $x+y+z+1=0$ 时, 以 $y-x$ 乘第 1 个方程再加上 $x-z$ 乘第 2 个方程, 并代入第 3 个方程, 得

$$z(y-x)+y(x-z)+x^2+2xz+yz=0,\quad 即 (x+y)(x+z)=0.$$

当 $x+y=0$ 时, $z=-1$, 代入第 1 个方程, 得 $x=\pm i$;

当 $x+z=0$ 时, $y=-1$, 代入第 2 个方程, 得 $z=\pm i$.

因此又可得方程的四个解是

$$\begin{cases} x_3=i, \\ y_3=-i, \\ z_3=-1; \end{cases} \quad \begin{cases} x_4=-i, \\ y_4=i, \\ z_4=-1; \end{cases} \quad \begin{cases} x_5=-i, \\ y_5=-1, \\ z_5=i; \end{cases} \quad \begin{cases} x_6=i, \\ y_6=-1, \\ z_6=-i. \end{cases}$$

例 5.19 求解方程组

$$\begin{cases} x(y+z):y(z+x):z(z+y)=a:b:c, \\ \dfrac{1}{x}+\dfrac{1}{y}+\dfrac{1}{z}=a+b+c. \end{cases}$$

解 令 $\dfrac{x(y+z)}{a}=\dfrac{y(z+x)}{b}=\dfrac{z(x+y)}{c}=t$, 则由第 1 个方程得

$$\begin{cases} xy+zx=at, \\ yz+xy=bt, \\ zx+yz=ct. \end{cases}$$

将方程组中的三个方程相加可得

$$xy+yz+zx=\frac{1}{2}(a+b+c)t.$$

将方程组中的后两个方程相加再减去前一个方程得

$$yz=\frac{1}{2}(b+c-a)t.$$

由第 2 个方程可得

$$xy+yz+zx=(a+b+c)xyz.$$

由此可得 $xyz=\dfrac{t}{2}$. 与 $yz=\dfrac{1}{2}(b+c-a)t$ 联立得

$$x=\frac{1}{b+c-a}.$$

同理可得 $y=\dfrac{1}{c+a-b}, z=\dfrac{1}{a+b-c}$.

例 5.20 解方程组

$$\begin{cases} ax+by+cz=0, \\ x+y+z=0, \\ bcx+cay+abz=(a-b)(b-c)(c-a). \end{cases}$$

解 由第 1 个方程可得

$$a\left(\frac{x}{z}\right)+b\left(\frac{y}{z}\right)+c=0.$$

由第 2 个方程可得

$$\frac{x}{z}+\frac{y}{z}+1=0.$$

由这两个方程解出 $\dfrac{x}{z}=\dfrac{b-c}{a-b}, \dfrac{y}{z}=\dfrac{c-a}{a-b}$. 从而有

$$\frac{x}{b-c}=\frac{y}{c-a}=\frac{z}{a-b}=k.$$

将 $x=k(b-c),y=k(c-a),z=k(a-b)$ 代入第 3 个方程得

$$k[bc(b-c)+ca(c-a)+ab(a-b)]=(b-c)(c-a)(a-b).$$

由此解得 $k=-1$，于是原方程组的解为

$$\begin{cases} x=c-b, \\ y=a-c, \\ z=b-a. \end{cases}$$

例 5.21 解方程组

$$\begin{cases}(x^2+1)(y^2+1)=10, \\ (x+y)(xy-1)=3.\end{cases}$$

解 设 $x+y=u,xy=v$，原方程可化为

$$\begin{cases} u^2+v^2-2v=9, \\ uv-u=3.\end{cases}$$

将此方程组的第 1 个方程分别加上和减去 2 乘以第 2 个方程，得同解方程组

$$\begin{cases}(u+v)^2-2(u+v)=15, \\ (u-v)+2(u-v)=3.\end{cases}$$

由此方程组的第 1 个方程，得 $u+v=5$，或 $u+v=-3$；由此方程组的第 2 个方程得 $u-v=-3$，或 $u-v=1$。

因此，可得四个方程组

$$\begin{cases}u+v=5, \\ u-v=-3;\end{cases} \begin{cases}u+v=5, \\ u-v=1;\end{cases} \begin{cases}u+v=-3, \\ u-v=-3;\end{cases} \begin{cases}u+v=-3, \\ u-v=1.\end{cases}$$

分别解之，可得

$$\begin{cases}u_1=1, \\ v_1=4;\end{cases} \begin{cases}u_2=3, \\ v_2=2;\end{cases} \begin{cases}u_3=-3, \\ v_3=0;\end{cases} \begin{cases}u_4=-1, \\ v_4=-2.\end{cases}$$

然后再解四个方程组，即

$$\begin{cases}x+y=1, \\ xy=4;\end{cases} \begin{cases}x+y=3, \\ xy=2;\end{cases} \begin{cases}x+y=-3, \\ xy=0;\end{cases} \begin{cases}x+y=-1, \\ xy=-2.\end{cases}$$

因此解得原方程组的八组解为

$$\begin{cases}x_1=\dfrac{1+\sqrt{15}\,i}{2}, \\ y_1=\dfrac{1-\sqrt{15}\,i}{2};\end{cases} \begin{cases}x_2=\dfrac{1-\sqrt{15}\,i}{2}, \\ y_2=\dfrac{1+\sqrt{15}\,i}{2};\end{cases} \begin{cases}x_3=2, \\ y_3=1;\end{cases} \begin{cases}x_4=1, \\ y_4=2;\end{cases}$$

$$\begin{cases}x_5=-3, \\ y_5=0;\end{cases} \begin{cases}x_6=0, \\ y_6=-3;\end{cases} \begin{cases}x_7=1, \\ y_7=-2;\end{cases} \begin{cases}x_8=-2, \\ y_8=1.\end{cases}$$

例 5.22 解方程组

$$\begin{cases} x+y+z=1, & (5.33) \\ x^2+y^2+z^2=\dfrac{1}{3}, & (5.34) \\ x^3+y^3+z^3=\dfrac{1}{9}. & (5.35) \end{cases}$$

解 由(5.33)式和(5.34)式可得

$$xy+yz+xz=\dfrac{1}{3}. \qquad (5.36)$$

由(5.33)式、(5.34)式和(5.36)式可得

$$xyz=\dfrac{1}{27}. \qquad (5.37)$$

由(5.33)式、(5.36)式和(5.37)式及韦达定理可得，x,y,z 表示三次方程 $t^3-t^2+\dfrac{1}{3}t-\dfrac{1}{27}=0$ 的三个根，计算可得 $x=y=z=\dfrac{1}{3}$.

例 5.23 解方程组

$$\begin{cases} x^2+xy+xz-x=2, \\ y^2+yz+yx-y=4, \\ z^2+zx+zy-z=6. \end{cases}$$

解 将三个方程左右两端分别相加，得

$$(x+y+z)^2-(x+y+z)-12=0.$$

故，$x+y+z=4$，或 $x+y+z=-3$. 由此得下列两个方程组

$$\begin{cases} x+y+z=4, \\ y^2+yz+yx-y=4, \\ z^2+zx+zy-z=6; \end{cases} \quad 与 \quad \begin{cases} x+y+z=-3, \\ y^2+yz+yx-y=4, \\ z^2+zx+zy-z=6. \end{cases}$$

分别解这两个方程组，得

$$\begin{cases} x=\dfrac{2}{3}, \\ y=\dfrac{4}{3}, \\ z=2, \end{cases} \quad \begin{cases} x=-\dfrac{1}{2}, \\ y=-1, \\ z=-\dfrac{3}{2}. \end{cases}$$

思考与练习题 5

1. 方程的定义域、解与解集等概念有什么区别与联系.
2. 下列各题中的两个方程是否同解？为什么？
(1) $\dfrac{3x-2}{x-1}=\dfrac{2x-1}{x-1}$ 与 $3x-2=2x-1$；
(2) $(x^2-1)^2=(x^2+1)^2$ 与 $x^2-1=x^2-1$；

(3) $\dfrac{(3x-2)(x-1)^2}{x-1}=2x-2$ 与 $(3x-2)(x-1)=2x-2$.

3. (1) m 是什么实数时,方程 $x^2+(m-2)x+(5-m)=0$ 的两根都大于 1;

(2) m 是什么实数时,方程 $x^2-2mx+m^2-1=0$ 的两根在 1 与 2 之间.

4. 已知 $\triangle ABC$ 的三边 a,b,c 成等差数列,且关于 x 的方程 $a(1-x^2)+2bx+c(1+x^2)=0$ 有等根,判断 $\triangle ABC$ 是什么三角形.

5. 已知方程 $x^5-7x^4+5x^3-2x-1=0$,不解方程,求作根为已知方程的根减 2 的方程;求作根为已知方程的根的 -2 倍的方程;求作根为已知方程的根的倒数的方程.

6. 解方程 $\sqrt{x-\dfrac{1}{x}}+\sqrt{1-\dfrac{1}{x}}=x$.

7. 解方程 $4-|x|=\sqrt{x^2+4}$.

8. 解方程 $\log_{(16-3x)}(x-2)=\log_8 2\sqrt{2}$.

9. 已知方程组 $\begin{cases} x-my-(2+m)=0, \\ x^2+9y^2-9=0 \end{cases}$ 有唯一的解,求参数 m 的值.

10. 在实数范围内解方程 $(a-x)^3+(b-x)^3=(a+b-2x)^3$.

11. 解方程 $x^7+2x^6-5x^5-13x^4-13x^3-5x^2+2x+1=0$.

12. 解方程 $x^4-3x^3+3x+1=0$.

13. 解方程 $x^5-7x^4+x^3-x^2+7x-1=0$.

14. 解方程 $f(x)=x^{10}-3x^8+5x^6-5x^4+3x^2-1=0$.

15. 解方程组

$$\begin{cases} \dfrac{x+y}{xy}=\dfrac{5}{6}, \\[2mm] \dfrac{yz}{y+z}=-\dfrac{3}{2}, \\[2mm] \dfrac{z+x}{xz}=-\dfrac{1}{2}. \end{cases}$$

16. 求不定方程 $5x-7y=48$ 的全部整数解.

17. 求 $5x+8y+19z=50$ 的整数解.

18. 求不定方程组 $\begin{cases} 2x+7y-5z=23, \\ 8x-11y+3z=45 \end{cases}$ 的全部整数解.

19. 求方程 $y^2+3x^2y^2=30x^2+517$ 的所有正整数解.

20. 百牛问题:有银百两,买牛百头. 大牛每头十两,小牛每头五两,牛犊每头半两. 问大牛、小牛、牛犊各几头?

第6章
不等式

不等式是表示数量之间的大小关系的式子. 不等式的理论是数学基础理论的一部分. 不等式在数学的各个分支、科学技术的各个部门以及在日常生活中都有着广泛的应用. 在本章中,将主要介绍几个重要的不等式、不等式的证明方法及不等式恒成立的问题.

6.1 几个重要的不等式

1. 平均不等式

定理 6.1 若 $a_i > 0 (i=1,2,\cdots,n), n > 1$. 令 $A_n = \dfrac{a_1+a_2+\cdots+a_n}{n}, G_n = \sqrt[n]{a_1 a_2 \cdots a_n}$,则 $A_n \geqslant G_n$,其中等号当且仅当 $a_1 = a_2 = \cdots = a_n$ 时成立.

证明 方法一 当 $n=2$ 时,由 $(\sqrt{a_1} - \sqrt{a_2})^2 \geqslant 0$,知 $A_2 \geqslant G_2$,其中等号当且仅当 $a_1 = a_2$ 时成立.

假设 $n=k$,不等式成立,即 $A_k \geqslant G_k$. 当 $n=k+1$ 时,令 $\dfrac{1}{k+1}(a_1+a_2+\cdots+a_{k+1}) = \alpha$,由归纳假设,也应有

$$\frac{1}{k}[a_{k+1} + (k-1)\alpha] \geqslant \sqrt[k]{a_{k+1}\alpha^{k-1}}. \tag{6.1}$$

于是

$$\frac{1}{2}\left[\frac{a_1+a_2+\cdots+a_k}{k} + \frac{a_{k+1}+(k-1)\alpha}{k}\right]$$

$$\geqslant \sqrt{\frac{1}{k}(a_1+a_2+\cdots+a_k)\frac{1}{k}[a_{k+1}+(k-1)\alpha]}$$

$$\geqslant \sqrt{\sqrt[k]{a_1 a_2 \cdots a_k} \cdot \sqrt[k]{a_{k+1}\alpha^{k-1}}},$$

所以

$$\left[\frac{(k+1)\alpha + (k-1)\alpha}{2k}\right]^{2k} \geqslant a_1 \cdots a_k a_{k+1}\alpha^{k-1},$$

化简得 $\alpha^{k+1} \geqslant a_1 \cdots a_k a_{k+1}$,即 $A_{k+1} \geqslant G_{k+1}$.

由归纳法原理,定理获证,其中等号成立的条件由归纳假设及(6.1)式即得

$$a_1 = a_2 = \cdots = a_n.$$

方法二 用反向归纳法(请查看例 1.13).

推论 1 若 $x_i > 0 (i = 1, 2, \cdots, n), x_1 x_2 \cdots x_n = 1$,则 $x_1 + x_2 + \cdots + x_n \geqslant n$,其中等号当且仅当 $x_1 = x_2 = \cdots = x_n = 1$ 时成立.

推论 2 若 $x_i > 0 (i = 1, 2, \cdots, n)$,则

$$\frac{n}{\frac{1}{x_1} + \frac{1}{x_2} + \cdots + \frac{1}{x_n}} \leqslant \sqrt[n]{x_1 x_2 \cdots x_n},$$

其中等号当且仅当 $x_1 = x_2 = \cdots = x_n$ 时成立.

设 $x_i > 0 (i = 1, 2, \cdots, n)$,通常分别称

$$\frac{a_1 + a_2 + \cdots + a_n}{n}, \quad \sqrt[n]{a_1 a_2 \cdots a_n}, \quad \frac{n}{\frac{1}{x_1} + \frac{1}{x_2} + \cdots + \frac{1}{x_n}}$$

为这 n 个正数的算术平均数,几何平均数,调和平均数.

综合起来:几个正数的调和平均数不大于它们的几何平均数,几何平均数不大于它们的算术平均数.

例 6.1 已知 $x < \dfrac{5}{4}$,求函数 $y = 4x - 2 + \dfrac{1}{4x - 5}$ 的最大值.

解 因为 $x < \dfrac{5}{4}$,所以 $5 - 4x > 0$,故

$$y = 4x - 2 + \frac{1}{4x - 5} = -\left(5 - 4x + \frac{1}{5 - 4x}\right) + 3 \leqslant -2 + 3 = 1,$$

当且仅当 $5 - 4x = \dfrac{1}{5 - 4x}$,即 $x = 1$ 时,上式等号成立. 故当 $x = 1$ 时,$y_{\max} = 1$.

例 6.2 设三角形的三边为 a, b, c,面积为 S,求证

$$a^2 + b^2 + c^2 \geqslant 4\sqrt{3} S.$$

证明 由海伦(Heyon)公式得

$$S^2 = p(p - a)(p - b)(p - c), \quad 其中 p = \frac{a + b + c}{2}.$$

根据定理 6.1,可得

$(p - a)(p - b)(p - c) \leqslant \left(\dfrac{p}{3}\right)^3$,于是 $p^2 \geqslant 3\sqrt{3} S$.

$$(a + b + c)^2 = a^2 + b^2 + c^2 + 2(ab + bc + ca) \leqslant a^2 + b^2 + c^2 + 2(a^2 + b^2 + c^2),$$

所以

$$a^2 + b^2 + c^2 \geqslant \frac{4}{3} p^2 \geqslant \frac{4}{3} \cdot 3\sqrt{3} S = 4\sqrt{3} S.$$

例 6.3 已知 $x > 0, y > 0$,且 $\dfrac{1}{x} + \dfrac{9}{y} = 1$,求 $x + y$ 的最小值.

错解 因为 $x > 0, y > 0$,且 $\dfrac{1}{x} + \dfrac{9}{y} = 1$,所以

$$x+y=\left(\frac{1}{x}+\frac{9}{y}\right)(x+y)\geqslant 2\sqrt{\frac{9}{xy}}2\sqrt{xy}=12,$$

故 $(x+y)_{\min}=12$.

错解原因：解法中两次连用平均值不等式，但在 $x+y\geqslant 2\sqrt{xy}$ 中等号成立条件是 $x=y$，在 $\frac{1}{x}+\frac{9}{y}\geqslant 2\sqrt{\frac{9}{xy}}$ 中等号成立条件是 $\frac{1}{x}=\frac{9}{y}$，即 $y=9x$，取等号的条件的不一致，产生错误.

正解 因为 $x>0,y>0,\frac{1}{x}+\frac{9}{y}=1$，所以

$$x+y=(x+y)\left(\frac{1}{x}+\frac{9}{y}\right)=\frac{y}{x}+\frac{9x}{y}+10\geqslant 6+10=16,$$

当且仅当 $\frac{y}{x}=\frac{9x}{y}$ 时，上式等号成立.

又 $\frac{1}{x}+\frac{9}{y}=1$，可得 $x=4,y=12$ 时，$(x+y)_{\min}=16$.

2. 伯努利不等式

定理 6.2 设 $x>-1$，则：

(1) 当 $0<\alpha<1$ 时 $(1+x)^{\alpha}\leqslant 1+\alpha x$，

(2) 当 $\alpha<0$ 或 $\alpha>1$ 时，$(1+x)^{\alpha}\geqslant 1+\alpha x$.

其中等号成立的充要条件是 $x=0$.

定理 6.2 中的不等式称为伯努利(Bernoulli)不等式.

例 6.4 设 $a>1,-1<\lambda<0$，求证

$$\frac{(a+1)^{\lambda+1}-a^{\lambda+1}}{\lambda+1}<a^{\lambda}<\frac{a^{\lambda+1}-(a-1)^{\lambda+1}}{\lambda+1}.$$

证明 由 $-1<-1/a<0,0<1+\lambda<1$，依定理 6.2 的(1)，有

$$\left(1+\frac{1}{a}\right)^{\lambda+1}<1+\frac{\lambda+1}{a},\quad \left(1-\frac{1}{a}\right)^{\lambda+1}<1-\frac{\lambda+1}{a}.$$

于是

$$(a+1)^{\lambda+1}<a^{\lambda+1}+(\lambda+1)a^{\lambda},\quad (a-1)^{\lambda+1}<a^{\lambda+1}-(\lambda+1)a^{\lambda}.$$

3. 柯西不等式

定理 6.3 设 $a_i,b_i(i=1,2,\cdots,n)$ 为实数，则 $\left(\sum\limits_{i=1}^{n}a_ib_i\right)^2\leqslant \sum\limits_{i=1}^{n}a_i^2\sum\limits_{i=1}^{n}b_i^2$.

定理 6.3 中的不等式称为柯西(Cauchy)不等式.

证明 方法一 先设 $a_i(1\leqslant i\leqslant n)$ 全不为零. 考虑 x 的二次方程

$$\left(\sum\limits_{i=1}^{n}a_i^2\right)x^2-2\left(\sum\limits_{i=1}^{n}a_ib_i\right)x+\sum\limits_{i=1}^{n}b_i^2=0.$$

因为方程左边可变形为

$$\sum\limits_{i=1}^{n}(a_i^2x^2-2a_ib_ix+b_i^2)=\sum\limits_{i=1}^{n}(a_ix-b_i)^2\geqslant 0,$$

所以上面的每一个平方数都等于 0 时方程才有实数根,也就是当且仅当

$$\frac{b_1}{a_1} = \frac{b_2}{a_2} = \cdots = \frac{b_n}{a_n}$$

时,方程有两个相等的实数根 $x = \frac{b_1}{a_1}$. 因此,二次方程的判别式小于等于零,即结论成立.

如果 $a_i (1 \leqslant i \leqslant n)$ 不全为零,上面的推导仍然有效,只是连等式中出现分母为零时,约定分子也是零. 如果 $a_i (1 \leqslant i \leqslant n)$ 全为零,结论显然成立.

方法二

$$\left(\sum_{i=1}^{n} a_i^2\right)\left(\sum_{i=1}^{n} b_i^2\right) - \left(\sum_{i=1}^{n} a_i b_i\right)^2 = \sum_{i=1}^{n}\sum_{j=1}^{n} a_i^2 b_j^2 - \sum_{i=1}^{n}\sum_{j=1}^{n} a_i b_i a_j b_j$$

$$= \frac{1}{2}\sum_{i=1}^{n}\sum_{j=1}^{n}(a_i^2 b_j^2 + a_j^2 b_i^2 - 2a_i b_i a_j b_j)$$

$$= \frac{1}{2}\sum_{i=1}^{n}\sum_{j=1}^{n}(a_i b_j - a_j b_i)^2$$

$$= \sum_{1 \leqslant i < j \leqslant n}(a_i b_j - a_j b_i)^2 \geqslant 0.$$

定理 6.3 中的不等式称为柯西不等式.

不用求和号表达的柯西不等式是

$$(a_1 b_1 + a_2 b_2 + \cdots + a_n b_n)^2 \leqslant (a_1^2 + a_2^2 + \cdots + a_n^2)(b_1^2 + b_2^2 + \cdots + b_n^2),$$

当且仅当 $a_i = k b_i (i = 1, 2, \cdots, n)$ 时取等号.

推论 1 设 $a_1, a_2, \cdots, a_n \in \mathbb{R}^+$,则

$$(a_1 + a_2 + \cdots + a_n)\left(\frac{1}{a_1} + \frac{1}{a_2} + \cdots + \frac{1}{a_n}\right) \geqslant n^2.$$

推论 2 设 $a_1, a_2, \cdots, a_n \in \mathbb{R}^+$,则

$$\left(\frac{a_1 + a_2 + \cdots + a_n}{n}\right)^2 \leqslant \frac{a_1^2 + a_2^2 + \cdots + a_n^2}{n}.$$

例 6.5 设 a, b, c 为正数且各不相等. 求证:

$$\frac{2}{a+b} + \frac{2}{b+c} + \frac{2}{c+a} > \frac{9}{a+b+c}.$$

证明 $2(a+b+c)\left(\frac{1}{a+b} + \frac{1}{b+c} + \frac{1}{c+a}\right)$

$$= [(a+b) + (b+c) + (c+a)]\left(\frac{1}{a+b} + \frac{1}{b+c} + \frac{1}{c+a}\right)$$

$$\geqslant (1+1+1)^2 = 9.$$

又 a, b, c 各不相等,故等号不能成立,所以原不等式成立.

例 6.6 已知 $a > b > c$,求证:

$$\frac{1}{a-b} + \frac{1}{b-c} \geqslant \frac{4}{a-c}.$$

证明 $(a-c)\left(\frac{1}{a-b} + \frac{1}{b-c}\right) = [(a-b) + (b-c)]\left(\frac{1}{a-b} + \frac{1}{b-c}\right) \geqslant (1+1)^2 = 4.$

故

$$\frac{1}{a-b} + \frac{1}{b-c} \geqslant \frac{4}{a-c}.$$

例 6.7　已知 $a,b,c \in \mathbb{R}^+$,求证:

$$\frac{a}{b+c} + \frac{b}{c+a} + \frac{c}{a+b} \geqslant \frac{3}{2}.$$

证明
$$\frac{a}{b+c} + \frac{b}{c+a} + \frac{c}{a+b} + 3 = \left(\frac{a}{b+c}+1\right) + \left(\frac{b}{a+c}+1\right) + \left(\frac{c}{a+b}+1\right)$$

$$= (a+b+c)\left(\frac{1}{b+c} + \frac{1}{c+a} + \frac{1}{a+b}\right)$$

$$= \frac{1}{2}\big[(b+c)+(c+a)+(a+b)\big]\left(\frac{1}{b+c} + \frac{1}{c+a} + \frac{1}{a+b}\right)$$

$$\geqslant \frac{1}{2}(1+1+1)^2 = \frac{9}{2},$$

所以
$$\frac{a}{b+c} + \frac{b}{a+c} + \frac{c}{a+b} \geqslant \frac{9}{2} - 3 = \frac{3}{2}.$$

4. 琴生不等式

定义 6.1　设函数 $f(x)$ 在区间 I 上有定义,若对任给的 $x_1,x_2 \in I$ 和任给的 $\lambda,\mu \in \mathbb{R}^+$,且 $\lambda+\mu=1$.总有 $f(\lambda x_1 + \mu x_2) > \lambda f(x_1) + \mu f(x_2)$.则称 $f(x)$ 在 I 内上凸;若不等号的方向相反,则称 $f(x)$ 在 I 内下凸.

通常令 $\lambda = \mu = \dfrac{1}{2}$ 来判断某些基本初等函数的凸性.例如,考虑对数函数 $\ln x$,对于任意相异的 $x_1,x_2 \in (0,+\infty)$,由于

$$\ln x_1 + \ln x_2 = \ln(x_1 x_2) < \ln\left(\frac{x_1+x_2}{2}\right)^2 = 2\ln\frac{x_1+x_2}{2},$$

所以 $\ln x$ 在其定义域内为上凸函数.

定理 6.4　设函数 $f(x)$ 在区间 I 内是上凸函数,则对于任意的 $x_1,x_2,\cdots,x_n \in I$,以及任意的 $\lambda_1,\lambda_2,\cdots,\lambda_n \in \mathbb{R}^+$,$\lambda_1+\lambda_2+\cdots+\lambda_n=1$ 必有

$$f(\lambda_1 x_1 + \cdots + \lambda_n x_n) \geqslant \lambda_1 f(x_1) + \cdots + \lambda_n f(x_n). \tag{6.2}$$

若 $f(x)$ 在区间 I 内下凸,则不等号反向,其中等号当且仅当 $x_1=x_2=\cdots=x_n$ 时成立.

证明　用数学归纳法,仅证明 $f(x)$ 在区间 I 内上凸的情形.

当 $n=1$ 时,(6.2)式显然取等号.当 $n=2$ 时,由定义知(6.2)式成立,并当且仅当 $x_1=x_2$ 时取等号.

假定 $n=k(k\in\mathbb{N})$ 时,(6.2)式与取等号的条件均成立.当 $n=k+1$ 时,令

$$\tilde{x} = \mu_1 x_1 + \mu_2 x_2 + \cdots + \mu_k x_k,$$

这里 $\mu_i = \dfrac{\lambda_i}{\lambda}(i=1,2,\cdots,k)$,$\lambda = \lambda_1+\lambda_2+\cdots+\lambda_k$.于是 $\mu_i > 0$,$\mu_1+\mu_2+\cdots+\mu_k=1$,$\tilde{x} \in I$,而且

$$f(\lambda_1 x_1 + \cdots + \lambda_k x_k + \lambda_{k+1} x_{k+1}) = f(\lambda\tilde{x} + \lambda_{k+1}x_{k+1})$$

$$\geqslant \lambda f(\tilde{x}) + \lambda_{k+1}f(x_{k+1})$$

$$= \lambda f(\mu_1 x_1 + \cdots + \mu_k x_k) + \lambda_{k+1}f(x_{k+1})$$

$$\geqslant \lambda\mu_1 f(x_1) + \cdots + \lambda\mu_k f(x_k) + \lambda_{k+1}f(x_{k+1})$$

$$= \lambda_1 f(x_1) + \cdots + \lambda_k f(x_k) + \lambda_{k+1}f(x_{k+1}).$$

又等号当且仅当 $\tilde{x}=x_{k+1}$,$x_1=x_2=\cdots=x_k$,即 $x_1=x_2=\cdots=x_k=x_{k+1}$ 时成立.

至此,$f(x)$ 在 I 内上凸的情形得证.

定理 6.4 中的不等式(6.2)称为琴生(Jonson)不等式.

推论 若 $f(x)$ 为区间 I 内的上凸函数,则对任意 $x_1,x_2,\cdots,x_n\in I$,总有

$$f\left(\frac{x_1+x_2+\cdots+x_n}{n}\right)\geqslant\frac{f(x_1)+f(x_2)+\cdots+f(x_n)}{n}.$$

若 $f(x)$ 为区间 I 内的下凸函数,则不等号反向,其中等号均当且仅当 $x_1=x_2=\cdots=x_n$ 时成立.

用琴生不等式考查其他不等式问题,必须选择恰当的函数,使其在某个区间内上凸或下凸.

例 6.8 证明:在圆的内接 n 边形中,以正 n 边形的面积为最大.

证明 设圆的半径为 r,内接 n 边形的面积为 S,各边所对的圆心角分别为 $\theta_1,\theta_2,\cdots,\theta_n$,则

$$S=\frac{1}{2}r^2(\sin\theta_1+\sin\theta_2+\cdots+\sin\theta_n).$$

设 $f(x)=\sin x$,由于它在 $(0,\pi)$ 内上凸,于是根据定理 6.4,有

$$\sin\theta_1+\sin\theta_2+\cdots+\sin\theta_n\leqslant n\sin\frac{\theta_1+\theta_2+\cdots+\theta_n}{n}=n\sin\frac{2\pi}{n}.$$

所以当 $\theta_1=\theta_2=\cdots=\theta_n$ 时,S 取最大值,也就是以正 n 边形的面积为最大.

5. 排序不等式

定理 6.5 (1) 设 $a_1\leqslant a_2\leqslant\cdots\leqslant a_n$ 及 $b_1\leqslant b_2\leqslant\cdots\leqslant b_n$ 而 $i_1,i_2,\cdots,i_n$ 与 $j_1,j_2,\cdots,j_n$ 是 $1,2,\cdots,n$ 的任意两个排列,则

$$a_1b_1+a_2b_2+\cdots+a_nb_n(\text{同序})$$
$$\geqslant a_{i1}b_{j1}+a_{i2}b_{j2}+\cdots+a_{in}b_{in}(\text{乱序})$$
$$\geqslant a_1b_n+a_2b_{n-1}+\cdots+a_nb_1(\text{反序}),$$

当且仅当 $a_1=a_2=\cdots=a_n$ 或 $b_1=b_2=\cdots=b_n$ 时式中等号成立.

(2) 设 $0<a_1\leqslant a_2\leqslant\cdots\leqslant a_n$,$0<b_1\leqslant b_2\leqslant\cdots\leqslant b_n$,而 $i_1,i_2,\cdots,i_n$ 是 $1,2,\cdots,n$ 的一个排列,则

$$a_1^{b_1}a_2^{b_2}\cdots a_n^{b_n}\leqslant a_1^{b_{i_1}}a_2^{b_{i_2}}\cdots a_n^{b_{i_n}}\leqslant a_1^{b_n}a_2^{b_{n-1}}\cdots a_n^{b_1},$$

当且仅当 $a_1=a_2=\cdots=a_n$ 或 $b_1=b_2=\cdots=b_n$ 时式中等号成立.

此定理的结论可以简述为:正序最大,反序最小.

定理 6.5(1)结论中的不等式称为排序不等式.

例 6.9 设 a,b,c 是正实数,求证:

$$a^ab^bc^c\geqslant(abc)^{\frac{a+b+c}{3}}.$$

证明 不妨设 $a\geqslant b\geqslant c>0$,则 $\lg a\geqslant\lg b\geqslant\lg c$. 由排序不等式有

$$a\lg a+b\lg b+c\lg c\geqslant b\lg a+c\lg b+a\lg c,$$
$$a\lg a+b\lg b+c\lg c\geqslant c\lg a+a\lg b+b\lg c,$$
$$a\lg a+b\lg b+c\lg c=a\lg a+b\lg b+c\lg c,$$

从而得

$$3(a\lg a+b\lg b+c\lg c)\geqslant(a+b+c)(\lg a+\lg b+\lg c),$$

于是

$$\lg(a^a b^b c^c) \geqslant \frac{a+b+c}{3} \cdot \lg(abc), \quad \text{即} \quad a^a b^b c^c \geqslant (abc)^{\frac{a+b+c}{3}}.$$

例 6.10 一台机床可以加工 n 个零件,若加工每个零件的时间各不相同,问按照怎样的次序加工才能使总等待的时间最短?

解 设加工这 n 个零件的时间为 $t_1, t_2, \cdots, t_n$,且 $t_1 < t_2 < \cdots < t_n$. 按照加工的次序加工第 k 个零件的时间为 $\tau_k (k=1,2,\cdots,n)$,则总等待时间为

$$\tau_1 + (\tau_1 + \tau_2) + \cdots + (\tau_1 + \tau_2 + \cdots + \tau_n) = n\tau_1 + (n-1)\tau_2 + \cdots + \tau_n.$$

由于 $\tau_1, \tau_2, \cdots, \tau_n$ 是 $t_1, t_2, \cdots, t_n$ 的任一个排列,于是按定理 6.5,有

$$n\tau_1 + (n-1)\tau_2 + \cdots + \tau_n \geqslant nt_1 + (n-1)t_2 + \cdots + t_n.$$

因此,按照加工每个零件所用时间的由小到大的次序加工,才能使总等待的时间最短.

6.2 不等式的证明方法

证明不等式的常用方法:

(1) **比较法** 比较法是证明不等式最基本的方法,它包含作差比较和作商比较两种.

(2) **综合法** 从已知条件出发,利用定义、定理、公式、性质等,经过一系列的推理、论证而得出命题成立,这种证明方法叫综合法. 也叫顺推证法或由因导果法.

(3) **分析法** 从要证明的结论出发,逐步寻求使它成立的条件,直至所需条件为已知条件或一个明显成立的事实(定义、公理或已证明的定理、性质等),从而得出要证的命题成立为止,这种证明方法叫分析法. 也叫逆推证法或执果索因法.

(4) **反证法** 先假设要证的命题不成立,以此为出发点,结合已知条件,应用公理、定义、定理、性质等,进行正确的推理,得到和命题的条件(或已证明的定理、性质、明显成立的事实等)矛盾的结论,以说明假设不正确,从而证明原命题成立,这种方法称为反证法.

(5) **放缩法** 通过把不等式中的某些部分的值适当放大或缩小,简化不等式,从而达到证明的目的,这种方法称为放缩法.

(6) 利用数形结合、向量、复数等其他知识的方法.

(7) 利用函数的单调性的方法.

(8) 数学归纳法.

下面给出一些证明不等式的例子.

例 6.11 证明 $(a^2 + b^2)(c^2 + d^2) \geqslant (ac+bd)^2$.

证明 **方法一(综合法)** 由于 $(a^2+b^2)(c^2+d^2) = a^2c^2 + b^2d^2 + a^2d^2 + b^2c^2$,

$$(ac+bd)^2 + (bc-ad)^2 = a^2c^2 + b^2d^2 + a^2d^2 + b^2c^2.$$

从而 $(a^2+b^2)(c^2+d^2) = (ac+bd)^2 + (bc-ad)^2$. 又 $(bc-ad)^2$ 非负,所以

$$(a^2 + b^2)(c^2 + d^2) \geqslant (ac + bd)^2.$$

方法二(比较法) $(a^2+b^2)(c^2+d^2) \geqslant (ac+bd)^2$

$$\Leftrightarrow (a^2+b^2)(c^2+d^2) - (ac+bd)^2 \geqslant 0$$

$$\Leftrightarrow a^2c^2 + b^2c^2 + a^2d^2 + b^2d^2 - (a^2c^2 + 2abcd + b^2d^2) \geqslant 0$$

$$\Leftrightarrow b^2c^2 + a^2d^2 - 2abcd \geqslant 0$$
$$\Leftrightarrow (bc - ad)^2 \geqslant 0.$$

方法三 如图 6.1 所示,在 $\triangle OPQ$ 中,设 $P(a,b),Q(c,d),\angle QOP = \theta$,则

$$|OP| = \sqrt{a^2 + b^2}, \quad |OQ| = \sqrt{c^2 + d^2}, \quad |PQ| = \sqrt{(a-c)^2 + (b-d)^2}.$$

将以上三式代入余弦定理 $|PQ|^2 = |OP|^2 + |OQ|^2 - 2|OP| \cdot |OQ|\cos\theta$,化简可得

$$\cos\theta = \frac{ac + bd}{\sqrt{a^2 + b^2} \cdot \sqrt{c^2 + d^2}} \quad \text{或} \quad \cos^2\theta = \frac{(ac + bd)^2}{(a^2 + b^2)(c^2 + d^2)}.$$

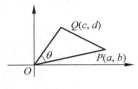

图 6.1

因为 $0 \leqslant \cos^2\theta \leqslant 1$,所以 $\dfrac{(ac + bd)^2}{(a^2 + b^2)(c^2 + d^2)} \leqslant 1$,于是

$$(a^2 + b^2)(c^2 + d^2) \geqslant (ac + bd)^2.$$

例 6.12 若 $a,b \in \mathbb{R}$,求证:$\dfrac{|a+b|}{1+|a+b|} \leqslant \dfrac{|a|}{1+|a|} + \dfrac{|b|}{1+|b|}$.

证明 **方法一** 构造函数 $f(x) = \dfrac{x}{1+x}(x \geqslant 0)$,易证 $f(x)$ 在 $\mathbb{R}^+$ 上是增函数.

因为 $|a+b| \leqslant |a| + |b|$,所以 $f(|a+b|) \leqslant f(|a| + |b|)$.从而有

$$\frac{|a+b|}{1+|a+b|} \leqslant \frac{|a|+|b|}{1+|a|+|b|} = \frac{|b|}{1+|a|+|b|} + \frac{|a|}{1+|a|+|b|}$$
$$\leqslant \frac{|b|}{1+|a|} + \frac{|a|}{1+|b|}.$$

方法二 当 $|a+b| = 0$ 时,不等式显然成立.

当 $|a+b| \neq 0$ 时,由 $0 < |a+b| \leqslant |a| + |b|$,得 $\dfrac{1}{|a+b|} \geqslant \dfrac{1}{|a|+|b|}$,故

$$\frac{|a+b|}{1+|a+b|} = \frac{1}{\dfrac{1}{|a+b|}+1} \leqslant \frac{1}{1+\dfrac{1}{|a|+|b|}} = \frac{|a|+|b|}{1+|a|+|b|}$$
$$= \frac{|a|}{1+|a|+|b|} + \frac{|b|}{1+|a|+|b|}$$
$$\leqslant \frac{|a|}{1+|a|} + \frac{|b|}{1+|b|}.$$

例 6.13 已知 $f(x) = x^2 + px + q$,求证:$|f(1)|,|f(2)|,|f(3)|$ 中至少有一个不小于 $\dfrac{1}{2}$.

证明 此题从正面解决比较困难,可用反证法,假设结论不成立,即 $|f(1)|,|f(2)|,|f(3)|$ 都小于 $\dfrac{1}{2}$,则

$$\begin{cases} |f(1)| < \dfrac{1}{2}, \\ |f(2)| < \dfrac{1}{2}, \\ |f(3)| < \dfrac{1}{2}, \end{cases} \Leftrightarrow \begin{cases} |1+p+q| < \dfrac{1}{2}, \\ |4+2p+q| < \dfrac{1}{2}, \\ |9+3p+q| < \dfrac{1}{2}, \end{cases} \Leftrightarrow \begin{cases} -\dfrac{1}{2} < 1+p+q < \dfrac{1}{2}, \\ -\dfrac{1}{2} < 4+2p+q < \dfrac{1}{2}, \\ -\dfrac{1}{2} < 9+3p+q < \dfrac{1}{2}, \end{cases}$$

即

$$\begin{cases} -\dfrac{3}{2} < p+q < -\dfrac{1}{2}, \\[2mm] -\dfrac{9}{2} < 2p+q < -\dfrac{7}{2}, \\[2mm] -\dfrac{19}{2} < 3p+q < -\dfrac{17}{2}. \end{cases}$$

由此不等式组中的第 1 个和第 3 个不等式可得 $-\dfrac{11}{2} < 2p+q < -\dfrac{9}{2}$. 此式与第 2 个不等式矛盾,这说明假设不成立,故原命题成立.

例 6.14　若 $a>0,b>0$,且 $\dfrac{1}{a}+\dfrac{1}{b}=\sqrt{ab}$.

(1) 求 a^3+b^3 的最小值;(2)是否存在 a,b,使得 $2a+3b=6$? 并说明理由.

解　(1) 由 $\sqrt{ab}=\dfrac{1}{a}+\dfrac{1}{b}\geqslant\dfrac{2}{\sqrt{ab}}$,得 $ab\geqslant2$,当且仅当 $a=b=\sqrt{2}$ 时等号成立. 故 $a^3+b^3\geqslant2\sqrt{a^3b^3}\geqslant4\sqrt{2}$,且当 $a=b=\sqrt{2}$ 时等号成立. 所以 a^3+b^3 的最小值为 $4\sqrt{2}$.

(2) 由(1)知,$2a+3b\geqslant2\sqrt{6}\sqrt{ab}\geqslant4\sqrt{3}$. 由于 $4\sqrt{3}>6$,从而不存在 a,b,使得 $2a+3b=6$.

例 6.15　证明当 $1<a<b$ 时,$a+\ln b<b+\ln a$.

分析　即证 $\ln\dfrac{b}{a}<b-a$,也即 $\dfrac{b}{a}<\mathrm{e}^{b-a}$,再变形为 $\dfrac{\mathrm{e}^a}{a}<\dfrac{\mathrm{e}^b}{b}$,于是只要证函数 $f(x)=\dfrac{\mathrm{e}^x}{x}\ (x\geqslant1)$ 单调增加即可.

证明略.

例 6.16　已知 n 为正整数,试证:

$$\left(1+\dfrac{1}{3}\right)\left(1+\dfrac{1}{5}\right)\cdots\left(1+\dfrac{1}{2n-1}\right)>\dfrac{\sqrt{2n+1}}{2}.$$

证明　令 $A=\left(1+\dfrac{1}{3}\right)\left(1+\dfrac{1}{5}\right)\cdots\left(1+\dfrac{1}{2n-1}\right)=\dfrac{4}{3}\times\dfrac{6}{5}\times\cdots\times\dfrac{2n}{2n-1}$.

由不等式 $\dfrac{b}{a}>\dfrac{b+m}{a+m}(b>a,a,b,m\in\mathbb{R}^+)$,得

$$\dfrac{4}{3}>\dfrac{5}{4},\dfrac{6}{5}>\dfrac{7}{6},\cdots,\dfrac{2n-2}{2n-3}>\dfrac{2n-1}{2n-2},\dfrac{2n}{2n-1}>\dfrac{2n+1}{2n}.$$

将这个同向不等式相乘得

$$A>\dfrac{5}{4}\times\dfrac{7}{6}\times\cdots\times\dfrac{2n-1}{2n-2}\times\dfrac{2n+1}{2n},$$

$$A^2>\dfrac{4}{3}\times\dfrac{5}{4}\times\dfrac{6}{5}\times\dfrac{7}{6}\times\cdots\times\dfrac{2n}{2n-1}\times\dfrac{2n+1}{2n}=\dfrac{2n+1}{3}>\dfrac{2n+1}{4}.$$

故 $\left(1+\dfrac{1}{3}\right)\left(1+\dfrac{1}{5}\right)\cdots\left(1+\dfrac{1}{2n-1}\right)>\dfrac{\sqrt{2n+1}}{2}$.

例 6.17　设 $a\in(0,1),b\in(0,1)$,求证:

$$\sqrt{a^2+b^2}+\sqrt{(1-a)^2+b^2}+\sqrt{(1-a)^2+(1-b)^2}+\sqrt{a^2+(1-b)^2}\geqslant2\sqrt{2}.$$

证明 方法一（构造图形）

从左式四个表达式特征可以看出，它们表示两点间的距离．故可构造点 $A(1,0)$，$B(1,1)$，$C(0,1)$，$D(0,0)$，四边形 $ABCD$ 为正方形，令 P 点坐标为 (a,b)，则

$$|PD| = \sqrt{a^2+b^2}, \quad |AP| = \sqrt{(1-a)^2+b^2}, \quad |PB| = \sqrt{(1-a)^2+(1-b)^2},$$
$$|PC| = \sqrt{a^2+(1-b)^2}, \quad |BD| = \sqrt{2}, \quad |AC| = \sqrt{2}.$$

由三角形的性质得

$$|DP|+|BP| \geqslant |BD|, \quad |AP|+|CP| \geqslant |AC|,$$

所以 $|DP|+|BP|+|AP|+|CP| \geqslant |BD|+|AC|$，即

$$\sqrt{a^2+b^2} + \sqrt{(1-a)^2+b^2} + \sqrt{(1-a)^2+(1-b)^2} + \sqrt{a^2+(1-b)^2} \geqslant 2\sqrt{2}.$$

方法二（利用复数）

设 $z_1 = a+bi$，$z_2 = (1-a)+bi$，$z_3 = a+(1-b)i$，$z_4 = (1-a)+(1-b)i$，则

$$|z_1| = \sqrt{a^2+b^2}, \quad |z_2| = \sqrt{(1-a)^2+b^2}, \quad |z_3| = \sqrt{(1-a)^2+b^2},$$
$$|z_4| = \sqrt{(1-a)^2+(1-b)^2}.$$

$$|z_1|+|z_2|+|z_3|+|z_4| \geqslant |z_1+z_2+z_3+z_4| = |2+2i| = 2\sqrt{2}.$$

故 $\sqrt{a^2+b^2} + \sqrt{(1-a)^2+b^2} + \sqrt{a^2+(1-b)^2} + \sqrt{(1-a)^2+(1-b)^2} \geqslant 2\sqrt{2}$.

例 6.18 已知 $x,y,z \in \mathbb{R}^+$，求证：$\dfrac{x}{y+z} + \dfrac{y}{z+x} + \dfrac{z}{x+y} \geqslant \dfrac{3}{2}$.

证明 $\dfrac{x}{y+z} - \dfrac{1}{2} + \dfrac{y}{z+x} - \dfrac{1}{2} + \dfrac{z}{x+y} - \dfrac{1}{2} = \dfrac{x-y+x-z}{2(y+z)} + \dfrac{y-z+y-x}{2(z+x)} + \dfrac{z-x+z-y}{2(x+y)}$.

其中

$$\frac{x-y}{2(y+z)} + \frac{y-x}{2(z+x)} = \frac{x-y}{2(y+z)(z+x)}[(z+x)-(z+y)] = \frac{(x-y)^2}{2(y+z)(z+x)}.$$

所以

$$原式 = \frac{(x-y)^2}{2(y+z)(z+x)} + \frac{(y-z)^2}{2(z+x)(x+y)} + \frac{(z-x)^2}{2(x+y)(y+z)} \geqslant 0,$$

即原不等式成立．

例 6.19 已知 $x,y,z \in \mathbb{R}^+$，求证：

$$\frac{x}{2x+y+z} + \frac{y}{2y+z+x} + \frac{z}{2z+x+y} \leqslant \frac{3}{4}.$$

证明

$$\frac{x}{2x+y+z} - \frac{1}{4} + \frac{y}{2y+z+x} - \frac{1}{4} + \frac{z}{2z+x+y} - \frac{1}{4}$$
$$= \frac{x-y+x-z}{4(2x+y+z)} + \frac{y-z+y-x}{4(2y+z+x)} + \frac{z-x+z-y}{4(2z+x+y)}.$$

其中

$$\frac{x-y}{4(2x+y+z)} + \frac{y-x}{4(2y+z+x)}$$
$$= \frac{x-y}{4(2x+y+z)(2y+z+x)}[(2y+z+x)-(2x+y+z)]$$
$$= \frac{-(x-y)^2}{4(2x+y+z)(2y+z+x)}.$$

所以

$$原式 = \frac{-(x-y)^2}{4(2x+y+z)(2y+z+x)} + \frac{-(y-z)^2}{4(2y+z+x)(2z+x+y)} +$$

$$\frac{-(z-x)}{4(2z+x+y)(2x+y+z)} \leqslant 0.$$

即原不等式成立.

6.3 不等式恒成立问题

在不等式的综合题中,经常会遇到一个结论对于某一个字母的某一个取值范围内所有值都成立的恒成立问题.不等式恒成立问题常以函数、方程、不等式和数列等知识点为载体,渗透着换元、化归、分类讨论、数形结合、函数与方程等思想方法.基本类型有以下几种.

1. 对 $y=f(x)=ax+b(a\neq 0)$,

在 $[m,n]$ 内恒有 $f(x)>0 \Leftrightarrow (1)\begin{cases} a>0, \\ f(m)>0 \end{cases}$ 或 $(2)\begin{cases} a<0, \\ f(n)>0, \end{cases}$ 或合并定成 $\begin{cases} f(m)>0, \\ f(n)>0. \end{cases}$

同理,若在 $[m,n]$ 内恒有 $f(x)<0 \Leftrightarrow \begin{cases} f(m)<0, \\ f(n)<0. \end{cases}$

例 6.20 若不等式 $2x-1>m(x^2-1)$ 对满足 $-2\leqslant m\leqslant 2$ 的所有 m 都成立,求 x 的范围.

解 将 m 视为主变元,即将原不等式化为:$m(x^2-1)-(2x-1)<0$.

令 $f(m)=m(x^2-1)-(2x-1)$,则 $-2\leqslant m\leqslant 2$ 时,$f(m)<0$ 恒成立,所以只需

$$\begin{cases} f(-2)<0, \\ f(2)<0, \end{cases} \quad 即 \begin{cases} -2(x^2-1)-(2x-1)<0, \\ 2(x^2-1)-(2x-1)<0, \end{cases}$$

所以 x 的范围是 $x\in\left(\dfrac{-1+\sqrt{7}}{2},\dfrac{1+\sqrt{3}}{2}\right)$.

例 6.21 对于 $-1\leqslant a\leqslant 1$,求使不等式 $\left(\dfrac{1}{2}\right)^{x^2+ax} < \left(\dfrac{1}{2}\right)^{2x+a-1}$ 恒成立的 x 的取值范围.

解 原不等式等价于 $x^2+ax>2x+a-1$ 在 $a\in[-1,1]$ 上恒成立.

设 $f(a)=(x-1)a+x^2-2x+1$,则 $f(a)$ 是 a 的一次函数或常数函数,要使 $f(a)>0$ 在 $a\in[-1,1]$ 上恒成立,则须满足

$f(-1)>0$ 且 $f(1)>0 \Leftrightarrow x^2-x>0$ 且 $x^2-3x+2>0 \Rightarrow x>2$ 或 $x<0$.

故实数 x 的取值范围是 $(-\infty,0)\bigcup(2,+\infty)$.

2. 设 $f(x)=ax^2+bx+c(a\neq 0)$.

(1) $f(x)>0$ 在 $x\in\mathbb{R}$ 上恒成立 $\Leftrightarrow a>0$ 且 $\Delta<0$;

(2) $f(x)<0$ 在 $x\in\mathbb{R}$ 上恒成立 $\Leftrightarrow a<0$ 且 $\Delta<0$.

(3) 当 $a>0$ 时,$f(x)>0$ 在 $x\in[\alpha,\beta]$ 上恒成立

$$\Leftrightarrow \begin{cases} -\dfrac{b}{2a}<\alpha, \\ f(\alpha)>0 \end{cases} \quad 或 \quad \begin{cases} \alpha\leqslant-\dfrac{b}{2a}\leqslant\beta, \\ \Delta<0 \end{cases} \quad 或 \quad \begin{cases} -\dfrac{b}{2a}>\beta, \\ f(\beta)>0. \end{cases}$$

$$f(x)<0 \text{ 在 } x\in[\alpha,\beta] \text{ 上恒成立} \Leftrightarrow \begin{cases} f(\alpha)<0, \\ f(\beta)<0. \end{cases}$$

(4) 当 $a<0$ 时，$f(x)>0$ 在 $x\in[\alpha,\beta]$ 上恒成立 $\Leftrightarrow \begin{cases} f(\alpha)>0, \\ f(\beta)>0. \end{cases}$

$$f(x)<0 \text{ 在 } x\in[\alpha,\beta] \text{ 上恒成立} \Leftrightarrow \begin{cases} -\dfrac{b}{2a}<\alpha, \\ f(\alpha)>0 \end{cases} \text{ 或 } \begin{cases} \alpha\leqslant -\dfrac{b}{2a}\leqslant\beta, \\ \Delta<0 \end{cases} \text{ 或 } \begin{cases} -\dfrac{b}{2a}>\beta, \\ f(\beta)<0. \end{cases}$$

例 6.22   不等式 $\dfrac{2x^2+2mx+m}{4x^2+6x+3}<1$ 对一切实数 x 恒成立，求实数 m 的取值范围.

解   由 $4x^2+6x+3=\left(2x+\dfrac{3}{2}\right)^2+\dfrac{3}{4}>0$，则

$$2x^2+2mx+m<4x^2+6x+3, \quad x\in\mathbb{R}.$$

即 $2x^2+(6-2m)x+(3-m)>0$ 对一切实数 x 恒成立. 则 $\Delta=(6-2m)^2-8(3-m)<0$，解得 $1<m<3$.

故实数 m 的取值范围是 $(1,3)$.

3. 对函数 $f(x),g(x)$：

(1) $f(x)<a$ 对 $x\in D$ 恒成立 $\Leftrightarrow a>f(x)_{\max}$.

(2) $f(x)>a$ 对 $x\in D$ 恒成立 $\Leftrightarrow a<f(x)_{\min}$.

(3) $f(x_1)>g(x_2)$ 对任意 $x_1,x_2\in D$ 恒成立 $\Leftrightarrow f(x)_{\min}>g(x)_{\max}$.

注意不等式恒成立与能成立(有解)的区别：

若在区间 D 上存在实数 x 使不等式 $f(x)>k$ 成立，则等价于在区间 D 上 $f(x)_{\max}>k$；若在区间 D 上存在实数 x 使不等式 $f(x)<k$ 成立，则等价于在区间 D 上的 $f(x)_{\min}<k$.

例 6.23   已知 $f(x)=\dfrac{x^2+2x+a}{x}>0$ 在 $x\in[1,+\infty)$ 上恒成立，求实数 a 的取值范围.

解   **方法一**   因为对 $x\in[1,+\infty)$，都有

$$f(x)=\frac{x^2+2x+a}{x}>0 \text{ 成立} \Leftrightarrow x^2+2x+a>0 \text{ 对 } x\in[1,+\infty) \text{ 恒成立}.$$

设 $g(x)=x^2+2x+a,x\in[1,+\infty)$，则

$$g(x)=x^2+2x+a=(x+1)^2+a-1,x\in[1,+\infty).$$

所以 $g(x)$ 在 $[1,+\infty)$ 上是增函数. 于是 $g(x)_{\min}=g(1)=3+a$. 故得

$$3+a>0 \Leftrightarrow a>-3.$$

即所求实数 a 的取值范围为 $a>-3$.

方法二   因为对 $x\in[1,+\infty),f(x)=\dfrac{x^2+2x+a}{x}>0$ 恒成立

$$\Leftrightarrow x^2+2x+a>0 \text{ 对 } x\in[1,+\infty) \text{ 恒成立}$$

$$\Leftrightarrow a>-(x^2+2x) \text{ 对 } x\in[1,+\infty) \text{ 恒成立}.$$

设 $h(x)=-(x^2+2x),x\in[1,+\infty)$，则

$$h(x)=-(x^2+2x)=-(x+1)^2+1,x\in[1,+\infty).$$

所以 $h(x)$ 在 $[1,+\infty)$ 上是减函数，故

$$h(x)_{\max}=h(1)=-3, \quad \text{即 } a>-3.$$

故所求实数 a 的取值范围为 $a > -3$.

例 6.24 若不等式 $(m-1)x^2 + (m-1)x + 2 > 0$ 的解集是 $\mathbb{R}$,求 m 的范围.

解 (1) 当 $m-1=0$,即 $m=1$ 时,原不等式化为 $2 > 0$,恒成立,满足题意;

(2) 当 $m-1 \neq 0$ 时,$\begin{cases} m-1 > 0, \\ \Delta = (m-1)^2 - 8(m-1) < 0, \end{cases}$ 解之得 $1 < m < 9$,所以,$m \in [1,9)$.

例 6.25 已知 $f(x) = x^2 + ax + 3 - a$,若 $x \in [-2,2]$,$f(x) \geqslant 2$ 恒成立,求 a 的取值范围.

解 方法一 题意等价于:对于任意 $x \in [-2,2]$,$f(x) - 2 \geqslant 0$. 而 $f(x) - 2$ 是二次式,可以用前面的结论.

具体求解过程略.

方法二 对于任意 $x \in [-2,2]$,$f(x)_{\min} \geqslant 2$.

若 $x \in [-2,2]$,$f(x) \geqslant 2$ 恒成立 $\Leftrightarrow \forall x \in [-2,2]$,$f(x)_{\min} \geqslant 2$

$$\Leftrightarrow \begin{cases} -\dfrac{a}{2} \leqslant -2, \\ f(x)_{\min} = f(-2) = 7 - 3a \geqslant 2. \end{cases}$$

或 $\begin{cases} -2 \leqslant -\dfrac{a}{2} \leqslant 2, \\ f(x)_{\min} = f\left(-\dfrac{a}{2}\right) = 3 - a - \dfrac{a^2}{4} \geqslant 2 \end{cases}$ 或 $\begin{cases} -\dfrac{a}{2} > 2, \\ f(x)_{\min} = f(2) = 7 + a \geqslant 2, \end{cases}$

即 a 的取值范围为 $[-5, -2 + 2\sqrt{2}]$.

另外,对于有关不等式与解不等式的一些基础应用时要注意以下的问题.

1. 不等式.

(1) 当 $a < 0 < b$ 时,$a < b$ 与 $\dfrac{1}{a} < \dfrac{1}{b}$ 同时成立.

(2) $a > b \Rightarrow a^n > b^n$,对于正数 a,b 才成立.

(3) $\dfrac{a}{b} > 1 \Leftrightarrow a > b$,对于正数 a,b 才成立. 作商法比较大小时,要注意两式的符号.

(4) 连续使用不等式求最值时要求每次等号成立的条件一致.

(5) 求取值范围的时候,如果多次利用不等式,则可能扩大变量的取值范围.

例 6.26 已知二次函数 $y = f(x)$ 的图像过原点,且 $1 \leqslant f(-1) \leqslant 2, 3 \leqslant f(1) \leqslant 4$,求 $f(-2)$ 的取值范围.

错解 设 $f(x) = ax^2 + bx$ $(a \neq 0)$,则 $f(1) = a + b, f(-1) = a - b, f(-2) = 4a - 2b$.

由 $1 \leqslant f(-1) \leqslant 2, 3 \leqslant f(1) \leqslant 4$,得

$$1 \leqslant a - b \leqslant 2, \quad 3 \leqslant a + b \leqslant 4, \quad 4 \leqslant 2a \leqslant 6, \quad 8 \leqslant 4a \leqslant 12.$$

由 $1 \leqslant a - b \leqslant 2$ 得,$-2 \leqslant b - a \leqslant -1$. 所以 $1 \leqslant 2b \leqslant 3$,故 $-3 \leqslant -2b \leqslant -1$. 故 $5 \leqslant f(-2) = 4a - 2b \leqslant 11$.

正解 设 $f(x) = ax^2 + bx$ $(a \neq 0)$,则 $f(1) = a + b, f(-1) = a - b, f(-2) = 4a - 2b$. 于是
$$f(-2) = 4a - 2b = (a + b) + 3(a - b) = f(1) + 3f(-1).$$

由 $1 \leqslant f(-1) \leqslant 2, 3 \leqslant f(1) \leqslant 4$,得 $6 \leqslant f(1) + 3f(-1) \leqslant 10$,所以 $6 \leqslant f(-2) \leqslant 10$. 即 $f(-2)$ 的取值范围是 $[6,10]$.

方法归纳：由 $a<f(x,y)<b,c<g(x,y)<d$，求 $F(x,y)$ 的取值范围，可利用待定系数法解决，即设 $F(x,y)=mf(x,y)+ng(x,y)$，通过恒等变形求得 m,n 的值，再利用不等式的同向可加的性质求得 $F(x,y)$ 的取值范围.

对例 6.26，由题意知 $f(-2)=4a-2b$，设存在实数 x,y，使得
$$4a-2b=x(a+b)+y(a-b),\quad 即\ 4a-2b=(x+y)a+(x-y)b,$$
解得 $x=1,y=3$.

2. 解不等式.

(1) 解不等式 $ax^2+bx+c>0$ 时，不要忘记讨论 $a=0$ 时的情况.

(2) 当 $\Delta<0$ 时，$ax^2+bx+c>0(a\neq0)$ 的解集可能为 $\mathbb{R}$，也可能是空集.

(3) 求解含参数的不等式的通法是"定义域为前提，函数增减性为基础，分类讨论是关键".求解完之后要写上"综上，原不等式的解集是……"；若按参数讨论，最后应按参数取值分别说明其解集；若按未知数讨论，最后应求并集.

(4) 解答恒成立问题时，一定要弄清谁是主元，谁是参数.一般地，已知谁的范围，谁就是主元，求谁的范围，谁就是参数.

思考与练习题 6

1. 下列不等式哪些是绝对不等式？哪些是条件不等式？哪些是矛盾不等式？

(1) $x^2<x$；

(2) $a^2+a+1\geqslant0$；

(3) $\sqrt{x^2+y^2+5}<0$；

(4) $\sin^2 x\leqslant1$.

2. 下列各对不等式是否同解，为什么？

(1) $x>0$ 与 $x^2>0$；　(2) $(x+1)(x-2)^2<(3x-1)(x-2)^2$ 与 $x+1<3x-1$；

(3) $(x+1)(x-2)^2>(3x-1)(x-2)^2$ 与 $x+1>3x-1$.

3. 找出下列各题解法中的错误，分析错误的原因，并加以改正：

解不等式 $\sqrt{x^2-x-2}<2$.

解　两边平方得 $x^2-x-2<4$.解之，得 $-2<x<3$.

4. 不等式 $|x-4|+|x-3|>a$ 对一切实数 x 恒成立，求实数 a 的取值范围.

5. 若对任意 $x\in\mathbb{R}$，不等式 $|x|\geqslant ax$ 恒成立，求实数 a 的取值范围.

6. 解下列不等式：

(1) $(2x^2+6x+5)(x^2-x+1)>0$；　(2) $\dfrac{(x+1)(x+2)(x+3)}{(2x-1)(x+4)(3-x)}\geqslant0$.

7. 解下列不等式：

(1) $\sqrt{x^2-x-2}<2$；　(2) $\sqrt{(x-1)(2-x)}>4-3x$；

(3) $\lg(x^2-3)>\lg(x+3)$.

8. 已知 $x,y,z\in\mathbb{R}^+$，求证：$\dfrac{x^2}{y+z}+\dfrac{y^2}{z+x}+\dfrac{z^2}{x+y}\geqslant\dfrac{1}{2}(x+y+z)$.

9. 已知 $a,b,c\in\mathbb{R}^+$，求证：$\dfrac{a^4}{b^2+c^2}+\dfrac{b^4}{c^2+a^2}+\dfrac{c^4}{a^2+b^2}\geqslant\dfrac{a^2+b^2+c^2}{2}$.

10. 求证 $\dfrac{1}{3} \leqslant \dfrac{\sec^2 x - \tan x}{\sec^2 x + \tan x} \leqslant 3$.

11. 求证 $(n!)^3 < n^n \left(\dfrac{n+1}{2} \right)^{2n}, n \in \mathbb{N}$ 且 $n > 1$.

12. 设 a, b, c 是实数, x, y, z 是正数, 求证: $\dfrac{a^2}{x} + \dfrac{b^2}{y} + \dfrac{c^2}{z} \geqslant \dfrac{(a+b+c)^2}{x+y+z}$.

13. 设 $a_1, a_2, \cdots, a_n$ 是 n 个互不相同的正整数. 求证:

$$1 + \dfrac{1}{2} + \cdots + \dfrac{1}{n} \leqslant a_1 + \dfrac{a_2}{2^2} + \cdots + \dfrac{a_n}{n^2}.$$

14. 试用柯西不等式求平面上点到直线的距离公式.

15. 在 $\triangle ABC$ 中, a, b, c 为角 A, B, C 所对的边, 求证: $\dfrac{aA + bB + cC}{a+b+c} \geqslant \dfrac{\pi}{3}$.

(提示: 可用排序不等式证明)

16. 若 x, y, z 均为实数, 且 $x + y + z = a (a > 0)$, $x^2 + y^2 + z^2 = \dfrac{1}{2} a^2$. 求证:

$$0 \leqslant x \leqslant \dfrac{2}{3} a, 0 \leqslant y \leqslant \dfrac{2}{3} a, 0 \leqslant z \leqslant \dfrac{2}{3} a.$$

17. 设 a, b, c 表示一个三角形三边的长, 求证:

$$a^2(b+c-a) + b^2(c+a-b) + c^2(a+b-c) \leqslant 3abc.$$

18. 设 $x, y \in \mathbb{R}$, 且 $x^2 + y^2 \leqslant 1$. 求证: $|x^2 + 2xy - y^2| \leqslant \sqrt{2}$.

19. 已知 $|a| < 1, |b| < 1$, 求证: $\left| \dfrac{a+b}{1+ab} \right| < 1$.

20. 设 $a, b, c \in \mathbb{R}^+$, 求证:

$$a^n + b^n + c^n \geqslant a^p b^q c^r + a^q b^r c^p + a^r b^p c^q, \text{其中 } p, q, r \in \mathbb{N}^+ \text{ 且 } p + q + r = n.$$

21. 已知实数 a, b, c, d 满足 $a + b + c + d = 3$, $a^2 + 2b^2 + 3c^2 + 6d^2 = 5$, 试求实数 a 的取值范围.

22. 证明方程 $x^8 - x^5 + x^2 - x + 1 = 0$ 无实根.

23. 若不等式 $2x - 1 > m(x^2 - 1)$ 对满足 $|m| \leqslant 2$ 的所有 m 都成立, 求 x 的取值范围.

24. 若不等式 $x^2 - 2mx + 2m + 1 > 0$ 对 $0 \leqslant x \leqslant 1$ 的所有实数 x 都成立, 求 m 的取值范围.

第 7 章

数列

7.1 基本数列

中学数学中的数列 $\{a_n\}: a_1, a_2, \cdots, a_n, \cdots$ 其实质,是定义在正整数集上的实值函数
$$f: \mathbb{N}^* \to \mathbb{R}.$$

若数列中一般项 a_n 与 n 的关系 $a_n = f(n)$ 可以用一个解析表达式(公式)表示,就称它为数列的通项公式.

特殊地,中学教材中研究了两个基本数列:等差数列和等比数列.

7.1.1 等差数列及其简单性质

定义 7.1 若一个数列从第 2 项起,每一项与前一项的差等于同一个常数,则这个数列叫做等差数列,这个常数叫做等差数列的公差,公差通常用 d 表示.

若 a, A, b 成等差数列,则 A 叫做 a 与 b 的等差中项,由定义知 $A = \dfrac{a+b}{2}$.

由定义容易得到等差数列的通项公式及前 n 项和公式.

设等差数列 $\{a_n\}$ 的首项是 a_1,公差为 d,则通项公式为
$$a_n = a_1 + (n-1)d, \quad n \in \mathbb{N}^*.$$
对于任意 $m, n \in \mathbb{N}^*$,有 $a_n = a_m + (n-m)d$.

设等差数列 $\{a_n\}$ 的前 n 项和为 S_n,则 $S_n = \dfrac{n(a_1 + a_n)}{2} = na_1 + \dfrac{n(n-1)}{2}d$.

由等差数列的通项公式及前 n 项和公式可得到如下的结论:

(1) 当公差 $d \neq 0$ 时,a_n 是 n 的一次函数,当公差 $d = 0$ 时,a_n 为常数;当公差 $d \neq 0$ 时,等差数列的前 n 项和 S_n 是 n 的二次函数,且常数项为 0;若某数列的前 n 项和 S_n 是常数项不为 0 的二次函数,则该数列不是等差数列,它从第二项起成等差数列.

(2) 若 $m, n, p, q \in \mathbb{N}^*$,且 $m + n = p + q$,则 $a_n + a_m = a_p + a_q$. 特别地,若 $m + n = 2p$,则 $a_n + a_m = 2a_p$.

(3) 若等差数列 $\{a_n\}$ 的前 n 项和为 S_n,则 $S_n, S_{2n} - S_n, S_{3n} - S_{2n}, \cdots$ 也是等差数列.

(4) 若数列 $\{a_n\}, \{b_n\}$ 为等差数列,则数列 $\{ka_n + lb_n\}$ 也为等差数列. 其中 k, l 均为常数.

(5) 若数列 $\{a_n\}$，$\{b_n\}$ 为等差数列，且 $b_n \in \mathbb{N}^*$，则数列 $\{a_{b_n}\}$ 也为等差数列.

判定数列为等差数列的方法：

(1) 通项公式法：若 $a_n = pn + q$（p,q 为常数），则 $\{a_n\}$ 是等差数列.

(2) 定义法：若 $a_{n+1} - a_n = d$（d 为常数）（$n \in \mathbb{N}^*$），则 $\{a_n\}$ 是等差数列.

(3) 中项公式法：若 $a_n + a_{n+2} = 2a_{n+1}$（$n \in \mathbb{N}^*$），则 $\{a_n\}$ 是等差数列.

(4) 前 n 项和公式法：若 $S_n = An^2 + Bn$（A,B 为常数），则 $\{a_n\}$ 是等差数列.

7.1.2 等比数列及其简单性质

定义 7.2 若一个数列从第 2 项起，每一项与前一项的比值等于同一个常数，则这个数列叫做等比数列，这个常数叫做等比数列的公比，公比通常用 q 表示.

若 a,G,b 成等比数列，则 G 叫做 a 与 b 的等比中项，由定义知 $G = \pm\sqrt{ab}$.

由定义容易得到等比数列的通项公式及前 n 项和公式.

设等比数列 $\{a_n\}$ 的首项是 a_1，公比为 q，则通项公式为 $a_n = a_1 q^{n-1}$（$n \in \mathbb{N}^*$）. 对于任意 $m,n \in \mathbb{N}^*$，有 $a_n = a_m q^{n-m}$.

设等比数列 $\{a_n\}$ 的前 n 项和为 S_n，则

$$S_n = \begin{cases} \dfrac{a_1(1-q^n)}{1-q} = \dfrac{a_1 - a_n q}{1-q}, & q \neq 1, \\ na_1, & q = 1. \end{cases}$$

由等比数列的通项公式及前 n 项和公式可得到如下的结论：

(1) 若 $m,n,p,q \in \mathbb{N}^*$，且 $m+n = p+q$，则 $a_n a_m = a_p a_q$. 特别地，若 $m+n = 2p$，则 $a_n a_m = a_p^2$.

(2) 若等比数列 $\{a_n\}$ 的前 n 项和为 S_n，则 $S_n \neq 0$ 时，$S_n, S_{2n} - S_n, S_{3n} - S_{2n}, \cdots$ 也是等比数列.

(3) 若数列 $\{a_n\}$，$\{b_n\}$ 为等比数列，则数列 $\{ka_n b_n\}$（k 为常数）也为等比数列.

判定数列为等比数列的方法：

(1) 定义法：若 $\dfrac{a_{n+1}}{a_n} = q$（q 为非零常数）（$n \in \mathbb{N}^*$），则 $\{a_n\}$ 是等比数列.

注 由 $a_{n+1} = qa_n$（$q \neq 0$），并不能判断数列 $\{a_n\}$ 是等比数列，还要验证 a_1 是否为 0.

(2) 中项公式法：若 $a_n a_{n+2} = a_{n+1}^2$（$n \in \mathbb{N}^*$），则 $\{a_n\}$ 是等比数列.

(3) 通项公式法：若 $a_n = cq^n$（c,q 为非零常数），则 $\{a_n\}$ 是等比数列.

(4) 前 n 项和公式法：若 $S_n = cq^n - c$（c,q 为非零常数），则 $\{a_n\}$ 是等比数列.

例 7.1 已知数列 $\{b_n\}$ 的前 n 项和为 T_n，若数列 $\{b_n\}$ 满足各项均为正项，并且以 (b_n, T_n)（$n \in \mathbb{N}^*$）为坐标的点都在曲线 $ay = \dfrac{a}{2}x^2 + \dfrac{a}{2}x + b$（$a$ 为非零常数）上，则称数列 $\{b_n\}$ 为"抛物数列". 已知数列 $\{b_n\}$ 为抛物数列，证明 $\{b_n\}$ 为等差数列.

证明 因"抛物数列"$\{b_n\}$ 的前 n 项和为 T_n，且 $b_n > 0$，以 (b_n, T_n)（$n \in \mathbb{N}^*$）为坐标的点都在曲线 $ay = \dfrac{a}{2}x^2 + \dfrac{a}{2}x + b$（$a$ 为非零常数）上，即

$$aT_n = \frac{a}{2}b_n^2 + \frac{a}{2}b_n + b.$$

当 $n=1$ 时，$aT_1 = \frac{a}{2}b_1^2 + \frac{a}{2}b_1 + b$ 即为 $ab_1 = \frac{a}{2}b_1^2 + \frac{a}{2}b_1 + b$，从而得 $\frac{a}{2}b_1^2 - \frac{a}{2}b_1 + b = 0$，

即 $ab_1^2 - ab_1 + 2b = 0$，于是得 $b_1 = \frac{a + \sqrt{a^2 - 8ab}}{2a}$.

当 $n \geq 2$ 时，有

$$aT_n = \frac{a}{2}b_n^2 + \frac{a}{2}b_n + b, \quad 及 \quad aT_{n-1} = \frac{a}{2}b_{n-1}^2 + \frac{a}{2}b_{n-1} + b.$$

两式相减得

$$ab_n = \frac{a}{2}(b_n^2 - b_{n-1}^2) + \frac{a}{2}(b_n - b_{n-1}), \quad 即 \quad \frac{a}{2}(b_n^2 - b_{n-1}^2) - \frac{a}{2}(b_n + b_{n-1}) = 0.$$

由各项均为正项，可得 $b_n - b_{n-1} = 1(n \geq 2)$，由等差数列的定义可知 $\{b_n\}$ 一定为等差数列.

例 7.2 已知等比数列 $\{a_n\}$ 的公比 $q > 1$，$a_1 = 2$，且 $a_1, a_2, a_3 - 8$ 成等差数列，数列 $\{a_n b_n\}$ 的前 n 项和为 $\frac{2^{n-1}3^n + 1}{2}$.

(1) 分别求出数列 $\{a_n\}$ 和 $\{b_n\}$ 的通项公式.

(2) 设数列 $\left\{\frac{1}{a_n}\right\}$ 的前 n 项和为 S_n. 已知 $\forall n \in \mathbb{N}^*$，$S_n \leq m$ 恒成立，求实数 m 的最小值.

解 (1) 因为 $a_1 = 2$，且 $a_1, a_2, a_3 - 8$ 成等差数列，所以

$$2a_2 = a_1 + a_3 - 8, \quad 即 \quad 2a_1 q = a_1 + a_1 q^2 - 8,$$

进一步得 $q^2 - 2q - 3 = 0$，所以 $q = 3$ 或 $q = -1$. 而 $q > 1$，故 $q = 3$，于是 $a_n = 2 \cdot 3^{n-1}$.

因为 $a_1 b_1 + a_2 b_2 + \cdots + a_n b_n = \frac{2^{n-1}3^n + 1}{2}$，所以

$$a_1 b_1 + a_2 b_2 + \cdots + a_{n-1} b_{n-1} = \frac{2^{n-3}3^{n-1} + 1}{2}.$$

两式相减得 $a_n b_n = 2n \cdot 3^{n-1} (n \geq 2)$. 而 $a_n = 2 \cdot 3^{n-1}$，所以 $b_n = n(n \geq 2)$.

令 $n = 1$，可求得 $b_1 = 1$，故得 $b_n = n$.

(2) 因为数列 $\{a_n\}$ 是首项为 2，公比为 3 的等比数列，所以数列 $\left\{\frac{1}{a_n}\right\}$ 是首项为 $\frac{1}{2}$，公比为 $\frac{1}{3}$ 的等比数列，于是

$$S_n = \frac{\frac{1}{2}\left[1 - \left(\frac{1}{3}\right)^n\right]}{1 - \frac{1}{3}} = \frac{3}{4}\left[1 - \left(\frac{1}{3}\right)^n\right] < \frac{3}{4}.$$

因为 $\forall n \in \mathbb{N}^*$，$S_n \leq m$ 恒成立，故实数 m 的最小值为 $\frac{3}{4}$.

例 7.3 设数列 $\{a_n\}(n = 1, 2, \cdots)$ 的前 n 项和 S_n 满足 $S_n = 2a_n - a_1$，且 $a_1, a_2 + 1, a_3$ 成等差数列.

(1) 求数列 $\{a_n\}$ 的通项公式；

（2）记数列 $\left\{\dfrac{1}{a_n}\right\}$ 的前 n 项和为 T_n，求使得 $|T_n-1|<\dfrac{1}{1000}$ 成立的 n 的最小值.

解 （1）由已知 $S_n=2a_n-a_1$，有 $a_n=S_n-S_{n-1}=2a_n-2a_{n-1}(n\geqslant2)$，即 $a_n=2a_{n-1}(n\geqslant2)$. 从而 $a_2=2a_1,a_3=2a_2=4a_1$.

又因为 a_1,a_2+1,a_3 成等差数列，即 $a_1+a_3=2(a_2+1)$，所以 $a_1+4a_1=2(2a_1+1)$，解得 $a_1=2$，所以数列 $\{a_n\}$ 是首项为 2，公比为 2 的等比数列，故 $a_n=2^n$.

（2）由（1）可得 $\dfrac{1}{a_n}=\dfrac{1}{2^n}$，所以

$$T_n=\frac{1}{2}+\frac{1}{2^2}+\cdots+\frac{1}{2^n}=1-\frac{1}{2^n}.$$

由 $|T_n-1|<\dfrac{1}{1000}$，得

$$\left|1-\frac{1}{2^n}-1\right|<\frac{1}{1000},\quad 即\ 2^n>1000.$$

因为 $2^9=512<1000<1024=2^{10}$，所以 $n\geqslant10$，于是，使 $|T_n-1|<\dfrac{1}{1000}$ 成立的 n 的最小值为 10.

7.2 递推数列

定义 7.3 由递推关系式及前几项给定的数列叫递推数列.

根据递推关系求解通项，除用计算－猜想－证明的思路外，通常还可以对递推关系式进行变换，转化成等差、等比数列或易于求出通项的数列的问题来解决. 下面分类给出一些常见的递推关系的类型及其解法.

类型一：$a_{n+1}=a_n+d$（其中 d 是常数）

由 $a_{n+1}-a_n=d$ 知 $\{a_n\}$ 是等差数列，则 $a_n=a_1+(n-1)d$.

类型二：$a_{n+1}=a_nq$（其中 q 是不为 0 的常数）

由 $\dfrac{a_{n+1}}{a_n}=q$，得 $\{a_n\}$ 是等比数列，于是 $a_n=a_1q^{n-1}$.

类型三：$a_{n+1}=a_n+f(n)$

用叠加法得 $a_n=a_1+f(1)+f(2)+\cdots+f(n-1)$.

例 7.4 在数列 $\{a_n\}$ 中，$a_1=1$，且 $a_{n+1}=a_n+2^n$，求 a_n.

解 由 $a_{n+1}=a_n+2^n$ 得

$$a_2-a_1=2^1,\quad a_3-a_2=2^2,\quad \cdots,\quad a_n-a_{n-1}=2^{n-1}.$$

由上面这些等式叠加得

$$a_n-a_1=2^1+2^2+\cdots+2^{n-1}=\frac{2-2^{n-1}\cdot2}{1-2}=2^n-2,$$

故 $a_n=2^n-1$.

类型四：$a_{n+1}=f(n)a_n$

用叠乘法得 $a_n=a_1f(1)f(2)\cdots f(n-1)$.

例 7.5 在数列 $\{a_n\}$ 中,$a_1=2$,且 $na_{n+1}=(n+2)a_n$,求 a_n.

解 由已知得,$\dfrac{a_{n+1}}{a_n}=\dfrac{n+2}{n}$,则有

$$\frac{a_2}{a_1}=\frac{3}{1},\quad \frac{a_3}{a_2}=\frac{4}{2},\quad \frac{a_4}{a_3}=\frac{5}{3},\cdots,\quad \frac{a_{n-1}}{a_{n-2}}=\frac{n}{n-2},\quad \frac{a_n}{a_{n-1}}=\frac{n+1}{n-1}.$$

这 $n-1$ 个等式叠乘得,$\dfrac{a_n}{a_1}=\dfrac{n(n+1)}{1\times 2}$,即 $a_n=n(n+1)$.

类型五:$a_{n+1}=ca_n+d$(其中 c,d 是常数,且 $c\neq 0$)

方法一,用参数法化"d"为 0.

例 7.6 已知数列 $\{a_n\}$ 满足 $a_n=3a_{n-1}-2(n\geqslant 2)$,且 $a_1=4$,求 a_n.

解 引入参数 c,令 $a_n-c=3(a_{n-1}-c)$,即 $a_n=3a_{n-1}-2c$,与已知 $a_n=3a_{n-1}-2$ 比较知 $c=1$,于是有 $\dfrac{a_n-1}{a_{n-1}-1}=3$,即数列 $\{a_n-1\}$ 是以 $a_1-1=3$ 为首项,3 为公比的等比数列,则 $a_n-1=3\cdot 3^{n-1}$,故 $a_n=3^n+1$.

方法二,利用不动点法.

已知数列 $\{a_n\}$ 的项满足 $a_1=b$,$a_{n+1}=ca_n+d$,其中 $c\neq 0$,$c\neq 1$,$n\in \mathbb{N}^*$,称方程 $x=cx+d$ 为数列 $\{a_n\}$ 的不动点方程,设不动点方程的根为 x',则:

(1) 当 $x'=a_1$ 时,数列 $\{a_n\}$ 为常数数列;

(2) 当 $x'\neq a_1$ 时,数列 $\{a_n-x'\}$ 是以 c 为公比的等比数列.

例 7.7 已知数列 $\{a_n\}$ 满足:$a_{n+1}=-\dfrac{1}{3}a_n-2$,$a_1=4$,求 a_n.

解 相应的不动点方程为 $x=-\dfrac{1}{3}x-2$,则 $x'=-\dfrac{3}{2}\neq 4$.

所以数列 $\left\{a_n+\dfrac{3}{2}\right\}$ 是首项为 $\dfrac{11}{2}$,公比为 $-\dfrac{1}{3}$ 的等比数列,故 $a_n=-\dfrac{3}{2}+\dfrac{11}{2}\left(-\dfrac{1}{3}\right)^{n-1}$.

例 7.8 已知数列 $\{a_n\}$ 满足递推关系:$a_{n+1}=(2a_n+3)\mathrm{i}$,$n\in \mathbb{N}^*$,其中 i 为虚数单位.当 a_1 取何值时,数列 $\{a_n\}$ 是常数数列?

解 相应的不动点方程为 $x=(2x+3)\mathrm{i}$,则根为 $x'=\dfrac{-6+3\mathrm{i}}{5}$.

要使 $\{a_n\}$ 为常数数列,则必须 $a_1=x'=\dfrac{-6+3\mathrm{i}}{5}$.

类型六:$a_{n+1}=pa_n+f(n)$

(1) 若 $f(n)=kn+b$(其中 k,b 是常数,且 $k\neq 0$).

利用升降足标法.

例 7.9 在数列 $\{a_n\}$ 中,$a_1=1$,且满足 $a_{n+1}=3a_n+2n$,求 a_n.

解 由 $a_{n+1}=3a_n+2n$,得 $a_n=3a_{n-1}+2(n-1)$.

两式相减得

$$a_{n+1}-a_n=3(a_n-a_{n-1})+2.$$

令 $b_n=a_{n+1}-a_n$,则得 $b_n=3b_{n-1}+2$.

利用类型五的方法知

$$b_n=5\cdot 3^{n-1}-1,\quad \text{即}\ a_{n+1}-a_n=5\cdot 3^{n-1}-1.$$

再利用类型三的方法知

$$a_n = \frac{5}{2} \cdot 3^{n-1} - n - \frac{1}{2}.$$

亦可联立 $a_{n+1} = 3a_n + 2n$ 与 $a_{n+1} - a_n = 5 \cdot 3^{n-1} - 1$，解出 $a_n = \frac{5}{2} \cdot 3^{n-1} - n - \frac{1}{2}$.

（2）若 $f(n) = r^n$（其中 r 是常数，且 $r \neq 0, 1$）.

采用两边同乘 $\frac{1}{r^{n+1}}$ 的方法.

例 7.10   在数列 $\{a_n\}$ 中，$a_1 = 1$，且满足 $a_{n+1} = 6a_n + 3^n$，求 a_n.

解   将已知 $a_{n+1} = 6a_n + 3^n$ 的两边同乘 $\frac{1}{3^{n+1}}$，得

$$\frac{a^{n+1}}{3^{n+1}} = 2 \cdot \frac{a_n}{3^n} + \frac{1}{3},$$

令 $b_n = \frac{a_n}{3^n}$，则 $b_{n+1} = 2b_n + \frac{1}{3}$. 利用类型五的方法知 $b_n = \frac{2^n}{3} - \frac{1}{3}$，故 $a_n = \frac{6^n}{3} - 3^{n-1}$.

（3）若 $f(n) = kn^2 + bn + c$.

利用待定系数法.

例 7.11   在数列 $\{a_n\}$ 中，$a_1 = 1$，且对任意 $n \in \mathbb{N}^*$，有 $a_{n+1} = 3a_n - 2n^2 + 4n + 4$，求数列 $\{a_n\}$ 的通项公式.

解   令 $a_{n+1} + x(n+1)^2 + y(n+1) + z = 3(a_n + xn^2 + yn + z)$，则

$$a_{n+1} = 3a_n + 2xn^2 + (2y - 2x)n + 2z - x - y.$$

而已知 $a_{n+1} = 3a_n - 2n^2 + 4n + 4$，从而 $x = -1, y = 1, z = 2$，故

$$a_{n+1} - (n+1)^2 + (n+1) + 2 = 3(a_n - n^2 + n + 2).$$

因为 $a_1 - 1 + 1 + 2 = 3$，所以数列 $\{a_n - n^2 + n + 2\}$ 是首项为 3，公比为 3 的等比数列，因此 $a_n = 3^n + n^2 - n - 2$.

类型七：$a_{n+1} = \dfrac{ra_n}{pa_n + q}$（其中 p, q 是不为 0 的常数）.

利用倒数法.

例 7.12   在数列 $\{a_n\}$ 中，若 $a_1 = 1$，$a_{n+1} = \dfrac{2a_n}{a_n + 2}$，求 a_n.

解   因为 $a_{n+1} = \dfrac{2a_n}{a_n + 2}$，所以 $\dfrac{1}{a_{n+1}} = \dfrac{a_n + 2}{2a_n} = \dfrac{1}{a_n} + \dfrac{1}{2}$，即数列 $\left\{\dfrac{1}{a_n}\right\}$ 是以 $\dfrac{1}{a_1} = 1$ 为首项，$\dfrac{1}{2}$ 为公差的等差数列，故

$$\frac{1}{a_n} = 1 + (n-1)\frac{1}{2}, \quad 即\ a_n = \frac{2}{n+1}.$$

例 7.13   在数列 $\{a_n\}$ 中，若 $a_1 = 1$，$a_{n+1} = \dfrac{3a_n}{2a_n + 2}$，求 a_n.

解   因为 $a_{n+1} = \dfrac{3a_n}{2a_n + 2}$，所以

$$\frac{1}{a_{n+1}} = \frac{2a_n + 2}{3a_n} = \frac{2}{3} \cdot \frac{1}{a_n} + \frac{2}{3}.$$

令 $b_n=\dfrac{1}{a_n}$,则 $b_{n+1}=\dfrac{2}{3}b_n+\dfrac{2}{3}$.利用类型五知,$b_n=2-\left(\dfrac{2}{3}\right)^{n-1}$,则 $a_n=\dfrac{1}{2-\left(\dfrac{2}{3}\right)^{n-1}}$.

类型八：$a_{n+1}=\dfrac{pa_n+q}{ra_n+h}$ （其中 $p,q,r,h\in\mathbb{R}$,且 $ph\neq qr,r\neq 0,a_1\neq-\dfrac{h}{r}$）.

利用不动点法.

已知数列 $\{a_n\}$ 的项满足：$a_1=a$ 且对于 $n\in\mathbb{N}^*$,都有 $a_{n+1}=\dfrac{pa_n+q}{ra_n+h}$（其中 $p,q,r,h\in\mathbb{R}$,

且 $ph\neq qr,r\neq 0,a_1\neq-\dfrac{h}{r}$）,称方程 $x=\dfrac{px+q}{rx+h}$ 为数列 $\{a_n\}$ 的不动点方程.

（1）当不动点方程有两个相同的根 λ 时：

① 若 $a_1=\lambda$,则数列 $\{a_n\}$ 为常数数列；

② 若 $a_1\neq\lambda$,则数列 $\left\{\dfrac{1}{a_n-\lambda}\right\}$ 为等差数列.

（2）当不动点方程有两个相异的根 λ_1,λ_2 时,则数列 $\left\{\dfrac{a_n-\lambda_1}{a_n-\lambda_2}\right\}$ 为等比数列.

当 $q=0$ 时类型八就变成了类型七,因此这种解法也适合类型七.

类型九：$a_{n+1}=pa_n^r$（其中 p,r 为常数,且 $p>0,a_n>0$）.

利用对数法.

例7.14 在数列 $\{a_n\}$ 中,若 $a_1=3,a_{n+1}=a_n^2$,求 a_n.

解 由 $a_1=3,a_{n+1}=a_n^2$ 知 $a_n>0$.

对 $a_{n+1}=a_n^2$ 两边取以 3 为底的对数得

$$\log_3 a_{n+1}=2\log_3 a_n,$$

则数列 $\{\log_3 a_n\}$ 是以 $\log_3 a_1=1$ 为首项,2 为公比的等比数列,故

$$\log_3 a_n=1\cdot 2^{n-1}=2^{n-1},\quad \text{即 } a_n=3^{2^{n-1}}.$$

类型十：$a_{n+1}=pa_n+qa_{n-1}$（其中 p,q 为常数,且 $p+q=1$）.

利用转化法.

例7.15 在数列 $\{a_n\}$ 中,若 $a_1=8,a_2=2$,且 $a_{n+2}-4a_{n+1}+3a_n=0$,求 a_n.

解 把 $a_{n+2}-4a_{n+1}+3a_n=0$ 变形为 $a_{n+2}-a_{n+1}=3(a_{n+1}-a_n)$,则数列 $\{a_{n+1}-a_n\}$ 是以 $a_2-a_1=-6$ 为首项,3 为公比的等比数列,故

$$a_{n+1}-a_n=-6\cdot 3^{n-1}.$$

利用类型三的方法可得,$a_n=11-3^n$.

变式：$a_{n+1}=pa_n+qa_{n-1}$（其中 p,q 为常数,且满足 $p^2+4q\geq 0$）.

方法一,利用待定系数法.

例7.16 已知数列 $\{a_n\}$ 满足 $a_{n+2}-5a_{n+1}+6a_n=0$,且 $a_1=1,a_2=5$,求 a_n.

解 令 $a_{n+2}-\alpha a_{n+1}=\beta(a_{n+1}-\alpha a_n)$,即 $a_{n+2}-(\alpha+\beta)a_{n+1}+\alpha\beta a_n=0$.

与已知 $a_{n+2}-5a_{n+1}+6a_n=0$ 比较,则有

$$\begin{cases}\alpha+\beta=5,\\ \alpha\beta=6,\end{cases}\quad\text{故}\quad\begin{cases}\alpha=2,\\ \beta=3,\end{cases}\quad\text{或}\quad\begin{cases}\alpha=3,\\ \beta=2.\end{cases}$$

下面我们取其中一组 $\alpha=2,\beta=3$ 来运算（另一组读者完成）,这时

$$a_{n+2} - 2a_{n+1} = 3(a_{n+1} - 2a_n),$$

则数列 $\{a_{n+1} - 2a_n\}$ 是以 $a_2 - 2a_1 = 3$ 为首项,3 为公比的等比数列,故

$$a_{n+1} - 2a_n = 3 \cdot 3^{n-1} = 3^n, \quad 即 \ a_{n+1} = 2a_n + 3^n.$$

利用类型六(2)的方法,可得 $a_n = 3^n - 2^n$.

方法二,利用特征方程法.

已知数列 $\{a_n\}$ 的项满足 $a_{n+2} = pa_{n+1} + qa_n, a_1 = a, a_2 = b, n \in \mathbb{N}^*$,称方程 $x^2 - px - q = 0$ 为数列 $\{a_n\}$ 的特征方程. 若 x_1, x_2 是特征方程的两个根,则:

(1) 当 $x_1 \neq x_2$ 时,数列 $\{a_n\}$ 的通项为 $a_n = Ax_1^n + Bx_2^n$,其中 A, B 由初始值决定;

(2) 当 $x_1 = x_2$ 时,数列 $\{a_n\}$ 的通项为 $a_n = (A + Bn)x_1^n$,其中 A, B 由初始值决定.

例 7.17 设数列 $\{a_n\}$ 满足 $a_1 = 1, a_2 = 2, a_n = \dfrac{1}{3}(a_{n-1} + 2a_{n-2})$ $(n = 3, 4, \cdots)$,求数列 $\{a_n\}$ 的通项公式.

解 数列 $\{a_n\}$ 相应的特征方程为 $x^2 - \dfrac{1}{3}x - \dfrac{2}{3} = 0$,特征根为 $x_1 = 1, x_2 = -\dfrac{2}{3}$,所以可设

$$a_n = Ax_1^n + Bx_2^n = A + B\left(-\frac{2}{3}\right)^n.$$

又由 $a_1 = 1, a_2 = 2$,于是

$$\begin{cases} 1 = A - \dfrac{2}{3}B, \\ 2 = A + \dfrac{4}{9}B, \end{cases} \quad 解得 \begin{cases} A = \dfrac{8}{5}, \\ B = \dfrac{9}{10}, \end{cases}$$

故 $a_n = \dfrac{8}{5} + \dfrac{9}{10}\left(-\dfrac{2}{3}\right)^n$.

例 7.18 设 p, q 为实数,α, β 是方程 $x^2 - px + q = 0$ 的两个实根,数列 $\{x_n\}$ 满足 $x_1 = p$, $x_2 = p^2 - q, x_n = px_{n-1} - qx_{n-2}$ $(n = 3, 4, \cdots)$. 求数列 $\{x_n\}$ 的通项公式.

解 数列 $\{x_n\}$ 相应的特征方程为 $x^2 - px + q = 0$,特征根为 $\lambda_1 = \alpha, \lambda_2 = \beta$.

① 当 $\alpha \neq \beta$ 时,可设 $x_n = A\alpha^n + B\beta^n$,由 $x_1 = p, x_2 = p^2 - q$ 得

$$\begin{cases} \alpha + \beta = A\alpha + B\beta, \\ (\alpha + \beta)^2 - \alpha\beta = A\alpha^2 + B\beta^2, \end{cases} \quad 解得 \begin{cases} A = \dfrac{\alpha}{\alpha - \beta}, \\ B = \dfrac{-\beta}{\alpha - \beta}, \end{cases} \quad 所以 \ x_n = \dfrac{\alpha^{n+1} - \beta^{n+1}}{\alpha - \beta}.$$

② 当 $\alpha = \beta$ 时,可设 $x_n = (A + Bn)\alpha^n$,由 $x_1 = p, x_2 = p^2 - q$ 得

$$\begin{cases} \alpha + \alpha = (A + B)\alpha, \\ (\alpha + \alpha)^2 - \alpha\alpha = (A + 2B)\alpha^2, \end{cases} \quad 解得 \begin{cases} A = 1, \\ B = 1, \end{cases} \quad 所以 \ x_n = (n + 1)\alpha^n.$$

类似地,若已知数列前两项 a_1, a_2,且 $a_{n+2} = c_1 a_{n+1} + c_2 a_n + g(n)$,可用以下方法处理.

令 $a_{n+2} - xa_{n+1} = y(a_{n+1} - xa_n) + g(n)$,则 $a_{n+2} = (x + y)a_{n+1} - xya_n + g(n)$,$x, y$ 可由方程组求得.

记 $b_n = a_{n+1} - xa_n$,则 $b_{n+1} = yb_n + g(n)$,划归为类型六了.

例 7.19 已知数列 $\{a_n\}$ 满足 $a_1 = -3, a_2 = 6$,且对任意 $n \in \mathbb{N}^*$,有 $a_{n+2} = 3a_{n+1} - 2a_n +$

3^n，求数列 $\{a_n\}$ 的通项公式．

解 令 $a_{n+2}-xa_{n+1}=y(a_{n+1}-xa_n)+3^n$，则 $a_{n+2}=(x+y)a_{n+1}-xya_n+3^n$．

又已知 $a_{n+2}=3a_{n+1}-2a_n+3^n$，故 $x+y=3,xy=2$，所以 $x=1,y=2$ 或 $x=2,y=1$．

取 $x=1,y=2$ 得

$$a_{n+2}-a_{n+1}=2(a_{n+1}-a_n)+3^n.$$

记 $b_n=a_{n+1}-a_n$，则得 $b_{n+1}=2b_n+3^n$，即 $b_{n+1}-3^{n+1}=2(b_n-3^n)$．因为 $b_1-3=a_2-a_1-3=6$，所以 $b_n-3^n=6\cdot 2^{n-1}=3\cdot 2^n$，即 $a_{n+1}-a_n=3\cdot 2^n+3^n$，所以 $n\geqslant 2$ 时，有

$$a_n=a_1+(a_2-a_1)+(a_3-a_2)+\cdots+(a_n-a_{n-1})$$
$$=-3+3(2+2^2+\cdots+2^{n-1})+(3+3^2+\cdots+3^{n-1})$$
$$=3\cdot 2^n+\frac{3^n}{2}-\frac{21}{2}.$$

显然 $n=1$ 时也满足，所以 $\{a_n\}$ 的通项公式为 $a_n=3\cdot 2^n+\dfrac{3^n}{2}-\dfrac{21}{2}$．

类型十一：递推关系由 a_n 与 S_n 的关系给出

运用 $a_n=\begin{cases}S_1, & n=1,\\ S_n-S_{n-1}, & n\geqslant 2\end{cases}$ 互化解决．

例 7.20 已知数列 $\{a_n\}$ 的前 n 项和为 S_n，且满足 $a_n+2S_nS_{n-1}=0(n\geqslant 2)$．又 $a_1=\dfrac{1}{2}$，求 a_n．

解 因为当 $n\geqslant 2$ 时，有 $a_n=S_n-S_{n-1}$，所以由 $a_n+2S_nS_{n-1}=0$，得 $S_n-S_{n-1}=-2S_nS_{n-1}$，即

$$\frac{S_n-S_{n-1}}{S_nS_{n-1}}=-2，亦即 \frac{1}{S_n}-\frac{1}{S_{n-1}}=2.$$

故数列 $\left\{\dfrac{1}{S_n}\right\}$ 是以 $\dfrac{1}{a_1}=2$ 为首项，2 为公差的等差数列，故

$$\frac{1}{S_n}=2+(n-1)\cdot 2=2n，于是 S_n=\frac{1}{2n}.$$

当 $n\geqslant 2$ 时，$a_n=S_n-S_{n-1}=\dfrac{1}{2n}-\dfrac{1}{2(n-1)}=-\dfrac{1}{2n(n-1)}$．

显然上式对 $n=1$ 时不成立，综上可得

$$a_n=\begin{cases}\dfrac{1}{2}, & n=1,\\[3mm] -\dfrac{1}{2n(n-1)}, & n\geqslant 2.\end{cases}$$

例 7.21 已知点 $\left(1,\dfrac{1}{3}\right)$ 是函数 $f(x)=a^x(a>0$，且 $a\neq 1)$ 的图像上一点，等比数列 $\{a_n\}$ 的前 n 项和为 $f(n)-c$，数列 $\{b_n\}(b_n>0)$ 的首项为 c，且前 n 项和 S_n 满足 $S_n-S_{n-1}=\sqrt{S_n}+\sqrt{S_{n-1}}(n\geqslant 2)$，求数列 $\{a_n\}$ 与 $\{b_n\}$ 的通项公式．

解 因为 $f(1)=a=\dfrac{1}{3}$，所以 $f(x)=\left(\dfrac{1}{3}\right)^x$．由题设有

$$a_1=f(1)-c=\frac{1}{3}-c, \quad a_2=[f(2)-c]-[f(1)-c]=-\frac{2}{9},$$

$$a_3 = [f(3) - c] - [f(2) - c] = -\frac{2}{27}.$$

又数列 $\{a_n\}$ 为等比数列，$a_1 = \dfrac{a_2^2}{a_3} = \dfrac{\frac{4}{81}}{-\frac{2}{27}} = -\dfrac{2}{3} = \dfrac{1}{3} - c$，所以 $c = 1$.

又公比 $q = \dfrac{a_2}{a_1} = \dfrac{1}{3}$，所以 $a_n = -\dfrac{2}{3}\left(\dfrac{1}{3}\right)^{n-1} = -2\left(\dfrac{1}{3}\right)^n (n \in \mathbb{N}^*)$.

因为 $S_n - S_{n-1} = (\sqrt{S_n} - \sqrt{S_{n-1}})(\sqrt{S_n} + \sqrt{S_{n-1}}) = \sqrt{S_n} + \sqrt{S_{n-1}} (n \geqslant 2)$，而 $b_n > 0$，$\sqrt{S_n} > 0$，从而得 $\sqrt{S_n} - \sqrt{S_{n-1}} = 1$.

数列 $\{\sqrt{S_n}\}$ 构成一个首项为 1 公差为 1 的等差数列，故

$$\sqrt{S_n} = 1 + (n-1) \times 1 = n, \quad 即 S_n = n^2.$$

当 $n \geqslant 2$ 时，$b_n = S_n - S_{n-1} = n^2 - (n-1)^2 = 2n - 1$，即

$$b_n = 2n - 1 (n \in \mathbb{N}^*).$$

例 7.22 已知数列 $\{a_n\}$ 满足：$a_1 = 1, a_2 = 2$，对任意的 $n \in \mathbb{N}^*$，都有 $a_n > 0$，且 $a_1^3 + a_2^3 + \cdots + a_n^3 = (a_1 + a_2 + \cdots + a_n)^2$. 求数列 $\{a_n\}$ 的通项公式 a_n.

解 由于

$$a_1^3 + a_2^3 + \cdots + a_n^3 = (a_1 + a_2 + \cdots + a_n)^2, \tag{7.1}$$

则有

$$a_1^3 + a_2^3 + \cdots + a_n^3 + a_{n+1}^3 = (a_1 + a_2 + \cdots + a_n + a_{n+1})^2. \tag{7.2}$$

(7.2)式 $-$ (7.1)式，得 $a_{n+1}^3 = (a_1 + a_2 + \cdots + a_n + a_{n+1})^2 - (a_1 + a_2 + \cdots + a_n)^2$.

由于 $a_n > 0$，从而可得

$$a_{n+1}^2 = 2(a_1 + a_2 + \cdots + a_n) + a_{n+1}. \tag{7.3}$$

同样有

$$a_n^2 = 2(a_1 + a_2 + \cdots + a_{n-1}) + a_n (n \geqslant 2). \tag{7.4}$$

(7.3)式 $-$ (7.4)式，得 $a_{n+1}^2 - a_n^2 = a_{n+1} + a_n$，即 $a_{n+1} - a_n = 1$.

由于 $a_2 - a_1 = 1$，故当 $n \geqslant 1$ 时都有 $a_{n+1} - a_n = 1$，所以数列 $\{a_n\}$ 是首项为 1，公差为 1 的等差数列，故 $a_n = n$.

例 7.23 设 $b > 0$，数列 $\{a_n\}$ 满足 $a_1 = b, a_n = \dfrac{nba_{n-1}}{a_{n-1} + n - 1} (n \geqslant 2)$. 求数列 $\{a_n\}$ 的通项公式.

解 因为 $a_n = \dfrac{nba_{n-1}}{a_{n-1} + n - 1} (n \geqslant 2)$，所以

$$a_n(a_{n-1} + n - 1) = nba_{n-1}, \quad 即 a_na_{n-1} + (n-1)a_n = nba_{n-1}.$$

因为 $a_n \neq 0$，两边同时除以 a_na_{n-1} 得 $1 + \dfrac{n-1}{a_{n-1}} = b \cdot \dfrac{n}{a_n}$.

设 $c_n = \dfrac{n}{a_n}$，则 $bc_n = c_{n-1} + 1$.

(1) 当 $b = 1$ 时，数列 $\{c_n\}$ 是一个以 $c_1 = \dfrac{1}{a_1} = \dfrac{1}{b} = 1$ 为首项，$d = 1$ 为公差的等差数列，所

以，$c_n = 1 + (n-1) \cdot 1 = n$，于是 $a_n = \dfrac{n}{c_n} = \dfrac{n}{n} = 1$.

（2）当 $b \neq 1$ 时，令 $b(c_n + k) = (c_{n-1} + k)$，即 $bc_n = c_{n-1} + (1-b)k$，比较得 $(1-b)k = 1$，即 $k = \dfrac{1}{1-b}$，因此 $b\left(c_n + \dfrac{1}{1-b}\right) = \left(c_{n-1} + \dfrac{1}{1-b}\right)$.

设 $d_n = c_n + \dfrac{1}{1-b}$，则 $b \cdot d_n = d_{n-1}$，即 $\dfrac{d_n}{d_{n-1}} = \dfrac{1}{b}$.

因此数列 $\{d_n\}$ 是一个以 $d_1 = c_1 + \dfrac{1}{1-b} = \dfrac{1}{a_1} + \dfrac{1}{1-b} = \dfrac{1}{b} + \dfrac{1}{1-b}$ 为首项，$q = \dfrac{1}{b}$ 为公比的等比数列. 所以

$$d_n = \left(\frac{1}{b} + \frac{1}{1-b}\right)\left(\frac{1}{b}\right)^{n-1} = \frac{1}{b^n} + \frac{1}{(1-b)b^{n-1}}.$$

故

$$c_n = d_n - \frac{1}{1-b} = \frac{1}{b^n} + \frac{1}{(1-b)b^{n-1}} - \frac{1}{1-b} = \frac{1}{b^n} + \frac{1-b^{n-1}}{(1-b)b^{n-1}} = \frac{1-b^n}{(1-b)b^n},$$

$$a_n = \frac{n}{c_n} = \frac{n(1-b)b^n}{1-b^n}.$$

综上所述

$$a_n = \begin{cases} 1, & b = 1, \\ \dfrac{n(1-b)b^n}{1-b^n}, & b \neq 1. \end{cases}$$

例 7.24 已知 $a_n = n$. 设 $b_n = \dfrac{a_n}{a_{n+1}}$，是否存在 $m, k (k > m \geq 2, k, m \in \mathbb{N}^*)$，使得 b_1, b_m, b_k 成等比数列；若存在，求出所有符合条件的 m, k 的值；若不存在，请说明理由.

解 假设存在 $m, k (k > m \geq 2, m, k \in \mathbb{N}^*)$，使得 b_1, b_m, b_k 成等比数列，则 $b_m^2 = b_1 b_k$.

因为 $b_n = \dfrac{a_n}{a_{n+1}} = \dfrac{n}{n+1}$，所以 $b_1 = \dfrac{1}{2}, b_m = \dfrac{m}{m+1}, b_k = \dfrac{k}{k+1}$，故得

$$\left(\frac{m}{m+1}\right)^2 = \frac{1}{2} \cdot \frac{k}{k+1}, \quad 即 \quad k = \frac{2m^2}{-m^2 + 2m + 1}.$$

因为 $k > 0$，所以 $-m^2 + 2m + 1 > 0$，解得 $1 - \sqrt{2} < m < 1 + \sqrt{2}$.

因为 $m \geq 2, m \in \mathbb{N}^*$，所以 $m = 2$，此时 $k = 8$.

故存在 $m = 2, k = 8$，使得 b_1, b_m, b_k 成等比数列.

例 7.25 已知非零数列 $\{a_n\}$ 满足 $a_1 = 1, a_n a_{n+1} = a_n - 2a_{n+1} (n \in \mathbb{N}^*)$.

（1）求证：数列 $\left\{1 + \dfrac{1}{a_n}\right\}$ 是等比数列；

（2）若关于 n 的不等式

$$\frac{1}{n + \log_2\left(1 + \dfrac{1}{a_1}\right)} + \frac{1}{n + \log_2\left(1 + \dfrac{1}{a_2}\right)} + \cdots + \frac{1}{n + \log_2\left(1 + \dfrac{1}{a_n}\right)} < m - 3$$

有解，求整数 m 的最小值；

（3）在数列 $\left\{1 + \dfrac{1}{a_n} - (-1)^n\right\}$ 中，是否存在首项、第 r 项、第 s 项 $(1 < r < s \leq 6)$，使得这三

项依次构成等差数列? 若存在,求出所有的 r,s;若不存在,请说明理由.

(1) **证明** 由 $a_n a_{n+1}=a_n-2a_{n+1}$,得 $\dfrac{1}{a_{n+1}}=\dfrac{2}{a_n}+1$,即 $\dfrac{1}{a_{n+1}}+1=2\left(\dfrac{1}{a_n}+1\right)$,所以数列 $\left\{1+\dfrac{1}{a_n}\right\}$ 是首项为 2,公比为 2 的等比数列.

(2) **解** 由(1)可得 $\dfrac{1}{a_n}+1=2^n$,故原不等式可化为

$$\frac{1}{n+1}+\frac{1}{n+2}+\cdots+\frac{1}{n+n}<m-3.$$

设 $f(n)=\dfrac{1}{n+1}+\dfrac{1}{n+2}+\cdots+\dfrac{1}{n+n}$,则

$$f(n+1)-f(n)=\frac{1}{2n+1}+\frac{1}{2n+2}-\frac{1}{n+1}=\frac{1}{2n+1}-\frac{1}{2n+2}>0,$$

所以 $f(n)$ 单调递增,故 $f(n)_{\min}=f(1)=\dfrac{1}{2}$,于是 $\dfrac{1}{2}<m-3$,即 $m>\dfrac{7}{2}$,故整数 m 的最小值为 4.

(3) **解** 由(1)得 $a_n=\dfrac{1}{2^n-1}$.

设 $b_n=1+\dfrac{1}{a_n}-(-1)^n=2^n-(-1)^n$,要使得 b_1,b_r,b_s 成等差数列,则 $b_1+b_s=2b_r$,即

$$3+2^s-(-1)^s=2^{r+1}-2(-1)^r,\quad 亦即\ 2^s-2^{r+1}=(-1)^s-2(-1)^r-3.$$

因为 $s\geqslant r+1$,所以 $(-1)^s-2(-1)^r-3\geqslant 0$,故得

$$\begin{cases} s=r+1,\\ (-1)^s=1,\\ (-1)^r=-1. \end{cases}$$

故 s 为偶数,r 为奇数,所以

$$s=4,r=3 \quad 或 \quad s=6,r=5.$$

例 7.26 已知数列 $\{a_n\}$ 的首项为 1,S_n 为数列 $\{a_n\}$ 的前 n 项和,且

$$S_{n+1}=qS_n+1,\quad 其中\ q>0,n\in\mathbb{N}^*.$$

(1) 若 $2a_2,a_3,a_2+2$ 成等差数列,求数列 $\{a_n\}$ 的通项公式;

(2) 设双曲线 $x^2-\dfrac{y^2}{a_n^2}=1$ 的离心率为 e_n,且 $e_2=\dfrac{5}{3}$,证明:$e_1+e_2+\cdots+e_n>\dfrac{4^n-3^n}{3^{n-1}}$.

(1) **解** 由已知,$S_{n+1}=qS_n+1,S_{n+2}=qS_{n+1}+1$.两式相减得 $a_{n+2}=qa_{n+1},n\geqslant 1$.

又由 $S_2=qS_1+1$ 得 $a_2=qa_1$,故 $a_{n+1}=qa_n$ 对所有 $n\geqslant 1$ 都成立.所以数列 $\{a_n\}$ 是首项为 1,公比为 q 的等比数列.从而 $a_n=q^{n-1}$.

由 $2a_2,a_3,a_2+2$ 成等差数列,可得

$$2a_3=3a_2+2,\quad 即\ 2q^2=3q+2,\quad 则\ (2q+1)(q-2)=0.$$

由已知,$q>0$,故 $q=2$.所以 $a_n=2^{n-1}(n\in\mathbb{N}^*)$.

(2) **证明** 由(1)可知,$a_n=q^{n-1}$.所以双曲线 $x^2-\dfrac{y^2}{a_n^2}=1$ 的离心率

$$e_n = \sqrt{1+a_n^2} = \sqrt{1+(q^2)^{n-1}}.$$

由 $e_2 = \sqrt{1+q^2} = \dfrac{5}{3}$，解得 $q = \dfrac{4}{3}$.

因为 $1+q^{2(k-1)} > q^{2(k-1)}$，所以 $\sqrt{1+(q^2)^{k-1}} > q^{k-1}(k \in \mathbb{N}^*)$. 于是

$$e_1 + e_2 + \cdots + e_n > 1+q+\cdots+q^{n-1} = \dfrac{q^n-1}{q-1}, \quad 故 \ e_1+e_2+\cdots+e_n > \dfrac{4^n-3^n}{3^{n-1}}.$$

思考与练习题 7

1. 证明下面的结论成立:

(1) 对等比数列 $\{a_n\}$，若 $m, n, p, q \in \mathbb{N}^*$，且 $m+n=p+q$，则 $a_n a_m = a_p a_q$.

若 $m+n=2p$，则 $a_n a_m = a_p^2$.

(2) 若等比数列 $\{a_n\}$ 的前 n 项和为 S_n，则 $S_n \neq 0$ 时，$S_n, S_{2n}-S_n, S_{3n}-S_{2n}, \cdots$ 也是等比数列.

(3) 若数列 $\{a_n\}$，$\{b_n\}$ 为等比数列，则数列 $\{ka_nb_n\}$（k 为常数）也为等比数列.

2. 已知数列 $\{a_n\}$ 和 $\{b_n\}$ 满足 $a_1=b_1$，且对任意 $n \in \mathbb{N}^*$ 都有 $a_n+b_n=1, \dfrac{a_{n+1}}{a_n} = \dfrac{b_n}{1-a_n^2}$；判断数列 $\left\{\dfrac{1}{a_n}\right\}$ 是否为等差数列，并说明理由. 求证：$(1+a_n)^{n+1}b_n^n > 1$.

3. 设数列 $\{a_n\}$ 满足 $a_1=1, a_2=2, a_n = \dfrac{1}{3}(a_{n-1}+2a_{n-2})(n \geqslant 3)$，求数列 $\{a_n\}$ 的通项公式.

4. 设数列 $\{b_n\}$ 满足 $b_1=1, b_n(n=2,3,\cdots)$ 是非零整数，且对任意的正整数 m 和 k，都有 $-1 \leqslant b_m+b_{m+1}+\cdots+b_{m+k} \leqslant 1$. 求数列 $\{b_n\}$ 的通项公式.

5. 设各项均为正数的数列 $\{a_n\}$ 的前 n 项和为 S_n，已知数列 $\{\sqrt{S_n}\}$ 是首项为 1，公差为 1 的等差数列，求数列 $\{a_n\}$ 的通项公式.

6. 设数列 $\{a_n\}$ 的前 n 项和为 S_n，数列 $\{S_n\}$ 的前 n 项和为 T_n，满足 $T_n = 2S_n - n^2, n \in \mathbb{N}^*$. 已知 $a_1=1$，求数列 $\{a_n\}$ 的通项公式.

7. 已知等差数列 $\{a_n\}$ 的前 n 项和为 $S_n = n^2+pn+q(p,q \in \mathbb{R})$，且 a_2, a_3, a_5 成等比数列.

(1) 求 p, q 的值；

(2) 若数列 $\{b_n\}$ 满足 $a_n = \log_2 n = \log_2 b_n$，求数列 $\{b_n\}$ 的前 n 项和 T_n.

8. 已知 $a_n = 3n-2$，记数列 $\left\{\dfrac{1}{a_n a_{n+1}}\right\}$ 的前 n 项和为 s_n，是否存在正整数 m, n 且 $1 < m < n$，使得 S_1, S_m, S_n 成等比数列？若存在，求出所有符合条件的 m, n 的值，若不存在，请说明理由.

9. 已知等差数列 $\{a_n\}$ 满足：$a_1=2$，且 a_1, a_3, a_{13} 成等比数列.

(1) 求数列 $\{a_n\}$ 的通项公式；

(2) 记 s_n 为数列 $\{a_n\}$ 的前 n 项和，是否存在正整数 n，使得 $s_n > 40n+600$？若存在，求 n 的最小值；若不存在，说明理由.

第8章
解析几何

8.1 直线与圆

一、有关直线的知识概要

1. 确定直线的几何要素是：直线上两不同的点或直线上一点和直线的方向两个相对独立的条件.

表示直线方向的有：直线的倾斜角（斜率）、直线的方向向量、直线的法向量.

2. 一条直线必有一个确定的倾斜角,但不一定有斜率.

当 $\alpha=0°$ 时,$k=0$；当 $0°<\alpha<90°$ 时,$k>0$；当 $\alpha=90°$ 时,k 不存在；当 $90°<\alpha<180°$ 时,$k<0$.即斜率的取值范围为 $k\in\mathbb{R}$.

3. 直线斜率的坐标公式

经过两点 $P_1(x_1,y_1)$,$P_2(x_2,y_2)(x_1\neq x_2)$ 的直线的斜率为 $k=\dfrac{y_1-y_2}{x_1-x_2}$.

特别地,当 $y_1=y_2$,$x_1\neq x_2$ 时,$k=0$,此时直线平行于 x 轴或与 x 轴重合；当 $y_1\neq y_2$,$x_1=x_2$ 时,k 不存在,此时直线的倾斜角为 $90°$,直线与 y 轴平行或重合.

4. 直线的方向向量：已知 $P_1(x_1,y_1)$,$P_2(x_2,y_2)(x_1\neq x_2)$ 是直线 l 上的两点,直线上的向量 $\overrightarrow{P_1P_2}$ 及与它平行的向量都称为直线的方向向量.

直线 P_1P_2 与 x 轴不垂直时,$x_1\neq x_2$,此时,向量 $\dfrac{1}{x_2-x_1}\overrightarrow{P_1P_2}$ 也是直线 P_1P_2 的方向向量,且它的坐标是 $\dfrac{1}{x_2-x_1}(x_2-x_1,y_2-y_1)$,即 $(1,k)$,其中 k 为直线 P_1P_2 的斜率.

5. 直线的法向量：如果向量 n 与直线 l 垂直,则称向量 n 为直线 l 的法向量.

6. 直线的点斜式方程：$y-y_0=k(x-x_0)$.

① $k=\dfrac{y-y_0}{x-x_0}$ 与 $y-y_0=k(x-x_0)$ 是不同的,前者表示直线上缺少一个点 $x\neq x_0$,后者才是整条直线.

② 当直线 l 的倾斜角为 $0°$ 时,$\tan 0°=0$,即 $k=0$,这时直线 l 的方程为 $y=y_0$.

③ 当直线的倾斜角为 $90°$ 时,直线 l 的斜率不存在,这时直线 l 与 y 轴平行或重合,它的方程不能用点斜式表示,它的方程是 $x=x_0$.即局限性是不能表示垂直于 x 轴的直线.

④ 经过点 $P_0(x_0,y_0)$ 的直线有无数条,可分为两类情况:

斜率为 k 的直线,方程为 $y-y_0=k(x-x_0)$;

斜率不存在的直线,方程为 $x-x_0=0$ 或写为 $x=x_0$.

7. 直线的斜截式方程为 $y=kx+b$

① 不表示垂直于 x 轴的直线.

② 斜截式方程和一次函数的解析式相同,都是 $y=kx+b$,但有区别:

当斜率不为 0 时,$y=kx+b$ 是一次函数,当 $k=0$ 时,$y=b$ 不是一次函数.

一次函数 $y=kx+b$ 必是一条直线的斜截式方程.

8. 直线的两点式方程:

当 $x_1\neq x_2$ 时,$y-y_1=\dfrac{y_2-y_1}{x_2-x_1}(x-x_1)$,

当 $x_1\neq x_2$,$y_2\neq y_1$ 时,$\dfrac{y-y_1}{y_2-y_1}=\dfrac{x-x_1}{x_2-x_1}$.

9. 直线的截距式方程:$\dfrac{x}{a}+\dfrac{y}{b}=1$,$a\neq 0$,$b\neq 0$,所以它不能表示与坐标轴平行(重合)的直线,还不能表示过原点的直线.

10. 直线的一般式方程:$Ax+By+C=0$(其中 A,B 不同时为 0).

① 直线的一般式方程能表示所有直线的方程,这是其他形式的方程所不具备的.

② 直线的一般式方程成立的条件是 A,B 不同时为 0.

③ 虽然直线的一般式有三个系数,但是只需两个独立的条件即可求直线的方程.

若 $A\neq 0$,则方程可化为 $x+\dfrac{B}{A}y+\dfrac{C}{A}=0$;

若 $B\neq 0$,则方程可化为 $\dfrac{A}{B}x+y+\dfrac{C}{B}=0$,即 $y=-\dfrac{A}{B}x-\dfrac{C}{B}$;

若 $A=0$,$B\neq 0$ 时,方程化为 $y=-\dfrac{C}{B}$,它表示与 x 轴平行或重合的直线;

若 $A\neq 0$,$B=0$ 时,方程化为 $x=-\dfrac{C}{A}$,它表示一条与 y 轴平行或重合的直线;

若 $ABC\neq 0$ 时,则方程可化为 $\dfrac{x}{-\dfrac{C}{A}}+\dfrac{y}{-\dfrac{C}{B}}=1$.

因此只需要两个条件即可.

④ 直线方程的其他形式都可以转化为一般式.

11. 直线的参数式方程为 $\begin{cases} x=x_0+at, \\ y=y_0+bt. \end{cases}$

12. 直线的点向式方程:$\dfrac{x-x_0}{a}=\dfrac{y-y_0}{b}$,直线 l 经过点 $P_0(x_0,y_0)$,$\boldsymbol{v}=(a,b)$ 是它的一个方向向量.

13. 直线的点法式方程:$A(x-x_0)+B(y-y_0)=0$,法向量为 $\boldsymbol{n}=(A,B)$,且过点 $P_0(x_0,y_0)$.

14. 两条直线平行的判定：

① 当两条直线的斜率存在时，$l_1 // l_2 \Leftrightarrow k_1 = k_2$ 且 $b_1 \neq b_2$.

② 当两条直线的斜率都不存在时，若不重合，则它们也是平行直线.

设两条直线分别为 $l_1 : A_1 x + B_1 y + C_1 = 0$，$l_2 : A_2 x + B_2 y + C_2 = 0$，则

$$l_1 // l_2 \Leftrightarrow \frac{A_1}{A_2} = \frac{B_1}{B_2} \neq \frac{C_1}{C_2}（其中分母不为 0）.$$

或 $l_1 // l_2 \Leftrightarrow A_1 B_2 - A_2 B_1 = 0$ 且 $B_1 C_2 - B_2 C_1 \neq 0$ 或 $A_1 C_2 - A_2 C_1 \neq 0$.

15. 两条直线垂直的判定

$l_1 \perp l_2 \Leftrightarrow k_1 k_2 = -1$ 或一条斜率不存在，同时另一条斜率等于零.

设两条直线分别为 $l_1 : A_1 x + B_1 y + C_1 = 0$，$l_2 : A_2 x + B_2 y + C_2 = 0$，则

$$l_1 \perp l_2 \Leftrightarrow A_1 A_2 + B_2 B_1 = 0.$$

16. l_1 到 l_2 的角 θ 的正切值：$\tan\theta = \dfrac{k_2 - k_1}{1 + k_1 k_2}$.

17. 两直线的夹角公式 $\tan\alpha = \left| \dfrac{k_2 - k_1}{1 + k_1 k_2} \right|$，当直线 $l_1 \perp l_2$ 时，直线 l_1 与 l_2 的夹角为 $\dfrac{\pi}{2}$.

18. 过直线 $l_1 : A_1 x + B_1 y + C_1 = 0$ 与直线 $l_2 : A_2 x + B_2 y + C_2 = 0$ 的交点的直线 l_3 的方程可设为 $m(A_1 x + B_1 y + C_1) + n(A_2 x + B_2 y + C_2) = 0$.

经常将 m, n 中之一取为 1，但要注意，当 $m = 1$ 时，它不表示直线 l_2；当 $n = 1$ 时，它不表示直线 l_1.

19. 点 $A(a, b)$ 关于 $P_0(x_0, y_0)$ 的对称点为 $B(2x_0 - a, 2y_0 - b)$.

20. 点 $P(x_0, y_0)$ 关于直线 $y = kx + b$ 的对称点记为 $P'(x', y')$，则由

$$\begin{cases} \dfrac{y' - y_0}{x' - x_0} \cdot k = -1, \\ \dfrac{y' + y_0}{2} = k \cdot \dfrac{x' + x_0}{2} + b, \end{cases} \text{可求出 } x', y'.$$

21. 曲线 $f(x, y) = 0$ 关于已知点 $A(a, b)$ 的对称曲线方程为 $f(2a - x, 2b - y) = 0$.

22. 曲线 $f(x, y) = 0$ 关于直线 $y = kx + b$ 的对称曲线的求法：设曲线上任一点 $P(x_0, y_0)$，由此得出此点关于 $y = kx + b$ 的对称点 $P'(x', y')$，可用 x', y' 来表示 x_0, y_0，应有 $f(x_0, y_0) = 0$. 由此即可得出所求的曲线方程.

23. 点关于点的对称、点关于直线的对称的常见结论：

① 点 (x, y) 关于 x 轴的对称点为 $(x, -y)$；

② 点 (x, y) 关于 y 轴的对称点为 $(-x, y)$；

③ 点 (x, y) 关于原点的对称点为 $(-x, -y)$；

④ 点 (x, y) 关于直线 $x - y = 0$ 的对称点为 (y, x)；

⑤ 点 (x, y) 关于直线 $x + y = 0$ 的对称点为 $(-y, -x)$.

24. 函数或方程关于点或直线对称的常见结论：

① 函数 $y = f(x)$ 若满足 $f(-x) = -f(x)$，则函数 $y = f(x)$ 的图像关于原点对称；

② 函数 $y = f(x)$ 若满足 $f(-x) = f(x)$，则函数 $y = f(x)$ 的图像关于 y 轴对称；

③ 函数 $y = f(x)$ 若满足 $f(a + x) = f(a - x)$，则函数 $y = f(x)$ 的图像关于直线 $x = a$ 对称；

④ 函数 $y=f(x)$ 若满足 $f(2a-x)=f(x)$,则函数 $y=f(x)$ 的图像关于直线 $x=a$ 对称;

⑤ 函数 $y=f(x)$ 若满足 $f(a-x)=f(x+b)$ 或 $f(a+x)=f(b-x)$,则函数 $y=f(x)$ 的图像关于直线 $x=\dfrac{a+b}{2}$ 对称;

⑥ 方程 $f(x,y)=0$ 若满足 $f(-x,y)=0$,则方程 $f(x,y)=0$ 的图像关于 y 轴对称;

⑦ 方程 $f(x,y)=0$ 若满足 $f(x,-y)=0$,则方程 $f(x,y)=0$ 的图像关于 x 轴对称;

⑧ 方程 $f(x,y)=0$ 若满足 $f(-x,-y)=0$,则方程 $f(x,y)=0$ 的图像关于原点对称.

25. 两个函数关于点或直线对称的常见结论:

① 函数 $y=f(x)$ 与 $y=-f(-x)$ 的图像关于原点对称;

② 函数 $y=f(x)$ 与 $y=-f(x)$ 的图像关于 x 轴对称;

③ 函数 $y=f(x)$ 与 $y=f(-x)$ 的图像关于 y 轴对称;

④ 函数 $y=f(x-a)$ 与 $y=f(a-x)$ 的图像关于 $x=a$ 对称;

⑤ 函数 $y=f(x)$ 与 $y=f(2a-x)$ 的图像关于 $x=a$ 对称;

⑥ 函数 $y=f(x+a)$ 与 $y=f(b-x)$ 的图像关于 $x=\dfrac{b-a}{2}$ 对称;

⑦ 函数 $y=f(x)$ 与 $x=f(y)$(即它的反函数 $y=f^{-1}(x)$)的图像关于 $x-y=0$ 对称;

⑧ 函数 $y=f(x)$ 与 $-x=f(-y)$ 的图像关于 $x+y=0$ 对称.

26. 两点间的距离:已知 $P_1(x_1,y_1)$,$P_2(x_2,y_2)$,则
$$|P_1P_2|=\sqrt{(x_2-x_1)^2+(y_2-y_1)^2}.$$

27. 已知点 $P_0(x_0,y_0)$,直线 $l:Ax+By+C=0$(A,B 不同时为 0),点 P_0 到直线 l 的距离为 $d=\dfrac{|Ax_0+By_0+C|}{\sqrt{A^2+B^2}}$,当 $A=0$ 或 $B=0$ 时,仍成立.

若点在直线上,则点到直线的距离为 0,但距离公式仍然成立,因为此时
$$Ax_0+By_0+C=0.$$

28. 两条平行直线 $l_1:Ax+By+C_1=0$ 与 $l_2:Ax+By+C_2=0$ 间的距离为 $d=\dfrac{|C_1-C_2|}{\sqrt{A^2+B^2}}.$

29. 已知直线横截距 x_0 时,常设其方程为 $x=my+x_0$(它不适用于斜率为 0 的直线).

30. 与直线 $l:Ax+By+C=0$ 垂直的直线可表示为 $Bx-Ay+C_1=0$.

注 在应用直线方程的时候要注意以下问题.

(1)明确直线方程各种形式的适用条件:点斜式、斜截式方程适用于与 x 轴不垂直的直线;两点式方程不能表示垂直于 x 轴、y 轴的直线;截距式方程不能表示垂直于坐标轴和过原点的直线.

(2)截距不是距离,距离是非负值,而截距可正、可负、可为零,在求解与截距有关的问题时,要注意讨论截距是否为零.

(3)求直线方程时,若不能判断直线是否存在斜率,则应分类讨论,即应对斜率是否存在加以讨论.

(4)当直线的斜率不存在时,直线的倾斜角为 $\dfrac{\pi}{2}$,而不是不存在;当直线与 y 轴垂直时,直线的倾斜角为 0,而不是 π.

（5）在判断两条直线的位置关系时,首先分析直线的斜率是否存在.若两条直线的斜率都存在,则可根据判定定理判断两条直线的位置关系,若任一条直线的斜率不存在,则要单独考虑.

（6）在运用两平行直线间的距离公式 $d=\dfrac{|C_1-C_2|}{\sqrt{A^2+B^2}}$ 时,一定要注意将两方程中 x,y 的系数化为相同的形式.

二、有关圆的知识概要

1. 圆的标准方程: $(x-a)^2+(y-b)^2=r^2$,圆心坐标为 $C(a,b)$,半径为 r .圆心在坐标原点,半径为 r 的圆的方程是 $x^2+y^2=r^2$.

2. 圆的一般方程为 $x^2+y^2+Dx+Ey+F=0(D^2+E^2-4F>0)$,圆心为 $\left(-\dfrac{D}{2},-\dfrac{E}{2}\right)$,半径为 $\dfrac{1}{2}\sqrt{D^2+E^2-4F}$. $x^2+y^2+Dx+Ey+F=0$ 化为

$$\left(x+\frac{D}{2}\right)^2+\left(y+\frac{E}{2}\right)^2=\frac{D^2+E^2-4F}{4}.$$

当 $D^2+E^2-4F=0$ 时,方程表示一个点 $\left(-\dfrac{D}{2},-\dfrac{E}{2}\right)$;当 $D^2+E^2-4F<0$ 时,方程不表示任何图形.

3. 二元二次方程 $Ax^2+Bxy+Cy^2+Dx+Ey+F=0$ 表示圆的充要条件是 $A=C\ne0$,且 $B=0,D^2+E^2-4AF>0$.

4. 圆的参数方程为 $\begin{cases}x=a+r\cos\theta,\\y=b+r\sin\theta\end{cases}(\theta\ 为参数)$,其中圆心为 (a,b) ,半径为 r .圆的参数方程的主要应用是三角换元:

$$x^2+y^2=r^2\rightarrow x=r\cos\theta,y=r\sin\theta;$$

$$x^2+y^2\leqslant t\rightarrow x=r\cos\theta,y=r\sin\theta(0<r\leqslant\sqrt{t}).$$

5. 点与圆的位置关系

设圆心 $C(a,b)$,半径为 r ,点 M 的坐标为 (x_0,y_0) , $|MC|=\sqrt{(x_0-a)^2+(y_0-b)^2}$,则:

$|MC|<r\Leftrightarrow$ 点 M 在圆 C 内,

$|MC|=r\Leftrightarrow$ 点 M 在圆 C 上,

$|MC|>r\Leftrightarrow$ 点 M 在圆 C 外.

6. 直线和圆的位置关系:

① 直线和圆有相交、相切、相离三种位置关系:

直线与圆相交 $\Leftrightarrow$ 有两个公共点;

直线与圆相切 $\Leftrightarrow$ 有一个公共点;

直线与圆相离 $\Leftrightarrow$ 没有公共点.

② 直线和圆的位置关系的判定:

（1）判别式法.

（2）利用圆心 $C(a,b)$ 到直线 $Ax+By+C=0$ 的距离 $d=\dfrac{|Aa+Bb+C|}{\sqrt{A^2+B^2}}$ 与半径 r 的大

小关系来判定.

7. 以 $A(x_1,y_1),B(x_2,y_2)$ 为直径端点的圆方程为
$$(x-x_1)(x-x_2)+(y-y_1)(y-y_2)=0.$$

8. 过圆 $x^2+y^2+Dx+Ey+F=0$ 外一点 $P(x_0,y_0)$ 引圆的切线的长为
$$\sqrt{x_0^2+y_0^2+Dx_0+Ey_0+F}=0.$$

9. 过圆 $(x-a)^2+(y-b)^2=r^2$ 外一点 $P(x_0,y_0)$ 引圆的切线的长为
$$\sqrt{(x-a)^2+(y-b)^2-r^2}.$$

10. 计算圆的弦长: $r^2=d^2+\left(\dfrac{1}{2}a\right)^2$. 利用弦心距 d, 弦长一半 $\dfrac{1}{2}a$ 及圆的半径 r 所构成的直角三角形

11. 过两圆 $C_1:f(x,y)=0,C_2:g(x,y)=0$ 交点的圆(公共弦)系为 $f(x,y)+\lambda g(x,y)=0$. 注,不表示圆 C_2.

12. 圆 $x^2+y^2+A_1x+B_1y+C_1=0$ 与圆 $x^2+y^2+A_2x+B_2y+C_2=0$ 公共弦所在直线方程为 $(A_1-A_2)x+(B_1-B_2)y+(C_1-C_2)=0$.

13. 连结圆锥曲线上两个点的线段称为圆锥曲线的弦,利用方程的根与系数关系来计算弦长,常用的弦长公式: $|AB|=\sqrt{1+k^2}\,|x_1-x_2|=\sqrt{1+\dfrac{1}{k^2}}\,|y_1-y_2|$,其中 (x_1,y_1), (x_2,y_2) 分别为 A,B 的坐标.

14. 曲线类型的判别: 实系数二元二次方程
$$Ax^2+Bxy+Cy^2+Dx+Ey+F=0 \quad (A^2+B^2+C^2\neq 0) \tag{8.1}$$
是何种圆锥曲线?

利用坐标平移或旋转,将其化为圆锥曲线的标准方程后,可以判断其类型.除此之外,还有一些其他的基本方法.

① 不变量判别法:对于方程(1),设
$$I_1=A+\frac{1}{2}B, \quad I_2=\frac{1}{4}\begin{vmatrix} 2A & B \\ B & 2C \end{vmatrix}, \quad I_3=\frac{1}{8}\begin{vmatrix} 2A & B & D \\ B & 2C & E \\ D & E & 2F \end{vmatrix}.$$

当 $I_2>0$ 时,如果 $I_1I_3<0$,则方程(8.1)表示的曲线为椭圆;

当 $I_2<0$ 时,如果 $I_3\neq 0$,则方程(8.1)表示的曲线为双曲线,如果 $I_3=0$,则为两条相交直线;

当 $I_2=0$ 时,如果 $I_3\neq 0$,则方程(8.1)表示的曲线为抛物线,如果 $I_3=0$,则为两条平行直线或两条重合直线或者没有轨迹.

② 根式判别法:

对于方程(8.1),当 $A\neq 0$ 时,可转化为关于 x 的一元二次方程
$$Ax^2+(By+D)x+(Cy^2+Ey+F)=0,$$
由求根公式,有
$$x=\frac{-(By+D)\pm\sqrt{(By+D)^2-4A(Cy^2+Ey+F)}}{2A}.$$

设 $\Delta_y = (By+D)^2 - 4A(Cy^2+Ey+F)$，则方程 (8.1) 表示的曲线可由 Δ_y 来判别：

$\Delta_y = (py+q)^2$ 时是两条直线：$2Ax+(By+D)\pm(py+q)=0$；

$\Delta_y = (py+q)^2+r(pr\neq 0)$ 时是双曲线；

$\Delta_y = py+q(p\neq 0)$ 时是抛物线；

$\Delta_y = -(py+q)^2+r(p\neq 0, r>0)$ 时是椭圆或圆；

$\Delta_y = -(py+q)^2(p\neq 0)$ 时是一个点；

$\Delta_y = -(py+q)^2+r(p\neq 0, r<0)$ 时无轨迹.

类似地，在 $C\neq 0$ 时，方程 (8.1) 也可以转化为关于 y 的一元二次方程，利用 Δ_x 同样可以对曲线的类型进行判别.

例 8.1 求过直线 $x+2y-2=0$ 和圆 $x^2+y^2-2x-2y+1=0$ 的交点，并且经过原点的圆的方程.

分析 若先求出交点再列式子求圆的方程，则运算量较大. 可运用曲线系方程来解决.

解 因为所求的圆经过直线和已知圆的交点，故可设所求圆的方程为

$$(x^2+y^2-2x-2y+1)+m(x+2y-2)=0.$$

由于此圆过原点，将 $x=0, y=0$ 代入方程得 $m=\dfrac{1}{2}$，故圆的方程为

$$x^2+y^2-\frac{3}{2}x-y=0.$$

例 8.2 两条互相垂直的直线 $2x+y+2=0$ 和 $ax+4y-2=0$ 的交点为 P，若圆 C 过点 P 和点 $M(-3,2)$，且圆心在直线 $y=\dfrac{1}{2}x$ 上，求圆 C 的标准方程.

解 由直线 $2x+y+2=0$ 和直线 $ax+4y-2=0$ 垂直得 $2a+4=0$，故 $a=-2$，代入直线方程，联立解得交点坐标为 $P(-1,0)$.

易求得线段 MP 的垂直平分线的方程为 $x-y+3=0$.

设圆 C 的标准方程为 $(x-a)^2+(y-b)^2=r^2(r>0)$，则圆心 (a,b) 为直线 $x-y+3=0$ 与直线 $y=\dfrac{1}{2}x$ 的交点，由

$$\begin{cases} x-y+3=0, \\ y=\dfrac{1}{2}x, \end{cases}$$

解得圆心坐标为 $(-6,-3)$，从而得到 $r^2=34$，所以圆 C 的标准方程为 $(x+6)^2+(y+3)^2=34$.

例 8.3 已知直线 $2x+(y-3)m-4=0(m\in\mathbb{R})$ 恒过定点 P，若点 P 平分圆 $x^2+y^2-2x-4y-4=0$ 的弦 MN，求弦 MN 所在直线的方程.

解 对于直线方程 $2x+(y-3)m-4=0(m\in\mathbb{R})$，取 $y=3$，则必有 $x=2$，所以该直线恒过定点 $P(2,3)$.

设圆心是 C，则易知 $C(1,2)$，所以 $k_{CP}=\dfrac{3-2}{2-1}=1$. 由垂径定理知 $CP\perp MN$，所以 $k_{MN}=-1$.

又弦 MN 过点 $P(2,3)$，故弦 MN 所在直线的方程为

$$y-3=-(x-2), \quad 即 \; x+y-5=0.$$

例 8.4　设 m,n 为正实数,若直线 $(m+1)x+(n+1)y-4=0$ 与圆 $x^2+y^2-4x-4y+4=0$ 相切,求 mn 的最小值.

解　由直线 $(m+1)x+(n+1)y-4=0$ 与圆 $(x-2)^2+(y-2)^2=4$ 相切,可得

$$\frac{2|m+n|}{\sqrt{(m+1)^2+(n+1)^2}}=2,\text{整理得 } m+n+1=mn.$$

由 m,n 为正实数,可知 $m+n\geqslant 2\sqrt{mn}$. 令 $t=\sqrt{mn}$,则得 $2t+1\leqslant t^2$. 因为 $t>0$,所以 $t\geqslant 1+\sqrt{2}$,所以 $mn\geqslant 3+2\sqrt{2}$. 故 mn 有最小值 $3+2\sqrt{2}$.

例 8.5　已知圆 M：$x^2+y^2-2ay=0(a>0)$ 截直线 $x+y=0$ 所得线段的长度是 $2\sqrt{2}$,求证圆 M 与圆 N：$(x-1)^2+(y-1)^2=1$ 的位置关系是相交.

证明　因为圆 M：$x^2+(y-a)^2=a^2$,所以圆心坐标为 $M(0,a)$,半径 r_1 为 a.

圆心 M 到直线 $x+y=0$ 的距离 $d=\dfrac{|a|}{\sqrt{2}}$,由几何知识得

$$\left(\frac{|a|}{\sqrt{2}}\right)^2+(\sqrt{2})^2=a^2,\text{解得 } a=2.$$

所以 $M(0,2)$,$r_1=2$.

又圆 N 的圆心坐标为 $N(1,1)$,半径 $r_2=1$,所以 $|MN|=\sqrt{2}$,而

$$r_1+r_2=3,\quad r_1-r_2=1.$$

所以 $r_1-r_2<|MN|<r_1+r_2$,故两圆相交.

例 8.6　已知 $a\in\mathbb{R}$,方程 $a^2x^2+(a+2)y^2+4x+8y+5a=0$ 表示圆,求此圆的圆心坐标和半径.

解　由于已知方程表示圆,则 $a^2=a+2$,解得 $a=2$ 或 $a=-1$.

当 $a=2$ 时,方程不满足表示圆的条件,故舍去.

当 $a=-1$ 时,原方程为 $x^2+y^2+4x+8y-5=0$,化为标准方程为 $(x+2)^2+(y+4)^2=25$,所以圆心为 $(-2,-4)$,半径为 5.

例 8.7　设圆 $x^2+y^2+2x-15=0$ 的圆心为 A,直线 l 过点 $B(1,0)$ 且与 x 轴不重合,l 交圆 A 于 C,D 两点,过 B 作 AC 的平行线交 AD 于点 E.

(1) 求点 E 的轨迹方程;

(2) 设点 E 的轨迹为曲线 C_1,直线 l 交 C_1 于 M,N 两点,过 B 且与 l 垂直的直线与圆 A 交于 P,Q 两点,求四边形 $MPNQ$ 面积的取值范围.

解　(1) 如图 8.1 所示,因为 $|AD|=|AC|$,$EB/\!/AC$,故 $\angle EBD=\angle ACD=\angle ADC$,所以 $|EB|=|ED|$,故 $|EA|+|EB|=|EA|+|ED|=|AD|$.

又圆 A 的标准方程为 $(x+1)^2+y^2=16$,从而 $|AD|=4$,所以 $|EA|+|EB|=4$.

由题设得 $A(-1,0)$,$B(1,0)$,故 $|AB|=2$. 由椭圆定义可得点 E 的轨迹方程为

$$\frac{x^2}{4}+\frac{y^2}{3}=1(y\neq 0).$$

(2) 当 l 与 x 轴不垂直时,设 l 的方程为 $y=k(x-1)$

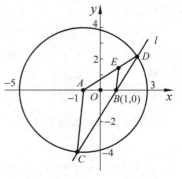

图　8.1

$(k \neq 0), M(x_1, y_1), N(x_2, y_2).$ 由

$$\begin{cases} y = k(x-1), \\ \dfrac{x^2}{4} + \dfrac{y^2}{3} = 1, \end{cases}$$

得 $(4k^2+3)x^2 - 8k^2x + 4k^2 - 12 = 0,$ 故

$$x_1 + x_2 = \frac{8k^2}{4k^2+3}, \quad x_1 x_2 = \frac{4k^2-12}{4k^2+3},$$

所以 $|MN| = \sqrt{1+k^2} |x_1 - x_2| = \dfrac{12(k^2+1)}{4k^2+3}.$

过点 $B(1,0)$ 且与 l 垂直的直线 m 为 $y = -\dfrac{1}{k}(x-1)$,点 A 到 m 的距离为 $\dfrac{2}{\sqrt{k^2+1}}$,

所以

$$|PQ| = 2\sqrt{4^2 - \left(\frac{2}{\sqrt{k^2+1}}\right)^2} = 4\sqrt{\frac{4k^2+3}{k^2+1}}.$$

故四边形 $MPNQ$ 的面积

$$S = \frac{1}{2} |MN| |PQ| = 12\sqrt{1 + \frac{1}{4k^2+3}}.$$

当 l 与 x 轴不垂直时,四边形 $MPNQ$ 面积的取值范围为 $(12, 8\sqrt{3})$.

当 l 与 x 轴垂直时,其方程为 $x=1$,这时 $|MN|=3$,$|PQ|=8$,则四边形 $MPNQ$ 的面积为 12.

综上,四边形 $MPNQ$ 面积的取值范围为 $[12, 8\sqrt{3})$.

8.2　椭圆

一、椭圆概念

平面内与两个定点 F_1, F_2 的距离的和等于常数(大于 $|F_1F_2|$)的点的轨迹称为椭圆. 这两个定点称为椭圆的焦点,两焦点间的距离称为椭圆的焦距.

若 M 为椭圆上任意一点,则有 $|MF_1| + |MF_2| = 2a.$

椭圆的标准方程为 $\dfrac{x^2}{a^2} + \dfrac{y^2}{b^2} = 1 (a>b>0)$(焦点在 x 轴上)或 $\dfrac{y^2}{a^2} + \dfrac{x^2}{b^2} = 1 (0<a<b)$(焦点在 y 轴上).

椭圆也可以由圆锥曲线的统一定义给出:平面内的动点 P 到一个定点 F 的距离与到不通过这个定点的一条定直线 l 的距离之比是一个常数 $e(e>0)$,则动点的轨迹称为圆锥曲线,其中定点 F 称为焦点,定直线 l 称为准线,正常数 e 称为离心率. 当 $0<e<1$ 时,轨迹为椭圆;当 $e>1$ 时,轨迹为双曲线;当 $e=1$ 时,轨迹为抛物线.

另外,我们常以椭圆(或双曲线)的两个焦点 F_1, F_2 与椭圆(或双曲线)上任意一点 P 为顶点组成的三角形称为椭圆(或双曲线)的焦点三角形.

二、椭圆的简单性质

（1）**范围**　由标准方程 $\dfrac{x^2}{a^2}+\dfrac{y^2}{b^2}=1$ 知 $|x|\leqslant a$，$|y|\leqslant b$，说明椭圆位于直线 $x=\pm a$，$y=\pm b$ 所围成的矩形里.

（2）**对称性**　若以 $-y$ 代替 y 方程不变；若以 $-x$ 代替 x 方程不变；若同时以 $-x$ 代替 x，$-y$ 代替 y 方程也不变.所以，椭圆关于 x 轴、y 轴和原点对称.这时，坐标轴是椭圆的对称轴，原点是对称中心，椭圆的对称中心称为椭圆的中心；

（3）**顶点**　确定曲线在坐标系中的位置，常需要求出曲线与 x 轴、y 轴的交点坐标.在椭圆的标准方程中，令 $x=0$，得 $y=\pm b$，则 $B_1(0,-b)$，$B_2(0,b)$ 是椭圆与 y 轴的两个交点.同理，令 $y=0$ 得 $x=\pm a$，即 $A_1(-a,0)$，$A_2(a,0)$ 是椭圆与 x 轴的两个交点.所以，椭圆与坐标轴的交点有四个，这四个交点叫做椭圆的顶点.

同时，线段 A_1A_2，B_1B_2 分别叫做椭圆的长轴和短轴，它们的长分别为 $2a$ 和 $2b$，a 和 b 分别称为椭圆的长半轴长和短半轴长.

由椭圆的对称性知：椭圆的短轴端点到焦点的距离为 a；在 $\mathrm{Rt}\triangle OB_2F_2$ 中，$|OB_2|=b$，$|OF_2|=c$，$|B_2F_2|=a$，且 $|OF_2|^2=|B_2F_2|^2-|OB_2|^2$，即 $c^2=a^2-b^2$.

（4）**离心率**　椭圆的焦距与长轴的比 $e=\dfrac{c}{a}$ 称为椭圆的离心率.

因为 $a>c>0$，所以 $0<e<1$，且 e 越接近 1，c 就越接近 a，从而 b 就越小，对应的椭圆越扁.反之，e 越接近于 0，c 就越接近于 0，从而 b 越接近于 a，这时椭圆越接近于圆.当且仅当 $a=b$ 时，$c=0$，两焦点重合，椭圆图形变为圆，方程为 $x^2+y^2=a^2$.

例 8.8　已知椭圆的两个焦点分别是 $(-4,0)$，$(4,0)$，椭圆上一点 P 到两焦点距离的和等于 10，求椭圆的标准方程.

解　因为椭圆的焦点在 x 轴上，故设椭圆的标准方程为 $\dfrac{x^2}{a^2}+\dfrac{y^2}{b^2}=1(a>b>0)$.而 $2a=10$，$c=4$，所以 $b^2=a^2-c^2=9$，故椭圆的标准方程为 $\dfrac{x^2}{25}+\dfrac{y^2}{9}=1$.

例 8.9　已知椭圆的两个焦点分别是 $(0,-2)$，$(0,2)$ 及椭圆上一点 $\left(-\dfrac{3}{2},\dfrac{5}{2}\right)$，求椭圆的标准方程.

解　因为椭圆焦点在 y 轴上，故设椭圆的标准方程为 $\dfrac{y^2}{a^2}+\dfrac{x^2}{b^2}=1(a>b>0)$.由椭圆的定义知

$$2a=\sqrt{\left(-\dfrac{3}{2}\right)^2+\left(\dfrac{5}{2}+2\right)^2}+\sqrt{\left(-\dfrac{3}{2}\right)^2+\left(\dfrac{5}{2}-2\right)^2}=\dfrac{3}{2}\sqrt{10}+\dfrac{1}{2}\sqrt{10}=2\sqrt{10},$$

所以 $a=\sqrt{10}$.又因为 $c=2$，故 $b^2=a^2-c^2=10-4=6$，所以，椭圆的标准方程为 $\dfrac{y^2}{10}+\dfrac{x^2}{6}=1$.

例 8.10　已知椭圆 C：$\dfrac{x^2}{a^2}+\dfrac{y^2}{b^2}=1(a>b>0)$，四点 $P_1(1,1)$，$P_2(0,1)$，$P_3\left(-1,\dfrac{\sqrt{3}}{2}\right)$，$P_4\left(1,\dfrac{\sqrt{3}}{2}\right)$ 中恰有三点在椭圆 C 上.

(1) 求 C 的方程；

(2) 设直线 l 不经过 P_2 点且与 C 相交于 A,B 两点. 若直线 P_2A 与直线 P_2B 的斜率的和为 -1, 证明: l 过定点.

解 (1) 由于 P_3,P_4 两点关于 y 轴对称, 故由题设知 C 经过 P_3,P_4 两点. 又由 $\dfrac{1}{a^2}+\dfrac{1}{b^2}>\dfrac{1}{a^2}+\dfrac{3}{4b^2}$ 知, C 不经过点 P_1, 所以点 P_2 在 C 上. 因此

$$\begin{cases}\dfrac{1}{b^2}=1,\\[2mm]\dfrac{1}{a^2}+\dfrac{3}{4b^2}=1,\end{cases}\quad\text{解得}\begin{cases}a^2=4,\\ b^2=1.\end{cases}$$

故 C 的方程为 $\dfrac{x^2}{4}+y^2=1$.

(2) 设直线 P_2A 与直线 P_2B 的斜率分别为 k_1,k_2, 如果 l 与 x 轴垂直, 设 $l: x=t$, 由题设知 $t\neq 0$, 且 $|t|<2$, 可得 A,B 的坐标分别为 $\left(t,\dfrac{\sqrt{4-t^2}}{2}\right)$, $\left(t,-\dfrac{\sqrt{4-t^2}}{2}\right)$, 则 $k_1+k_2=\dfrac{\sqrt{4-t^2}-2}{2t}-\dfrac{\sqrt{4-t^2}+2}{2t}=-1$, 得 $t=2$, 不符合题设. 从而可设 $l: y=kx+m\,(m\neq 1)$.

将 $y=kx+m$ 代入 $\dfrac{x^2}{4}+y^2=1$ 得

$$(4k^2+1)x^2+8kmx+4m^2-4=0.$$

由题设可知 $\Delta=16(4k^2-m^2+1)>0$.

设 $A(x_1,y_1)$, $B(x_2,y_2)$, 则 $x_1+x_2=-\dfrac{8km}{4k^2+1}$, $x_1x_2=\dfrac{4m^2-4}{4k^2+1}$. 而

$$k_1+k_2=\dfrac{y_1-1}{x_1}+\dfrac{y_2-1}{x_2}=\dfrac{kx_1+m-1}{x_1}+\dfrac{kx_2+m-1}{x_2}=\dfrac{2kx_1x_2+(m-1)(x_1+x_2)}{x_1x_2}.$$

由题设 $k_1+k_2=-1$, 故 $(2k+1)x_1x_2+(m-1)(x_1+x_2)=0$, 即

$$(2k+1)\cdot\dfrac{4m^2-4}{4k^2+1}+(m-1)\cdot\dfrac{-8km}{4k^2+1}=0,\text{解得}\ k=-\dfrac{m+1}{2}.$$

当且仅当 $m>-1$ 时, $\Delta>0$, 欲使 $l: y=-\dfrac{m+1}{2}x+m$, 即 $y+1=-\dfrac{m+1}{2}(x-2)$, 所以 l 过定点 $(2,-1)$

三、有关椭圆的一般结论或性质

例 8.11 过椭圆一个焦点 F 的直线与椭圆交于点 P, Q 两点, A_1,A_2 为椭圆长轴上的顶点, A_1P 和 A_2Q 交于点 N, A_2P 和 A_1Q 交于点 M, 则 $MF\perp NF$.

证明 如图 8.2 所示, 设椭圆的方程为 $\dfrac{x^2}{a^2}+\dfrac{y^2}{b^2}=1\,(a>b>0)$, 则可设点 F 的坐标为 $(-c,0)$, 点 P,Q 的坐标分别为 $(a\cos\alpha,b\sin\alpha)$, $(a\cos\theta,b\sin\theta)$, 则 A_1P 的方程为

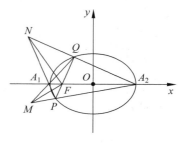

图 8.2

$$y = \frac{b\sin\alpha}{a(1+\cos\alpha)}(x+a). \tag{8.2}$$

A_2Q 的方程为

$$y = \frac{b\sin\theta}{a(\cos\theta-1)}(x-a). \tag{8.3}$$

由(8.2)式及(8.3)式得

$$x = \frac{a[\sin\alpha-\sin\theta-\sin(\alpha+\theta)]}{\sin(\alpha-\theta)-\sin\alpha-\sin\theta} = \frac{a\cos\frac{\alpha+\theta}{2}}{\cos\frac{\alpha-\theta}{2}}. \tag{8.4}$$

由于点 P, F, Q 共线,则有

$$\frac{b\sin\alpha}{a\cos\alpha+c} = \frac{b\sin\theta}{a\cos\theta+c},$$

化简得 $a\sin(\alpha-\theta) = c(\sin\theta-\sin\alpha)$,所以

$$2a\sin\frac{\alpha-\theta}{2} \cdot \cos\frac{\alpha-\theta}{2} = 2c\cos\frac{\theta+\alpha}{2} \cdot \sin\frac{\theta-\alpha}{2}.$$

又因为 $\sin\frac{\theta-\alpha}{2}\neq0$,所以

$$\frac{\cos\frac{\alpha+\theta}{2}}{\cos\frac{\alpha-\theta}{2}} = -\frac{a}{c}. \tag{8.5}$$

将(8.5)式代入(8.4)式,得 $x = -\frac{a^2}{c}$,所以,点 N 的坐标为 $\left(-\frac{a^2}{c}, -\frac{b\sin\theta(a+c)}{c(\cos\theta-1)}\right)$.

同理,点 M 的坐标为 $\left(-\frac{a^2}{c}, -\frac{b\sin\theta(a-c)}{c(\cos\theta+1)}\right)$. 于是得

$$K_{MF} \cdot K_{NF} = \frac{(a^2-c^2)b^2\sin^2\theta}{c^2(\cos^2\theta-1)\left(\frac{a^2}{c}-c\right)^2} = -\frac{b^4}{b^4} = -1.$$

所以 $MF \perp NF$.

由上例可以看出,书写解析几何题的解题过程的步骤较多,故下面的一些结论就略去过程(个别除外).

设椭圆 $\frac{x^2}{a^2}+\frac{y^2}{b^2}=1\ (a>b>0)$ 的左右焦点分别为 F_1, F_2,P 为椭圆上一点,则有:

(1)(椭圆的光学性质)点 P 处的切线 PT 平分 $\triangle PF_1F_2$ 在点 P 处的外角.

(2) PT 平分 $\triangle PF_1F_2$ 在点 P 处的外角,则焦点在直线 PT 上的射影 H 点的轨迹是以长轴为直径的圆,长轴的两个端点除外.

(3)以焦点弦 PQ 为直径的圆必与对应的准线相离.

(4)以焦点半径 PF_1 为直径的圆必与以长轴为直径的圆内切.

(5)若 $P_0(x_0, y_0)$ 在椭圆 $\frac{x^2}{a^2}+\frac{y^2}{b^2}=1$ 上,则过 P_0 的椭圆的切线方程是 $\frac{x_0 x}{a^2}+\frac{y_0 y}{b^2}=1$.

(6)若 $P_0(x_0, y_0)$ 在椭圆 $\frac{x^2}{a^2}+\frac{y^2}{b^2}=1$ 外,过 P_0 作椭圆的两条切线,切点为 P_1, P_2,则切

点弦 P_1P_2 的直线方程是 $\dfrac{x_0x}{a^2}+\dfrac{y_0y}{b^2}=1$.

（7）椭圆 $\dfrac{x^2}{a^2}+\dfrac{y^2}{b^2}=1(a>b>0)$ 的焦半径公式：

$F_1(-c,0),F_2(c,0),M(x_0,y_0)$，则 $|MF_1|=a+ex_0$，$|MF_2|=a-ex_0$.

（8）设 AB 是椭圆 $\dfrac{x^2}{a^2}+\dfrac{y^2}{b^2}=1$ 的不平行于对称轴的弦，$M(x_0,y_0)$ 为 AB 的中点，则

$$k_{OM}k_{AB}=-\frac{b^2}{a^2}，\quad \text{即 } k_{AB}=-\frac{b^2x_0}{a^2y_0}.$$

（9）若 $P_0(x_0,y_0)$ 在椭圆 $\dfrac{x^2}{a^2}+\dfrac{y^2}{b^2}=1$ 内，则被 P_0 平分的弦的方程是

$$\frac{x_0x}{a^2}+\frac{y_0y}{b^2}=\frac{x_0^2}{a^2}+\frac{y_0^2}{b^2}.$$

（10）若 $P_0(x_0,y_0)$ 在椭圆 $\dfrac{x^2}{a^2}+\dfrac{y^2}{b^2}=1$ 内，则过 P_0 的弦的中点的轨迹方程是

$$\frac{x^2}{a^2}+\frac{y^2}{b^2}=\frac{x_0x}{a^2}+\frac{y_0y}{b^2}.$$

（11）椭圆 $\dfrac{x^2}{a^2}+\dfrac{y^2}{b^2}=1(a>b>0)$ 的两个顶点为 $A_1(-a,0),A_2(a,0)$，与 y 轴平行的直线交椭圆于 P_1,P_2 时，A_1P_1 与 A_2P_2 交点的轨迹方程是 $\dfrac{x^2}{a^2}-\dfrac{y^2}{b^2}=1$.

（12）过椭圆 $\dfrac{x^2}{a^2}+\dfrac{y^2}{b^2}=1(a>b>0)$ 上任一点 $A(x_0,y_0)$ 任意作两条倾斜角互补的直线交椭圆于 B,C 两点，则直线 BC 定向且 $k_{BC}=\dfrac{b^2x_0}{a^2y_0}$（常数）.

（13）椭圆 $\dfrac{x^2}{a^2}+\dfrac{y^2}{b^2}=1(a>b>0)$ 的两个焦点 F_1,F_2，P（异于长轴端点）为椭圆上一点，椭圆的离心率为 e. 设 $\angle F_1PF_2=\theta$，$\angle PF_1F_2=\alpha$，$\angle PF_2F_1=\beta$，则

① $e=\dfrac{\sin(\alpha+\beta)}{\sin\alpha+\sin\beta}$；

② $|PF_1|\cdot|PF_2|=\dfrac{2b^2}{1+\cos\theta}$；

③ $S_{\triangle F_1PF_2}=b^2\tan\dfrac{\theta}{2}$.

证明 ① 如图 8.3 所示，由正弦定理，有

$$\frac{|PF_1|}{\sin\beta}=\frac{|PF_2|}{\sin\alpha}=\frac{|F_1F_2|}{\sin\theta}=\frac{|F_1F_2|}{\sin(\alpha+\beta)},$$

所以

$$\frac{|F_1F_2|}{|PF_1|+|PF_2|}=\frac{\sin(\alpha+\beta)}{\sin\alpha+\sin\beta}，\quad \text{故 } e=\frac{c}{a}=\frac{\sin(\alpha+\beta)}{\sin\alpha+\sin\beta}.$$

② 在 $\triangle F_1PF_2$ 中，由余弦定理，有

$$|PF_1|^2+|PF_2|^2-2|PF_1|\cdot|PF_2|\cos\theta=|F_1F_2|^2=(2c)^2.$$

因为 $|PF_1|+|PF_2|=2a$，所以

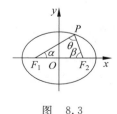

图 8.3

$$|PF_1|^2 + |PF_2|^2 + 2|PF_1| \cdot |PF_2| = 4a^2,$$

故得

$$4a^2 - 2|PF_1| \cdot |PF_2| - 2|PF_1| \cdot |PF_2| \cos\theta = 4c^2.$$

整理得

$$|PF_1| \cdot |PF_2| = \frac{2b^2}{1 + \cos\theta}.$$

③ 由②得

$$S_{\triangle F_1 PF_2} = \frac{1}{2} \cdot |PF_1| \cdot |PF_2| \sin\theta = \frac{1}{2} \cdot \frac{2b^2}{1 + \cos\theta} \sin\theta$$

$$= b^2 \frac{\sin\theta}{1 + \cos\theta} = b^2 \tan\frac{\theta}{2}.$$

(14) 椭圆 $\dfrac{(x-x_0)^2}{a^2} + \dfrac{(y-y_0)^2}{b^2} = 1$ 与直线 $Ax + By + C = 0$ 有公共点的充要条件是 $A^2 a^2 + B^2 b^2 \geqslant (Ax_0 + By_0 + C)^2$.

(15) 已知椭圆 $\dfrac{x^2}{a^2} + \dfrac{y^2}{b^2} = 1 (a > b > 0)$，$O$ 为坐标原点，P,Q 为椭圆上两动点，且 $OP \perp OQ$. 则

① $\dfrac{1}{|OP|^2} + \dfrac{1}{|OQ|^2} = \dfrac{1}{a^2} + \dfrac{1}{b^2}$；

② $|OP|^2 + |OQ|^2$ 的最大值为 $\dfrac{4a^2 b^2}{a^2 + b^2}$；

③ $S_{\triangle OPQ}$ 的最小值是 $\dfrac{a^2 b^2}{a^2 + b^2}$.

(16) 椭圆 $\dfrac{x^2}{a^2} + \dfrac{y^2}{b^2} = 1 (a > b > 0)$ 的通径（斜率不存在的弦）与椭圆交于 A,B 两点，O 为椭圆中心，c 为半焦距，则 $\triangle OAB$ 为直角三角形的充要条件是 $b^2 = ac$.

(17) 过椭圆 $\dfrac{x^2}{a^2} + \dfrac{y^2}{b^2} = 1 (a > b > 0)$ 的焦点的直线（斜率存在）与椭圆交于 A,B 两点，O 为椭圆中心，则 $\triangle OAB$ 为直角三角形的充要条件是直线的斜率 k 满足：

$$k^2 = \frac{a^2 b^2}{a^4 - a^2 b^2 - b^4}.$$

四、有关椭圆的应用举例

例 8.12 过椭圆 $\dfrac{x^2}{5} + \dfrac{y^2}{4} = 1$ 的右焦点作一条斜率为 2 的直线与椭圆交于 A,B 两点，O 为坐标原点，求 $\triangle AOB$ 的面积.

解 由已知得右焦点为 $(1,0)$ 直线方程为 $y = 2(x-1)$. 由

$$\begin{cases} y = 2x - 2, \\ 4x^2 + 5y^2 - 20 = 0, \end{cases} \quad \text{得 } 3y^2 + 2y - 8 = 0.$$

设 $A(x_1, y_1), B(x_2, y_2)$，则 $y_1 + y_2 = -\dfrac{2}{3}$，$y_1 y_2 = -\dfrac{8}{3}$，所以

$$|y_1 - y_2| = \sqrt{(y_1 + y_2)^2 - 4y_1y_2} = \frac{10}{3},$$

于是 $S_{\triangle AOB} = \frac{1}{2} \times 1 \times \frac{10}{3} = \frac{5}{3}$.

例 8.13 设 F_1, F_2 是椭圆 $E: \frac{x^2}{a^2} + \frac{y^2}{b^2} = 1(a > b > 0)$ 的左、右焦点，P 为直线 $x = \frac{3a}{2}$ 上的一点，$\triangle F_2 P F_1$ 是底角为 $30°$ 的等腰三角形，D 为直线 $x = \frac{3a}{2}$ 与 x 轴的交点，求椭圆 E 的离心率.

解 如图 8.4 所示. 因为 F_1, F_2 是椭圆 $E: \frac{x^2}{a^2} + \frac{y^2}{b^2} = 1(a > b > 0)$ 的左、右焦点，所以 $|F_2 F_1| = 2c$.

因为 $\triangle F_2 P F_1$ 是底角为 $30°$ 的等腰三角形，故 $\angle P F_2 D = 60°$.

因为 P 为直线 $x = \frac{3a}{2}$ 上的一点，所以 $|F_2 D| = |OD| - |OF_2| = \frac{3}{2}a - c$. 于是

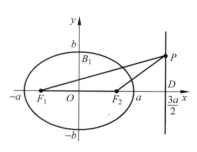

图 8.4

$$|PF_2| = \frac{|F_2 D|}{\cos 60°} = 2\left(\frac{3}{2}a - c\right).$$

又因为 $|F_2 F_1| = |PF_2|$，即 $2c = 2\left(\frac{3}{2}a - c\right)$，故 $e = \frac{c}{a} = \frac{3}{4}$.

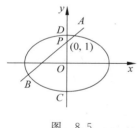

图 8.5

例 8.14 如图 8.5 所示，椭圆 $E: \frac{x^2}{a^2} + \frac{y^2}{b^2} = 1(a > b > 0)$ 的离心率是 $\frac{\sqrt{2}}{2}$，点 $P(0,1)$ 在短轴 CD 上，且 $\overrightarrow{PC} \cdot \overrightarrow{PD} = -1$.

(1) 求椭圆 E 的方程；

(2) 设 O 为坐标原点，过点 P 的动直线与椭圆交于 A, B 两点，是否存在常数 λ，使得 $\overrightarrow{OA} \cdot \overrightarrow{OB} + \lambda \overrightarrow{PA} \cdot \overrightarrow{PB}$ 为定值？若存在，求 λ 的值；若不存在，请说明理由.

解 (1) 由椭圆 E 的方程得，点 C, D 的坐标分别为 $(0, -b), (0, b)$. 又点 P 的坐标为 $(0,1)$，且 $\overrightarrow{PC} \cdot \overrightarrow{PD} = -1$，离心率为 $\frac{\sqrt{2}}{2}$，于是

$$\begin{cases} 1 - b^2 = -1, \\ \dfrac{c}{a} = \dfrac{\sqrt{2}}{2}, \\ a^2 - b^2 = c^2, \end{cases}$$

解得 $a = 2, b = \sqrt{2}$，所以椭圆 E 的方程为 $\frac{x^2}{4} + \frac{y^2}{2} = 1$.

(2) 当直线 AB 的斜率存在时，设直线 AB 的方程为 $y = kx + 1$，A, B 的坐标分别为 $(x_1, y_1), (x_2, y_2)$. 联立

$$\begin{cases} \dfrac{x^2}{4}+\dfrac{y^2}{2}=1,\\ y=kx+1, \end{cases}$$

得$(2k^2+1)x^2+4kx-2=0$,其判别式$\Delta=(4k)^2+8(2k^2+1)>0$,所以

$$x_1+x_2=-\frac{4k}{2k^2+1},\quad x_1x_2=-\frac{2}{2k^2+1},$$

从而

$$\begin{aligned} \overrightarrow{OA}\cdot\overrightarrow{OB}+\lambda\overrightarrow{PA}\cdot\overrightarrow{PB}&=x_1x_2+y_1y_2+\lambda[x_1x_2+(y_1-1)(y_2-1)]\\ &=(1+\lambda)(1+k^2)x_1x_2+k(x_1+x_2)+1\\ &=(1+\lambda)(1+k^2)\left(-\frac{2}{2k^2+1}\right)+k\left(-\frac{4k}{2k^2+1}\right)+1\\ &=-\frac{\lambda-1}{2k^2+1}-\lambda-2. \end{aligned}$$

当$\lambda=1$时,$-\dfrac{\lambda-1}{2k^2+1}-\lambda-2=-3$,此时$\overrightarrow{OA}\cdot\overrightarrow{OB}+\lambda\overrightarrow{PA}\cdot\overrightarrow{PB}=-3$为定值.

当直线AB斜率不存在时,直线AB即为直线CD,此时

$$\overrightarrow{OA}\cdot\overrightarrow{OB}+\lambda\overrightarrow{PA}\cdot\overrightarrow{PB}=\overrightarrow{OC}\cdot\overrightarrow{OD}+\lambda\overrightarrow{PC}\cdot\overrightarrow{PD}=-2-1=-3.$$

故存在常数$\lambda=1$,使得$\overrightarrow{OA}\cdot\overrightarrow{OB}+\lambda\overrightarrow{PA}\cdot\overrightarrow{PB}$为定值$-3$.

例 8.15 椭圆$\dfrac{x^2}{a^2}+\dfrac{y^2}{b^2}=1(a>b>0)$的左、右顶点分别是$A,B$,左、右焦点分别是$F_1$,$F_2$.若$|AF_1|,|F_1F_2|,|F_1B|$成等比数列,求此椭圆的离心率.

解 设该椭圆的半焦距为c,由题意可得

$$|AF_1|=a-c,\quad |F_1F_2|=2c,\quad |F_1B|=a+c.$$

因为$|AF_1|,|F_1F_2|,|F_1B|$成等比数列,所以$(2c)^2=(a-c)(a+c)$,即$\dfrac{c^2}{a^2}=\dfrac{1}{5}$,于是

$e=\dfrac{c}{a}=\dfrac{\sqrt5}{5}$,即此椭圆的离心率为$\dfrac{\sqrt5}{5}$.

例 8.16 已知椭圆C的中心在坐标原点,焦点在x轴上,左顶点为A,左焦点为$F_1(-2,0)$,点$B(2,\sqrt2)$在椭圆C上,直线$y=kx(k\neq0)$与椭圆C交于E,F两点,直线AE,AF分别与y轴交于点M,N.

(1)求椭圆C的方程;

(2)在x轴上是否存在点P,使得无论非零实数k怎样变化,总有$\angle MPN$为直角?若存在,求出点P的坐标;若不存在,请说明理由.

解 (1)设椭圆C的方程为$\dfrac{x^2}{a^2}+\dfrac{y^2}{b^2}=1(a>b>0)$.

因为椭圆的左焦点为$F_1(-2,0)$,所以

$$a^2-b^2=4. \tag{8.6}$$

因为点$B(2,\sqrt2)$在椭圆C上,所以

$$\frac{4}{a^2}+\frac{2}{b^2}=1. \tag{8.7}$$

由方程(8.6)和方程(8.7)解得,$a=2\sqrt{2}$,$b=2$,所以椭圆 C 的方程为$\frac{x^2}{8}+\frac{y^2}{4}=1$.

（2）**方法一** 因为椭圆 C 的左顶点为 A,则点 A 的坐标为$(-2\sqrt{2},0)$.

已知直线 $y=kx(k\neq0)$ 与椭圆 $\frac{x^2}{8}+\frac{y^2}{4}=1$ 交于两点 E,F.若设点 $E(x_0,y_0)$（不妨设 $x_0>0$）,则点 $F(-x_0,-y_0)$.由联立方程组

$$\begin{cases} y=kx, \\ \frac{x^2}{8}+\frac{y^2}{4}=1, \end{cases}$$

消去 y 得 $x^2=\frac{8}{1+2k^2}$.

所以 $x_0=\frac{2\sqrt{2}}{\sqrt{1+2k^2}}$,$y_0=\frac{2\sqrt{2}k}{\sqrt{1+2k^2}}$.故直线 AE 的方程为$y=\frac{k}{1+\sqrt{1+2k^2}}(x+2\sqrt{2})$.

因为直线 AE 与 y 轴交于点 M,令 $x=0$ 得 $y=\frac{2\sqrt{2}k}{1+\sqrt{1+2k^2}}$,即点 $M\left(0,\frac{2\sqrt{2}k}{1+\sqrt{1+2k^2}}\right)$.

同理可得点 $N\left(0,\frac{2\sqrt{2}k}{1-\sqrt{1+2k^2}}\right)$.

假设在 x 轴上存在点 $P(t,0)$,使得$\angle MPN$ 为直角,则$\overrightarrow{MP}\cdot\overrightarrow{NP}=0$,即

$$t^2+\frac{-2\sqrt{2}k}{1+\sqrt{1+2k^2}}\times\frac{-2\sqrt{2}k}{1-\sqrt{1+2k^2}}=0,$$

整理得 $t^2-4=0$,故 $t=2$ 或 $t=-2$.于是存在点 $P(2,0)$ 或 $P(-2,0)$,无论非零实数 k 怎样变化,总有$\angle MPN$ 为直角.

方法二 因为椭圆 C 的左顶点为 A,则点 A 的坐标为$(-2\sqrt{2},0)$.

因为直线 $y=kx(k\neq0)$ 与椭圆 $\frac{x^2}{8}+\frac{y^2}{4}=1$ 交于两点 E,F,设点 $E(x_0,y_0)$,则点 $F(-x_0,-y_0)$.所以直线 AE 的方程为$y=\frac{y_0}{x_0+2\sqrt{2}}(x+2\sqrt{2})$.

因为直线 AE 与 y 轴交于点 M,令 $x=0$ 得 $y=\frac{2\sqrt{2}y_0}{x_0+2\sqrt{2}}$,即点 $M\left(0,\frac{2\sqrt{2}y_0}{x_0+2\sqrt{2}}\right)$.

同理可得点 $N\left(0,\frac{2\sqrt{2}y_0}{x_0-2\sqrt{2}}\right)$.

假设在 x 轴上存在点 $P(t,0)$,使得$\angle MPN$ 为直角,则$\overrightarrow{MP}\cdot\overrightarrow{NP}=0$,即

$$t^2+\frac{-2\sqrt{2}y_0}{x_0+2\sqrt{2}}\cdot\frac{-2\sqrt{2}y_0}{x_0-2\sqrt{2}}=0,\quad 整理得 t^2+\frac{8y_0^2}{x_0^2-8}=0.$$

因为点 $E(x_0,y_0)$ 在椭圆 C 上,所以$\frac{x_0^2}{8}+\frac{y_0^2}{4}=1$,即 $y_0^2=\frac{8-x_0^2}{2}$.

将 $y_0^2=\frac{8-x_0^2}{2}$ 代入 $t^2+\frac{8y_0^2}{x_0^2-8}=0$ 得 $t^2-4=0$,故 $t=2$ 或 $t=-2$.于是存在点 $P(2,0)$ 或 $P(-2,0)$,无论非零实数 k 怎样变化,总有$\angle MPN$ 为直角.

例 8.17 如图 8.6 所示，F_1，F_2 分别是椭圆 C：$\dfrac{x^2}{a^2}+\dfrac{y^2}{b^2}=1(a>b>0)$ 的左、右焦点，A 是椭圆 C 的顶点，B 是直线 AF_2 与椭圆 C 的另一个交点，$\angle F_1AF_2=60°$.

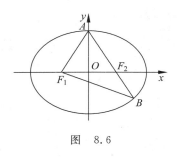

图　8.6

（Ⅰ）求椭圆 C 的离心率；

（Ⅱ）已知 $\triangle AF_1B$ 面积为 $40\sqrt{3}$，求 a,b 的值

解 （Ⅰ）因为 $\angle F_1AF_2=60°$，所以 $\triangle AF_1F_2$ 是等边三角形，故 $a=2c$，于是椭圆 C 的离心率 $e=\dfrac{c}{a}=\dfrac{1}{2}$.

（Ⅱ）设 $|BF_2|=m$；则 $|BF_1|=2a-m$.

在 $\triangle BF_1F_2$ 中，因为 $|F_1F_2|=a$，$\angle F_1F_2B=120°$，所以

$$|BF_1|^2=|BF_2|^2+|F_1F_2|^2-2|BF_2|\cdot|F_1F_2|\cos120°,$$

即 $(2a-m)^2=m^2+a^2+am$，解得 $m=\dfrac{3}{5}a$. 从而 $|BF_2|=\dfrac{3}{5}a$，$|BF_1|=2a-\dfrac{3}{5}a=\dfrac{7}{5}a$. 于是由 $\triangle AF_1B$ 的面积为 $40\sqrt{3}$，得

$$S_{\triangle AF_1B}=\dfrac{1}{2}|AF_1|\cdot|AB|\sin60°=\dfrac{1}{2}a\left(a+\dfrac{3}{5}a\right)\dfrac{\sqrt{3}}{2}=40\sqrt{3},$$

解得 $a=10$. 所以 $c=\dfrac{1}{2}a=5$，$b=\sqrt{a^2-c^2}=5\sqrt{3}$.

8.3　双曲线

一、双曲线的概念

平面上与两定点距离的差的绝对值为非零常数的动点轨迹称为双曲线（$\|PF_1|-|PF_2\|=2a$）.

（1）$\|PF_1|-|PF_2\|=2a$ 中是差的绝对值，在 $0<2a<|F_1F_2|$ 条件下：

$|PF_1|-|PF_2|=2a$ 时为双曲线的一支（含 F_2 的一支）；

$|PF_2|-|PF_1|=2a$ 时为双曲线的另一支（含 F_1 的一支）.

（2）当 $2a=|F_1F_2|$ 时，$\|PF_1|-|PF_2\|=2a$ 表示两条射线.

（3）当 $2a>|F_1F_2|$ 时，$\|PF_1|-|PF_2\|=2a$ 不表示任何图形.

（4）两定点 F_1，F_2 称为双曲线的焦点，$|F_1F_2|$ 称为焦距.

二、双曲线的一般性质

（1）范围：对标准方程 $\dfrac{x^2}{a^2}-\dfrac{y^2}{b^2}=1$，双曲线在两条直线 $x=\pm a$ 的外侧，即 $x^2\geqslant a^2$，或 $|x|\geqslant a$，即双曲线在两条直线 $x=\pm a$ 的外侧.

（2）对称性：双曲线 $\dfrac{x^2}{a^2}-\dfrac{y^2}{b^2}=1$ 关于每个坐标轴和原点都是对称的，坐标轴是双曲线的

对称轴,原点是双曲线 $\dfrac{x^2}{a^2}-\dfrac{y^2}{b^2}=1$ 的对称中心,双曲线的对称中心叫做双曲线的中心.

（3）顶点：双曲线和对称轴的交点称为双曲线的顶点.对双曲线 $\dfrac{x^2}{a^2}-\dfrac{y^2}{b^2}=1$,对称轴是 x,y 轴,所以令 $y=0$ 得 $x=\pm a$,因此双曲线和 x 轴有两个交点 $A_1(-a,0),A_2(a,0)$,它们是双曲线 $\dfrac{x^2}{a^2}-\dfrac{y^2}{b^2}=1$ 的顶点.

令 $x=0$,没有实根,因此双曲线和 y 轴没有交点.

双曲线的顶点只有两个,这与椭圆不同（椭圆有四个顶点）,双曲线的顶点分别是实轴的两个端点.

（4）实轴：线段 A_1A_2 称为双曲线的实轴,它的长等于 $2a$,a 称为双曲线的实半轴长.

（5）虚轴：记 $B_1(b,0),B_2(-b,0)$,线段 B_1B_2 称为双曲线的虚轴,它的长等于 $2b$,b 称为双曲线的虚半轴长.

（6）渐近线：双曲线 $\dfrac{x^2}{a^2}-\dfrac{y^2}{b^2}=1$ 的渐近线为 $y=\pm\dfrac{b}{a}x$.

（7）等轴双曲线：实轴和虚轴等长的双曲线称为等轴双曲线.等轴双曲线的标准方程为 $x^2-y^2=\pm a^2$,其渐近线方程为 $y=\pm x$,渐近线互相垂直,离心率为 $e=\sqrt{2}$.

解题时,等轴双曲线可以设为 $x^2-y^2=\lambda(\lambda\neq 0)$,当 $\lambda>0$ 时焦点在 x 轴上,当 $\lambda<0$ 时焦点在 y 轴上.

（8）共轭双曲线：以已知双曲线的虚轴为实轴,实轴为虚轴的双曲线,称为已知双曲线的共轭双曲线.

$\dfrac{x^2}{a^2}-\dfrac{y^2}{b^2}=\lambda$ 与 $\dfrac{x^2}{a^2}-\dfrac{y^2}{b^2}=-\lambda$ 互为共轭双曲线,它们具有共同的渐近线：$\dfrac{x^2}{a^2}-\dfrac{y^2}{b^2}=0$.

（9）共渐近线的双曲线系：如果双曲线的渐近线为 $\dfrac{x}{a}\pm\dfrac{y}{b}=0$ 时,那么它的双曲线方程可设为

$$\dfrac{x^2}{a^2}-\dfrac{y^2}{b^2}=\lambda(\lambda\neq 0).$$

（10）直线与双曲线交于一点时,其位置关系不一定相切.例如,当直线与双曲线的渐近线平行时,直线与双曲线相交于一点,但不是相切;反之,当直线与双曲线相切时,直线与双曲线仅有一个交点.

例 8.18 如图 8.7 所示,已知双曲线 $\dfrac{x^2}{4}-\dfrac{y^2}{b^2}=1(b>0)$,以原点为圆心,双曲线的半实轴长为半径的圆与双曲线的两条渐近线相交于 A,B,C,D 四点,四边形 $ABCD$ 的面积为 $2b$,求 b^2 的值.

解 由题意知双曲线的渐近线方程为 $y=\pm\dfrac{b}{2}x$,圆的方程为 $x^2+y^2=4$.

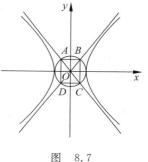

图 8.7

联立 $\begin{cases} x^2+y^2=4, \\ y=\dfrac{b}{2}x, \end{cases}$ 解得 $\begin{cases} x=\dfrac{4}{\sqrt{4+b^2}}, \\ y=\dfrac{2b}{\sqrt{4+b^2}}, \end{cases}$ 或 $\begin{cases} x=\dfrac{-4}{\sqrt{4+b^2}}, \\ y=\dfrac{-2b}{\sqrt{4+b^2}}, \end{cases}$

即第一象限的交点为 $\left(\dfrac{4}{\sqrt{4+b^2}},\dfrac{2b}{\sqrt{4+b^2}}\right)$.

由双曲线和圆的对称性得四边形 $ABCD$ 为矩形,其相邻两边长为 $\dfrac{8}{\sqrt{4+b^2}}$, $\dfrac{4b}{\sqrt{4+b^2}}$,故 $\dfrac{8\times 4b}{4+b^2}=2b$,所以 $b^2=12$.

三、有关双曲线的一些结论或性质

设双曲线方程为 $\dfrac{x^2}{a^2}-\dfrac{y^2}{b^2}=1(a>0,b>0)$,左右焦点分别为 F_1,F_2,则有如下的一些结论.

(1) 双曲线上一点 P 处的切线 PT 平分 $\triangle PF_1F_2$ 在点 P 处的内角.

(2) 以焦点弦为直径的圆必与对应准线相交.

(3) 以焦点半径 PF_1 为直径的圆必与以实轴为直径的圆相切.(内切:P 在右支;外切:P 在左支)

(4) 若 $P_0(x_0,y_0)$ 在双曲线 $\dfrac{x^2}{a^2}-\dfrac{y^2}{b^2}=1(a>0,b>0)$ 上,则过 P_0 的双曲线的切线方程是 $\dfrac{x_0 x}{a^2}-\dfrac{y_0 y}{b^2}=1$.

(5) 若 $P_0(x_0,y_0)$ 在双曲线 $\dfrac{x^2}{a^2}-\dfrac{y^2}{b^2}=1(a>0,b>0)$ 外,过 P_0 作双曲线的两条切线,切点为 P_1,P_2,则切点弦 P_1P_2 的直线方程是 $\dfrac{x_0 x}{a^2}-\dfrac{y_0 y}{b^2}=1$.

(6) 设双曲线 $\dfrac{x^2}{a^2}-\dfrac{y^2}{b^2}=1(a>0,b>0)$ 的左右焦点分别为 F_1,F_2,点 P 为双曲线上任意一点:$\angle F_1PF_2=\gamma$,则双曲线的焦点三角形的面积为 $S_{\triangle F_1PF_2}=b^2\cot\dfrac{\gamma}{2}$.

(7) 双曲线 $\dfrac{x^2}{a^2}-\dfrac{y^2}{b^2}=1(a>0,b>0)$,$F_1(-c,0)$,$F_2(c,0)$,则焦半径公式为

当 $M(x_0,y_0)$ 在右支上时,$|MF_1|=ex_0+a$,$|MF_2|=ex_0-a$;当 $M(x_0,y_0)$ 在左支上时,$|MF_1|=-ex_0+a$,$|MF_2|=-ex_0-a$.

(8) 设过双曲线焦点 F 作直线与双曲线交于 P,Q 两点,A 为双曲线实轴上一个顶点,连结 AP 和 AQ 分别交相应于焦点 F 的双曲线准线于 M,N 两点,则 $MF\perp NF$.

(9) 过双曲线一个焦点 F 的直线与双曲线交于两点 P,Q,且 A_1,A_2 为双曲线实轴上的顶点,A_1P 和 A_2Q 交于点 M,A_2P 和 A_1Q 交于点 N,则 $MF\perp NF$.

(10) 双曲线 $\dfrac{x^2}{a^2}-\dfrac{y^2}{b^2}=1(a>0,b>0)$ 与直线 $Ax+By+C=0$ 有公共点的充要条件是 $A^2a^2-B^2b^2\leqslant C^2$.

(11) 若 $P_0(x_0,y_0)$ 在双曲线 $\dfrac{x^2}{a^2}-\dfrac{y^2}{b^2}=1(a>0,b>0)$ 内,则被 P_0 平分的弦的方程是

$$\dfrac{x_0 x}{a^2}-\dfrac{y_0 y}{b^2}=\dfrac{x_0^2}{a^2}-\dfrac{y_0^2}{b^2}.$$

（12）若 $P_0(x_0,y_0)$ 在双曲线 $\frac{x^2}{a^2}-\frac{y^2}{b^2}=1(a>0,b>0)$ 内,则过 P_0 的弦的中点的轨迹方程是 $\frac{x^2}{a^2}-\frac{y^2}{b^2}=\frac{x_0x}{a^2}-\frac{y_0y}{b^2}$.

（13）双曲线 $\frac{x^2}{a^2}-\frac{y^2}{b^2}=1(a>0,b>0)$ 的两个顶点为 $A_1(-a,0),A_2(a,0)$,与 y 轴平行的直线交双曲线于 P_1,P_2 时,A_1P_1 与 A_2P_2 交点的轨迹方程是 $\frac{x^2}{a^2}+\frac{y^2}{b^2}=1$.

（14）过双曲线 $\frac{x^2}{a^2}-\frac{y^2}{b^2}=1(a>0,b>0)$ 上任一点 $A(x_0,y_0)$ 任意作两条倾斜角互补的直线交双曲线于 B,C 两点,则直线 BC 定向且 $k_{BC}=-\frac{b^2x_0}{a^2y_0}$（常数）.

（15）已知双曲线 $\frac{x^2}{a^2}-\frac{y^2}{b^2}=1(b>a>0)$,$O$ 为坐标原点,P,Q 为双曲线上两动点,且 $OP\perp OQ$,则:

① $\frac{1}{|OP|^2}+\frac{1}{|OQ|^2}=\frac{1}{a^2}-\frac{1}{b^2}$;

② $|OP|^2+|OQ|^2$ 的最小值为 $\frac{4a^2b^2}{b^2-a^2}$;

③ $S_{\triangle OPQ}$ 的最小值为 $\frac{a^2b^2}{b^2-a^2}$.

（16）设双曲线 $\frac{x^2}{a^2}-\frac{y^2}{b^2}=1(a>0,b>0)$ 的两个焦点为 F_1,F_2,P（异于长轴端点）为双曲线上任意一点,在 $\triangle PF_1F_2$ 中,记 $\angle F_1PF_2=\alpha$,$\angle PF_1F_2=\beta$,$\angle F_1F_2P=\gamma$,则有

$$\frac{\sin\alpha}{\pm(\sin\gamma-\sin\beta)}=\frac{c}{a}=e.$$

（17）双曲线 $\frac{x^2}{a^2}-\frac{y^2}{b^2}=1(a>0,b>0)$ 的通径（斜率不存在的弦）与双曲线交于 A,B 两点,O 为双曲线中心,c 为半焦距,则 $\triangle OAB$ 为直角三角形的充要条件是 $b^2=ac$.

（18）过椭圆 $\frac{x^2}{a^2}+\frac{y^2}{b^2}=1(b>a>0)$ 的焦点的直线（斜率存在）与双曲线 $\frac{x^2}{a^2}-\frac{y^2}{b^2}=1(b>a>0)$ 交于 A,B 两点,O 为双曲线中心,则 $\triangle OAB$ 为直角三角形的充要条件是直线的斜率 k 满足:

$$k^2=\frac{a^2b^2}{b^4-a^2b^2-a^4}.$$

例 8.19 已知双曲线 $\frac{x^2}{a^2}-\frac{y^2}{b^2}=1$ 的左、右焦点分别为 F_1,F_2,过 F_1 作圆 $x^2+y^2=a^2$ 的切线分别交双曲线的左、右两支于点 B,C,且 $|BC|=|CF_2|$,求双曲线的渐近线方程.

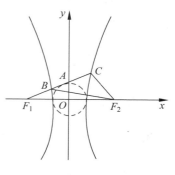

图 8.8

解 由题意作出示意图（见图 8.8）,易得直线 BC 的斜率为 $\frac{a}{b}$,$\cos\angle CF_1F_2=\frac{b}{c}$.又由双曲线的定义及 $|BC|=$

$|CF_2|$可得

$$|CF_1|-|CF_2|=|BF_1|=2a,\quad|BF_2|-|BF_1|=2a,$$

所以$|BF_2|=4a$,故$\cos\angle CF_1F_2=\dfrac{b}{c}=\dfrac{4a^2+4c^2-16a^2}{2\cdot 2a\cdot 2c}$,由此可得

$$b^2-2ab-2a^2=0,\text{即}\left(\dfrac{b}{a}\right)^2-2\left(\dfrac{b}{a}\right)-2=0.$$

而$\dfrac{b}{a}>0$,故得$\dfrac{b}{a}=1+\sqrt{3}$,故双曲线的渐近线方程为$y=\pm(\sqrt{3}+1)x$.

例 8.20 已知F_1,F_2为双曲线$C\colon x^2-y^2=2$的左右焦点,点P在C上,且$|PF_1|=2|PF_2|$,求$\cos\angle F_1PF_2$.

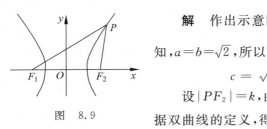

图 8.9

解 作出示意图(见图8.9).由$x^2-y^2=2$,即$\dfrac{x^2}{2}-\dfrac{y^2}{2}=1$可知,$a=b=\sqrt{2}$,所以

$$c=\sqrt{a^2+b^2}=2,\text{故 }F_1F_2=2c=4.$$

设$|PF_2|=k$,由题设得$|PF_1|=2k$,则$|PF_1|-|PF_2|=k$.根据双曲线的定义,得$|PF_1|-|PF_2|=k=2a=2\sqrt{2}$,所以$|PF_2|=2\sqrt{2}$,$|PF_1|=4\sqrt{2}$.

在$\triangle PF_1F_2$中,应用余弦定理得

$$\cos\angle F_1PF_2=\dfrac{PF_1^2+PF_2^2-F_1F_2^2}{2PF_1\cdot PF_2}=\dfrac{32+8-16}{32}=\dfrac{3}{4}.$$

8.4 抛物线

一、抛物线的概念

平面内与一定点F和一条定直线l的距离相等的点的轨迹称为抛物线(定点F不在定直线l上).定点F称为抛物线的焦点,定直线l称为抛物线的准线.

(1) 就一般抛物线$ay^2+by+c=x$,其顶点为$\left(\dfrac{4ac-b^2}{4a},-\dfrac{b}{2a}\right)$,对称轴为$y=-\dfrac{b}{2a}$.

(2) 方程$y^2=2px(p>0)$称为抛物线的标准方程.它表示的抛物线的焦点在x轴的正半轴上,焦点F的坐标是$\left(\dfrac{p}{2},0\right)$,它的准线方程是$x=-\dfrac{p}{2}$,$p$是焦点到准线的距离;它有一个顶点,一个焦点,一条准线,一条对称轴,无对称中心,没有渐近线.对不同标准方程简单特征是:

抛物线$y^2=2px(p>0)$的焦点坐标是$\left(\dfrac{p}{2},0\right)$,准线方程$x=-\dfrac{p}{2}$,开口向右;

抛物线$y^2=-2px(p>0)$的焦点坐标是$\left(-\dfrac{p}{2},0\right)$,准线方程$x=\dfrac{p}{2}$,开口向左;

抛物线$x^2=2py(p>0)$的焦点坐标是$\left(0,\dfrac{p}{2}\right)$,准线方程$y=-\dfrac{p}{2}$,开口向上;

抛物线 $x^2 = -2py(p>0)$ 的焦点坐标是 $\left(0, -\dfrac{p}{2}\right)$，准线方程 $y = \dfrac{p}{2}$，开口向下.

（3）$y^2 = 2px$ 的参数方程为 $\begin{cases} x = 2pt^2, \\ y = 2pt, \end{cases}$ t 为参数.

（4）抛物线 $y^2 = 2px(p>0)$ 的通径为 $2p$，这是过焦点的所有弦中最短的.

（5）抛物线 $y^2 = 2px(p>0)$ 上的点 $M(x_0, y_0)$ 与焦点 F 的距离 $|MF| = x_0 + \dfrac{p}{2}$；抛物线 $y^2 = -2px(p>0)$ 上的点 $M(x_0, y_0)$ 与焦点 F 的距离 $|MF| = \dfrac{p}{2} - x_0$.

（6）抛物线 $y^2 = 2px(p>0)$ 的焦点到其顶点的距离为 $\dfrac{p}{2}$，顶点到准线的距离为 $\dfrac{p}{2}$，焦点到准线的距离为 p.

（7）已知过抛物线 $y^2 = 2px(p>0)$ 焦点的直线交抛物线于 A, B 两点，则线段 AB 称为焦点弦，设 $A(x_1, y_1), B(x_2, y_2)$，则弦长 $|AB| = x_1 + x_2 + p$ 或 $|AB| = \dfrac{2p}{\sin^2 \alpha}$（$\alpha$ 为直线 AB 的倾斜角），$y_1 y_2 = -p^2, x_1 x_2 = \dfrac{p^2}{4}, |AF| = x_1 + \dfrac{p}{2}$（$|AF|$ 叫做焦半径）.

二、有关抛物线的一些结论或性质

如图 8.10 所示，AB 是抛物线 $y^2 = 2px(p>0)$ 的焦点弦，AB 的倾斜角为 α，且 $A(x_1, y_1)$ 和 $B(x_2, y_2)$，AB 的中点为 $Q(x_3, y_3)$，F 是焦点，过抛物线的焦点且垂直于对称轴的弦称为通径，l 是抛物线的准线，$AA_1 \perp l$，$BB_1 \perp l$，过 A, B 的切线相交于 P，PQ 与抛物线交于点 M. 则有如下结论：

（1）P 在准线上；

（2）以 AB 为直径的圆与准线 l 相切；

（3）以 $A_1 B_1$ 为直径的圆与直线 AB 相切；

（4）$PF = PA_1 = PB_1$；

（5）$PA \perp PB$；

（6）$PF \perp AB$；

（7）$A_1 F \perp B_1 F$；

（8）BP 垂直平分 $B_1 F$；

（9）AP 垂直平分 $A_1 F$；

（10）M 平分 PQ；

（11）PA 平分 $\angle A_1 AB$，PB 平分 $\angle B_1 BA$；

（12）$|AB| = x_1 + x_2 + p = 2\left(x_3 + \dfrac{p}{2}\right) = \dfrac{2p}{\sin^2 \alpha}$；

（13）$\dfrac{1}{|AF|} + \dfrac{1}{|BF|} = \dfrac{2}{p}$；

（14）A, O, B_1 三点共线；

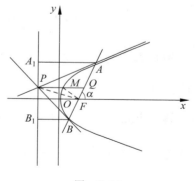

图 8.10

(15) B,O,A_1 三点共线;

(16) $S_{\triangle AOB}=\dfrac{p^2}{2\sin\alpha}$;

(17) $\dfrac{S_{\triangle AOB}^2}{|AB|}=\left(\dfrac{p}{2}\right)^3$（定值）;

(18) $|AF|=\dfrac{p}{1-\cos\alpha}$; $|BF|=\dfrac{p}{1+\cos\alpha}$;

(19) $|AB|\geqslant 2p$;

(20) $k_{AB}=\dfrac{p}{y_3}$;

(21) $\tan\alpha=\dfrac{y^2}{x_2-\dfrac{p}{2}}$.

例 8.21　过抛物线 $y^2=4x$ 的焦点 F 的直线交抛物线于 A,B 两点,点 O 是原点,若 $|AF|=3$,求 $\triangle AOB$ 的面积.

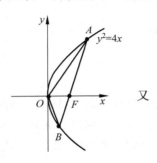

图　8.11

解　如图 8.11 所示,设 $\angle AFx=\theta(0<\theta<\pi)$,$|BF|=a$.

因为 $|AF|=3$,即点 A 到准线 $l:x=-1$ 的距离为 3.所以

$$2+3\cos\theta=3,\text{即 }\cos\theta=\frac{1}{3}.$$

又

$$2+a\cos(\pi-\theta)=a,\text{故 }a=\frac{2}{1+\cos\theta}=\frac{2}{1+\dfrac{1}{3}}=\frac{3}{2}.$$

所以 $\triangle AOB$ 的面积为

$$S=\frac{1}{2}\cdot|OF|\cdot|AB|\cdot\sin\theta=\frac{1}{2}\times 1\times\left(3+\frac{3}{2}\right)\times\frac{2\sqrt{2}}{3}=\frac{3\sqrt{2}}{2}.$$

例 8.22　过抛物线 $y^2=2x$ 的焦点 F 作直线交抛物线于 A,B 两点,若 $|AB|=\dfrac{25}{12}$,$|AF|<|BF|$,求 $|AF|$.

解　由题意知直线的斜率存在且不为 0,所以可设直线的方程为 $y=k\left(x-\dfrac{1}{2}\right)$,代入抛物线方程,整理得 $k^2x^2-(k^2+2)x+\dfrac{k^2}{4}=0$.

设 $A(x_1,y_1),B(x_2,y_2)$,则 $x_1+x_2=1+\dfrac{2}{k^2}$.

又因为 $|AB|=\dfrac{25}{12}$,所以 $x_1+x_2+1=\dfrac{25}{12}$,故 $x_1+x_2=\dfrac{13}{12}=1+\dfrac{2}{k^2}$,解得 $k^2=24$.代入 $k^2x^2-(k^2+2)x+\dfrac{k^2}{4}=0$ 得 $x_1=\dfrac{1}{3}$,$x_2=\dfrac{4}{3}$.

因为 $|AF|<|BF|$,所以 $x=\dfrac{1}{3}$,于是 $|AF|=x+\dfrac{p}{2}=\dfrac{1}{3}+\dfrac{1}{2}=\dfrac{5}{6}$.

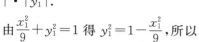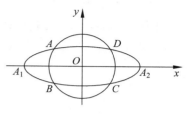

8.5 圆锥曲线综合应用

例 8.23 如图 8.12 所示,动圆 $C_1:x^2+y^2=t^2(1<t<3)$,与椭圆 $C_2:\dfrac{x^2}{9}+y^2=1$ 相交于 A,B,C,D 四点,点 A_1,A_2 分别为 C_2 的左、右顶点.

(1) 当 t 为何值时,矩形 $ABCD$ 的面积取得最大值? 并求出其最大面积;

(2) 求直线 AA_1 与直线 A_2B 的交点 M 的轨迹方程.

解 (1) 设 $A(x_1,y_1)$,则矩形 $ABCD$ 的面积 $S=4|x_1|\cdot|y_1|$.

图 8.12

由 $\dfrac{x_1^2}{9}+y_1^2=1$ 得 $y_1^2=1-\dfrac{x_1^2}{9}$,所以

$$x_1^2y_1^2=x_1^2\left(1-\frac{x_1^2}{9}\right)=-\frac{1}{9}\left(x_1^2-\frac{9}{2}\right)^2+\frac{9}{4}.$$

当 $x_1^2=\dfrac{9}{2}$,即 $y_1^2=\dfrac{1}{2}$ 时,$x_1^2y_1^2$ 最大为 $\dfrac{9}{4}$,$S_{\max}=6$. 这时 $t^2=5$. 因为 $1<t<3$,故当 $t=\sqrt{5}$ 时,矩形 $ABCD$ 的面积取得最大值,最大面积为 6.

(2) 设 $A(x_1,y_1)$,$B(x_2,y_2)$. 因为 $A_1(-3,0)$,$A_2(3,0)$,所以直线 A_1A 的方程为

$$y=\frac{y_1}{x_1+3}(x+3),\tag{8.8}$$

直线 A_2B 的方程为

$$y=-\frac{y_1}{x_2-3}(x-3).\tag{8.9}$$

由(8.8)式×(8.9)式可得

$$y^2=-\frac{y_1^2}{x_1^2-9}(x^2-9).\tag{8.10}$$

因为 $A(x_1,y_1)$ 在椭圆 C_2 上,所以 $\dfrac{x_1^2}{9}+y_1^2=1$,即 $y_1^2=1-\dfrac{x_1^2}{9}$,代入(8.10)式可得

$$y^2=\frac{-\left(1-\dfrac{x_1^2}{9}\right)}{x_1^2-9}(x^2-9)=\frac{1}{9}(x^2-9),$$

所以点 M 的轨迹方程为 $\dfrac{x^2}{9}-y^2=1(x<-3,y<0)$.

例 8.24 已知双曲线 $\dfrac{x^2}{5}-y^2=1$ 的焦点是椭圆 $C:\dfrac{x^2}{a^2}+\dfrac{y^2}{b^2}=1(a>b>0)$ 的顶点,且椭圆与双曲线的离心率互为倒数.

(1) 求椭圆 C 的方程.

(2) 设动点 M,N 在椭圆 C 上,且 $|MN|=\dfrac{4\sqrt{3}}{3}$,记直线 MN 在 y 轴上的截距为 m,求 m 的最大值.

解 (1) 双曲线 $\dfrac{x^2}{5}-y^2=1$ 的焦点坐标为 $(\pm\sqrt{6},0)$，离心率为 $\dfrac{\sqrt{30}}{5}$. 由题设可得 $a=\sqrt{6}$，且 $\dfrac{\sqrt{a^2-b^2}}{a}=\dfrac{\sqrt{30}}{6}$，解得 $b=1$. 故椭圆 C 的方程为 $\dfrac{x^2}{6}+y^2=1$.

(2) 因为 $|MN|=\dfrac{4\sqrt{3}}{3}>2$，所以直线 MN 的斜率存在. 由题设可令直线 MN 的方程为 $y=kx+m$. 代入椭圆方程 $\dfrac{x^2}{6}+y^2=1$ 得 $(1+6k^2)x^2+12kmx+6(m^2-1)=0$.

因为 $\Delta=(12km)^2-24(1+6k^2)(m^2-1)=24(1+6k^2-m^2)>0$，所以 $m^2<1+6k^2$.

设 $M(x_1,y_1),N(x_2,y_2)$，根据根与系数的关系得

$$x_1+x_2=\frac{-12km}{1+6k^2},\qquad x_1x_2=\frac{6(m^2-1)}{1+6k^2}.$$

则

$$|MN|=\sqrt{1+k^2}\,|x_1-x_2|=\sqrt{1+k^2}\,\sqrt{(x_1+x_2)^2-4x_1x_2}$$

$$=\sqrt{1+k^2}\,\sqrt{\left(-\frac{12km}{1+6k^2}\right)^2-\frac{24(m^2-1)}{1+6k^2}}.$$

从而得 $\sqrt{1+k^2}\,\sqrt{\left(-\dfrac{12km}{1+6k^2}\right)^2-\dfrac{24(m^2-1)}{1+6k^2}}=\dfrac{4\sqrt{3}}{3}$. 整理得 $m^2=\dfrac{-18k^4+39k^2+7}{9(1+k^2)}$.

令 $k^2+1=t$，则有 $t\geqslant1$，那么 $k^2=t-1$. 所以

$$m^2=\frac{-18t^2+75t-50}{9t}=\frac{1}{9}\left[75-\left(18t+\frac{50}{t}\right)\right]\leqslant\frac{75-2\times30}{9}=\frac{5}{3}.$$

等号成立的条件是 $t=\dfrac{5}{3}$，此时 $k^2=\dfrac{2}{3},m^2=\dfrac{5}{3}$ 满足 $m^2<1+6k^2$，符合题意. 故 m 的最大值为 $\dfrac{\sqrt{15}}{3}$.

例 8.25 已知椭圆 $C:\dfrac{x^2}{a^2}+\dfrac{y^2}{b^2}=1(a>b>0)$ 的离心率为 $\dfrac{1}{2}$，椭圆的短轴端点与双曲线 $\dfrac{y^2}{2}-x^2=1$ 的焦点重合，过点 $P(4,0)$ 且不垂直于 x 轴的直线 l 与椭圆 C 相交于 A,B 两点.

(1) 求椭圆 C 的方程；

(2) 求 $\overrightarrow{OA}\cdot\overrightarrow{OB}$ 的取值范围.

解 (1) 由双曲线 $\dfrac{y^2}{2}-x^2=1$ 得其焦点为 $(0,\pm\sqrt{3})$，所以 $b=\sqrt{3}$.

又由 $e=\dfrac{c}{a}=\dfrac{1}{2},a^2=b^2+c^2$，得 $a^2=4,c=1$. 故椭圆 C 的方程为 $\dfrac{x^2}{4}+\dfrac{y^2}{3}=1$.

(2) 由题意可知直线 l 的斜率存在. 设直线 l 的方程为 $y=k(x-4)$，由 $\begin{cases}y=k(x-4),\\ \dfrac{x^2}{4}+\dfrac{y^2}{3}=1,\end{cases}$ 消去 y，得 $(4k^2+3)x^2-32k^2x+64k^2-12=0$.

由 $\Delta=(-32k^2)^2-4(4k^2+3)(64k^2-12)>0$，得 $k^2<\dfrac{1}{4}$.

设 $A(x_1,y_1),B(x_2,y_2)$,则

$$x_1+x_2=\frac{32k^2}{4k^2+3},x_1x_2=\frac{64k^2-12}{4k^2+3},$$

于是

$$y_1y_2=k^2(x_1-4)(x_2-4)=k^2x_1x_2-4k^2(x_1+x_2)+16k^2,$$

故

$$\overrightarrow{OA}\cdot\overrightarrow{OB}=x_1x_2+y_1y_2$$

$$=(1+k^2)\cdot\frac{64k^2-12}{4k^2+3}-4k^2\cdot\frac{32k^2}{4k^2+3}+16k^2$$

$$=25-\frac{87}{4k^2+3}.$$

因为 $0\leqslant k^2<\frac{1}{4}$,所以 $-29\leqslant-\frac{87}{4k^2+3}<-\frac{87}{4}$,于是 $\overrightarrow{OA}\cdot\overrightarrow{OB}\in\left[-4,\frac{13}{4}\right)$.

例 8.26 已知曲线 C:$(5-m)x^2+(m-2)y^2=8(m\in\mathbb{R})$.

(1) 若曲线 C 是焦点在 x 轴点上的椭圆,求 m 的取值范围;

(2) 设 $m=4$,曲线 C 与 y 轴的交点为 A,B(点 A 位于点 B 的上方),直线 $y=kx+4$ 与曲线 C 交于不同的两点 M、N,直线 $y=1$ 与直线 BM 交于点 G.求证:A,G,N 三点共线(参见图 8.13).

解 (1) 原曲线方程可化为 $\dfrac{x^2}{\frac{8}{5-m}}+\dfrac{y^2}{\frac{8}{m-2}}=1$.

因为曲线 C 是焦点在 x 轴点上的椭圆,所以

$$\begin{cases}\dfrac{8}{5-m}>\dfrac{8}{m-2},\\[2mm]\dfrac{8}{5-m}>0,\\[2mm]\dfrac{8}{m-2}>0,\end{cases}$$

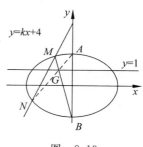

图 8.13

则 $\dfrac{7}{2}<m<5$.

(2) 证明 因为 $m=4$,所以曲线 C 的方程为 $x^2+2y^2=8$.

将已知直线代入椭圆方程,并化简得

$$(2k^2+1)x^2+16kx+24=0.$$

由 $\Delta=(16k)^2-4\cdot(2k^2+1)\cdot24=32(2k^2-3)>0$,得 $k^2>\dfrac{3}{2}$.

由韦达定理得 $x_M+x_N=-\dfrac{16k}{2k^2+1}$,$x_M\cdot x_N=\dfrac{24}{2k^2+1}$.

设 $M(x_M,kx_M+4)$,$N(x_N,kx_N+4)$,$G(x_G,1)$,则 MB 的方程为 $y=\dfrac{kx_M+6}{x_M}x-2$,故 $G\left(\dfrac{3x_M}{kx_M+6},1\right)$,$AN$ 的方程为 $y=\dfrac{kx_N+2}{x_N}x+2$.

欲证 A, G, N 三点共线,只需证点 G 在直线 AN 上.将 $G\left(\dfrac{3x_M}{kx_M+6}, 1\right)$ 代入 $y=\dfrac{kx_N+2}{x_N}x+2$,

得 $1=\dfrac{kx_N+2}{x_N} \cdot \dfrac{3x_M}{kx_M+6}+2$,整理得

$$-kx_M \cdot x_N - 6x_N = 3kx_M \cdot x_N + 6x_M,\ 即\ 4kx_M \cdot x_N + 6(x_M+x_N)=0,$$

即 $4k \cdot \dfrac{24}{2k^2+1}+6 \cdot \left(-\dfrac{16k}{2k^2+1}\right)=0$,等式恒成立.

由于以上各步是可逆的,从而点 $G\left(\dfrac{3x_M}{kx_M+6}, 1\right)$ 在直线 AN 上,所以 A, G, N 三点共线.

例 8.27 如图 8.14 所示,$F_1(-c, 0), F_2(c, 0)$ 分别是椭圆 $C:\dfrac{x^2}{a^2}+\dfrac{y^2}{b^2}=1(a>b>0)$ 的左、右焦点,过点 F_1 作 x 轴的垂线交椭圆的上半部分于点 P,过点 F_2 作直线 PF_2 的垂线交直线 $x=\dfrac{a^2}{c}$ 于点 Q.

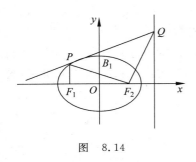

图 8.14

(1) 若点 Q 的坐标为 $(4, 4)$;求椭圆 C 的方程;

(2) 证明:直线 PQ 与椭圆 C 只有一个交点.

解 (1) 因 $F_1(-c, 0), F_2(c, 0)$,可设 $P(-c, y_1)$ $(y_1>0)$,代入 $\dfrac{x^2}{a^2}+\dfrac{y^2}{b^2}=1$ 可得 $y_1=\dfrac{b^2}{a}$.

因为 $PF_2 \perp QF_2$,而 $Q(4, 4)$,所以

$$\dfrac{\dfrac{b^2}{a}-0}{-c-c} \cdot \dfrac{4-0}{4-c}=-1. \tag{8.11}$$

又由 $Q(4, 4)$ 得

$$\dfrac{a^2}{c}=4, \tag{8.12}$$

$$c^2=a^2-b^2 \ (a, b, c>0). \tag{8.13}$$

由 (8.11),(8.12),(8.13) 式解得:$a=2, c=1, b=\sqrt{3}$,所以椭圆 C 的方程为 $\dfrac{x^2}{4}+\dfrac{y^2}{3}=1$.

证明 (2) 设 $Q\left(\dfrac{a^2}{c}, y_2\right)$,则由 $PF_2 \perp QF_2$,可得

$$\dfrac{\dfrac{b^2}{a}-0}{-c-c} \cdot \dfrac{y_2-0}{\dfrac{a^2}{c}-c}=-1,$$

解得 $y_2=2a$,所以

$$k_{PQ}=\dfrac{2a-\dfrac{b^2}{a}}{\dfrac{a^2}{c}+c}=\dfrac{c}{a}.$$

又由 $\dfrac{x^2}{a^2}+\dfrac{y^2}{b^2}=1$,且点 P 在椭圆的上半部分,可得 $y=\sqrt{b^2-\dfrac{b^2}{a^2}x^2}$,故

$$y' = \frac{-\frac{b^2}{a^2}x}{\sqrt{b^2 - \frac{b^2}{a^2}x^2}}.$$

于是过点 P 与椭圆 C 相切的直线斜率 $k = y'\big|_{x=-c} = \frac{c}{a} = k_{PQ}$，所以过点 P 与椭圆 C 相切的直线与直线 PQ 重合. 故直线 PQ 与椭圆 C 只有一个交点.

例 8.28 如图 8.15 所示，等边三角形 OAB 的边长为 $8\sqrt{3}$，且其三个顶点均在抛物线 $E: x^2 = 2py(p>0)$ 上.

（1）求抛物线 E 的方程；

（2）设动直线 l 与抛物线 E 相切于点 P，与直线 $y=-1$ 相交于点 Q，证明以 PQ 为直径的圆恒过 y 轴上某定点.

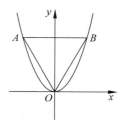

图 8.15

解 （1）依题意，$|OB| = 8\sqrt{3}$，$\angle BOy = 30°$. 由于 $B(x,y)$ 是等边三角形的顶点，则 $x = |OB|\sin 30° = 4\sqrt{3}$，$y = |OB|\cos 30° = 12$.

因为点 $B(4\sqrt{3}, 12)$ 在 $x^2 = 2py$ 上，所以 $(4\sqrt{3})^2 = 2p \times 12$，解得 $p = 2$. 故抛物线 E 的方程为 $x^2 = 4y$.

（2）由（1）知 $y = \frac{1}{4}x^2$，$y' = \frac{1}{2}x$.

设 $P(x_0, y_0)$，则 $x_0 \neq 0$（此时其切线为 x 轴，与直线 $y=-1$ 平行），且 l 的方程为

$$y - y_0 = \frac{1}{2}x_0(x - x_0), \quad \text{即} \quad y = \frac{1}{2}x_0 x - \frac{1}{4}x_0^2.$$

由

$$\begin{cases} y = \frac{1}{2}x_0 x - \frac{1}{4}x_0^2, \\ y = -1, \end{cases} \text{得} \begin{cases} x = \frac{x_0^2 - 4}{2x_0}, \\ y = -1. \end{cases}$$

所以 $Q\left(\frac{x_0^2-4}{2x_0}, -1\right)$. 假设以 PQ 为直径的圆恒过定点 M，则 $\overrightarrow{MP} \cdot \overrightarrow{MQ} = 0$. 由 P 点的关于 y 轴的对称性，可知所得的圆也关于 y 轴对称，故知 M 必在 y 轴上，于是可设 $M(0, y_1)$，则

$$\overrightarrow{MP} = (x_0, y_0 - y_1), \quad \overrightarrow{MQ} = \left(\frac{x_0^2-4}{2x_0}, -1-y_1\right).$$

由 $\overrightarrow{MP} \cdot \overrightarrow{MQ} = 0$，得 $\frac{x_0^2-4}{2} - y_0 - y_0 y_1 + y_1 + y_1^2 = 0$，而 $y_0 = \frac{1}{4}x_0^2$，故得

$$(y_1^2 + y_1 - 2) + (1 - y_1)y_0 = 0, \quad \text{即} \quad (y_1 - 1)(y_1 + 2 - y_0) = 0.$$

由于此式对满足 $y_0 = \frac{1}{4}x_0^2(x_0 \neq 0)$ 的 y_0 恒成立，故得 $y_1 = 1$.

故以 PQ 为直径的圆恒过 y 轴上的定点 $M(0, 1)$.

例 8.29 设抛物线 $C: x^2 = 2py(p>0)$ 的焦点为 F，准线为 l，$A \in C$，已知以 F 为圆心，FA 为半径的圆 F 交 l 于 B, D 两点（参见图 8.16）.

（1）若 $\angle BFD = 90°$，$\triangle ABD$ 的面积为 $4\sqrt{2}$；求 p 的值及圆 F 的方程；

（2）若 A, B, F 三点在同一直线 m 上，直线 n 与 m 平行，且 n 与 C 只有一个公共点，求

坐标原点到 m,n 距离的比值.

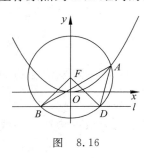

图 8.16

解　(1) 由对称性知,$\triangle BFD$ 是等腰直角三角形,斜边 $|BD|=2p$. 点 A 到准线 l 的距离 $d=|FA|=|FB|=\sqrt{2}\,p$.

因为 $S_{\triangle ABD}=4\sqrt{2}$,所以 $\dfrac{1}{2}\cdot|BD|\cdot d=4\sqrt{2}$,从而得 $p=2$,故 $F(0,1)$,$|FB|=2\sqrt{2}$. 于是圆 F 的方程为 $x^2+(y-1)^2=8$.

(2) 由对称性可设 $A\left(x_0,\dfrac{x_0^2}{2p}\right)(x_0>0)$. 如果 A,B,F 三点在同一直线 m 上,由于 A,B 两点同在圆 F 上,故 $|FA|=|FB|$,所以点 A,B 关于点 F 对称,由 $F\left(0,\dfrac{p}{2}\right)$ 得 $B\left(-x_0,p-\dfrac{x_0^2}{2p}\right)$,故

$$p-\frac{x_0^2}{2p}=-\frac{p}{2},\quad\text{即}\quad x_0^2=3p^2,$$

于是 $A\left(\sqrt{3}\,p,\dfrac{3p}{2}\right)$,直线 m 的方程为 $y=\dfrac{\frac{3p}{2}-\frac{p}{2}}{\sqrt{3}\,p}x+\dfrac{p}{2}$,整理得 $x-\sqrt{3}\,y+\dfrac{\sqrt{3}}{2}p=0$.

所以直线 m 的斜率为 $\dfrac{\sqrt{3}}{3}$. 又因为直线 n 与 m 平行,故直线 n 的斜率为 $\dfrac{\sqrt{3}}{3}$.

由 $x^2=2py$ 得 $y=\dfrac{x^2}{2p}$,故 $y'=\dfrac{x}{p}$.

因为直线 n 与 C 只有一个公共点,所以可令 $y'=\dfrac{x}{p}=\dfrac{\sqrt{3}}{3}$,从而得 $x=\dfrac{\sqrt{3}}{3}p$,即切点 $P\left(\dfrac{\sqrt{3}}{3}p,\dfrac{p}{6}\right)$. 直线 n 的方程为 $y-\dfrac{p}{6}=\dfrac{\sqrt{3}}{3}\left(x-\dfrac{\sqrt{3}}{3}p\right)$,整理得 $x-\sqrt{3}\,y-\dfrac{\sqrt{3}}{6}p=0$.

于是得坐标原点到 m,n 距离的比值为 $\dfrac{\sqrt{3}}{2}p:\dfrac{\sqrt{3}}{6}p=3$.

例 8.30　如图 8.17 所示,在直角坐标系 xOy 中,点 $P\left(1,\dfrac{1}{2}\right)$ 到抛物线 C：$y^2=2px(p>0)$ 的准线的距离为 $\dfrac{5}{4}$. 点 $M(t,1)$ 是 C 上的定点,A,B 是 C 上的两动点,且线段 AB 被直线 OM 平分.

(1) 求 p,t 的值.

(2) 求 $\triangle ABP$ 面积的最大值.

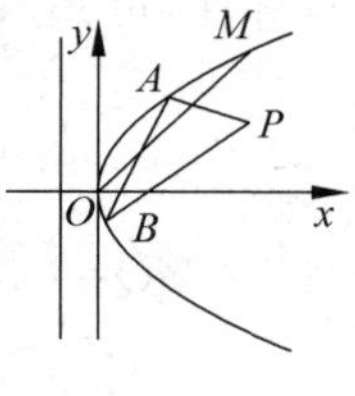

图 8.17

解　(1) 由题意得 $\begin{cases}2pt=1,\\1+\dfrac{p}{2}=\dfrac{5}{4},\end{cases}$ 解得 $\begin{cases}p=\dfrac{1}{2},\\t=1.\end{cases}$

(2) 设 $A(x_1,y_1),B(x_2,y_2)$,由(1)知直线的方程为 $y=x$,故由题设知线段 AB 的中点坐标为 $Q(m,m)$. 设直线 AB 的斜率为 $k(k\neq0)$,由(1)知抛物线 C：$y^2=x$,于是

$$k=\frac{y_2-y_1}{x_2-x_1}=\frac{y_2-y_1}{y_2^2-y_1^2}=\frac{1}{y_1+y_2}=\frac{1}{2m}.$$

所以直线 AB 的方程为

$$y - m = \frac{1}{2m}(x - m), \text{即 } x - 2my + 2m^2 - m = 0.$$

由
$$\begin{cases} x - 2my + 2m^2 - m = 0, \\ y^2 = x, \end{cases} \quad \text{整理得 } y^2 - 2my + 2m^2 - m = 0.$$

$$\Delta = 4m - 4m^2, \quad y_1 + y_2 = 2m, \quad y_1 y_2 = 2m^2 - m.$$

故 $|AB| = \sqrt{1 + \frac{1}{k^2}} \, |y_1 - y_2| = \sqrt{1 + 4m^2} \, \sqrt{4m - 4m^2}$.

设点 P 到直线 AB 的距离为 d,则 $d = \dfrac{|1 - 2m + 2m^2|}{\sqrt{1 + 4m^2}}$. 设 $\triangle ABP$ 的面积为 S,则

$$S = \frac{1}{2} |AB| d = |1 - 2(m - m^2)| \sqrt{m - m^2}.$$

由 $\Delta = 4m - 4m^2 > 0$,得 $0 < m < 1$. 故若令 $t = \sqrt{m - m^2}$,则 $0 < t < \frac{1}{2}$,这时 $S = t(1 - 2t^2)$,$S' = 1 - 6t^2$.

由 $S' = 1 - 6t^2 = 0$,得 $t = \frac{\sqrt{6}}{6} \in \left(0, \frac{1}{2}\right]$. 所以 $S_{\max} = \frac{\sqrt{6}}{9}$,即 $\triangle ABP$ 的面积的最大值为 $\frac{\sqrt{6}}{9}$.

思考与练习题 8

1. 已知直线 L 过直线 $x + 2y - 1 = 0$ 与直线 $x - y + 3 = 0$ 的交点,且斜率为 2,求直线 L 的方程.

2. 已知 $P(2, 5)$,圆 $x^2 + y^2 + 2x + y - 1 = 0$,求过 P 引圆的切线上 P 到切点的长.

3. 求过圆 $x^2 + y^2 + 2x - y - 2 = 0$ 与圆 $x^2 + y^2 + x + 4y - 1 = 0$ 的交点,且半径为 2 的圆的方程.

4. 求圆 $x^2 + y^2 - 2x - y - 1 = 0$ 与圆 $x^2 + y^2 - x - 4y + 1 = 0$ 公共弦所在直线的方程.

5. 若椭圆 $\dfrac{x^2}{a^2} + \dfrac{y^2}{b^2} = 1 (a > b > 0)$ 的左、右焦点分别为 F_1, F_2,左准线为 l,则当 $0 < e \leqslant \sqrt{2} - 1$ 时,可在椭圆上求一点 P,使得 PF_1 是 P 到对应准线距离 d 与 PF_2 的比例中项.

6. P 为椭圆 $\dfrac{x^2}{a^2} + \dfrac{y^2}{b^2} = 1 (a > b > 0)$ 上任一点,F_1, F_2 是椭圆的焦点,A 为椭圆内一定点,则 $2a - |AF_2| \leqslant |PA| + |PF_1| \leqslant 2a + |AF_1|$,当且仅当 A, F_2, P 三点共线时等号成立.

7. 过椭圆 $\dfrac{x^2}{a^2} + \dfrac{y^2}{b^2} = 1 (a > b > 0)$ 的右焦点 F 作直线交该椭圆右侧于 M, N 两点,弦 MN 的垂直平分线交 x 轴于 P,则 $\dfrac{|PF|}{|MN|} = \dfrac{e}{2}$.

8. 已知椭圆 $\dfrac{x^2}{a^2} + \dfrac{y^2}{b^2} = 1 (a > b > 0)$,$A, B$ 是椭圆上的两点,线段 AB 的垂直平分线与 x 轴相交于点 $P(x_0, 0)$,则 $-\dfrac{a^2 - b^2}{a} < x_0 < \dfrac{a^2 - b^2}{a}$.

9. 已知椭圆 $\frac{x^2}{a^2}+\frac{y^2}{b^2}=1(a>b>0)$ 的右准线 l 与 x 轴相交于点 E，过椭圆右焦点 F 的直线与椭圆相交于 A,B 两点，点 C 在右准线 l 上，且 $BC\perp x$ 轴，则直线 AC 经过线段 EF 的中点.

10. 过椭圆焦半径的端点作椭圆的切线，与以长轴为直径的圆相交，则相应交点与相应焦点的连线必与切线垂直.

11. 过椭圆焦半径的端点作椭圆的切线交相应准线于一点，则该点与焦点的连线必与焦半径互相垂直.

12. 若双曲线 $\frac{x^2}{a^2}-\frac{y^2}{b^2}=1(a>0,b>0)$ 的左、右焦点分别为 F_1,F_2，左准线为 l，则当 $1<e\leqslant\sqrt{2}+1$ 时，可在双曲线上求一点 P，使得 PF_1 是 P 到对应准线距离 d 与 PF_2 的比例中项.

13. P 为双曲线 $\frac{x^2}{a^2}-\frac{y^2}{b^2}=1(a>0,b>0)$ 上任一点，F_1,F_2 是焦点，A 为双曲线内一定点，则 $|AF_2|-2a\leqslant|PA|+|PF_1|$，当且仅当 A,F_2,P 三点共线且 P 和 A,F_2 在 y 轴同侧时等号成立.

14. 过双曲线 $\frac{x^2}{a^2}-\frac{y^2}{b^2}=1(a>0,b>0)$ 的右焦点 F 作直线交该双曲线的右支于 M,N 两点，弦 MN 的垂直平分线交 x 轴于 P，则 $\frac{|PF|}{|MN|}=\frac{e}{2}$.

15. 已知双曲线 $\frac{x^2}{a^2}-\frac{y^2}{b^2}=1(a>0,b>0)$，$A,B$ 是双曲线上的两点，线段 AB 的垂直平分线与 x 轴相交于点 $P(x_0,0)$，则 $x_0\geqslant\frac{a^2+b^2}{a}$ 或 $x_0\leqslant\frac{a^2+b^2}{a}$.

16. 已知双曲线 $\frac{x^2}{a^2}-\frac{y^2}{b^2}=1(a>0,b>0)$ 的右准线 l 与 x 轴相交于点 E，过双曲线右焦点 F 的直线与双曲线相交于 A,B 两点，点 C 在右准线 l 上，且 $BC\perp x$ 轴，则直线 AC 经过线段 EF 的中点.

17. 过双曲线焦半径的端点作双曲线的切线，与以长轴为直径的圆相交，则相应交点与相应焦点的连线必与切线垂直.

18. 过双曲线焦半径的端点作双曲线的切线交相应准线于一点，则该点与焦点的连线必与焦半径互相垂直.

19. 双曲线焦三角形中，外点到一焦点的距离与以该焦点为端点的焦半径之比为常数 e（离心率）.

20. 椭圆 $\frac{x^2}{a^2}+\frac{y^2}{b^2}=1(a>b>0)$ 的两个焦点 F_1,F_2，点 P（异于长轴端点）为椭圆上一点，椭圆的离心率为 e，设 $\angle F_1PF_2=\theta,\angle PF_1F_2=\alpha,\angle PF_2F_1=\beta$，求证：
$$\tan\frac{\alpha}{2}\cdot\tan\frac{\beta}{2}=\frac{1-e}{1+e}.$$

21. 已知点 $P(x_0,y_0)(y_0>0)$ 是椭圆 $\frac{x^2}{a^2}+\frac{y^2}{b^2}=1(a>b>0)$ 上任一点，且 $\angle F_1PF_2=\theta$. 求

证：$y_0 = \dfrac{b^2}{c} \cdot \tan \dfrac{\theta}{2}$.

22. AB 是椭圆 $C : b^2 x^2 + a^2 y^2 = a^2 b^2 (a>0, b>0)$ 的任意一条弦,其倾斜角为 θ,$P(x_0, y_0)$ 是弦 AB 所在直线上任意一点,则有 $|PA| \cdot |PB| = \dfrac{|b^2 x_0^2 + a^2 y_0^2 - a^2 b^2|}{b^2 \cos^2 \theta + a^2 \sin^2 \theta}$.

23. 双曲线 $\dfrac{x^2}{a^2} - \dfrac{y^2}{b^2} = 1 (a>0, b>0)$ 的两个焦点为 F_1, F_2,点 P(除实轴上两个端点外)为双曲线上的点,设 $\angle F_1 P F_2 = \theta$,求证：$|PF_1| \cdot |PF_2| = \dfrac{2b^2}{1 - \cos \theta}$.

24. 设点 $P(x_0, y_0)(y_0 < 0)$ 是双曲线 $\dfrac{x^2}{a^2} - \dfrac{y^2}{b^2} = 1 (a>0, b>0)$ 上任一点,且 $\angle F_1 P F_2 = \theta$,求证：$y_0 = -\dfrac{b^2}{c} \cdot \cot \dfrac{\theta}{2}$.

25. 双曲线 $\dfrac{x^2}{a^2} - \dfrac{y^2}{b^2} = 1 (a>0, b>0)$ 的两个焦点为 F_1, F_2,点 P(除实轴上两个端点外)为双曲线上的点,设 $\angle F_1 P F_2 = \theta$,$\angle P F_1 F_2 = \alpha$,$\angle P F_2 F_1 = \beta$,双曲线的离心率为 e,求证：离心率 $e = \dfrac{\sin \dfrac{\beta + \alpha}{2}}{\sin \dfrac{\beta - \alpha}{2}} (\alpha \neq \beta)$.

26. 过抛物线的焦点 F 的直线与抛物线交于 P, Q 两点,A 为抛物线的顶点,过 P 点作抛物线对称轴的平行线交 AQ 于点 M,过 Q 点作抛物线对称轴的平行线交 AP 于点 N(参见图 8.18),则 $MF \perp NF$.

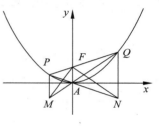

图 8.18

27. AB 是双曲线 $C : b^2 x^2 - a^2 y^2 = a^2 b^2 (a>0, b>0)$ 的任意一条弦,其倾斜角为 θ,$P(x_0, y_0)$ 是弦 AB 所在直线上任意一点,则有

$$|PA| \cdot |PB| = \dfrac{|b^2 x_0^2 - a^2 y_0^2 - a^2 b^2|}{b^2 \cos^2 \theta - a^2 \sin^2 \theta}.$$

28. AB 是抛物线 $C : y^2 = 2px (p>0)$ 的任意一条弦,其倾斜角为 θ,$P(x_0, y_0)$ 是弦 AB 所在直线上任意一点,求证 $|PA| \cdot |PB| = \dfrac{|y_0^2 - 2px_0|}{\sin^2 \theta}$.

第9章

求解与三角形有关的几何量

三角形的边、角是它的基本元素,基本元素共有 6 个,由给定其中某几个而算出其余各个元素,称之为解三角形.此外有时也要求解与三角形有关的其他的几何量.

9.1　基本定理及其等价性

设 $\triangle ABC$ 的三条边为 a,b,c,并记其为边的长度,且记 $p=\dfrac{1}{2}(a+b+c)$,对应的三个内角为 A,B,C,并记其为角的度数,其外接圆半径为 R.

1. 正弦定理

$$\frac{a}{\sin A}=\frac{b}{\sin B}=\frac{c}{\sin C}=2R,\quad A+B+C=180°.$$

2. 射影定理

$$a=c\cos B+b\cos C,\quad b=a\cos C+c\cos A,\quad c=a\cos B+b\cos A.$$

3. 余弦定理

$$a^2=b^2+c^2-2bc\cos A,\quad b^2=c^2+a^2-2ca\cos B,\quad c^2=a^2+b^2-2ab\cos C.$$

定理 9.1　正弦定理、射影定理和余弦定理彼此等价.

证明　(1) 正弦定理 $\Rightarrow$ 射影定理

因为 $A=180°-(B+C)$,所以

$$a=2R\sin A=2R\sin(B+C)=2R(\sin B\cos C+\sin C\cos B),$$

即 $a=b\cos C+c\cos B$.

同理可得

$$b=c\cos A+a\cos C,\quad c=a\cos B+b\cos A.$$

(2) 射影定理 $\Rightarrow$ 余弦定理

在射影定理的三式两端分别乘以 $a,-b,-c$ 然后相加,则得

$$a^2-b^2-c^2=-2bc\cos A,\quad 即\ a^2=b^2+c^2-2bc\cos A.$$

同理可得其他二式.

(3) 余弦定理 $\Rightarrow$ 正弦定理

$$\sin A=\sqrt{1-\cos^2 A}=\frac{\sqrt{(2bc)^2-(b^2+c^2-a^2)^2}}{2bc}.$$

但

$$(2bc)^2 - (b^2+c^2-a^2)^2 = (2bc+b^2+c^2-a^2)(2bc-b^2-c^2+a^2)$$
$$= [(b+c)^2-a^2][a^2-(b-c)^2]$$
$$= (b+c+a)(b+c-a)(a+b-c)(c+a-b)$$
$$= 24p(p-a)(p-b)(p-c), 其中 \ p = \frac{1}{2}(a+b+c),$$

所以

$$\sin A = \frac{2\sqrt{p(p-a)(p-b)(p-c)}}{bc}.$$

同理可得

$$\sin B = \frac{2\sqrt{p(p-a)(p-b)(p-c)}}{ca}, \quad \sin C = \frac{2\sqrt{p(p-a)(p-b)(p-c)}}{ab}.$$

于是

$$\frac{a}{\sin A} = \frac{b}{\sin B} = \frac{c}{\sin C} \left(= \frac{abc}{2\sqrt{p(p-a)(p-b)(p-c)}} \right).$$

另一方面，因 $\cos(B+C) = \cos B\cos C - \sin B\sin C$，而

$$\cos B\cos C = \frac{(c^2+a^2-b^2)(a^2+b^2-c^2)}{4a^2bc}.$$

$$\sin B\sin C = \frac{4p(p-a)(p-b)(p-c)}{a^2bc}$$

$$= \frac{(a+b+c)(b+c-a)(c+a-b)(a+b-c)}{4a^2bc}.$$

两式相减后，化简可得

$$\cos(B+C) = \frac{a^2-(b^2+c^2)}{2bc} = \cos(180°-A).$$

因为在 $0°\sim180°$ 之间，角与其余弦一一对应，所以 $B+C=180°-A$，即 $A+B+C=180°$.

根据定理 9.1，解题时可灵活选用，使解题过程简洁，要达到算法简练，计算准确.

一般情况下解三角形的基本类型与解法是：

（1）已知三条边 a,b,c，求三个角 A,B,C. 常用余弦定理求解，解唯一；

（2）已知两个角和一条边，求另外一角和两边. 常用正弦定理求解，解唯一；

（3）已知两条边和它们的夹角，求另外一边和两角. 常用余弦定理求解，解唯一；

（4）已知两条边和一条边所对的一个角. 根据不同的情况求解.

当然，给出边与角的相关量的情况就复杂了，下面举例说明.

例 9.1 在 $\triangle ABC$ 中，角 A,B,C 所对的边分别为 a,b,c，且满足 $\cos\frac{A}{2} = \frac{2\sqrt{5}}{5}$，$\overrightarrow{AB} \cdot \overrightarrow{AC} = 3$.

（1）求 $\triangle ABC$ 的面积；

（2）若 $b+c=6$，求 a 的值.

解 （1）因为 $\cos\frac{A}{2} = \frac{2\sqrt{5}}{5}$，所以 $\cos A = 2\cos^2\frac{A}{2} - 1 = \frac{3}{5}$，$\sin A = \frac{4}{5}$.

又由 $\overrightarrow{AB} \cdot \overrightarrow{AC} = 3$，得 $bc\cos A = 3$，所以 $bc = 5$，于是 $S_{\triangle ABC} = \dfrac{1}{2}bc\sin A = 2$.

（2）对于 $bc = 5$，又 $b + c = 6$，所以 $b = 5, c = 1$ 或 $b = 1, c = 5$.
由余弦定理得

$$a^2 = b^2 + c^2 - 2bc\cos A = 20, \text{故 } a = 2\sqrt{5}.$$

例 9.2 在 $\triangle ABC$ 中，角 A, B, C 所对应的边分别为 $a, b, c, a = 2\sqrt{3}$，$\tan\dfrac{A+B}{2} + \tan\dfrac{C}{2} = 4$，$2\sin B\cos C = \sin A$，求 A, B 及 b, c.

解 由 $\tan\dfrac{A+B}{2} + \tan\dfrac{C}{2} = 4$ 得 $\cot\dfrac{C}{2} + \tan\dfrac{C}{2} = 4$，所以

$$\frac{\cos\dfrac{C}{2}}{\sin\dfrac{C}{2}} + \frac{\sin\dfrac{C}{2}}{\cos\dfrac{C}{2}} = 4, \text{即 } \frac{1}{\sin\dfrac{C}{2}\cos\dfrac{C}{2}} = 4, \text{于是 } \sin C = \frac{1}{2}.$$

又 $C \in (0, \pi)$，所以 $C = \dfrac{\pi}{6}$，或 $C = \dfrac{5\pi}{6}$.

由 $2\sin B\cos C = \sin A$ 得 $2\sin B\cos C = \sin(B+C)$，即 $\sin(B-C) = 0$，所以 $B = C$，故 $B = C = \dfrac{\pi}{6}$，于是

$$A = \pi - (B + C) = \frac{2\pi}{3}.$$

由正弦定理 $\dfrac{a}{\sin A} = \dfrac{b}{\sin B} = \dfrac{c}{\sin C}$ 得

$$b = c = a\,\frac{\sin B}{\sin A} = 2\sqrt{3} \times \frac{\dfrac{1}{2}}{\dfrac{\sqrt{3}}{2}} = 2.$$

例 9.3 设函数 $f(x) = \cos\left(2x + \dfrac{\pi}{3}\right) + \sin^2 x$.

（1）求函数 $f(x)$ 的最大值和最小正周期.

（2）设 A, B, C 为 $\triangle ABC$ 的三个内角，若 $\cos B = \dfrac{1}{3}$，$f\left(\dfrac{C}{2}\right) = -\dfrac{1}{4}$，且 C 为锐角，求 $\sin A$.

解 （1）$f(x) = \cos\left(2x + \dfrac{\pi}{3}\right) + \sin^2 x$

$$= \cos 2x\cos\frac{\pi}{3} - \sin 2x\sin\frac{\pi}{3} + \frac{1-\cos 2x}{2}$$

$$= \frac{1}{2} - \frac{\sqrt{3}}{2}\sin 2x,$$

所以函数 $f(x)$ 的最大值为 $\dfrac{1+\sqrt{3}}{2}$，最小正周期为 π.

（2）$f\left(\dfrac{C}{2}\right) = \dfrac{1}{2} - \dfrac{\sqrt{3}}{2}\sin C = -\dfrac{1}{4}$，所以 $\sin C = \dfrac{\sqrt{3}}{2}$.

因为 C 为锐角,所以 $C=\dfrac{\pi}{3}$.

又因为在 $\triangle ABC$ 中,$\cos B=\dfrac{1}{3}$,所以 $\sin B=\dfrac{2}{3}\sqrt{3}$,于是

$$\sin A=\sin(B+C)=\sin B\cos C+\cos B\sin C=\dfrac{2}{3}\sqrt{2}\times\dfrac{1}{2}+\dfrac{1}{3}\times\dfrac{\sqrt{3}}{2}=\dfrac{2\sqrt{2}+\sqrt{3}}{6}.$$

例 9.4 设 $\triangle ABC$ 的内角 A,B,C 所对的边长分别为 a,b,c,且 $a\cos B-b\cos A=\dfrac{3}{5}c$.

(1) 求 $\tan A\cot B$ 的值;

(2) 求 $\tan(A-B)$ 的最大值.

解 (1) 在 $\triangle ABC$ 中,由正弦定理及 $a\cos B-b\cos A=\dfrac{3}{5}c$,可得

$$\sin A\cos B-\sin B\cos A=\dfrac{3}{5}\sin C=\dfrac{3}{5}\sin(A+B)=\dfrac{3}{5}\sin A\cos B+\dfrac{3}{5}\cos A\sin B,$$

即 $\sin A\cos B=4\cos A\sin B$,于是得 $\tan A\cot B=4$.

(2) 由 $\tan A\cot B=4$ 得 $\tan A=4\tan B>0$,于是

$$\tan(A-B)=\dfrac{\tan A-\tan B}{1+\tan A\tan B}=\dfrac{3\tan B}{1+4\tan^2 B}=\dfrac{3}{\cot B+4\tan B}\leqslant\dfrac{3}{4},$$

当且仅当 $4\tan B=\cot B$,$\tan B=\dfrac{1}{2}$,$\tan A=2$ 时,等号成立.

故当 $\tan A=2$,$\tan B=\dfrac{1}{2}$ 时,$\tan(A-B)$ 的最大值为 $\dfrac{3}{4}$.

在一些实际应用问题中常会用到一些名词或术语,举例如下:

(1) 仰角和俯角:与目标视线在同一铅直平面内的水平视线和目标视线的夹角,目标视线在水平视线上方时叫仰角,目标视线在水平视线下方时叫俯角(参见图 9.1).

(2) 方向角:一般是指以观测者的位置为中心,将正北或正南方向作为起始方向旋转到目标的方向线所成的角,一般指锐角,通常表达成北(南)偏东(西)多少度的形式.

(3) 方位角:从某点的指北方向线起,依顺时针方向到目标方向线之间的水平夹角.

(4) 坡度:地表单元陡缓的程度,通常把坡面的垂直高度和水平宽度的比叫做坡度,也叫做坡比,是坡角的正切值.

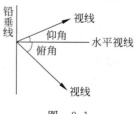

图 9.1

例 9.5 在一个特定时段内,以点 E 为中心的 7km 以内海域被设为警戒水域. 点 E 正北 55km 处有一个雷达观测站 A. 某时刻测得一艘匀速直线行驶的船只位于点 A 北偏东 45° 且与点 A 相距 $40\sqrt{2}$ km 的位置 B,经过 40min 又测得该船已行驶到点 A 北偏东 45°+θ $\Big($其中 $\sin\theta=\dfrac{\sqrt{26}}{26}$,0°<$\theta$<90°$\Big)$ 且与点 A 相距 $10\sqrt{13}$ km 的位置 C.

(1) 求该船的行驶速度(单位:km/h);

(2) 若该船不改变航行方向继续行驶. 判断它是否会进入警戒水域,并说明理由.

解 (1) 如图 9.2(a),$AB=40\sqrt{2}$,$AC=10\sqrt{13}$,$\angle BAC=\theta$,$\sin\theta=\dfrac{\sqrt{26}}{26}$. 由于 0°<$\theta$<

$90°$,所以 $\cos\theta = \sqrt{1-\left(\dfrac{\sqrt{26}}{26}\right)^2} = \dfrac{5\sqrt{26}}{26}$. 由余弦定理得

$$BC = \sqrt{AB^2 + AC^2 - 2AB \cdot AC\cos\theta} = 10\sqrt{5}.$$

所以船的行驶速度为 $\dfrac{10\sqrt{5}}{\frac{2}{3}} = 15\sqrt{5}$ (km/h).

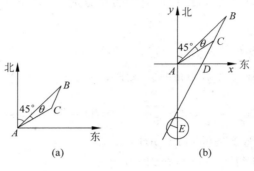

图　9.2

（2）**解法一**　如图 9.2(b) 所示,以 A 为原点建立平面直角坐标系. 设点 B,C 的坐标分别是 $B(x_1, y_1), C(x_2, y_2), BC$ 与 x 轴的交点为 D. 由题设有

$$x_1 = y_1 = \frac{\sqrt{2}}{2}AB = 40,$$

$$x_2 = AC\cos\angle CAD = 10\sqrt{13}\cos(45° - \theta) = 30,$$

$$y_2 = AC\sin\angle CAD = 10\sqrt{13}\sin(45° - \theta) = 20.$$

所以过点 B,C 的直线 l 的斜率 $k = \dfrac{20}{10} = 2$,直线 l 的方程为 $y = 2x - 40$.

又点 $E(0, -55)$ 到直线 l 的距离 $d = \dfrac{|0 + 55 - 40|}{\sqrt{1+4}} = 3\sqrt{5} < 7$. 所以船会进入警戒水域.

解法二　如图 9.2(b) 所示,设直线 AE 与 BC 的延长线相交于点 Q. 在 $\triangle ABC$ 中,由余弦定理得

$$\cos\angle ABC = \frac{AB^2 + BC^2 - AC^2}{2AB \cdot BC} = \frac{40^2 \times 2 + 10^2 \times 5 - 10^2 \times 13}{2 \times 40\sqrt{2} \times 10\sqrt{5}} = \frac{3\sqrt{10}}{10}.$$

从而 $\sin\angle ABC = \sqrt{1 - \cos^2\angle ABC} = \sqrt{1 - \dfrac{9}{10}} = \dfrac{\sqrt{10}}{10}$.

在 $\triangle ABQ$ 中,由正弦定理得

$$AQ = \frac{AB\sin\angle ABC}{\sin(45° - \angle ABC)} = \frac{40\sqrt{2} \times \frac{\sqrt{10}}{10}}{\frac{\sqrt{2}}{2} \times \frac{2\sqrt{10}}{10}} = 40.$$

由于 $AE = 55 > 40 = AQ$,所以点 Q 位于点 A 和点 E 之间,且 $QE = AE - AQ = 15$. 过点 E 作 $EP \perp BC$ 于点 P,则 EP 为点 E 到直线 BC 的距离.

在 $\text{Rt}\triangle QPE$ 中,

$$PE = QE\sin\angle PQE = QE\sin\angle AQC = QE\sin(45° - \angle ABC) = 15 \times \frac{\sqrt{5}}{5} = 3\sqrt{5} < 7.$$

所以船会进入警戒水域.

9.2 广勾股定理与斯图尔特定理

9.2.1 勾股定理

在直角三角形中,三边之长有一个简单的关系——二直角边的平方和等于斜边的平方,在我国通常称为勾股定理,或商高定理. 因为我国最古老的《周髀算经》(曾载有商高答陈子的"勾三股四弦五"之说. 在国外,则称为毕达哥拉斯定理. 证明方法不下数百种. 其中的基本方法是用到图 9.3 中的几个图形.

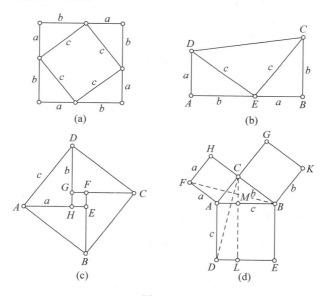

图 9.3

证明过程略.

9.2.2 广勾股定理

为了推广勾股定理,先从直观上看一下:保持二直边的长度不变,而让直角变小(锐角)或增大(钝角),则原斜边也随之变短或增长. 将这种增减的相依关系精确化,便是勾股定理的推广. 为此,分为两种情形叙述如下.

(1) 当 $\angle C < 90°$ 时,如图 9.4(a)所示,由 B 作 $BH \perp CA$ 于 H,则有
$$c^2 = AB^2 = AH^2 + BH^2 = AH^2 + BC^2 - HC^2$$
$$= BC^2 + (AH + HC)(AH - HC)$$
$$= a^2 + AC(AC - 2HC),$$

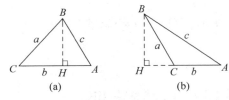

图 9.4

即 $c^2=a^2+b^2-2b\cdot HC$.

(2) 当$\angle C>90°$时,如图 9.4(b)所示,仍作 $BH\perp AC$ 于 H,则有

$$\begin{aligned}c^2=AB^2&=AH^2+BH^2=AH^2+BC^2-CH^2\\&=BC^2+(AH-CH)(AH+CH)\\&=a^2+AC(AC+2CH),\end{aligned}$$

即 $c^2=a^2+b^2+2b\cdot HC$.

因 HC 是 BC 在 AC 上的射影,故推广的勾股定理可以叙述如下:

锐角(钝角)对边的平方,等于其他两边的平方和减去(加上)其中一边和另一边在此边上之射影的乘积的 2 倍.

在初等几何里,这样分两种情形,给记忆与应用都带来很大的不便,为克服这一缺陷,需借助三角函数,即有

$$当\ \angle C<90°\ 时,HC=BC\cos\angle C=a\cos\angle C;$$

$$当\ \angle C>90°\ 时,CH=BC\cos(180°-\angle C)=-a\cos\angle C.$$

故以上两式可以统一表为

$$c^2=a^2+b^2-2ab\cos\angle C.$$

这就是说:推广的勾股定理,实质上就是余弦定理.

图 9.5

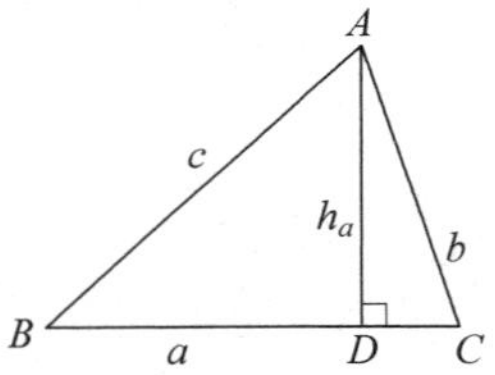

广勾股定理的应用——三角形高的计算公式.

三角形三边给定时,其高亦随之而定,在上面推广勾股定理的过程中,作出一条高线是少不了的媒介.事实上,正是通过这条高线,反复运用勾股定理才达到推广的目的.因此,利用广勾股定理容易求出高的公式,现介绍如下.

如图 9.5 所示,设 $AD\perp BC$ 于 D,则有 $h_a^2=c^2-BD^2$.又 $b^2=c^2+a^2-2a\cdot BD$,解出 BD 代入前式,即得

$$\begin{aligned}h_a^2&=c^2-\left(\frac{c^2+a^2-b^2}{2a}\right)^2=\frac{1}{4a^2}[(2ca)^2-(c^2+a^2-b^2)^2]\\&=\frac{1}{4a^2}(2ca+c^2+a^2-b^2)[2ca-(c^2+a^2-b^2)]\\&=\frac{1}{4a^2}[(c+a)^2-b^2][b^2-(c-a)^2]\\&=\frac{1}{4a^2}(a+b+c)(c+a-b)(b+c-a)(a+b-c),\end{aligned}$$

故

$$h_a=\frac{2}{a}\sqrt{p(p-a)(p-b)(p-c)}.$$

这里，$p = \dfrac{1}{2}(a+b+c)$ 为三角形的半周长.

不难求出其他两条高 h_b 和 h_c 的公式.

广勾股定理的推论——海伦-秦九韶公式.

将高的公式代入 $S_{\triangle ABC} = \dfrac{1}{2}a \cdot h_a$ 中，立得

$$S_{\triangle ABC} = \sqrt{p(p-a)(p-b)(p-c)}.$$

这一公式发现较早，约在公元 50 年已载于海伦(Heron)的《度量论》一书，因此，国外称它为海伦公式. 在我国，南宋时的大数学家秦九韶，在他的名著《数书九章》(1247 年)的第 5 卷《田域类》中第二题"三斜求积"，由其给出的算法也容易导出了这一公式，因是独立发现，故我们也称上述面积公式为秦九韶公式.

这个公式也可以由另外的面积公式推出：

$$S_{\triangle ABC}^2 = \dfrac{1}{4}b^2 c^2 \sin^2 A = \dfrac{1}{4}b^2 c^2 (1 - \cos^2 A)$$

$$= \dfrac{1}{4}b^2 c^2 \left[1 - \dfrac{(b^2+c^2-a^2)^2}{4b^2 c^2}\right] = \dfrac{1}{16}\left[(b+c)^2 - a^2\right]\left[a^2 - (b-c)^2\right]$$

$$= p(p-a)(p-b)(p-c)，这里 p = \dfrac{a+b+c}{2},$$

所以 $S_{\triangle ABC} = \sqrt{p(p-a)(p-b)(p-c)}.$

9.2.3 斯图尔特定理

在三角形中，从一个顶点出发，可引出几条重要而又常见的线段：中线、高和内、外角平分线，为了计算这些线段的长，我们先推出一个普遍的公式.

如图 9.6 所示，自 $\triangle ABC$ 的顶点 A 任引一直线，设它交对边 BC 于 D，为计算 AD 之长，再自 A 引 $AH \perp BC$ 于 H，应用推广的勾股定理：

在 $\triangle ABD$ 中，$AB^2 = AD^2 + BD^2 + 2BD \cdot DH$；

在 $\triangle ACD$ 中，$AC^2 = AD^2 + DC^2 - 2DC \cdot DH$.

为消去两式中的 DH，两式分别乘以 DC, BD 后再相加，合并、化简即得

$$DC \cdot AB^2 + BD \cdot AC^2 - BC \cdot AD^2 = BD \cdot DC \cdot BC.$$

习惯上，将此式称为斯图尔特公式或斯氏公式，而将叙述这一数量关系的命题称为斯图尔特定理或斯氏定理.

注 以上推导是就 D 在线段 BC 之内而言，其实 D 可为 BC 直线上的任意点，只是这时 BD、DC 皆指有向线段的代数值(带有正、负号的长).

斯图尔特定理应用：求中线、内、外角平分线的公式.

(1) 中线公式

如图 9.7(a)所示，D 为 BC 中点时，记 $AD = m_a$，则由斯图尔特公式有

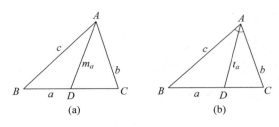

$$\text{图} \quad 9.7$$

$$b^2 \cdot \frac{a}{2} + c^2 \cdot \frac{a}{2} - m_a^2 \cdot a = \frac{a}{2} \cdot \frac{a}{2} \cdot a, \quad \text{故} \ m_a^2 = \frac{1}{2}b^2 + \frac{1}{2}c^2 - \left(\frac{a}{2}\right)^2,$$

即 $m_a = \frac{1}{2}\sqrt{2(b^2+c^2)-a^2}$.

同理可得

$$m_b = \frac{1}{2}\sqrt{2(c^2+a^2)-b^2}, \quad m_c = \frac{1}{2}\sqrt{2(a^2+b^2)-c^2}.$$

注　按图 9.7(a)来说，有

$$AB^2 + AC^2 = 2(AD^2 + BD^2).$$

这个结论通常叫阿波罗定律. 因为平行四边形由对角线分为两个三角形，所以由这个结论很容易推出，在平行四边形中对角线的平方和等于四边的平方和.

（2）内角平分线的公式

如图 9.7(b)所示，AD 为内角平分线时，记 $t_a = AD$，由角平分线的性质知

$$\frac{BD}{DC} = \frac{AB}{AC} = \frac{c}{b}, \quad \text{故得} \begin{cases} \dfrac{BD}{BC} = \dfrac{c}{b+c}, \\[2mm] \dfrac{DC}{BC} = \dfrac{b}{b+c}, \end{cases}$$

于是在斯图尔特公式的两端同时除 BC，可得

$$t_a^2 = \frac{c}{b+c}b^2 + \frac{b}{b+c}c^2 - \frac{a^2 bc}{(b+c)^2} = \frac{(b+c)^2 - a^2}{(b+c)^2}bc,$$

故　　　　$t_a = \dfrac{1}{b+c}\sqrt{bc(b+c+a)(b+c-a)} = \dfrac{2}{b+c}\sqrt{bcp(p-a)}$,

其中 $p = \frac{1}{2}(a+b+c)$.

同理可得

$$t_b = \frac{2}{c+a}\sqrt{cap(p-b)}, \quad t_c = \frac{2}{a+b}\sqrt{abp(p-c)}.$$

（3）外角平分线的公式

用类似的方法可得外角平分线的公式：

$$t_a' = \frac{2}{|b-c|}\sqrt{bc(p-b)(p-c)},$$

$$t_b' = \frac{2}{|c-a|}\sqrt{ca(p-c)(p-a)},$$

$$t_c' = \frac{2}{|a-b|}\sqrt{ab(p-a)(p-b)}.$$

角平分线公式的应用——斯坦纳(Stener)定理的直接证法.

等腰三角形的二底角之平分线相等,这虽然很容易证明,但它的逆命题,却不那么简单,早在 1840 年莱姆(Lehmus),就提出这一问题,但未解决,后来,著名的瑞士几何学家斯坦纳给出了第一个证明,因此,这个命题被冠以斯坦纳的大名,最初的证明,多是反证法,所以又吸引着人们去寻求它的直接证法,早就有人统计,各种证法不下 60 种,现在有了平分角线的公式,靠它再运用代数运算也很容易直接证出,现介绍如下.

在△ABC 中,若 $t_b = t_c$,则

$$\frac{2}{c+a}\sqrt{cap(p-b)} = \frac{2}{a+b}\sqrt{abp(p-c)}.$$

两端平方,约去公因式并整理得

$$(c+a)^2 b(a+b-c) = (a+b)^2 c(a-b+c),$$

$$(b-c)[(c+a)^2 b + (a+b)^2 c] = a[a(a+b)^2 c - (c+a)^2 b] = a(b-c)(bc-a^2),$$

故 $(b-c)[(a^2+bc)(a+b+c)+2abc]=0.$

因第二个因式恒正,故必有 $b-c=0$,即 $b=c$. 故知:当 $t_b = t_c$ 时,有 $b=c$,即△ABC 等腰.

此法思路自然,只要化简过程中注意分解出因子 $(b-c)$,则运算亦不算复杂;不但如此,它还可用来解决如下类似的问题.

外角平分线公式的应用——斯坦纳问题的推广.

在三角形中,若二外角平分线相等,试问:能否断定该三角形也是等腰的?

为了回答这一问题,可仿照上述斯坦纳定理的代数证法,推导如下:

不妨设 B,C 两处的外角平分线相等,即 $t_b' = t_c'$,则

$$\frac{2}{|c-a|}\sqrt{ca(p-c)(p-a)} = \frac{2}{|a-b|}\sqrt{ab(p-a)(p-b)}.$$

两端平方,约去公因子,以 $p=\frac{1}{2}(a+b+c)$ 代换则得

$$(a-b)^2 c(a+b-c) = (c-a)^2 b(a-b+c).$$

同前,注意析出 $(b-c)$ 的因子,即有

$$(b-c)[(a-b)^2 c + (c-a)^2 b] = a(b-c)(a^2-bc).$$

则得

$$(b-c)\{bc(a-c) + [bc + a(a-c)](a-b)\} = 0.$$

亦可写成

$$(b-c)\{bc(c-a) + [a^2 + c(b-a)](b-a)\} = 0.$$

由这两个等价的式子可以看出:当 a 为最大边,或为最小边,都可保证第二个因子为正. 故这时可保证 $b=c$,即这时的三角形等腰.

由此可得与斯坦纳定理类似的定理:已知三角形的二外角平分线相等,且第三角或是最大角或是最小角,则此三角形等腰.

若不是用外角平分线的公式去分析. 就不易发觉另一角(或所对之边)的最值条件.

值得注意的是,增加的条件——第三角或是最大或为最小,是很必要的. 不然的话,由 $t_b' = t_c'$ 推不出 $b=c$,请看反例.

作△ABC,使∠A=36°,∠B=12°,∠C=132°,再分别作 B,C 处的外角平分线 BD,CE,

则容易算出 $\angle BCD = 180° - 132° = 48°$，$\angle D = 180° - 84° - 48° = 48°$，故 $BD = BC$.

又因 $\angle E = 36° - 24° = 12° = \angle B$，故 $CE = BC = BD$.

显然 $\triangle ABC$ 不是等腰三角形，但 B,C 处的外角平分线相等.

由此可见：增添的条件——第三角或是最大或是最小，是不可缺少的.

思考与练习题 9

1. 在 $\triangle ABC$ 中，$A > B \Leftrightarrow \sin A > \sin B$.

2. 在 $\triangle ABC$ 中，已知 $\cos^2 \dfrac{A}{2} = \dfrac{b+c}{2c} = \dfrac{9}{10}$，$c = 5$，求 $\triangle ABC$ 的内切圆半径.

3. 在 $\triangle ABC$ 中，$a = 2$，$C = 45°$，$\cos \dfrac{B}{2} = \dfrac{2\sqrt{5}}{5}$，求三角形的面积 $S_{\triangle ABC}$.

4. 已知 $\triangle ABC$ 中，$\angle A$，$\angle B$，$\angle C$ 的对边分别为 a，b，c，若 $a = c = \sqrt{6} + \sqrt{2}$ 且 $\angle A = 75°$，求 b.

5. $\triangle ABC$ 中，已知 $2a = b + c$，$\sin 2A = \sin B \sin C$，试判断 $\triangle ABC$ 的形状.

6. 在 $\triangle ABC$ 中，$\angle BAC = 120°$，AM 是边 BC 上的中线，且 $AB = 4$，$AC = 6$，求 AM 的长.

7. 若 $\triangle ABC$ 的边长 a，b 分别为方程 $x^2 - 2\sqrt{3}x + 2 = 0$ 的两根，且 $\triangle ABC$ 的面积为 $\dfrac{\sqrt{3}}{2}$，求第三边 c 的长.

8. 在 $\triangle ABC$ 中，角 A,B,C 所对的边分别是 a,b,c，若 $b^2 + c^2 = a^2 + bc$，且 $\overrightarrow{AC} \cdot \overrightarrow{AB} = 4$，求 $\triangle ABC$ 的面积.

9. 在 $\triangle ABC$ 中，内角 A,B,C 对边的边长分别是 a,b,c，已知 $c = 2$，$C = \dfrac{\pi}{3}$.

(1) 若 $\triangle ABC$ 的面积等于 $\sqrt{3}$，求 a，b；

(2) 若 $\sin C + \sin(B-A) = 2\sin 2A$，求 $\triangle ABC$ 的面积.

10. 在 $\triangle ABC$ 中，角 A,B,C 的对边分别为 a,b,c，$B = \dfrac{\pi}{3}$，$\cos A = \dfrac{4}{5}$，$b = \sqrt{3}$. 求：

(1) $\sin C$ 的值；　　　　　　　　(2) $\triangle ABC$ 的面积.

11. 在 $\triangle ABC$ 中，$\cos B = -\dfrac{5}{13}$，$\cos C = \dfrac{4}{5}$.

(1) 求 $\sin A$ 的值；

(2) 设 $\triangle ABC$ 的面积 $S_{\triangle ABC} = \dfrac{33}{2}$，求 BC 的长.

12. 在 $\triangle ABC$ 中，已知内角 $A = \dfrac{\pi}{3}$，边 $BC = 2\sqrt{3}$. 设内角 $B = x$，周长为 y. 求：

(1) 函数 $y = f(x)$ 的解析式和定义域；　　(2) y 的最大值.

13. 已知三角形三边的长为方程 $x^3 + px^2 + qx + r = 0$ 的三个根，试求此三角形的面积.

第 10 章

几何证明

10.1　几何证明的常用方法

10.1.1　常用方法

一、证明两线段相等的常用方法

1. 两全等三角形中对应边相等.

2. 同一三角形中等角对等边.

3. 等腰三角形顶角的平分线或底边的高平分底边.

4. 平行四边形的对边或对角线被交点分成的两段相等.

5. 直角三角形斜边的中点到三顶点距离相等.

6. 线段垂直平分线上任意一点到线段两段距离相等.

7. 角平分线上任一点到角的两边距离相等.

8. 过三角形一边的中点且平行于第三边的直线分第二边所成的线段相等.

9. 同圆(或等圆)中等弧所对的弦或与圆心等距的两弦或等圆心角、圆周角所对的弦相等.

10. 圆外一点引圆的两条切线的切线长相等或圆内垂直于直径的弦被直径分成的两段相等.

11. 两前项(或两后项)相等的比例式中的两后项(或两前项)相等.

12. 两圆的内(外)公切线的长相等.

13. 等于同一线段的两条线段相等.

二、证明两个角相等的常用方法

1. 两全等三角形的对应角相等.

2. 同一三角形中等边对等角.

3. 等腰三角形中,底边上的中线(或高)平分顶角.

4. 两条平行线的同位角、内错角或平行四边形的对角相等.

5. 同角(或等角)的余角(或补角)相等.

6. 同圆(或圆)中,等弦(或弧)所对的圆心角相等,圆周角相等,弦切角等于它所夹的弧对的圆周角.

7. 圆外一点引圆的两条切线,圆心和这一点的连线平分两条切线的夹角.

8. 相似三角形的对应角相等.

9. 圆的内接四边形的外角等于内对角.

10. 等于同一角的两个角相等.

三、证明两直线平行的常用方法

1. 垂直于同一直线的各直线平行.

2. 同位角相等,内错角相等或同旁内角互补的两直线平行.

3. 平行四边形的对边平行.

4. 三角形的中位线平行于第三边.

5. 梯形的中位线平行于两底.

6. 平行于同一直线的两直线平行.

7. 如果一条直线截三角形的两边(或延长线)所得的线段对应成比例,则这条直线平行于此三角形的第三边.

四、证明两条直线互相垂直的常用方法

1. 等腰三角形的顶角平分线或底边的中线垂直于底边.

2. 三角形中一边的中线若等于这边一半,则这一边所对的角是直角.

3. 在一个三角形中,若有两个角互余,则第三个角是直角.

4. 邻补角的平分线互相垂直.

5. 一条直线垂直于平行线中的一条,则必垂直于另一条.

6. 两条直线相交成直角则两直线垂直.

7. 利用到一线段两端的距离相等的点在线段的垂直平分线上.

8. 利用勾股定理的逆定理.

9. 利用菱形的对角线互相垂直.

10. 在圆中平分弦(或弧)的直径垂直于弦.

11. 利用半圆上的圆周角是直角.

五、证明线段的和、差、倍及分关系的常用方法

1. 作两条线段的和,证明与第三条线段相等.

2. 在第三条线段上截取一段等于第一条线段,证明余下部分等于第二条线段.

3. 延长短线段为其二倍,再证明它与较长的线段相等.

4. 取长线段的中点,再证其一半等于短线段.

5. 利用一些定理(三角形的中位线、含 $30°$ 的直角三角形、直角三角形斜边上的中线、三角形的重心、相似三角形的性质等).

六、证明角的和、差、倍及分关系的常用方法

1. 与证明线段的和、差、倍、分思路相同.

2. 利用角平分线的定义.

3. 三角形的一个外角等于和它不相邻的两个内角的和.

七、证明线段不等关系的常用方法

1. 同一三角形中,大角对大边.

2．垂线段最短.

3．三角形两边之和大于第三边,两边之差小于第三边.

4．在两个三角形中有两边分别相等而夹角不等,则夹角大的第三边大.

5．同圆或等圆中,弧大弦大,而弦心距小.

6．全量大于它的任何一部分.

八、证明两角的不等关系的常用方法

1．同一三角形中,大边对大角.

2．三角形的外角大于和它不相邻的任一内角.

3．在两个三角形中有两边分别相等,第三边不等,第三边大的,两边的夹角也大.

4．同圆或等圆中,弧大则圆周角、圆心角大.

5．全量大于它的任何一部分.

九、证明比例式或等积式的常用方法

1．利用相似三角形对应线段成比例.

2．利用内外角平分线定理.

3．平行线截线段成比例.

4．直角三角形中的比例中项定理即射影定理.

5．与圆有关的比例定理——相交弦定理、切割线定理及其推论.

6．利用比利式或等积式化得.

十、证明四点共圆的常用方法

1．对角互补的四边形的顶点共圆.

2．外角等于内对角的四边形内接于圆.

3．同底边等顶角的三角形的顶点共圆(顶角在底边的同侧).

4．同斜边的直角三角形的顶点共圆.

5．到顶点距离相等的各点共圆.

10.1.2　一题多证

同一道几何题可以用多种方法证明,比如下面的例子.

例 10.1　求证等腰三角形底边上任意一点到两腰的距离的和等于腰上的高.

已知:$\triangle ABC$ 中,$AB=AC$,D 是底边 BC 上的一点,$DE\perp AB$,$DF\perp AC$,$CG\perp AB$. 求证:$DE+DF=CG$.

证明　**证法一**　如图 10.1 所示,过 D 点作 $DH\parallel AB$,与 CG 相交于 H,则 $\angle DHC=\angle BGC=90°$.

因为 $DE\perp AB$,$CG\perp AB$,所以 $DE\parallel CG$,故四边形 $DEGH$ 是矩形. 因此,$DE=HG$.

因为 $DF\perp AC$,则 $\angle DFC=90°$. 因为 $AB=AC$,则 $\angle B=\angle ACB$. 又因为 $\angle B=\angle CDH$,所以 $\angle ACB=\angle CDH$,即 $\angle FCD=\angle CDH$. 再因为 $DC=DC$,所以 $\triangle DCF\cong\triangle DCH$,故 $DF=HC$.

由 $DE=HG$ 和 $DF=HC$,得 $DE+DF=HG+HC=CG$.

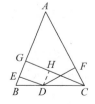

图　10.1

证法二   如图 10.2 所示,过 C 点作 ED 延长线的垂线,垂足为 H,则 $CH /\!/ GE$.

因为 $DE \perp AB, CG \perp AB$,所以 $DE /\!/ CG$,亦即 $HE /\!/ CG$. 因此,四边形 $GEHC$ 是矩形. 所以 $CG = EH = ED + DH$.

因为 $AB = AC$,所以 $\angle B = \angle ACB$,亦即 $\angle B = \angle FCD$. 因为 $\angle B = \angle HCD$,所以 $\angle FCD = \angle HCD$.

因为 $DF \perp CF, DH \perp CH$,因而 $DF = DH$. 故 $DE + DF = DE + DH = EH = CG$.

证法三   如图 10.3 所示,过 G 点作 $GH /\!/ BC$,与 DE 的延长线相交于 H.

因为 $DE \perp AB, CG \perp AB$,所以 $DE /\!/ CG$,即 $DH /\!/ CG$. 因此,四边形 $HDCG$ 是平行四边形. 所以 $CG = DH = DE + EH, GH = DC$.

因为 $DE \perp AB, DF \perp AC$,所以 $\angle GEH = \angle CFD = 90°$.

因为 $AB = AC$,则 $\angle B = \angle ACB$,亦即 $\angle B = \angle FCD$. 又因为 $\angle B = \angle EGH$,所以 $\angle EGH = \angle FCD$. 因此,$\triangle EGH \cong \triangle FCD$. 故 $EH = DF$.

所以 $DE + DF = DE + EH = DH = CG$.

证法四   如图 10.4 所示,因为 $DE \perp AB, CG \perp AB, DF \perp AC$. 所以 $\angle BED = \angle CFD = 90°, CG /\!/ DE$,故

$$\frac{CG}{DE} = \frac{BC}{BD}. \tag{10.1}$$

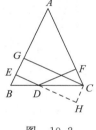
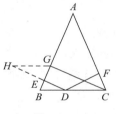
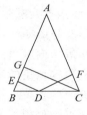

图 10.2   图 10.3   图 10.4

因为 $AB = AC$,所以 $\angle B = \angle ACD$,即 $\angle EBD = \angle FCD$. 所以 $\triangle CFD \backsim \triangle BED$,故

$$\frac{DF}{DE} = \frac{DC}{BD}.$$

由合比定理,得

$$\frac{DF + DE}{DE} = \frac{DC + BD}{BD}, \quad 即 \quad \frac{DF + DE}{DE} = \frac{BC}{BD}. \tag{10.2}$$

由(10.1)式和(10.2)式,得

$$\frac{DF + DE}{DE} = \frac{CG}{DE}, 故 \ DE + DF = CG.$$

证法五   参见图 10.4. 因为 $AB = AC$,所以

$$\angle B = \angle ACB, \quad \sin \angle B = \sin \angle ACB.$$

又因为 $DE \perp AB, CG \perp AB, DF \perp AC$,在 $\mathrm{Rt}\triangle BDE$ 中,$DE = BD \sin \angle B$;在 $\mathrm{Rt}\triangle CDF$ 中,$DF = DC \sin \angle DCF$. 所以

$$DE + DF = BD \sin \angle B + DC \sin \angle DCF = (BD + DC) \sin \angle B = BC \sin \angle B.$$

又因为在 $\mathrm{Rt}\triangle BCG$ 中,$CG = BC \sin \angle B$,所以 $DE + DF = CG$.

证法六　如图 10.5 所示,连结 AD.

因为 $DE\perp AB, CG\perp AB, DF\perp AC$,所以

$$S_{\triangle ABD}=\frac{1}{2}AB\cdot DE,\quad S_{\triangle ADC}=\frac{1}{2}AC\cdot DF,\quad S_{\triangle ABC}=\frac{1}{2}AB\cdot CG.$$

因为 $S_{\triangle ABD}+S_{\triangle ADC}=S_{\triangle ABC}$,故得

$$\frac{1}{2}AB\cdot DE+\frac{1}{2}AC\cdot DF=\frac{1}{2}AB\cdot CG.$$

又因为 $AB=AC$,所以

$$\frac{1}{2}AB\cdot DE+\frac{1}{2}AB\cdot DF=\frac{1}{2}AB\cdot CG, 即\ DE+DF=CG.$$

例 10.2　已知:AD 是 $\triangle ABC$ 的中线,E 是 AD 的中点,F 是 BE 的延长线与 AC 的交点.求证:$AF=\frac{1}{2}FC.$

证明　**证法一**　如图 10.6 所示,过 D 点作 $DG/\!/BF$,交 AC 于 G.

因为 $BD=DC$,所以在 $\triangle CBF$ 中,$CG=GF$.

又因为 $AE=ED, BF/\!/DG$,所以在 $\triangle ADG$ 中,$AF=FG$.因此,$AF=FG=GC$,故

$$FC=FG+GC=AF+AF=2AF, 即\ AF=\frac{1}{2}FC.$$

证法二　如图 10.7 所示,过 D 点作 $DG/\!/AC$,交 BF 于 G.则 $\angle 1=\angle 2$.

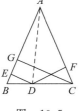

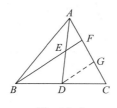

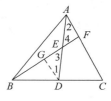

图　10.5　　　　　　图　10.6　　　　　　图　10.7

因为 $\angle 3=\angle 4, DE=AE$,因此,$\triangle EGD\cong\triangle EFA$.所以 $GD=AF$.

又因为 $BD=DC$,所以在 $\triangle BCF$ 中,$BG=GF$.故 $GD=\frac{1}{2}FC$.

由 $GD=AF$ 和 $GD=\frac{1}{2}FC$,得 $AF=\frac{1}{2}FC.$

证法三　如图 10.8 所示,过 E 点作 $EG/\!/DC$,交 AC 于 G.

因为 $AE=ED, BD=DC$,所以 $AG=GC, EG=\frac{1}{2}DC=\frac{1}{2}BD$.因此,在 $\triangle FBC$ 和 $\triangle FEG$ 中,有

$$\frac{FC}{FG}=\frac{BC}{EG}=\frac{2DC}{EG}=\frac{4EG}{EG}=4.$$

即 $FC=4FG, FG=\frac{1}{4}FC$,所以

$$GC=3FG, AG=3FG, AF=2FG.$$

故 $AF=2FG=2\cdot\frac{1}{4}FC=\frac{1}{2}FC.$

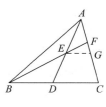

图　10.8

例 10.3 已知：$\triangle ABC$ 中，$AB=AC$，D 是 AB 延长线上的一点，且 $BD=AB$，CE 是腰 AB 上的中线.

求证：$CD=2CE$.

证明 **证法一** 如图 10.9 所示，取 CD 的中点 F，连结 BF.

因为 $AB=BD$，则 $BF/\!/AC$，且 $BF=\frac{1}{2}AC$. 因为 $AC=AB$，所以 $BF=\frac{1}{2}AB$.

因为 $AE=BE$，所以 $AB=2BE$，$BE=\frac{1}{2}AB$. 因此，$BF=BE$.

又因为 $BC=BC$，$\angle 1=\angle ACB$，$\angle 2=\angle ACB$. 故 $\angle 1=\angle 2$，从而 $\triangle BCE\cong\triangle BCF$. 于是

$$CE=CF=\frac{1}{3}CD,\quad \text{即 } CD=2CE.$$

证法二 如图 10.10 所示，过 B 点作 $BF/\!/CD$，交 AC 于 F.

因为 $AB=BD$，所以 $AF=FC$，$BF=\frac{1}{2}CD$. 因为 $EB=\frac{1}{2}AB$，$FC=\frac{1}{2}AC$，$AB=AC$，所以 $EB=FC$.

又因为 $BC=BC$，$\angle ABC=\angle ACB$，所以 $\triangle BCE\cong\triangle BCF$. 因此，$CE=BF$，故

$$CE=\frac{1}{2}CD,\quad \text{即 } CD=2CE.$$

证法三 如图 10.11 所示，延长 CE 到 F，使 $EF=CE$，连结 FA，则 $CF=2CE$.

因为 $AE=BE$，$\angle FEA=\angle CEB$，所以 $\triangle FEA\cong\triangle CEB$. 因此，$AF=BC$，$\angle FAB=\angle ABC$.

因为 $AB=AC$，$AB=BD$，所以 $AC=BD$，$\angle ABC=\angle ACB$.

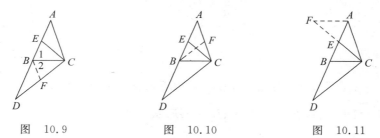

图 10.9   图 10.10   图 10.11

因为 $\angle FAC=\angle FAB+\angle BAC=\angle ABC+\angle BAC=\angle ACB+\angle BAC=\angle DBC$，所以 $\triangle FAC\cong\triangle CBD$，故 $CD=CF$，即 $CD=2CE$.

证法四 如图 10.12 所示，延长 AC 到 F，使 $CF=AC$，连结 BF.

因为 $AE=EB$，所以 $CE=\frac{1}{2}BF$，即 $BF=2CE$.

在 $\triangle ADC$ 和 $\triangle AFB$ 中

$$\angle A=\angle A,AC=AB,\quad AD=AB+BD=2AB=2AC=AC+CF=AF.$$
因此，$\triangle ADC\cong\triangle AFB$，故 $CD=BF$，所以 $CD=2CE$.

证法五 如图 10.13 所示，延长 BC 到 F，使 $CF=BC$，连结 AF.

因为 $AE=EB$，所以 $AF=2EC$.

因为 $AB=AC$，$AB=BD$，所以 $BD=AC$.

因为 $\angle DBC = \angle BAC + \angle ACB$,$\angle ACF = \angle BAC + \angle ABC$.而 $\angle ACB = \angle ABC$,所以 $\angle DBC = \angle ACF$.

因此,$\triangle DBC \cong \triangle ACF$.所以 $CD = AF$,故 $CD = 2CE$.

证法六 如图 10.14 所示,设 $AB = a$,则 $AE = EB = \dfrac{a}{2}$,$AC = a$.

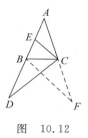 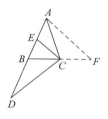 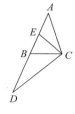

图 10.12　　　　　　图 10.13　　　　　　图 10.14

在 $\triangle AEC$ 中,由余弦定理,得

$$CE^2 = AE^2 + AC^2 - 2AE \cdot AC \cos A$$
$$= \left(\frac{a}{2}\right)^2 + a^2 - 2 \cdot \frac{a}{2} \cdot a \cdot \cos A$$
$$= \frac{1}{4}(5a^2 - 4a^2 \cos A). \tag{10.3}$$

又在 $\triangle ADC$ 中,由余弦定理,得

$$CD^2 = AD^2 + AC^2 - 2AD \cdot AC \cdot \cos A$$
$$= (2a)^2 + a^2 - 2 \cdot 2a \cdot a \cos A$$
$$= 5a^2 - 4a^2 \cos A. \tag{10.4}$$

由(10.3)式和(10.4)式,得

$$CE^2 = \frac{1}{4}CD^2,\ 即\ CD^2 = 4CE^2.\ 所以\ CD = 2CE.$$

证法七 参见图 10.14.因为 $AE = \dfrac{1}{2}AB$,$AB = AC$,所以

$$AE = \frac{1}{2}AC,\qquad \frac{AE}{AC} = \frac{1}{2}.$$

因为 $AB = BD$,而 $AD = AB + BD = 2AB = 2AC$,所以 $\dfrac{AC}{AD} = \dfrac{1}{2}$.故 $\dfrac{AE}{AC} = \dfrac{AC}{AD}$.

又 $\angle A = \angle A$,所以 $\triangle EAC \backsim \triangle CAD$,故 $\dfrac{CE}{CD} = \dfrac{AC}{AD} = \dfrac{1}{2}$,即 $CD = 2CE$.

例 10.4 设 AB 为 $\odot O$ 的直径,C 是 $\odot O$ 上一点,AD 和 $\odot O$ 在点 C 的切线相垂直,垂足为 D.求证:AC 平分 $\angle DAB$.

证明 **证法一** 如图 10.15 所示,连结 CB.

因为 AB 为 $\odot O$ 的直径,所以 $\angle ACB = 90°$.因为 $AD \perp DC$,则 $\angle ADC = 90°$.

又因为 CD 是过 C 点的 $\odot O$ 的切线,所以 $\angle ACD = \angle ABC$.

因此△ACD∽△ABC.故∠1＝∠2,即 AC 平分∠DAB.

证法二 如图 10.15 所示,连结 BC.

因为 AB 是⊙O 的直径,所以∠ACB＝90°.故∠3＋∠4＝90°,即∠3＝90°－∠4.

因为 AD⊥DC,所以∠1＋∠4＝90°,即∠1＝90°－∠4.于是得∠1＝∠3.

又因为 DC 是过 C 点的⊙O 的切线,所以∠3＝∠2,故∠1＝∠2,即 AC 平分∠DAB.

证法三 如图 10.16 所示,过 A 点作⊙O 的切线,交 CD 所在的直线于 E.

因为 AB 是⊙O 的直径,所以 AB⊥AE,因此∠BAE＝90°.

因为 CD 是过 C 点的⊙O 的切线,所以 EA＝EC,故∠ECA＝∠EAC.

因为 AD⊥CD,即∠ADC＝90°,所以∠1＝90°－∠DCA,即∠1＝90°－∠ECA.

又因为∠2＝90°－∠EAC＝90°－∠ECA,所以∠1＝∠2,即 AC 平分∠DAB.

证法四 如图 10.17 所示,连结 OC.

因为 CD 是过 C 点的⊙O 的切线,所以 OC⊥CD.

因为 AD⊥CD,所以 AD∥OC,因此∠DAC＝∠ACO.

又因为 AO＝OC,所以∠ACO＝∠CAB.从而得∠DAC＝∠CAB,即 AC 平分∠DAB.

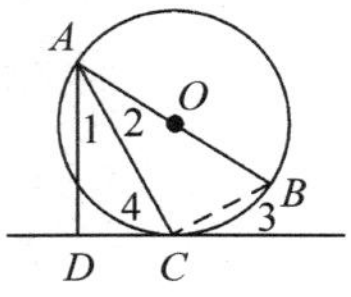

图　10.15

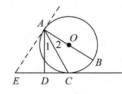

图　10.16

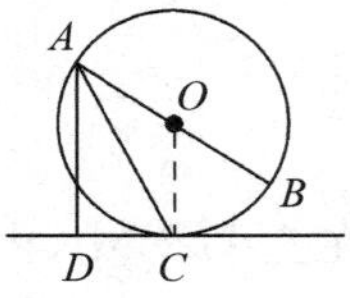

图　10.17

证法五 如图 10.18 所示,连结 BC,过 C 点作 CE⊥AB,垂足为 E.

因为 AB 为⊙O 的直径,所以∠ACB＝90°,即∠3＋∠4＝90°.

又因为∠3＋∠B＝90°,所以∠4＝∠B.

因为 CD 是过 C 点的⊙O 的切线,所以∠5＝∠B.因此∠4＝∠5.

因为 AD⊥CD,所以∠ADC＝90°.

又因为 AC＝AC,所以 Rt△ADC≌Rt△AEC,所以∠1＝∠2,即 AC 平分∠DAB.

证法六 如图 10.19 所示,设 AD 与⊙O 的交点为 E,连结 BE 和 OC.则∠AEB＝90°,故 BE⊥AD.

又因为 CD⊥AD,所以 BE∥CD.

因为 CD 是过 C 点的⊙O 的切线,所以 OC⊥CD,OC⊥BE,因而$\overset{\frown}{EC}＝\overset{\frown}{CB}$,故∠1＝∠2,即 AC 平分∠DAB.

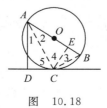

图　10.18

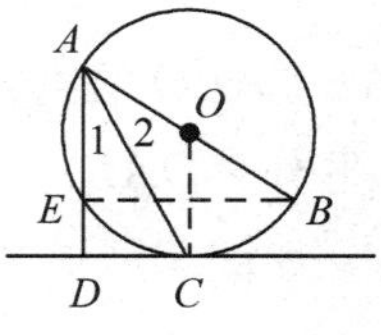

图　10.19

10.2 常用几何定理介绍

定理 10.1（托勒密（Ptolemy）定理） 圆内接四边形对角线之积等于两组对边乘积之和.

分析 如图 10.20 所示，即证 $AC \cdot BD = AB \cdot CD + AD \cdot BC$.

等式右边是两部分，设法把左边 $AC \cdot BD$ 拆成两部分，如把 AC 写成 $AE+EC$，这样，$AC \cdot BD$ 就拆成了两部分：$AE \cdot BD$ 及 $EC \cdot BD$，于是只要证明 $AE \cdot BD = AD \cdot BC$ 及 $EC \cdot BD = AB \cdot CD$ 即可.

证明 在 AC 上取点 E，使 $\angle ADE = \angle BDC$. 由 $\angle DAE = \angle DBC$，得 $\triangle AED \backsim \triangle BCD$. 所以

$$AE : BC = AD : BD，即 AE \cdot BD = AD \cdot BC. \qquad (10.5)$$

又 $\angle ADB = \angle EDC$，$\angle ABD = \angle ECD$，得 $\triangle ABD \backsim \triangle ECD$. 所以

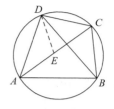

图 10.20

$$AB : ED = BD : CD，即 EC \cdot BD = AB \cdot CD. \qquad (10.6)$$

(10.5)式＋(10.6)式，得

$$AC \cdot BD = AB \cdot CD + AD \cdot BC.$$

下面命题包含了定理 10.1 的逆命题.

命题（广义托勒密定理） 对于一般的四边形 $ABCD$，有 $AB \cdot CD + AD \cdot BC \geqslant AC \cdot BD$. 当且仅当 $ABCD$ 是圆内接四边形时等号成立.

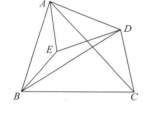

图 10.21

证明 如图 10.21 所示，在四边形 $ABCD$ 内取点 E，使 $\angle BAE = \angle CAD$，$\angle ABE = \angle ACD$，则 $\triangle ABE \backsim \triangle ACD$，所以

$$\frac{AB}{AC} = \frac{BE}{CD}，\quad 即 AB \cdot CD = AC \cdot BE.$$

又因为 $\dfrac{AB}{AC} = \dfrac{AE}{AD}$ 且 $\angle BAC = \angle EAD$，所以 $\triangle ABC \backsim \triangle AED$ 故

$$\frac{BC}{AC} = \frac{ED}{AD}，\quad 即 AD \cdot BC = AC \cdot ED.$$

于是 $AB \cdot CD + AD \cdot BC = AC \cdot (BE + ED)$，$AB \cdot CD + AD \cdot BC \geqslant AC \cdot BD$，且等号当且仅当 E 在 BD 上时成立，即当且仅当 A, B, C, D 四点共圆时成立.

例 10.5 如图 10.22 所示，P 是正 $\triangle ABC$ 外接圆的劣弧 $\overset{\frown}{BC}$ 上任一点（不与 B, C 重合），求证：$PA = PB + PC$.

分析 这题可以用截长、补短，构造全等三角形的证法，借助托勒密定理论证十分简单.

证明 因为 $AB = BC = AC$，由 $PA \cdot BC = PB \cdot AC + PC \cdot AB$，即得 $PA = PB + PC$.

例 10.6 若 a, b, x, y 是实数，且 $a^2 + b^2 = 1$，$x^2 + y^2 = 1$. 求证：$ax + by \leqslant 1$.

分析 本题用三角代换、均值不等式等方法也可以证明，这里介绍用托勒密定理证明.

证明 如图 10.23 所示，作直径 $AB = 1$ 的圆，在 AB 两边任作 Rt$\triangle ACB$ 和 Rt$\triangle ADB$，使 $AC = a$，$BC = b$，$BD = x$，$AD = y$. 由勾股定理知 a, b, x, y 是满足题设条件的.

据托勒密定理,有 $AC \cdot BD + BC \cdot AD = AB \cdot CD$. 因为 $CD \leqslant AB = 1$,所以

$$ax + by \leqslant 1.$$

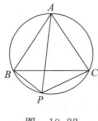

图　10.22

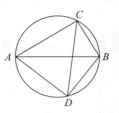

图　10.23

例 10.7　设 $A_1 A_2 A_3 \cdots A_7$ 是圆内接正七边形,求证:$\dfrac{1}{A_1 A_2} = \dfrac{1}{A_1 A_3} + \dfrac{1}{A_1 A_4}$.

证明　如图 10.24 所示,连 $A_1 A_5$,$A_3 A_5$,并设 $A_1 A_2 = a$,$A_1 A_3 = b$,$A_1 A_4 = c$. 本题即证

$\dfrac{1}{a} = \dfrac{1}{b} + \dfrac{1}{c}$. 在圆内接四边形 $A_1 A_3 A_4 A_5$ 中,有

$$A_3 A_4 = A_4 A_5 = a, A_1 A_3 = A_3 A_5 = b, A_1 A_4 = A_1 A_5 = c.$$

于是由托勒密定理有 $ab + ac = bc$,同除以 abc,即得 $\dfrac{1}{a} = \dfrac{1}{b} + \dfrac{1}{c}$,所

以结论成立.

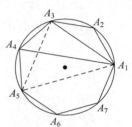

图　10.24

例 10.8　证明:从圆周上一点到圆内接正方形的四个顶点的
距离不可能都是有理数.

分析　假定其中几个是有理数,证明至少一个是无理数.

证明　如图 10.25 所示,设 $\odot O$ 的直径为 $2R$,不妨设 P 在 $\overset{\frown}{AD}$ 上,设 $\angle PBA = \alpha$,在
$\text{Rt} \triangle PAC$ 中,若 $PA = 2R \sin\alpha$ 及 $PC = 2R\cos\alpha$ 为有理数,则在 $\text{Rt} \triangle PDB$ 中有

$$PB = 2R\cos\angle PAD = 2R\cos(45° - \alpha)$$
$$= 2R\left(\frac{\sqrt{2}}{2}\cos\alpha + \frac{\sqrt{2}}{2}\sin\alpha\right) = \sqrt{2}R(\sin\alpha + \cos\alpha)$$

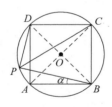

图　10.25

即为无理数.

或由托勒密定理有 $PB \cdot AC = PA \cdot BC + PC \cdot AB$. 而 $AC = \sqrt{2}$
AB,$BC = AB$,故得 $\sqrt{2} PB = PA + PC$. 故 PA,PB,PC 不能同时为有

理数.

例 10.9　(1) 求证:锐角三角形的外接圆半径与内切圆半径的和等于外心到各边距离
的和.

(2) 若 $\triangle ABC$ 为直角三角形或钝角三角形,上面的结论成立吗?

证明　如图 10.26(a) 所示,$\triangle ABC$ 内接于 $\odot O$,设 $\odot O$ 的半径 $= R$,$\triangle ABC$ 的边长分别
为 a,b,c. 三边的中点分别为 X,Y,Z.

由 A,X,O,Z 四点共圆,根据托勒密定理,有

$$OA \cdot XZ = OX \cdot AZ + OZ \cdot AX, \text{即} R \cdot \frac{1}{2}a = OX \cdot \frac{1}{2}b + OZ \cdot \frac{1}{2}c, \text{从而}$$

$$Ra = OX \cdot b + OZ \cdot c.$$

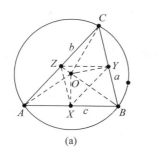 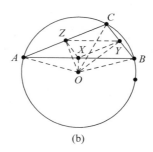

$$\text{图} \quad 10.26$$

同理可得
$$Rb = OX \cdot a + OY \cdot c,$$
$$Rc = OY \cdot b + OZ \cdot a.$$

三式相加,得
$$R(a+b+c) = OX(a+b) + OY(b+c) + OZ(c+a). \tag{10.7}$$

设 $\triangle ABC$ 的内切圆的半径为 r,则由 $\triangle ABC$ 面积的不同分割可得
$$r(a+b+c) = OX \cdot c + OY \cdot a + OZ \cdot b. \tag{10.8}$$

(10.7)式与(10.8)式两边分别相加,得
$$R(a+b+c) + r(a+b+c) = OX(a+b) + OY(b+c) + OZ(c+a) +$$
$$OX \cdot c + OY \cdot a + OZ \cdot b.$$

故 $R+r = OX + OY + OZ$.

(2) 参照图 10.26(b)可知,当 $\triangle ABC$ 为直角三角形($\angle C$ 为直角),则 O 在边 AB 上, $OX=0$,上述结论仍成立.

当 $\triangle ABC$ 为钝角三角形($\angle C$ 为直角或钝角)时,则有
$$R+r = -OX + OY + OZ.$$

证明同上.

定理 10.2 设 P, Q, A, B 为任意四点,则 $PA^2 - PB^2 = QA^2 - QB^2 \Leftrightarrow PQ \perp AB$.

证明 先证 $PA^2 - PB^2 = QA^2 - QB^2 \Rightarrow PQ \perp AB$.

如图 10.27 所示,作 $PH \perp AB$ 于 H,则
$$PA^2 - PB^2 = (PH^2 + AH^2) - (PH^2 + BH^2)$$
$$= AH^2 - BH^2 = (AH + BH)(AH - BH)$$
$$= AB(AB - 2BH).$$

同理,作 $QH' \perp AB$ 于 H',则
$$QA^2 - QB^2 = AB(AB - 2BH').$$

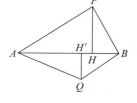

$$\text{图} \quad 10.27$$

于是由 $PA^2 - PB^2 = QA^2 - QB^2$ 可得, $BH = BH'$,即 $H=H'$, 故点 H 与点 H' 重合.

$PQ \perp AB \Rightarrow PA^2 - PB^2 = QA^2 - QB^2$ 显然成立.

说明 本题在证明两线垂直时具有强大的作用.

点到圆的幂:如图 10.28 所示,设 P 为 $\odot O$ 所在平面上任意一点, $PO=d$, $\odot O$ 的半径为 r,则 d^2-r^2 称为点 P 对于 $\odot O$ 的幂.

定理 10.3(圆幂定理) 设 P 为 $\odot O$ 所在平面上任意一点, $PO=d$, $\odot O$ 的半径为 r,过

P 任作一割线与⊙O 交于点 A，B 两点，则 $PA \cdot PB = |d^2 - r^2|$.

证明　分 P 点在圆内和圆外两种情况：

（1）当 P 点在圆 O 内时，如图 10.29（a）所示，连接 OA，OB，根据第 9 章的斯图尔特定理得

$$r^2 PB + r^2 PA - d^2 AB = PB \cdot PA \cdot AB,$$

故

$$PA \cdot PB = r^2 - d^2.$$

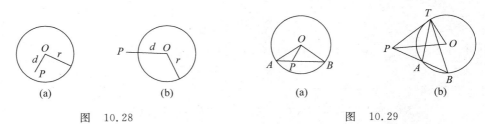

图　10.28　　　　　　　　　　　　图　10.29

（2）当 P 点在圆 O 外时，$d^2 - r^2$ 就是过 P 点的切线长的平方，此时也就是切割线定理，即，已知 P 为⊙O 外一点，PT 切⊙O 于点 T，过 P 的任意一条割线交⊙O 于 A，B 两点，则 $PT^2 = PA \cdot PB$.

如图 10.29（b）所示，连接 AT，BT，因为 $\angle PTA = \angle PBT$，$\angle TPA = \angle BPT$，所以 $\triangle PTA \backsim \triangle PBT$，则 $PT : PB = PA : PT$，即 $PT^2 = PB \cdot PA$. PT 是切线，$\triangle PTO$ 是直角三角形，所以

$$PB \cdot PA = d^2 - r^2.$$

定理得证.

由证明（1），很容易得到下面推论.

推论 1（相交弦定理）　圆内的两条相交弦，被交点分成的两条线段长的积相等. 即：若圆内的弦 AB、CD 交于点 P，则 $PA \cdot PB = PC \cdot PD$.

由推论 1 又可以得出推论.

推论 2　若 AB 是⊙O 的直径，弦 CD 垂直 AB 于点 P，则 $PC^2 = PA \cdot PB$.

由证明（2），很容易得到下面推论.

推论 3（割线定理）　从圆外一点 P 引两条割线，一条割线与圆交于 A、B，另一条割线与圆交于 C、D 则有 $PA \cdot PB = PC \cdot PD$.

关于点到圆的幂的概念有下面结论.

命题　到两圆等幂的点的轨迹是与此二圆的连心线垂直的一条直线，如果此二圆相交，则该轨迹是此二圆的公共弦所在直线.

上述这条直线称为两圆的"根轴". 三个圆两两的根轴如果不互相平行，则它们交于一点，这一点称为三圆的"根心". 三个圆的根心对于三个圆等幂. 当三个圆两两相交时，三条公共弦（就是两两的根轴）所在直线交于一点.

定理 10.4（赛瓦（Ceva）定理）　设 A'，B'，C' 分别是 $\triangle ABC$ 的边 BC，CA，AB 所在直线上的点，且三点中的三点或一点在边上，则三直线 AA'，BB'，CC' 共点或平行的充要条件是

$$\frac{BA'}{A'C} \cdot \frac{CB'}{B'A} \cdot \frac{AC'}{C'B} = 1.$$

证明 **必要性** 若 AA', BB', CC' 交于一点 P,则过 A 作 BC 的平行线,分别交 BB', CC' 的延长线于 D, E(如图 10.30(a)所示),得

$$\frac{CB'}{A'C} \cdot \frac{CB'}{B'A} \cdot \frac{AC'}{C'B} = \frac{EA}{BC}.$$

又由 $\dfrac{BA'}{AD} = \dfrac{A'P}{PA} = \dfrac{A'C}{EA}$,有 $\dfrac{BA'}{A'C} = \dfrac{AD}{EA}$. 从而

$$\frac{BA'}{A'C} \cdot \frac{CB'}{B'A} \cdot \frac{AC'}{C'B} = \frac{AD}{EA} \cdot \frac{BC}{AD} \cdot \frac{EA}{BC} = 1.$$

若 AA', BB', CC' 三线平行(如图 10.30(b)),则可类似证明.

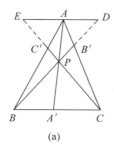 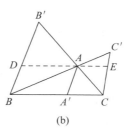

(a)   (b)

图 10.30

充分性 若 AA' 与 BB' 交于点 P,设 CP 与 AB 的交点为 C_1,则由题意知

$$\frac{BA'}{A'C} \cdot \frac{CB'}{B'A} \cdot \frac{AC_1}{C_1B} = 1.$$

而题设有 $\dfrac{BA'}{A'C} \cdot \dfrac{CB'}{B'A} \cdot \dfrac{AC'}{C'B} = 1$,由此有 $\dfrac{AC_1}{C_1B} = \dfrac{AC'}{C'B}$,即 $\dfrac{AC_1}{AB} = \dfrac{AC'}{AB}$,由此知 C_1 与 C' 重合. 从而 AA', BB', CC' 三线交于一点.

若 $AA' /\!/ BB'$,则 $\dfrac{CB'}{B'A} = \dfrac{CB}{BA}$,代入已知条件有 $\dfrac{AC'}{C'B} = \dfrac{A'C}{CB}$,由此知 $CC' /\!/ AA'$. 故

$$AA' /\!/ BB' /\!/ CC'.$$

例 10.10 以 $\triangle ABC$ 的三边为边向形外作正方形 $ABDE, BCFG, ACHK$,设 L, M, N 分别为 DE, FG, HK 的中点. 求证:AM, BN, CL 交于一点.

分析 设 AM, BN, CL 分别交 BC, CA, AB 于 P, Q, R. 利用面积比设法证明

$$\frac{BP}{PC} \cdot \frac{CQ}{QA} \cdot \frac{AR}{RB} = 1.$$

证明 如图 10.31 所示,设 AM, BN, CL 分别交 BC, CA, AB 于 P, Q, R. 易知 $\angle CBM = \angle BCM = \angle QCN = \angle QAN = \angle LAR = \angle LBR = \theta$,

$$\frac{BP}{PC} = \frac{S_{\triangle ABM}}{S_{\triangle ACM}} = \frac{AB \cdot BM\sin(B+\theta)}{AC \cdot CM\sin(A+\theta)} = \frac{AB\sin(B+\theta)}{AC\sin(C+\theta)}.$$

同理可得 $\dfrac{CQ}{QA} = \dfrac{BC\sin(C+\theta)}{AB\sin(A+\theta)}$, $\dfrac{AR}{RB} = \dfrac{AC\sin(A+\theta)}{BC\sin(B+\theta)}$. 三式相乘即得 $\dfrac{BP}{PC} \cdot \dfrac{CQ}{QA} \cdot \dfrac{AR}{RB} = 1$,由赛瓦定理知 AM, BN, CL 交于一点.

例 10.11 如图 10.32 所示,在 $\triangle ABC$ 中,$\angle ABC$ 和 $\angle ACB$ 均是锐角,D 是 BC 边上的内点,且 AD 平分 $\angle BAC$,过点 D 分别向两条直线 AB, AC 作垂线 DP, DQ,其垂足分别为 P, Q,两条直线 CP 与 BQ 相交于点 K. 求证:$AK \perp BC$.

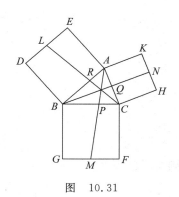 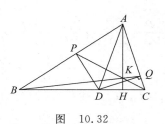

图　10.31　　　　　　　　　图　10.32

证明 （1）作高 AH，则由 $\triangle BDP \backsim \triangle BAH$，得 $\dfrac{BH}{PB}=\dfrac{BA}{BD}$.

由 $\triangle CDQ \backsim \triangle CAH$，得 $\dfrac{CQ}{HC}=\dfrac{DC}{CA}$. 由 AD 平分 $\angle BAC$，得 $\dfrac{DC}{BD}=\dfrac{AC}{AB}$.

由 $DP \perp AB, DQ \perp AC$，得 $AP=AQ$. 综上得

$$\frac{AP}{PB}\cdot\frac{BH}{HC}\cdot\frac{CQ}{QA}=\frac{AP}{QA}\cdot\frac{BH}{PB}\cdot\frac{CQ}{HC}=\frac{BA}{BD}\cdot\frac{DC}{CA}=\frac{DC}{BD}\cdot\frac{BA}{CA}=1,$$

据赛瓦定理，AH,BQ,CP 交于一点，故 AH 过 CP,BQ 的交点 K，所以 AK 与 AH 重合，即 $AK \perp BC$.

例 10.12 在四边形 $ABCD$ 中，对角线 AC 平分 $\angle BAD$，在 CD 上取一点 E，BE 与 AC 相交于 F，延长 DF 交 BC 于 G. 求证：$\angle GAC=\angle EAC$.（1999年全国高中数学联赛）

分析 如图 10.33 所示，由于 BE,CA,DG 交于一点，故可对此图形用 Ceva 定理，再构造全等三角形证明两角相等.

证明 连结 BD 交 AC 于 H，对 $\triangle BCD$ 用赛瓦定理，可得 $\dfrac{CG}{GB}\cdot\dfrac{BH}{HD}\cdot\dfrac{DE}{EC}=1$.

因为 AH 是 $\angle BAD$ 的角平分线，由角平分线定理，可得 $\dfrac{BH}{HD}=\dfrac{AB}{AD}$，故 $\dfrac{CG}{GB}\cdot\dfrac{AB}{AD}\cdot\dfrac{DE}{EC}=1$.

过点 C 作 AB 的平行线交 AG 延长线于 I，过点 C 作 AD 的平行线交 AE 的延长线于 J，则

$$\frac{CG}{GB}=\frac{CI}{AB},\frac{DE}{EC}=\frac{AD}{CJ},$$

所以，$\dfrac{CI}{AB}\cdot\dfrac{AB}{AD}\cdot\dfrac{AD}{CJ}=1$，即 $CI=CJ$.

又因 $CI /\!/ AB, CJ /\!/ AD$，故

$$\angle ACI=\pi-\angle BAC=\pi-\angle DAC=\angle ACJ.$$

因此，$\triangle ACI \cong \triangle ACJ$，从而 $\angle IAC=\angle JAC$，即 $\angle GAC=\angle EAC$.

定理 10.5（梅涅劳斯（Menelaus）定理） 设 A',B',C' 分别是 $\triangle ABC$ 的边 BC,CA,AB 所在直线上的点，则 A',B',C' 共线的充要条件是 $\dfrac{BA'}{A'C}\cdot\dfrac{CB'}{B'A}\cdot\dfrac{AC'}{C'B}=1$.

证明 **必要性** 如图 10.34 所示，过 A 作直线 $AD /\!/ C'A'$ 交 BC 延长线于 D，则

$$\frac{CB'}{B'A} = \frac{CA'}{A'D}, \frac{AC'}{C'B} = \frac{DA'}{A'B}, \quad 故 \frac{BA'}{A'C} \cdot \frac{CB'}{B'A} \cdot \frac{AC'}{C'B} = \frac{BA'}{A'C} \cdot \frac{CA'}{A'D} \cdot \frac{DA'}{A'B} = 1.$$

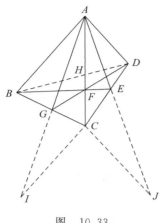

图　10.33

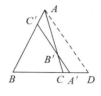

图　10.34

充分性　设直线 $A'B'$ 交 AB 于 C_1，则由条件得到 $\frac{BA'}{A'C} \cdot \frac{CB'}{B'A} \cdot \frac{AC_1}{C_1B} = 1$. 又由题设有 $\frac{BA'}{A'C} \cdot \frac{CB'}{B'A} \cdot \frac{AC'}{C'B} = 1$，于是 $\frac{AC_1}{C_1B} = \frac{AC'}{C'B}$. 由合比定理得 $\frac{AC_1}{AB} = \frac{AC'}{AB}$，即 $AC_1 = AC'$，从而 C_1 与 C' 重合，故 A', B', C' 三点共线.

赛瓦定理与梅涅劳斯定理是一对"对偶定理".

例 10.13　在矩形 $ABCD$ 的外接圆弧 AB 上取一个不同于顶点 A, B 的点 M，点 P, Q, R, S 是 M 分别在直线 AD, AB, BC 与 CD 上的投影. 证明：直线 PQ 和 RS 是互相垂直的，并且它们与矩形的某条对角线交于同一点.

证明　如图 10.35 所示，设 PR 与圆的另一交点为 L，则

$$\vec{PQ} \cdot \vec{RS} = (\vec{PM} + \vec{PA}) \cdot (\vec{RM} + \vec{MS})$$
$$= \vec{PM} \cdot \vec{RM} + \vec{PM} \cdot \vec{MS} + \vec{PA} \cdot \vec{RM} + \vec{PA} \cdot \vec{MS}$$
$$= -\vec{PM} \cdot \vec{PL} + \vec{PA} \cdot \vec{PD} = 0. \quad 故 \ PQ \perp RS.$$

设 PQ 交对角线 BD 于 T，则由梅涅劳斯定理（PQ 交 $\triangle ABD$），得

$$\frac{DP}{PA} \cdot \frac{AQ}{QB} \cdot \frac{BT}{TD} = 1, \quad 即 \frac{BT}{TD} = \frac{PA}{DP} \cdot \frac{QB}{AQ}.$$

设 RS 交对角线 BD 于 N，由梅涅劳斯定理（RS 交 $\triangle BCD$），得

$$\frac{BN}{ND} \cdot \frac{DS}{SC} \cdot \frac{CR}{RB} = 1, \quad 即 \frac{BN}{ND} = \frac{SC}{DS} \cdot \frac{RB}{CR}.$$

显然，$\frac{PA}{DP} = \frac{RB}{CR}, \frac{QB}{AQ} = \frac{SC}{DS}$. 于是 $\frac{BT}{TD} = \frac{BN}{ND}$，故 T 与 N 重合. 结论成立.

例 10.14　设 $\triangle ABC$ 的内切圆分别切三边 BC, CA, AB 于 D, E, F 三点，X 是 $\triangle ABC$ 内的一点，$\triangle XBC$ 的内切圆也在点 D 处与 BC 相切，并与 CX, XB 分别切于点 Y, Z. 证明：$EFZY$ 是圆内接四边形.

分析　圆幂定理的逆定理与梅涅劳斯定理.

证明　如图 10.36 所示，延长 FE, BC 交于 Q. 由题设可得

$$\frac{AF}{FB} \cdot \frac{BD}{DC} \cdot \frac{CE}{EA} = 1, \frac{XZ}{ZB} \cdot \frac{BD}{DC} \cdot \frac{CY}{YA} = 1, 于是\frac{AF}{FB} \cdot \frac{CE}{EA} = \frac{XZ}{ZB} \cdot \frac{CY}{YA}.$$

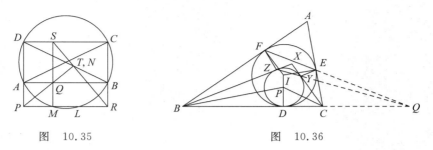

图 10.35   图 10.36

由梅涅劳斯定理,有

$$\frac{AF}{FB} \cdot \frac{BQ}{QC} \cdot \frac{CE}{EA} = 1, 于是得\frac{XZ}{ZB} \cdot \frac{BQ}{QC} \cdot \frac{CY}{YA} = 1.$$

即 Z, Y, Q 三点共线.

由切割线定理知,$QE \cdot QF = QD^2 = QY \cdot QZ$. 故由圆幂定理的逆定理知 E, F, Z, Y 四点共圆. 即 $EFZY$ 是圆内接四边形.

定理 10.6(蝴蝶定理) AB 是 $\odot O$ 的弦,M 是其中点,弦 CD, EF 经过点 M, CF, DE 交 AB 于 P, Q,求证:$MP = QM$.

分析 圆是关于直径对称的,当作出点 F 关于 OM 的对称点 F' 后,只要设法证明 $\triangle FMP \cong \triangle F'MQ$ 即可.

证明 **证法一** 如图 10.37 所示,作点 F 关于 OM 的对称点 F',连 $FF', F'M, F'Q, F'D$,则

$$MF = MF', \angle 4 = \angle FMP = \angle 6.$$

在圆内接四边形 $F'FED$ 中,$\angle 5 + \angle 6 = 180°$,从而 $\angle 4 + \angle 5 = 180°$,于是 M, F', D, Q 四点共圆,所以 $\angle 2 = \angle 3$. 但 $\angle 3 = \angle 1$,从而 $\angle 1 = \angle 2$,于是 $\triangle MFP \cong \triangle MF'Q$,故 $MP = MQ$.

本定理有很多种证明方法,这里再介绍几种常见的方法.

证法二 如图 10.38 所示,设 $AM = MB = a, MQ = x, PM = y$. 又设 $\triangle EPM, \triangle CMQ, \triangle FMQ, \triangle DMP$ 的面积分别为 S_1, S_2, S_3, S_4.

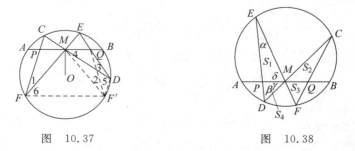

图 10.37   图 10.38

因为 $\angle E = \angle C, \angle D = \angle F, \angle CMQ = \angle PMD, \angle FMQ = \angle PME$,所以

$$\frac{S_1}{S_2} \cdot \frac{S_2}{S_3} \cdot \frac{S_3}{S_4} \cdot \frac{S_4}{S_1} = 1,$$

即

$$\frac{PE \cdot EM \cdot \sin E}{MC \cdot CQ \cdot \sin C} \cdot \frac{MC \cdot MQ \cdot \sin CMQ}{MP \cdot MD \cdot \sin PMD} \cdot \frac{DM \cdot DP \cdot \sin D}{MF \cdot FQ \cdot \sin F} \cdot \frac{MQ \cdot MF \cdot \sin FMQ}{ME \cdot PM \cdot \sin PME}$$

$$=\frac{PE \cdot DP \cdot (MQ)^2}{CQ \cdot FQ \cdot (PM)^2}=1.$$

于是得 $PE \cdot DP \cdot (MQ)^2 = CQ \cdot FQ \cdot (MP)^2$.

由相交弦定理,有

$$CQ \cdot FQ = BQ \cdot QA = (a-x)(a+x) = a^2 - x^2,$$

$$PE \cdot DP = AP \cdot PB = (a-y)(a+y) = a^2 - y^2.$$

所以有 $(a^2 - y^2)x^2 = (a^2 - x^2)y^2$, 即 $a^2 y^2 = a^2 x^2$. 因为 x, y 都是正数, 所以 $x = y$, 即 $PM = MQ$.

证法三(反证法) 仍采用证法二的各种记法.

假设 $QM > MP$, 即 $x > y$. 这时有 $a^2 - x^2 < a^2 - y^2$, 即 $AQ \cdot BQ < BP \cdot AP$.

根据相交弦定理,有

$$CQ \cdot FQ < EP \cdot DP. \tag{10.9}$$

由正弦定理,有

$$CQ = \frac{\sin QMC}{\sin C} \cdot QM, \quad FQ = \frac{\sin FMQ}{\sin F} \cdot QM,$$

$$EP = \frac{\sin PME}{\sin E} \cdot PM, \quad DP = \frac{\sin DMP}{\sin D} \cdot PM.$$

将它们代入(10.9)式,化简得 $(QM)^2 < (PM)^2$, 这与假设 $QM > PM$ 矛盾.

同理可证 $QM < PM$ 不可能.

综上得 $QM = PM$.

证法四(三角法) 如图 10.38 所示. 设 $MQ = x, MP = y, \angle PEM = \alpha, \angle PDM = \beta$, $\angle PMD = \gamma, \angle EMP = \delta$.

在 $\triangle EPM$ 及 $\triangle PMD$ 中,由正弦定理,分别有

$$MP = \frac{EP \cdot \sin\alpha}{\sin\delta}, \quad MP = \frac{PD \cdot \sin\beta}{\sin\gamma}.$$

从而得 $MP^2 = \dfrac{EP \cdot PD \cdot \sin\alpha \cdot \sin\beta}{\sin\gamma \cdot \sin\delta}$.

同理,有 $MQ^2 = \dfrac{CQ \cdot QF \cdot \sin\alpha \cdot \sin\beta}{\sin\gamma \cdot \sin\delta}$. 于是得

$$\frac{MP^2}{MQ^2} = \frac{EP \cdot PD}{CQ \cdot QF} = \frac{AP \cdot PB}{BQ \cdot QA}, \quad 即 \frac{y^2}{x^2} = \frac{a^2 - y^2}{a^2 - x^2}.$$

从而得 $x = y$, 即 $MP = MQ$.

证法五(四点共圆法) 如图 10.39 所示,作 $OG \perp CF, OH \perp DE$, 则垂足 G, H 分别为 CF, DE 的中点, 且 M, Q, G, O 四点共圆; M, O, H, P 四点共圆.

连结 OQ, OM, MG, OP, MH, 并令 $\angle MOQ = \angle 1, \angle MOP = \angle 2, \angle MGQ = \angle 3, \angle MHP = \angle 4$. 于是 $\angle 1 = \angle 3, \angle 2 = \angle 4$.

又 $\triangle MCF \backsim \triangle MED, G, H$ 为 FC, DE 的中点, 所以

$$\frac{FM}{MD} = \frac{FC}{DE} = \frac{FG}{DH}, \quad 故 \triangle MFG \backsim \triangle MHD.$$

于是∠3＝∠4，由此得∠1＝∠2，从而可得 $MP＝MQ$.

本定理有多种推广.下面给出其中一个推广.

如图10.40所示，在过圆心的直线上取 P,Q 两点，使 $PO＝OQ$，过 P 作割线交圆于 C，D，过 Q 作割线交圆于 A,B，连 AD,BC，分别交 PQ 于 F,E，则 $FO＝OE$.

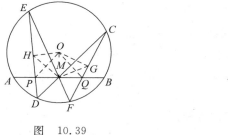
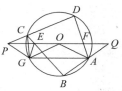

图 10.39   图 10.40

证明 作 $AG // PQ$ 交⊙O 于 G，连 OA,OG,PG,CG,EG. 因为 $OA＝OG$，所以
$$\angle OGA＝\angle OAG,\angle EOG＝\angle OGA,\angle OAG＝\angle FOA,\text{故}\angle EOG＝\angle FOA.$$
又 $PO＝OQ$，所以△POG≌△QOA，于是 $PG＝AQ$，$\angle EPG＝\angle FQA＝\angle GAB$.
又∠$GCB＝\angle GAB＝\angle EPG$，所以 P,G,E,C 四点共圆，故∠$PEG＝\angle PCG＝\angle GAD＝\angle AFQ$. 所以△$AQF$≌△$GPE$，于是 $PE＝FQ$. 已知 $PO＝OQ$，所以 $OE＝OF$.

例 10.15 在筝形 $ABCD$ 中，$AB＝AD,BC＝CD$，经 AC,BD 交点 O 作二直线分别交 AD,BC,AB,CD 于点 E,F,G,H，GF,EH 分别交 BD 于点 I,J，求证：$IO＝OJ$.

分析 通常的解法是建立以 O 为原点的直角坐标系，用解析几何方法来解，下面提供的解法则利用了面积计算.

证明 如图10.41所示，由 $S_{\triangle AOB}＝S_{\triangle AOG}＋S_{\triangle GOB}$ 得
$$\frac{1}{2}(at_1\cos\alpha＋bt_1\sin\alpha)＝\frac{1}{2}ab,$$

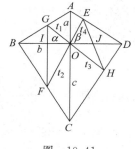

于是 $t_1＝\dfrac{ab}{a\cos\alpha＋b\sin\alpha}$，即 $\dfrac{1}{t_1}＝\dfrac{\cos\alpha}{b}＋\dfrac{\sin\alpha}{a}$.

同理可得，$\dfrac{1}{t_2}＝\dfrac{\cos\beta}{b}＋\dfrac{\sin\beta}{c},\dfrac{1}{t_3}＝\dfrac{\cos\alpha}{b}＋\dfrac{\sin\alpha}{c},\dfrac{1}{t_4}＝\dfrac{\cos\beta}{b}＋\dfrac{\sin\beta}{a}$.

再由 $S_{\triangle GOF}＝S_{\triangle GOI}＋S_{\triangle IOF}$，又可得 $\dfrac{\sin(\alpha＋\beta)}{IO}＝\dfrac{\sin\alpha}{t_2}＋\dfrac{\sin\beta}{t_1}$.

同理可得 $\dfrac{\sin(\alpha＋\beta)}{OJ}＝\dfrac{\sin\alpha}{t_4}＋\dfrac{\sin\beta}{t_3}$.

图 10.41

综上可得 $IO＝OJ\Leftrightarrow\left(\dfrac{1}{t_4}-\dfrac{1}{t_2}\right)\sin\alpha＝\left(\dfrac{1}{t_1}-\dfrac{1}{t_3}\right)\sin\beta$.

以 $\dfrac{1}{t_4},\dfrac{1}{t_2}$ 的值代入上式左边得，$\left(\dfrac{1}{t_4}-\dfrac{1}{t_2}\right)\sin\alpha＝\left(\dfrac{1}{a}-\dfrac{1}{c}\right)\sin\alpha\sin\beta$. 同样可得.
$\left(\dfrac{1}{t_1}-\dfrac{1}{t_3}\right)\sin\beta＝\left(\dfrac{1}{a}-\dfrac{1}{c}\right)\sin\alpha\sin\beta$. 故得证.

定理 10.7（张角定理） 设 B,P,C 依次为从 A 点引出的三角射线 AB,AP,AC 上的点，线段 BP,PC 对点 A 的张角分别为 α,β，且 $\alpha＋\beta<\pi$，则 B,P,C 共线的充要条件是：

$$\frac{\sin(\alpha+\beta)}{AP}=\frac{\sin\alpha}{AC}+\frac{\sin\beta}{AB}.$$

证明 如图 10.42 所示，B,P,C 共线 $\Leftrightarrow S_{\triangle ABC}=S_{\triangle ABP}+S_{\triangle APC}$

$$\Leftrightarrow \frac{1}{2}AB \cdot AC \cdot \sin(\alpha+\beta)=\frac{1}{2}AB \cdot AP \cdot \sin\alpha+\frac{1}{2}AP \cdot AC \cdot \sin\beta$$

$$\Leftrightarrow \frac{\sin(\alpha+\beta)}{AP}=\frac{\sin\alpha}{AC}+\frac{\sin\beta}{AB}.$$

例 10.16 设 l 是经过点 C 且平行于 $\triangle ABC$ 的边 AB 的直线，$\angle A$ 的平分线交 BC 于 D，交 l 于 E，$\angle B$ 的平分线交 AC 于 F，交 l 于 G，已知，$GF=DE$，证明：$AC=BC$.

分析 设 $\angle A=2\alpha$，$\angle B=2\beta$，即证 $\alpha=\beta$.

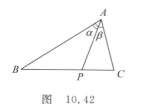 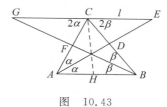

图 10.42   图 10.43

证明 如图 10.43 所示，利用张角定理可得

$$\frac{\sin A}{t_a}=\frac{\sin\alpha}{c}+\frac{\sin\alpha}{b}, \qquad 于是 \frac{2\cos\alpha}{t_a}=\frac{1}{c}+\frac{1}{b}, \qquad 即 \ t_a=\frac{2bc\cos\alpha}{b+c}.$$

再作高 CH，则 $AE=CH\csc\alpha=b\sin2\alpha\csc\alpha=2b\cos\alpha$，于是

$$DE=AE-t_a=2b\cos\alpha-\frac{2bc\cos\alpha}{b+c}=\frac{2b^2\cos\alpha}{b+c}.$$

同理可得，$GF=\dfrac{2a^2\cos\beta}{a+c}$.

设 $\alpha>\beta$，则 $a>b$，$\cos\beta<\cos\alpha$，$1+\dfrac{c}{a}<1+\dfrac{c}{b}$. 故

$$GF=\frac{2a^2\cos\beta}{a+c}=\frac{2a\cos\beta}{1+\dfrac{c}{a}}>\frac{2b\cos\alpha}{1+\dfrac{c}{b}}=\frac{2b^2\cos\alpha}{b+c}=DE. \ 与题设矛盾.$$

另证 设 $BC>AC$，即 $a>b$，故 $\alpha>\beta$，由张角定理得

$$\frac{\sin A}{t_a}=\frac{\sin\alpha}{c}+\frac{\sin\alpha}{b}, \qquad 即 \frac{2\cos\alpha}{t_a}=\frac{1}{c}+\frac{1}{b}.$$

同理可得 $\dfrac{2\cos\beta}{t_b}=\dfrac{1}{c}+\dfrac{1}{a}$.

由于 $a>b$，故 $\dfrac{\cos\alpha}{t_a}>\dfrac{\cos\beta}{t_b}$，于是 $\dfrac{t_b}{t_a}>\dfrac{\cos\beta}{\cos\alpha}>1$，即 $t_b>t_a$，也就是 $BF>AD$. 于是 $BG=BF+FG>AD+DE=AE$，即 $BG>AE$.

因为 $\triangle GCF\backsim\triangle BAF$，所以 $\dfrac{GF}{BF}=\dfrac{CF}{AF}$，故

$$GF=\frac{BG \cdot CF}{AF+FC}=\frac{BG}{1+\dfrac{AF}{CF}}=\frac{BG}{1+\dfrac{AB}{BC}}>\frac{AE}{1+\dfrac{AB}{AC}}=\frac{AE}{1+\dfrac{BD}{DC}}=\frac{AE \cdot DC}{BC}=DE,$$

矛盾. 故 $BC=AC$.

或 $\dfrac{BF}{GF}=\dfrac{AF}{CF}=\dfrac{AB}{CB}<\dfrac{AB}{CA}=\dfrac{BD}{DC}=\dfrac{AD}{DE}$, 注意到 $GF=DE$, 故 $BF<AD$. 与 $BF>AD$ 矛盾.

定理 10.8（西姆松（Simson）定理） 三角形外一点在三角形外接圆上的充要条件是该点在三角形三边所在直线上的射影共线.

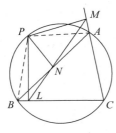

图　10.44

证明 设 $\triangle ABC$ 外一点 P 在其三边 BC,CA,AB 上的射影分别为 L,M,N（如图 10.44）. 分别由 P,B,L,N 四点共圆及 P,N,A,M 四点共圆有

$$\angle BNL = \angle BPL, \angle ANM = \angle APM.$$

则：P,B,C,A 四点共圆 $\Leftrightarrow \angle PBL = \angle PAM \Leftrightarrow \angle BPL = \angle APM$
$$\Leftrightarrow \angle BNL = \angle ANM \Leftrightarrow L,M,N \text{ 三点共线.}$$

共线的这条直线称为西姆松线. 西姆松定理将三点共线与四点共圆紧密地联系起来.

定理 10.9（欧拉（Euler）线定理） 三角形的外心、重心、垂心三点共线，且外心与重心的距离等于重心与垂心距离的一半.

分析 若此定理成立，则由 $AG=2GM$，知应有 $AH=2OM$，故应从证明 $AH=2OM$ 入手.

证明 如图 10.45 所示，设 $\triangle ABC$ 的外心为 O，垂心为 H. 作直径 BK，取 BC 中点 M，连 OM,CK,AK，则 $\angle KCB=\angle KAB=90°$，从而 $KC \parallel AH,KA \parallel CH$，故四边形 $CKAH$ 为平行四边形，故 $AH=CK=2MO$.

由 $OM \parallel AH$，且 $AH=2OM$，设中线 AM 与 OH 交于点 G，则 $\triangle GOM \backsim \triangle GHA$，故得 $MG:GA=1:2$，从而 G 为 $\triangle ABC$ 的重心，且 $GH=2GO$.

外心、重心、垂心三点所在的直线称为欧拉线.

例 10.17 设 $A_1A_2A_3A_4$ 为 $\odot O$ 的内接四边形，H_1,H_2,H_3,H_4 依次为 $\triangle A_2A_3A_4$，$\triangle A_3A_4A_1$，$\triangle A_4A_1A_2$，$\triangle A_1A_2A_3$ 的垂心. 求证：H_1,H_2,H_3,H_4 四点在同一个圆上，并定出该圆的圆心位置.（1992 年全国高中数学联赛）

分析 H_1,H_2 都是同一圆的两个内接三角形的垂心，且这两个三角形有公共的底边. 故可利用上题证明中的 $AH=2OM$ 来证明.

证明 如图 10.46 所示，连 A_2H_1,A_1H_2，取 A_3A_4 的中点 M，连 OM.

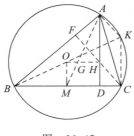

图　10.45

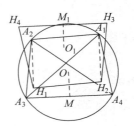

图　10.46

由上题的证明知 $A_2H_1 \parallel OM$，$A_2H_1=2OM$，$A_1H_2 \parallel OM$，$A_1H_2=2OM$，从而 $H_1H_2A_1A_2$ 是平行四边形，故 $H_1H_2 \parallel A_1A_2$，$H_1H_2=A_1A_2$.

同理可知，$H_2H_3 /\!/ A_2A_3$，$H_2H_3 = A_2A_3$；

$$H_3H_4 /\!/ A_3A_4，H_3H_4 = A_3A_4；$$
$$H_4H_1 /\!/ A_4A_1，H_4H_1 = A_4A_1.$$

故四边形 $A_1A_2A_3A_4 \cong$ 四边形 $H_1H_2H_3H_4$.

由四边形 $A_1A_2A_3A_4$ 有外接圆知，四边形 $H_1H_2H_3H_4$ 也有外接圆.

取 H_3H_4 的中点 M_1，作 $M_1O_1 \perp H_3H_4$，且 $M_1O_1 = MO$，则点 O_1 即为四边形 $H_1H_2H_3H_4$ 的外接圆圆心.

又证 以 O 为坐标原点，$\odot O$ 的半径为长度单位建立直角坐标系，设 OA_1，OA_2，OA_3，OA_4 与 OX 正方向所成的角分别为 α，β，γ，δ，则点 A_1，A_2，A_3，A_4 的坐标依次是

$$(\cos\alpha, \sin\alpha)，\quad (\cos\beta, \sin\beta)，\quad (\cos\gamma, \sin\gamma)，\quad (\cos\delta, \sin\delta).$$

显然，$\triangle A_2A_3A_4$，$\triangle A_3A_4A_1$，$\triangle A_4A_1A_2$，$\triangle A_1A_2A_3$ 的外心都是点 O，而它们的重心依次为

$$\left(\frac{1}{3}(\cos\beta + \cos\gamma + \cos\delta), \frac{1}{3}(\sin\beta + \sin\gamma + \sin\delta)\right),$$
$$\left(\frac{1}{3}(\cos\gamma + \cos\delta + \cos\alpha), \frac{1}{3}(\sin\alpha + \sin\delta + \sin\gamma)\right),$$
$$\left(\frac{1}{3}(\cos\delta + \cos\alpha + \cos\beta), \frac{1}{3}(\sin\delta + \sin\alpha + \sin\beta)\right),$$
$$\left(\frac{1}{3}(\cos\alpha + \cos\beta + \cos\gamma), \frac{1}{3}(\sin\alpha + \sin\beta + \sin\gamma)\right).$$

从而，$\triangle A_2A_3A_4$，$\triangle A_3A_4A_1$，$\triangle A_4A_1A_2$，$\triangle A_1A_2A_3$ 的垂心依次是

$$H_1(\cos\beta + \cos\gamma + \cos\delta, \sin\beta + \sin\gamma + \sin\delta)，$$
$$H_2(\cos\gamma + \cos\delta + \cos\alpha, \sin\alpha + \sin\delta + \sin\gamma)，$$
$$H_3(\cos\delta + \cos\alpha + \cos\beta, \sin\delta + \sin\alpha + \sin\beta)，$$
$$H_4(\cos\alpha + \cos\beta + \cos\gamma, \sin\alpha + \sin\beta + \sin\gamma).$$

而 H_1，H_2，H_3，H_4 点与点 $O_1(\cos\alpha + \cos\beta + \cos\gamma + \cos\delta, \sin\alpha + \sin\beta + \sin\gamma + \sin\delta)$ 的距离都等于 1，即 H_1，H_2，H_3，H_4 四点在以 O_1 为圆心，1 为半径的圆上. 证毕.

定理 10.10 三角形的三条高的垂足、三条边的中点以及三个顶点与垂心连线的中点，共计九点，则这九点共圆.

证明 如图 10.47 所示，设 AD，BE，CF 为 $\triangle ABC$ 的高，垂心为 H，令 L，M，N 分别是 BC，CA，AB 的中点，P，Q，R 分别为 AH，BH，CH 的中点.

由 $NM \underline{/\!/} QR \underline{/\!/} \frac{1}{2}BC$，$NQ \underline{/\!/} MR \underline{/\!/} \frac{1}{2}AH$，而 $AH \perp BC$，从而四边形 $NQRM$ 为矩形.

同理，四边形 $QLMP$ 为矩形. 于是 QM，LP，NR 是同一个圆的三条直径，故有六点共圆.

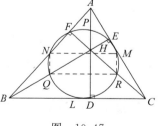

图 10.47

又 $\angle PDL = 90°$，故点 D 在此圆上.

同理 E，F 在此圆上. 故九点共圆.

这个圆被称为九点圆. 有关九点圆有许多有趣的性质，如三角形的九点圆圆心为垂心

H 与外心 O 连线的中点,其半径为 $\triangle ABC$ 外接圆半径的 2 倍;三角形的九点圆与内切圆内切且与三个旁切圆外切.

定理 10.11(欧拉(Euler)定理)　设三角形的外接圆半径为 R,内切圆半径为 r,外心与内心的距离为 d,则 $d^2 = R^2 - 2Rr$.

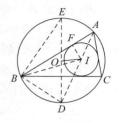

分析　改写定理结论表达式,得 $R^2 - d^2 = 2Rr$,左边为圆幂定理的表达式,故可改为过 I 的任一直线与圆交得两段的积,右边则为 $\odot O$ 的直径与内切圆半径的积,故应添出此二者,并构造相似三角形来证明.

证明　如图 10.48 所示,O,I 分别为 $\triangle ABC$ 的外心与内心. 连 AI 并延长交 $\odot O$ 于点 D,则 AI 平分 $\angle BAC$,故 D 为弧 BC 的中点. 连 DO 并延长交 $\odot O$ 于 E,则 DE 为与 BC 垂直的 $\odot O$ 的直径.

图　10.48

由圆幂定理知,$R^2 - d^2 = (R+d)(R-d) = IA \cdot ID$(作直线 OI 与 $\odot O$ 交于两点,即可证明). 但 $DB = DI$(可连 BI,证明 $\angle DBI = \angle DIB$ 得),故只要证 $2Rr = IA \cdot DB$,即证 $2R : DB = IA : r$ 即可. 而这个比例式可由 $\triangle AFI \backsim \triangle EBD$ 证得. 故得 $R^2 - d^2 = 2Rr$,即证.

例 10.18(1989IMO)　锐角 $\triangle ABC$ 的内角平分线分别交外接圆于点 A_1, B_1, C_1,直线 AA_1 与 $\angle ABC$ 的外角平分线相交于点 A_0,类似地定义 B_0, C_0. 用符号 $S_{ABC\cdots}$ 表示顶点依次为 $A, B, C, \cdots$ 的多边形的面积. 证明:

(1) $S_{\triangle A_0 B_0 C_0} = 2 S_{A_1 C B_1 A C_1 B}$;

(2) $S_{\triangle A_0 B_0 C_0} \geqslant 4 S_{\triangle ABC}$.

分析　(1) 利用 $A_1 I = A_1 A_0$,把 $\triangle A_0 B_0 C_0$ 拆成以 I 为公共顶点的六个小三角形,分别与六边形 $A_1 C B_1 A C_1 B$ 中的某一部分的 2 倍相等.

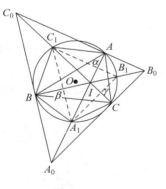

(2) 若连 OA, OB, OC 把六边形 $A_1 C B_1 A C_1 B$ 分成三个四边形,再计算其面积和,最后归结为证明 $R \geqslant 2r$. 也可以这样想:由结论(1)知即证 $S_{A_1 C B_1 A C_1 B} \geqslant 2 S_{\triangle ABC}$,而 IA_1, IB_1, IC_1 把六边形分成三个筝形,于是六边形的面积等于 $\triangle A_1 B_1 C_1$ 面积的 2 倍. 故只要证明 $S_{\triangle A_1 B_1 C_1} \geqslant S_{\triangle ABC}$.

证明　(1) 如图 10.49 所示,设 $\triangle ABC$ 的内心为 I,则 $A_1 A_0 = A_1 I$,则 $S_{\triangle A_0 B I} = 2 S_{\triangle A_1 B I}$;

同理可得其余 6 个等式. 相加后结论(1)即得证.

图　10.49

(2) 设 O 为 $\triangle ABC$ 外接圆的圆心,其半径为 R,连 OA,OB, OC 把六边形 $A_1 C B_1 A C_1 B$ 分成三个四边形,由 $OC_1 \perp AB, OA_1 \perp BC, OB_1 \perp CA$,得

$$S_{A_1 C B_1 A C_1 B} = S_{OAC_1 B} + S_{OB_1 A_1 C} + S_{OCB_1 A} = \frac{1}{2} AB \cdot R + \frac{1}{2} BC \cdot R + \frac{1}{2} CA \cdot R = Rp,$$

其中 $p = \frac{1}{2}(AB + BC + CA)$. 设 r 为 $\triangle ABC$ 内接圆的半径,由 Euler 定理,$R^2 - 2Rr = R(R - 2r) = d^2 \geqslant 0$,知 $R \geqslant 2r$,故 $Rp \geqslant 2rp = 2 S_{\triangle ABC}$. 故得证.

另证　记 $\angle A = 2\alpha, \angle B = 2\beta, \angle C = 2\gamma$,则 $0 < \alpha, \beta, \gamma < \frac{\pi}{2}$. 进一步有

$$S_{\triangle ABC} = 2R^2\sin2\alpha\sin2\beta\sin2\gamma, \quad S_{\triangle A_1B_1C_1} = 2R^2\sin(\alpha+\beta)\sin(\beta+\gamma)\sin(\gamma+\alpha).$$

又 $\sin(\alpha+\beta) = \sin\alpha\cos\beta + \cos\alpha\sin\beta \geq 2\sqrt{\sin\alpha\cos\beta\cos\alpha\sin\beta} = \sqrt{\sin2\alpha\sin2\beta}$, 同理

$$\sin(\beta+\gamma) \geq \sqrt{\sin2\beta\sin2\gamma}, \sin(\gamma+\alpha) \geq \sqrt{\sin2\gamma\sin2\alpha}, 于是 S_{\triangle A_1B_1C_1} \geq S_{\triangle ABC}.$$

或 $\alpha+\beta+\gamma = \pi$, 故 $\sin(\alpha+\beta) = \cos\gamma, \sin(\beta+\gamma) = \cos\alpha, \sin(\gamma+\alpha) = \cos\beta.$ 于是 $\sin(\alpha+\beta)\sin(\beta+\gamma)\sin(\gamma+\alpha) = \cos\alpha\cos\beta\cos\gamma,$ 故

$$\sin(\alpha+\beta)\sin(\beta+\gamma)\sin(\gamma+\alpha) \geq \sin2\alpha\sin2\beta\sin2\gamma \Leftrightarrow \cos\alpha\cos\beta\cos\gamma$$
$$\geq 8\sin\alpha\sin\beta\sin\gamma\cos\alpha\cos\beta\cos\gamma.$$

由 $0 < \alpha, \beta, \gamma < \dfrac{\pi}{2}$, 故 $\cos\alpha\cos\beta\cos\gamma \geq 8\sin\alpha\sin\beta\sin\gamma\cos\alpha\cos\beta\cos\gamma \Leftrightarrow \sin\alpha\sin\beta\sin\gamma \leq \dfrac{1}{8}.$ 而最后一式可证.

定理 10.12 分别以 $\triangle ABC$ 的三边 AB, BC, CA 为边向 $\triangle ABC$ 外作正三角形 ABD, BCE, CAH, 则此三个三角形的外接圆交于一点. 此点称为三角形的费马(Fermat)点.

分析 证三圆共点, 可先取二圆的交点, 再证第三圆过此点.

证明 如图 10.50 所示, 设 $\odot ABD$ 与 $\odot ACH$ 交于(异于点 A 的)点 F, 则由 A, F, B, D 共圆得 $\angle AFB = 120°$. 同理 $\angle AFC = 120°$. 于是 $\angle BFC = 120°$, 故得 B, E, C, F 四点共圆. 即证.

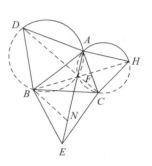

图 10.50

由此定理可得以下推论.

(1) A, F, E 三点共线.

因 $\angle BFE = \angle BCE = 60°$, 故 $\angle AFB + \angle BFE = 180°$, 于是 A, F, E 三点共线.

同理, C, F, D 三点共线; B, F, H 三点共线.

(2) AE, BH, CD 三线共点.

(3) $AE = BH = CD = FA + FB + FC.$

由于, F 在正三角形 BCE 的外接圆的弧 BC 上, 故由托勒密定理, 有 $FE = FB + FC.$ 于是 $AE = AF + FB + FC.$

同理可证 $BH = CD = FA + FB + FC.$

也可用下法证明: 在 FE 上取点 N, 使 $FN = FB$, 连 BN, 由 $\triangle FBN$ 为正三角形, 可证得 $\triangle BNE \cong \triangle BFC.$ 于是得, $NE = FC.$ 故 $AE = FA + FN + NE = FA + FB + FC.$

例 10.19(Steiner 问题) 在三个角都小于 $120°$ 的 $\triangle ABC$ 所在平面上求一点 P, 使 $PA + PB + PC$ 取得最小值.

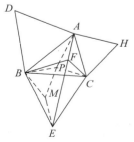

图 10.51

证明 分别以 $\triangle ABC$ 的三边 AB, BC, CA 为边向外作正三角形 ABD, BCE, CAH. 设 P 为平面上任意一点, 作等边三角形 PBM(如图 10.51 所示), 连 ME, 则由 $BP = BM, BC = BE, \angle PBC = \angle MBE = 60° - \angle MBC.$ 得 $\triangle BPC \cong \triangle BME$, 于是 $ME = PC$, 故得折线 $APME = PA + PB + PC \geq AE = FA + FB + FC.$ 即三角形的费马点就是所求的点.

说明 本题也可用托勒密的推广来证明: 由 $PB \cdot CE + PC \cdot BE \geq PE \cdot BC$, 可得 $PB + PC \geq PE.$ 于是
$$PA + PB + PC \geq PA + PE \geq AE.$$

定理 10.13 到三角形三顶点距离之和最小的点——费马点.

思考与练习题 10

1. 设梯形两底之和等于一腰,则此腰两邻角的平分线必通过另一腰的中点.

2. 两圆相交于两点 A 和 B,在每一个圆中各作弦 AC 和 AD,使其切于另一圆.求证: $\angle ABC = \angle ABD$.

3. 求证:三角形的三条外角平分线和对边相交所得三点共线.

4. 两圆有两条内公切线,证明这两线与连心线共点.

5. 证明三角形三中线共点.

6. 证明三角形三内角平分线共点.

7. 在四边形 $ABCD$ 中,$\triangle ABD$,$\triangle BCD$,$\triangle ABC$ 的面积比是 $3:4:1$,点 M,N 分别在 AC,CD 上满足 $AM:AC = CN:CD$,并且 B,M,N 三点共线.求证:M 与 N 分别是 AC 与 CD 的中点.

8. 四边形 $ABCD$ 内接于圆,其边 AB 与 DC 延长交于点 P,AD,BC 延长交于点 Q,由 Q 作该圆的两条切线 QE,QF,切点分别为 E,F,求证:P,E,F 三点共线.

9. P 为 $\triangle ABC$ 内任意一点,AP,BP,CP 分别交对边于 X,Y,Z.求证:

$$\frac{XP}{XA} + \frac{YP}{YB} + \frac{ZP}{ZC} = 1.$$

10. 设 $\triangle ABC$ 内接于单位圆 O,且 OA,OB,OC 与 OX 正方向所成的角分别为 α,β,γ,试求 $\triangle ABC$ 的垂心的坐标.

11. 已知在 $\triangle ABC$ 中,$AB > AC$,$\angle A$ 的一个外角的平分线交 $\triangle ABC$ 的外接圆于点 E,过 E 作 $EF \perp AB$,垂足为 F.求证:$2AF = AB - AC$.

第 11 章

几何作图

11.1 作图的基本知识

1. 作图的工具

初等几何研究的基本图形是直线、射线、线段和圆、圆弧,作图的工具仅限于不带刻度的直尺和圆规,因此,初等几何的作图也叫尺规作图.

说明:尺规的限制,是作图理论上的要求,但在实际画图中,譬如工程制图,是容许使用三角板、丁字尺、量角器等辅助工具,这里介绍的是尺规作图.

2. 尺规作图的公法

几何作图的公法是:

(1) 过两点作一条直线.

(2) 以某定点为圆心,定长为半径作圆.

(3) 作二直线的交点.

(4) 作直线与圆的交点.

(5) 作两圆的交点.

例 11.1 已知 $\angle AOB$,求作射线 OS,使 $\angle AOS = \angle SOB$.

作法:

(1) 以 O 点为圆心,任意长为半径作圆弧(公法(2)),交 OA 于 D,交 OB 于 E(公法(4));

(2) 分别以点 D 和 E 为圆心,以大于 DE 的一半的同样长度为半径作圆弧,此两弧相交于点 S(公法(5)).

(3) 作射线 OS(公法(1)).

则 OS 就是所求的射线(参见图 11.1).

例 11.1 的上述作图过程,实质上可以分解为作图公法的有限次组合.任何一个尺规作图可能问题,都能分解为作图公法的有限次的组合.

在几何作图中,可以引用已经解决了的作图问题,而不必时时都

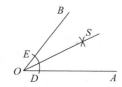

图　11.1

归结到这 5 条作图公法,否则既琐碎又重复,徒然浪费时间与精力.

3. 作图问题的解之讨论

这里的初等几何是指欧几里得几何.

作图公法的前 2 条,皆可普遍地施行,而后 3 条中的交点,却不是任何时候都能行得通,事实上,二直线不平行,(3)中的交点才能作出;直线到圆心的距离不大于半径,(4)才行得通.

因此,几何作图之后,需要回头检查一下,看哪些步骤畅行无阻,哪些交点能否作出?给出解存在和个数多寡的条件,就是作图完后的讨论,也是几何作图不可缺少的一步.

说明:"不能作出"与"无解"是有区别的.

不能作出,原因多种多样.图形根本就不存在,当然不能作出,但图形存在,限于工具,也有可能无法作出,譬如,任意角的三等分线当然是客观存在的,但仅用尺规,已经证明是无法作出的,这时,如果允许使用其他工具,则图形就可作出.在几何作图中,所谓图不能作出概指此意.

无解,则是在给定的条件下,因作图过程中某个交点的不存在而造成的,这时,再添加什么工具也是枉然.

当然,无解也是相对的.二圆相离,也可以说它们有两个虚交点.因此,在实平面上无解,改在复平面上就可能有解.

4. 图形位置的问题

包括定位作图和活位作图.

定位作图,求作的图形必须在指定位置上.例如:已知一个三角形,求作它的内切圆.定位作图解的个数是指能作多少满足条件的图形.

活位作图包括半活位作图和全活位作图.

半活位作图是指限定在某范围内但不限位置的作图.比如,已知一个圆,求作圆的内接正三角形.

全活位作图是指不限位置的作图.比如,已知三条线段,求作以这三线段为边的三角形.

对活位作图,作出图形是全等形,算一个解,不全等算不同解.

5. 作图成法

为了避免重复,使问题简洁清晰,在尺规作图中有一些基本常用的作图,把它们作为已知的、现成的方法供我们引用.

基本的作图成法有如下 16 种:

(1) 以定射线为一边作一角等于给定的角;

(2) 求作三角形,已知①三边;②二边及其夹角;③二角及其夹边;

(3) 过一点作已知直线的垂线;

(4) 过一点作已知直线的平行线;

(5) 平分一角;

(6) 平分一弧;

（7）作定线段的中垂线；

（8）分一线段成若干等分；

（9）作线段的和或差，作角的和或差；

（10）已知弓形的弦长和其内接角，求作弓形弧；

（11）内分或外分一线段成已知比例；

（12）作三已知线段的第四比例项；

（13）作二已知线段 a,b 的第三比例项（$a:b=b:x$）；

（14）作二已知线段 a,b 的等比中项或比例中项（$a:x=x:b$）；

（15）已知线段 a,b，求作线段 $x=\sqrt{a^2+b^2}$；

（16）已知线段 a,b，求作线段 $x=\sqrt{a^2-b^2}\,(a>b)$.

6. 作图的完整步骤

（1）已知：完整写出题设条件.

（2）求作：说明要作的图形必须具备题设条件.

（3）分析：在正式作图之前，寻求作图方法的线索，探索如何把求作的图形逐步分解为有限个作图成法、作图公法的途径. 具体操作是先假定所求的图形已经作成，画一草图，设想已符合所有要求的条件，适当添绘有关的点、线；然后考究图中各元素的大小、位置及相互间的关系；分析整个图形是否可以分解为若干部分，逐步用作图成法或作图公法作出.

（4）作图：根据分析所得的线索，依次叙述作图的方法，作图时，每作一点、一线或一角，必须分别定名并完整写明它们所满足的条件. 不能有形无名或有名无形. 作图必须步步有据，其根据是作图公法或作图成法.

（5）证明：作图之后，应逐条检验所得图形确实合乎所有要求的条件，用以证实作图无误.

（6）讨论：作图时，一般只立通法，这叫做形式作图. 然而一个作图的有解无解，应取决于题设条件之大小、位置及其相互间的关系. 所以不能因为已有形式作图而说问题一定有解. 必须对所设条件在其变化范围内分别各种可能的情形，逐一加以推究，确定本题的解有多少？这种通盘考虑种种可能情况，据以作出肯定性的判断解数的条文，叫做讨论（或推究）. 如果作图题只有一解，讨论可以省略.

上述步骤是有机整体，缺一不可. 其中（1），（2）两步是准备阶段，第 3 步是关键，它为作图题提供线索，这一步可以不写，但不能不想. 第 4 步是核心，它是后两步的根据，第 5 步是保证解题的正确性，第 6 步是保证解题的完整性.

例 11.2 已知一个三角形的两边及其中一边的对角，求作这个三角形.

已知：给定线段 a,b 及角 α（参见图 11.2(a)）. 求作：作 $\triangle ABC$ 使 $BC=a,CA=b,\angle A=\alpha$.

分析 假设 $\triangle ABC$ 已作成，其中 $\angle A=\alpha$ 为已知，故可先作此角，顶点 A 就确定了. 在角的一边上截取 $AC=b$，则顶点 C 就确定了. 至于顶点 B，它应在 $\angle A$ 的另一边上，又必须在圆 $C(a)$ 上，所以得如下作法.

作法　作$\angle XAY = \alpha$,在射线AY上截取$AC = b$,以C为圆心,以a为半径作圆,设其与射线AX交于点B,则所求作的三角形就是$\triangle ABC$(参见图11.2(b)).

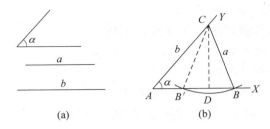

图　11.2

证明　由作法,有$\angle A = \alpha$,$AC = b$,$BC = a$,即$\triangle ABC$符合条件.

讨论　解的有无与多少,显然是取决于点B之有无和它的数目,B点应在射线AX上,而不应在它过A点的延长线上,若作$CD \perp AB$于D,并以h表示$CD(h = b\sin\alpha)$,那么,有下面的讨论.

(1)若α为锐角,则:

① $a < h$时无解;

② $a = h$时有一解,是直角三角形;

③ $h < a < b$时有两解,一为锐角三角形,一为钝角三角形;

④ $a = b$时有一解,是等腰三角形;

⑤ $b < a$时有一解(所成另一钝角三角形不符合条件).

(2)若α为直角,则:

① $a \leqslant b$时无解;

② $b < a$时有一解(所成二直角三角形合同).

(3)若α为钝角,则:

① $a \leqslant b$时无解(或不成三角形或成为不符合条件的三角形);

② $b < a$时有一解,是钝角三角形.

7. 几何作图的方法

(1)交轨法

要作出符合条件的几何图形,主要是确定几何图形上的某些关键点,确定点的位置通常是由两条相交的曲线或直线而得.

交轨法的一般步骤是:

① 寻找能确定所作图的关键点;

② 通过假设,发现能确定关键点位置的两条曲线或直线(轨迹);

③ 完成作法过程.

(2)几何变换法

考虑到几何图形内在结构关系和本质特性,利用平移变换、旋转变换、反射变换以及位似变换等来得到几何图形上的某些关键点或部分图形,达到解决问题的目的.

几何变换法并不是几何作图的基本思想方法,只是一种手段而已.

例 11.3 如图 11.3 所示,在平行四边形 $ABCD$ 的边 DC 上,求作一点 X,使 $AX = AB + CX$.

解 延长 DC 至 E,使 $CE = AB$. 也就是把 AB"平移"到 CE. 连 AE,交 BC 于 F,则 F 为 BC,AE 的中点. 过 F 作 AE 的垂线,交 DC 于一点,这点即为所求的点 X.

例 11.4 已知定点 P,定直线 L 以及两个定圆 $\odot O_1$ 和 $\odot O_2$,求作一平行于 L 的直线,和 $\odot O_1$ 及 $\odot O_2$ 的交点分别为 A,B,且使 $PA = PB$.

分析 由于本题中,要求 $PA = PB$,且 $AB /\!/ L$,可见 $\triangle PAB$ 的对称轴 PQ 必与 L 垂直. 显然 PQ 可作,而 A,B 是关于 PQ 的对称点. 因此,如果知道了 A,B 两点之一,另一点即可作出. 为此,只要作出 $\odot O_1$ 关于 PQ 的对称图形,问题就好解决了.

作法 如图 11.4 所示:

(1) 过 P 作 $PQ \perp L$ 于 Q.

(2) 以 PQ 为对称轴,作 $\odot O_1$ 关于 PQ 的对称图形 $\odot O_1'$.

(3) 设 $\odot O_1'$ 与 $\odot O_2$ 的一个交点是 B.

(4) 如果 B 点关于 PQ 的对称点是 A. 则直线 AB 即为所求.

证明与讨论略.

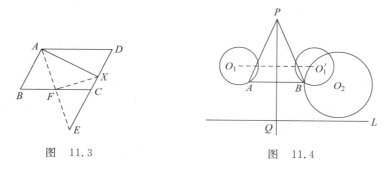

图 11.3　　　　　　图 11.4

例 11.5 已知三条直线 l, m, n 两两互相平行,求作正三角形,使它的三个顶点分别在 l, m, n 上.

分析 如图 11.5 所示,假设图形已经作出,正 $\triangle ABC$ 的三个顶点分别在三条两两互相平行的直线上,两条直线 l, m 之间的垂线段 AM 是可以作出的.

因为 AC 可以看作是 AB 绕 A 点顺时针方向旋转 $60°$ 得到的,故如果能作出与 $\triangle AMC$ 全等的 $\triangle ANB$,我们将其顺时针方向旋转 $60°$ 就能得到 $\triangle AMC$ 了.

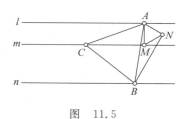

图 11.5

作法 (1) 在 l 上任选一点 A 过 A 作 $AM \perp m$,垂足为 M;

(2) 作正三角形 AMN;

(3) 过 N 作 $NB \perp AN$,NB 交 n 于 B;

(4) 以 A 为圆心,AB 为半径画弧,交 m 于 C,连结 BC.

则 $\triangle ABC$ 就是所要求作的三角形.

证明与讨论略.

11.2　三大尺规作图不可能问题简介

在公元前五世纪,希腊的雅典城内有一个包括各方面学者的巧辩学派,他们第一次提出并研究了下面三个作图题.

(1) 三等分任意角问题——任给一个角 α,求作一角等于 $\frac{\alpha}{3}$.

(2) 立方倍积问题——求作一立方体,使其体积等于已知立方体体积的二倍.

(3) 化圆为方问题——求作一正方形,使其面积等于一已知圆的面积.

这就是数学上著名的几何三大问题.

因任意角可以二等分,于是就想三等分;因以正方形对角线为一边作一正方形,其面积是原正方形面积的二倍,这就容易想到立方倍积问题;圆和正方形是最简单的几何图形,很自然地提出了化圆为方的问题.

从表面上看,这三个问题都很简单,似乎应该可用尺规作图来完成,因此两千多年来曾吸引了许多人,进行了经久不息的研究.虽然发现了只要借助于别的作图工具或曲线即可轻易地解决问题,但是仅用尺规进行作图却始终未能成功.

1637 年笛卡儿(Descartes,R. 1596—1650)创立了解析几何,又经过两百年,1837 年闻脱兹尔(Wantzel,P. L. 1814—1848)在研究阿贝尔(Abel,N. H. 1802—1829)定理的化简时,证明了三等分任意角和立方倍积这两个问题不能用尺规作图来完成.

1882 年,林德曼(Lindemann,F. 1852—1939)在埃尔米特(Hermite,C. 1822—1901)证明了 e 是超越数的基础上,证明了 π 也是超越数,从而证明了化圆为方也是尺规作图不能问题.最后,克莱因(Klein. F. 1849—1925)在总结前人研究成果的基础上,1895 年在德国数理教学改进社开会时宣读的一篇论文中,给出了几何三大问题不可能用尺规来作图的简单而明晰的证法,从而使两千多年未得解决的疑问告一段落.

11.3　非尺规作图

人们用尺规解几何三大作图题屡遭失败之后,一方面是从反面怀疑它是否可作;另一方面就很自然地考虑,假如跳出尺规作图的框框,也就是不限用尺规,而是借助于另外一些曲线,或者借助于尺规以外的一些工具,是不是可解决这些问题呢?

人们发现,一旦跳出了尺规作图的框框,问题的解决将是轻而易举的.这方面的工作已经有许多人做过,而且取得了不少成就,下面作简单介绍.

1. 关于三等分一任意角问题

例 11.6　已知∠AOB,求作射线 OS,使∠AOS = $\frac{1}{3}$∠AOB.

作法　古希腊物理学家兼数学家阿基米德(Archimedes,公元前 287—212 年)的著作

中,记载了三等分一个已知角的方法如下(如图 11.6 所示):

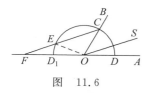

图 11.6

(1) 以点 O 为圆心,取任意长 r 为半径作圆,与 OA 所在直线相交于两点 D,D_1,与 OB 相交于点 C.

(2) 在直尺一边上划上 E,F 两点,使 $EF=r$,然后绕点 C 滑动直尺的位置,使直尺上 E,F 两点分别落在半圆和 AO 的延长线上,在此位置上作直线 CEF.

(3) 过 O 作 $OS /\!/ CEF$.

则 OS 即为所求之三等分角线.

证明 连接 OE,则 $OE=OC=EF$,作 $OS /\!/ CF$,则

$$\angle AOS = \angle AFC = \angle EOF, \quad \angle SOC = \angle OCF = \angle CEO = 2\angle AFC,$$

所以 $\angle SOC=2\angle AOS$,即 $\angle AOS=\dfrac{1}{3}\angle AOB$.

这里的作图不符合尺规作图的要求,不符合作图公法.

上述作法中的第 2 步,不能归结为作图公法里规定的三种作图中的任一种.实质上,这是使直尺具有了刻度的功能,与尺规作图中的直尺无任何刻度不符.

类似这样的非尺规作图方法还很多,这里不再叙述.

2. 关于立方倍积问题

例 11.7 设已知立方体的棱长为 a,求作一立方体,使其体积为原立方体的二倍.

设所求立方体棱长为 x.则有 $x^3=2a^3$,即 $x=\sqrt[3]{2a}$.

作法(柏拉图(Plato,公元前 427—347 年)方法) 如图 11.7 所示,作两条互相垂直的直线,两直线交于点 O,在一条直线上截取 $OA=a$,在另一条直线上截取 $OB=2a$,a 为已知立方体的棱长.

在这两条直线上分别取点 C,D,使 $\angle ACD=\angle BDC=90°$,实施办法是:移动两根直角尺,使一个角尺的边缘通过点 A,另一个角尺的边缘通过点 B,并使两直角尺的另一边重合,直角顶点分别在两直线上,这时两直角尺的直角顶点即为点 C,D.线段 OC 之长即为所求立方体的一边.

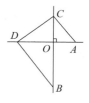

图 11.7

证明 根据直角三角形的性质,有

$$OC^2 = OA \cdot OD = a \cdot OD, \quad OD^2 = OB \cdot OC = 2a \cdot OC.$$

从上面两式中消去 OD,得 $OC^3=2a^3$.这就证得了 OC 的长就是所求立方体的棱长.

上述作法不合尺规作图的要求.

评注:由 $OC^2=OA \cdot OD=a \cdot OD, OD^2=OB \cdot OC=2a \cdot OC$ 分别可得

$$a : OC = OC : OD, \quad OC : OD = OD : 2a.$$

所以 $a : OC=OC : OD=OD : 2a$.

上述作图中所采用的方法是在 a 与 $2a$ 之间插入两个比例中项 x,y,使之 $a:x=x:y=y:2a$,这种方法称为希波克拉底(Hippocrate,约公元前 470—430 年)的步骤.利用这个步骤,可以用不同的方法来作出这两个比例中项,从而得到各种不同的作图法.这里不再叙述.

3. 化圆为方问题

定义 11.1　在平面直角坐标系 xOy 中(如图 11.8 所示),以原点 O 为圆心作一半径为 r 的圆,设交 x 轴及 y 轴的正半轴于 A,B,今有一射线 OC 及一垂直于 y 轴的直线 DE,OC 以匀角速度在第一象限从 OB 运动到 OA,点 D 以匀速沿 BO 从点 B 运动到点 O.并且 OC 从 OB,D 从 B 同时出发,且 OC 与 DE 同时到达 x 轴.这样,OC 与 DE 的交点 P 的轨迹将描出一曲线 BF,其端点 F 在 x 轴上,为轨迹的极限点.这条曲线 BF 称为圆积线.

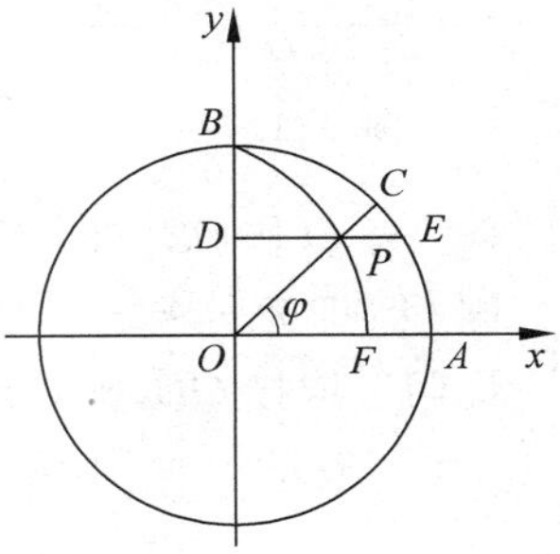

在图 11.8 所示的直角坐标系中,可导出圆积线的方程是

$$\frac{y}{x}=\tan\left(\frac{\pi}{2r}y\right).$$

图　11.8

例 11.8　求作一个正方形使它与已知圆等面积.

作法　对于已知圆 O,作出它在第一象限的圆积线 BF.

连结这一圆积线的两个端点 B,F,过点 B 引 BF 的垂线 BG,交 x 轴于 G.在 OA 上取一点 H,使 $HA=\frac{1}{2}GO$.以 H 为圆心,HG 为半径画弧,交 y 轴于点 K.则以 OK 为一边的正方形,即为所求作的与圆 O 等积的正方形(参见图 11.9).

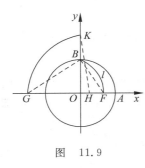

图　11.9

证明　在直角 $\triangle BFG$ 中,有 $OB^2=GO\cdot OF$.而 $OB=r$,由圆积线的方程 $\frac{y}{x}=\tan\left(\frac{\pi}{2r}y\right)$.

令 $y\to 0$,求 x 的极限,便得

$$OF=\lim_{y\to 0}x=\lim_{y\to 0}\frac{y}{\tan\left(\frac{\pi}{2r}y\right)}=\lim_{y\to 0}\frac{y}{\frac{\pi}{2r}y}=\frac{2r}{\pi}.$$

于是 $GO=\dfrac{OB^2}{OF}=\dfrac{1}{2}\pi r$. 所以

$$OK^2=HK^2-OH^2=GH^2-OH^2$$
$$=(GH-OH)(GH+OH)$$
$$=GO(GO+2OH)$$
$$=GO[GO+2(OA-HA)]$$
$$=GO\cdot 2OA=\frac{1}{2}\pi r\cdot 2r=\pi r^2.$$

这就证明了以 OK 为一边的正方形的面积等于圆 O 的面积.

这里,运用圆积线解决了化圆为方的问题.此外,利用圆积线还可以三等分一个角.

对于已知锐角 $\angle AOB$,其 OB 边交圆积线于 C(参见图 11.10).作 $CD\perp OA$,交 OA 于 D.三等分 AD,得分点 M 及 N.过 M、N 分别作 OA 的垂线,交圆积线于 P,S,则 OP,OS 就是 $\angle AOB$ 的三等分线.

根据圆积线的定义,还可以 n 等分任意角,原理是相仿的.

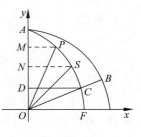

图　11.10

由以上的各种作法可以看出,几何三大问题如果不限制作图工具,便很容易解决.从历史上看,很多数学结果是为解决三大问题而得出的副产品,特别是开创了对圆锥曲线的研究,发现了一批著名的曲线.不仅如此,三大问题还和近代的方程论、群论等数学分支发生了关系.

11.4　不限工具作图

尺规作图是限定使用不带刻度的直尺和圆规的作图,当然还可以讨论只用圆规的作图,甚至是只使用固定半径的圆规的作图,这是个很好的想法,也是很有趣又有益的事情,由于篇幅所限,这里就不作详细的介绍了,仅简单地介绍一下不限工具的作图.

1. 不限工具,利用网格画出满足条件的图形

例 11.9　如图 11.11(a)所示,在边长为 1 的正方形网格中有一个圆心为 O 的半圆,请在网格中以 O 为圆心,作一个与已知半圆的半径不同,且面积相等的扇形.

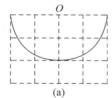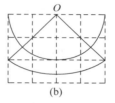

(a)　　　　　(b)

图　11.11

分析　所作扇形应满足条件是①圆心为 O,②面积为 2π,③半径必须大于 2,④扇形要落在网格中.

根据这些要求,结合扇形面积计算公式,确定扇形的半径长和它的圆心角的大小.具体见图 11.11(b).

2. 只用单项工具,作出满足要求的图形

例 11.10　如图 11.12(a)所示,$AB=AC$,$AD\perp BC$ 于点 D,请你在 $\triangle ABC$ 内部,仅用圆规确定 E,F 两点,使 $\angle BEC=\angle BFC=90°$.

分析　要作的两点在以 BC 为直径的圆且在 $\triangle ABC$ 内部的一段弧上.要发现这一点,必须灵活运用等腰三角形和圆周角的性质定理.具体作法参见图 11.12(b).

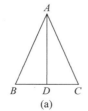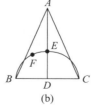

(a)　　　　　(b)

图　11.12

例 11.11　如图 11.13(a)所示,四边形 $ABCD$ 是一个等腰梯形,请直接在图中仅用直尺,准确画出它的对称轴.

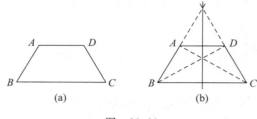

图　11.13

分析　要作等腰梯形的对称轴,实际上就是作上、下底边的公共中垂线,故必须找出两点,这两点分别到线段 AD, BC 的两端距离相等,具体作法如图 11.13(b)所示.

3. 不限工具,将一个图形按要求进行分割

例 11.12　用不同的分法把一个等边三角形分成四个等腰三角形,并标注顶角的度数.

应用等腰三角形的"三线合一"这个性质,把等边三角形分成两个全等的直角三角形,再由直角三角形斜边上的中线,可把直角三角形分成两个等腰三角形,如图 11.14(a)所示.其他方法可见图 11.14(b)～图 11.14(d).

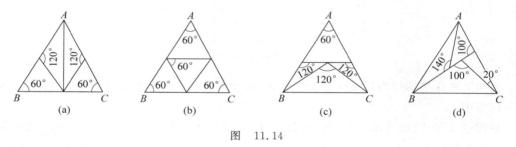

图　11.14

4. 不限工具,已知一部分图形按要求添画或补充图形

例 11.13　如图 11.15 是由三个小正方形组成的图形,在这图中再拼接一个同样大小的正方形,使得到的图形变为一个轴对称图形,请画出不同的拼接方案,并画出对称轴.

分析　本题要从不同角度观察图形,结合对称图形相关概念,展开想象力,找到需补充的部分.才能顺利添画对称轴,这类题目难度虽然不大,但要有一定空间想象力.具体的作法可参见图 11.16.

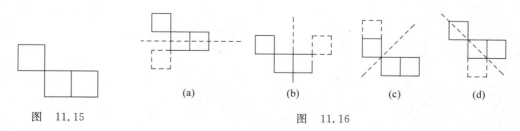

图　11.15　　　　　　　　　　　　　　　　图　11.16

5. 不限工具,在数轴上找出表示无理数的点

例 11.14 甲同学用如图 11.17 所示的方法作出了 C 点,在 $\triangle OAB$ 中,$\angle OAB=90°$,$OA=2$,$AB=3$,且点 O,A,C 在同一数轴上,$OB=OC$.

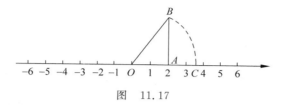

图 11.17

(1) C 点所表示的数是多少;

(2) 仿照甲同学的做法,在如图 11.18(a)所给数轴上描出表示 $-\sqrt{29}$ 的点 C.

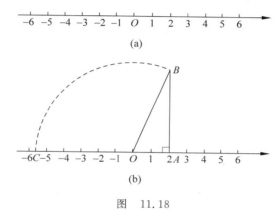

(a)

(b)

图 11.18

解 (1) 图 11.17 中点 C 表示数 $\sqrt{13}$.

(2) 如图 11.18(b)所示,$OA=2$,$AB=5$,斜边 OB 为 $\sqrt{29}$.

6. 不限工具,画出图形变换后(或前)的图形

例 11.15 如图 11.19(a)所示,在边长为 1 个单位长度的小正方形组成的网格中,按下面的要求画出 $\triangle A_1B_1C_1$ 和 $\triangle A_2B_2C_2$;

(1) 先作 $\triangle ABC$ 关于直线 l 成轴对称的图形,再向上平移 1 个单位,得到 $\triangle A_1B_1C_1$(见图 11.19(b));

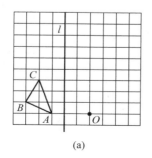

(a)

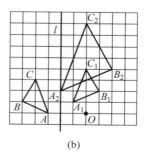

(b)

图 11.19

（2）以图中的 O 为位似中心，将△$A_1B_1C_1$ 作位似变换且放大到原来的两倍，得到△$A_2B_2C_2$（见图 11.19（b））．

思考与练习题 11

1．求作已知扇形的内切圆．

2．在定圆内求作内接正十边形．

3．给定五边形各边的中点，求作这个五边形．

4．已知△ABC 的边 a，边 a 上的中线 m_a、边 b 上的中线 m_b，求作△ABC.

思考与练习题参考答案

思考与练习题 1

1. 答：设数系 A 扩展后得到新数系为 B，则数系扩展原则为：

(1) $A \subset B$.

(2) A 的元素间所定义的一些运算或基本性质，在 B 中被重新定义. 而且对于 A 的元素来说，重新定义的运算和关系与 A 中原来的意义完全一致.

(3) 在 A 中不是总能实施的某种运算，在 B 中总能施行.

(4) 在同构的意义下，B 应当是 A 的满足上述三原则的最小扩展，而且由 A 唯一确定.

数系扩展的方式有两种：

(1) 添加元素法；(2) 构造法.

2. 证明：取对应关系为 $y = \ln x$，这个函数构成 $(0, +\infty)$ 与 $(-\infty, +\infty)$ 的一一对应，所以集合 $\{x | x > 0\}$ 与实数集对等.

3. 解　$5+1 = 5^+ = 6$；$5+2 = 5+1^+ = (5+1)^+ = 6^+ = 7$；

$5+3 = 5+2^+ = (5+2)^+ = 7^+ = 8$；$5+4 = 5+3^+ = (5+3)^+ = 8^+ = 9$.

4. 解　$3 \times 2 = 3 \times 1^+ = 3 \times 1 + 3 = 3+3 = 6$，$3 \times 3 = 3 \times 2^+ = 3 \times 2 + 3 = 6+3 = 9$，$3 \times 4 = 3 \times 3^+ = 3 \times 3 + 3 = 9+3 = 12$.

5. 证明：为了方便，记 $r(A)$ 为集合 A 的秩. 设 $B = \{\varnothing\}$，则 $r(B) = 1$，A 是任意有限集，并且 $r(A) = a$.

作集合：$B \times A = \{(\varnothing, a) | a \in A\}$，显然 $r(B \times A) = 1a$.

作对应 $f : (\varnothing, a) \to a$，而这个对应是从 $B \times A$ 到 A 的一一对应，所以 $B \times A$ 与 A 对等，从而有：$r(B \times A) = r(A)$，即 $1 \times a = a$.

6. 证明：对于 $n = 1$，有 $4+15-1 = 18 = 2 \times 9$，结论成立；

设 $4^k + 15k - 1 = 9m$ 成立，那么

$$
\begin{aligned}
4^{k+1} + 15(k+1) - 1 &= 4 \times 4^k + 15k + 14 = 4^k + 15k - 1 + 3 \times 4^k + 15 \\
&= 9m + 3(4^k + 5) = 9m + 3[(3+1)^k + 5] \\
&= 9m + 3(3^k + C_k^1 3^{k-1} + \cdots + C_k^{k-1} \cdot 3 + 6) \\
&= 9m + 9(3^{k-1} + C_k^1 3^{k-2} + \cdots + C_k^{k-1} + 2) = 9m + 9l.
\end{aligned}
$$

所以结论在 $n = k+1$ 也成立.

7. 证法一　当 $n = 1$ 时，$(3n+1)7^n - 1 = 27$. 它能被 9 整除.

设 $n = k$ 时命题成立，即 $(3k+1)7^k - 1$ 能被 9 整除.

$$
\begin{aligned}
(3k+4)7^{k+1} - 1 &= (21k+28)7^k - 1 \\
&= [(3k+1) + (18k+27)]7^k - 1 \\
&= [(3k+1)7^k - 1] + 9(2k+3)7^k.
\end{aligned}
$$

由归纳假设，$(3k+1)7^k-1$ 是 9 的倍数，而 $9(2k+3)7^k$ 也是 9 的倍数，故 $n=k+1$ 时，$(3n+1)7^n-1$ 是 9 的倍数.

所以，n 为任意正整数时，$(3n+1)7^n-1$ 能被 9 整除.

证法二 当 $n=1$ 时，命题显然成立.

设当 $n=k$ 时命题成立. 当 $n=k+1$ 时，

$$(3k+4)7^{k+1}-1=(3k+1)7^k\times 7+3\times 7^{k+1}-1$$
$$=[(3k+1)7^k-1]7+3(7^{k+1}+2).$$

由于 7 除以 3 余 1，因此 $7^{k+1}+2$ 除以 3 所得余数等于 $1^{k+1}+2$ 除以 3 所得余数，从而 $7^{k+1}+2$ 是 3 的倍数. 由归纳假设可得 $n=k+1$ 时. $(3n+1)7^n-1$ 是 9 的倍数.

所以，原命题成立.

8. **证** $a_1=3=2^1+1,a_2=5=2^2+1$，故 $n=1,2$ 时结论成立.

假设 $n=k-1,k-2$ 时结论成立 $(k\geqslant 3)$，即 $a_{k-1}=2^{k-1}+1,a_{k-2}=2^{k-2}+1$，得

$$a_k=3a_{k-1}-2a_{k-2}=3(2^{k-1}+1)-2(2^{k-2}+1)=2^k+1.$$

这就是说，$n=k$ 时结论也成立.

所以，对于任意自然数 n，都有 $a_n=2^n+1$.

9. **证** 由于 $a_1=\dfrac{1}{\sqrt{5}}\left[\left(\dfrac{1+\sqrt{5}}{2}\right)-\left(\dfrac{1-\sqrt{5}}{2}\right)\right]=\dfrac{1}{\sqrt{5}}\sqrt{5}=1$，即 a_1 是正整数；

同样验证 a_2 也是正整数.

假设 a_{k-1},a_k 都是正整数，那么

$$a_{k-1}+a_k=\frac{1}{\sqrt{5}}\left[\left(\frac{1+\sqrt{5}}{2}\right)^{k-1}-\left(\frac{1-\sqrt{5}}{2}\right)^{k-1}\right]+\frac{1}{\sqrt{5}}\left[\left(\frac{1+\sqrt{5}}{2}\right)^k-\left(\frac{1-\sqrt{5}}{2}\right)^k\right]$$

$$=\frac{1}{\sqrt{5}}\left(\frac{1+\sqrt{5}}{2}\right)^{k-1}\left(1+\frac{1+\sqrt{5}}{2}\right)-\frac{1}{\sqrt{5}}\left(\frac{1-\sqrt{5}}{2}\right)^{k-1}\left(1+\frac{1-\sqrt{5}}{2}\right)$$

$$=\frac{1}{\sqrt{5}}\left(\frac{1+\sqrt{5}}{2}\right)^{k-1}\frac{3+\sqrt{5}}{2}-\frac{1}{\sqrt{5}}\left(\frac{1-\sqrt{5}}{2}\right)^{k-1}\frac{3-\sqrt{5}}{2}$$

$$=\frac{1}{\sqrt{5}}\left(\frac{1+\sqrt{5}}{2}\right)^{k-1}\left(\frac{1+\sqrt{5}}{2}\right)^2-\frac{1}{\sqrt{5}}\left(\frac{1-\sqrt{5}}{2}\right)^{k-1}\left(\frac{1-\sqrt{5}}{2}\right)^2$$

$$=\frac{1}{\sqrt{5}}\left[\left(\frac{1+\sqrt{5}}{2}\right)^{k+1}-\left(\frac{1-\sqrt{5}}{2}\right)^{k+1}\right]=a_{k+1}.$$

从而 a_{k+1} 也是正整数，故"$\{a_n\}$ 的每一项都是正整数"成立.

10. **证** (1)(反证)假设 $a+b$ 是有理数，则由有理数对减法的封闭性，知 $b=a+b-a$ 是有理数. 这与题设"b 为无理数"矛盾；故 $a+b$ 是无理数.

(2) 假设 ab 是有理数，于是 $b=\dfrac{ab}{a}$ 是有理数，这与题设"b 为无理数"矛盾，故 ab 是无理数.

11. **证** (反证)假设 $\sqrt{p}$ 为有理数，则存在正整数 m,n 使得 $\sqrt{p}=\dfrac{n}{m}$，其中 m,n 互素. 于是 $m^2p=n^2$，因为 p 不是完全平方数，所以 p 能整除 n，即存在整数 k，使得 $n=kp$. 于是 $m^2p=k^2p^2,m^2=k^2p$，从而 p 是 m 的约数，故 m,n 有公约数 p. 这与"m,n 互素"矛盾. 所以

$\sqrt{p}$ 是无理数.

12. (1) 因为① $\dfrac{1}{2}<\dfrac{2}{3}<\dfrac{3}{4}<\cdots<\dfrac{n}{n+1}<\cdots$,

② $\dfrac{3}{2}>\dfrac{4}{3}>\dfrac{5}{4}>\cdots>\dfrac{n+2}{n+1}>\cdots$,

③ $\dfrac{n}{n+1}-\dfrac{n+2}{n+1}=\dfrac{-2}{n+1}<0$,即 $\dfrac{n}{n+1}<\dfrac{n+2}{n+1}$.

当 $n\to\infty$, $\dfrac{n}{n+1}-\dfrac{n+2}{n+1}=\dfrac{-2}{n+1}\to 0$,所以序列是退缩有理闭区间序列,它所确定的实数为 1.

$\left(\text{因为}\lim\limits_{x\to\infty}\dfrac{n}{n+1}=1,\lim\limits_{x\to\infty}\dfrac{n+2}{n+1}=1\right)$

(2) 因为 $\dfrac{1}{2}>\dfrac{1}{3}>\dfrac{1}{4}>\cdots>\dfrac{1}{n+1}>\cdots$,

$$0<\dfrac{1}{n+1},\dfrac{1}{n+1}-0=\dfrac{1}{n+1}\to 0(n\to\infty).$$

序列是退缩有理闭区间序列,它所确定的实数为 0.

13~17. 略.

18. **解** 设 $z=\cos\alpha+\mathrm{i}\sin\alpha$,那么 $z^3=\cos 3\alpha+\mathrm{i}\sin 3\alpha$.

另一方面,将 $z^3=(\cos\alpha+\mathrm{i}\sin\alpha)^3$ 展开有

$$\begin{aligned}z^3&=(\cos\alpha+\mathrm{i}\sin\alpha)^3=\cos^3\alpha-3\cos\alpha\sin^2\alpha+3\mathrm{i}\cos^2\alpha\sin\alpha-\mathrm{i}\sin^3\alpha\\&=\cos^3\alpha-3\cos\alpha(1-\cos^2\alpha)+\mathrm{i}\left[3(1-\sin^2\alpha)\sin\alpha-\sin^3\alpha\right]\\&=4\cos^3\alpha-3\cos\alpha+\mathrm{i}(3\sin\alpha-4\sin^3\alpha).\end{aligned}$$

比较实部和虚部,即得

$$\cos 3\alpha=4\cos^3\alpha-3\cos\alpha,\quad\sin 3\alpha=3\sin\alpha-4\sin^3\alpha.$$

19. **解** 因为 $z=x+y\mathrm{i}$,$|z|=1$,所以 $x^2+y^2=1$,故 $-1\leqslant x\leqslant 1$. 又

$$\begin{aligned}u&=|z^2-z+1|=|z(z-1)+z\cdot\bar{z}|=|z^2-z+z\cdot\bar{z}|\\&=|z(z-1+\bar{z})|=|z|\cdot|z+\bar{z}-1|=|2x-1|\geqslant 0.\end{aligned}$$

而 $|2x-1|\leqslant 2|x|+1\leqslant 2+1=3$,所以 $0\leqslant|2x-1|\leqslant 3$,即 $0\leqslant u\leqslant 3$,于是 u 的最大值为 3,最小值为 0.

$$\begin{aligned}u&=|z^2-z+1|=|z(z-1)+1|\leqslant|z(z-1)|+1\\&=|z|\cdot|z-1|+1=|z-1|+1.\end{aligned}$$

$|z(z-1)+1|\geqslant|z(z-1)|-1=|z|\cdot|z-1|-1$,故 $|z-1|-1\leqslant u\leqslant|z-1|+1$.

20. **证** (1) 因为 $(\omega^k)^n=(\omega^n)^k=1(1\leqslant k<n)$,所以 $\omega,\omega^2,\cdots,\omega^{n-1}$ 都是 1 的 n 次根. 若 $j,l\in\mathbb{N}$,$1\leqslant j<l<n$,则

$$\omega^j=\cos\dfrac{2k\pi+2m\pi}{nj}+\mathrm{i}\sin\dfrac{2k\pi+2m\pi}{nj},\quad\omega^l=\cos\dfrac{2k\pi+2m\pi}{nl}+\mathrm{i}\sin\dfrac{2k\pi+2m\pi}{nl}.$$

假设 $\omega^j=\omega^l$,则有

$$\cos\dfrac{2k\pi+2m\pi}{nj}=\cos\dfrac{2k\pi+2m\pi}{nl},\quad\sin\dfrac{2k\pi+2m\pi}{nj}=\sin\dfrac{2k\pi+2m\pi}{nl},$$

所以 $j=l$ 和 $j<l$ 矛盾. 故得 $\omega^j\neq\omega^l$,所以 $\omega,\omega^2,\cdots,\omega^n$ 是 1 的 n 个不同的 n 次方根.

(2) $1+\omega+\omega^2+\cdots+\omega^{n-1}=\dfrac{\omega^n-1}{\omega-1}=0(\text{由}(1)\omega^n=1)$.

(3) 因为 $z^n-1=(z-1)(z-\omega)(z-\omega^2)\cdots(z-\omega^{n-1})$（由(1)）.

又因为 $z^n-1=(z-1)(z^{n-1}+z^{n-2}+\cdots+z+1)$，所以

$$z^{n-1}+z^{n-2}+\cdots+z+1=(z-\omega)(z-\omega^2)\cdots(z-\omega^{n-1}).$$

令上式中 $z=1$，有 $(1-\omega)(1-\omega^2)\cdots(1-\omega^{n-1})=n.$

21. 略.

22. **证** (1) 设四个复数 $z_1=3+\mathrm{i}, z_2=5+\mathrm{i}, z_3=7+\mathrm{i}, z_4=8+\mathrm{i}$，则

$$z_1z_2z_3z_4=(3+\mathrm{i})(5+\mathrm{i})(7+\mathrm{i})(8+\mathrm{i})=(23+11\mathrm{i})(34+12\mathrm{i})=650(1+\mathrm{i}).$$

所以

$$\arg(z_1z_2z_3z_4)=\frac{\pi}{4}, \quad 即 \arg(z_1)+\arg(z_2)+\arg(z_3)+\arg(z_4)=\frac{\pi}{4}.$$

而

$$\arg(z_1)=\arctan\frac{1}{3}, \arg(z_2)=\arctan\frac{1}{5}, \arg(z_3)=\arctan\frac{1}{7}, \arg(z_4)=\arctan\frac{1}{8}.$$

即 $\arctan\dfrac{1}{3}+\arctan\dfrac{1}{5}+\arctan\dfrac{1}{7}+\arctan\dfrac{1}{8}=\dfrac{\pi}{4}.$

(2) 设三个复数 $z_1=3+4\mathrm{i}, z_2=12+5\mathrm{i}, z_3=63+16\mathrm{i}$，则

$$z_1z_2z_3=(3+4\mathrm{i})(12+5\mathrm{i})(63+16\mathrm{i})=(23+11\mathrm{i})(34+12\mathrm{i})=4225\mathrm{i}.$$

所以 $\arg(z_1z_2z_3)=\dfrac{\pi}{2}$，即 $\arg(z_1)+\arg(z_2)+\arg(z_3)=\dfrac{\pi}{2}.$

而 $\arg(z_1)=\arcsin\dfrac{4}{5}, \arg(z_2)=\arcsin\dfrac{5}{13}, \arg(z_3)=\arctan\dfrac{16}{65}.$

所以 $\arcsin\dfrac{4}{5}+\arcsin\dfrac{5}{13}+\arcsin\dfrac{16}{65}=\dfrac{\pi}{2}.$

23. 略.

思考与练习题 2

1. 略.

2. 18,770.

3. 18,770.

4～10. 略.

11. **证** ① 当 $n=1$ 时，$4^1+15\times1-1=18$ 是 9 的倍数，故 $n=1$ 时命题成立.

② 假设当 $n=k$ 时，命题成立，即 $4^k+15k-1$ 是 9 的倍数. 则当 $n=k+1$ 时：

$4^{k+1}+15(k+1)-1=4(4^k+15^k-1)-3\times15k+18=4(4^k+15k-1)-9(5k-2).$

因为 $4^k+15k-9$ 是 9 的倍数，$9(5k-2)$ 是 9 的倍数，所以 $4(4^k+15k-1)-9(5k-2)$ 是 9 的倍数，即 $4^{k+1}+15(k+1)-1$ 是 9 的倍数. 所以当 $n=k-1$ 时，命题成立.

由①，②知，对于任一正整数 n 成立.

12～14. 略.

15. **解** $n^4+4n^2+11=(n^2-1)(n^2+5)+16.$

由 $8\mid n^2-1,2\mid n^2+5$ 得到 $16\mid(n^2-1)(n^2+5)$.

16～18. 略.

19. **证** 因为 $x^2+h^2\mid ax^3+bx^2+cx+d$,

$$ax^3+bx^2+cx+d=(x^2+h^2)(Ax+B)=Ax^3+Bx^2+Ahx+Bh^2,$$

所以

$$\begin{cases}A=a,\\B=b,\\c=Ah^2,\\d=Bh^2,\end{cases}\Rightarrow\begin{cases}h^2=\dfrac{c}{a},\\h^2=\dfrac{d}{b},\end{cases}\Rightarrow\dfrac{c}{a}=\dfrac{d}{b}\Rightarrow ad=bc.$$

思考与练习题 3

1. 略.

2. **解** $x=\dfrac{\sqrt{3}-\sqrt{2}}{\sqrt{3}+\sqrt{2}}=(\sqrt{3}-\sqrt{2})^2=5-2\sqrt{6}$，$y=\dfrac{\sqrt{3}+\sqrt{2}}{\sqrt{3}-\sqrt{2}}=5+2\sqrt{6}$，所以 $x+y=10$，$xy=1$，于是

$$f(x,y)=3x^2-5xy+3y^2=3(x+y)^2-11xy=3\times100-11=289.$$

3. **解** (1) 用综合除法将 $2x^4-x^3+2x-6$ 展成 $x-2$ 的多项式

$$\begin{array}{r|rrrrr}
 & 2 & -1 & 0 & 2 & -6\\
2 &   & 4 & 6 & 12 & 28\\
\hline
 & 2 & 3 & 6 & 14 & 22\\
 &   & 4 & 14 & 40 &\\
\hline
 & 2 & 7 & 20 & 54 &\\
 &   & 4 & 22 &   &\\
\hline
 & 2 & 11 & 42 &   &\\
 &   & 4 &   &   &\\
\hline
 & 2 & 15 &   &   &
\end{array}$$

所以

$$2x^4-x^3+2x-6=2(x-2)^4+15(x-2)^3+42(x-2)^2+54(x-2)+22.$$

从而

$$\dfrac{2x^4-x^3+2x-6}{(x-2)^5}=\dfrac{2}{x-2}+\dfrac{15}{(x-2)^2}+\dfrac{42}{(x-2)^3}+\dfrac{54}{(x-2)^4}+\dfrac{22}{(x-2)^5}.$$

(2) 设 $\dfrac{5x^2-4x+16}{(x-3)(x^2-x+1)}=\dfrac{A}{x-3}+\dfrac{Bx+C}{x^2-x+1}$，那么

$$A(x^2-x+1)+(x-3)(Bx+C)=(A+B)x^2+(C-A-3B)x+A-3C,$$

所以

$$A+B=5,A+3B-C=4,A-3C=16.$$

解之得 $A=7, B=-2, C=-3$，所以

$$\frac{5x^2-4x+16}{(x-3)(x^2-x+1)}=\frac{7}{x-3}-\frac{2x+3}{x^2-x+1}.$$

4～13. 略

思考与练习题 4

1～3. 略.

4. **解** (1) 因为 $\sin x$ 的定义域为 $\mathbb{R}$，所以 $y=\sin(\sin x)$ 的定义域为 $\mathbb{R}$.

(2) 因 $\lg x>0$，则 $x>1$，所以 $y=\lg(\lg x)$ 的定义域是 $(1,+\infty)$.

5～7. 略.

8. **解** 首先 $bc\neq ad$，由 $y=\dfrac{ax+b}{cx+d}$ 解得 $x=\dfrac{b-dy}{cy-a}$，交换 x 与 y 得 $y=\dfrac{b-dx}{cx-a}$.

当 $c\neq 0$ 时，原函数的定义域为 $x\neq-\dfrac{d}{c}$，反函数的定义域为 $x\neq\dfrac{a}{c}$.

因此，要使二函数相同，必须 $a=-d$，这时原函数为 $\dfrac{ax+b}{cx+d}=\dfrac{b-dx}{cx-a}$，即为反函数. 另外，当 $b=c=0$，且 $a=d\neq 0$ 时亦满足.

故当"$bc\neq ad$ 且 $a=-d$"或"$b=c=0$ 且 $a=d\neq 0$"时，该函数的反函数就是其本身.

9. **证** 设 $-\dfrac{\pi}{2}\leqslant x_1<x_2\leqslant\dfrac{\pi}{2}$，则 $f(x_1)-f(x_2)=2\cos\dfrac{x_1+x_2}{2}\sin\dfrac{x_1-x_2}{2}<0$，这是由于

$-\dfrac{\pi}{2}<\dfrac{x_1+x_2}{2}<\dfrac{\pi}{2}$，于是 $\cos\dfrac{x_1+x_2}{2}>0$；

而 $-\dfrac{\pi}{2}\leqslant\dfrac{x_1-x_2}{2}<0$，则 $\sin\dfrac{x_1-x_2}{2}<0$.

所以 $f(x_1)<f(x_2)$，即 $f(x)$ 严格递增.

10. **证** 任取 $x\in(-\infty,\infty)$，$x_1<x_2$，则

$$f(x_2)-f(x_1)=(x_2-x_1)+(\sin x_2-\sin x_1)$$

$$=(x_2-x_1)+2\cos\frac{x_1+x_2}{2}\sin\frac{x_1-x_2}{2}$$

$$\geqslant(x_2-x_1)-2\left|\cos\frac{x_1+x_2}{2}\right|\cdot\left|\sin\frac{x_1-x_2}{2}\right|$$

$$>(x_2-x_1)-2\cdot\left|\frac{x_2-x_1}{2}\right|=0\left(因\left|\sin\frac{x_2-x_1}{2}\right|<\frac{|x_2-x_1|}{2}\right),$$

即 $f(x_1)<f(x_2)$，所以 $f(x)=x+\sin x$ 在 $\mathbb{R}$ 上严格递增.

11. 略.

12. **解** (1) 对任意 $x\in(-\infty,+\infty)$ 有，

$$f(-x)=(-x)+\sin(-x)=-x-\sin x=-(x+\sin x)=-f(x),$$

故 $f(x)=x+\sin x$ 为 $(-\infty,+\infty)$ 上的奇函数.

(2) $f(x)=\lg(x+\sqrt{1+x^2})$ 在 $(-\infty,+\infty)$ 上有定义,对任意 $x\in(-\infty,+\infty)$ 有

$$f(-x)=\lg(-x+\sqrt{1+(-x)^2})=\lg(-x+\sqrt{1+x^2})$$
$$=-\lg(x+\sqrt{1+x^2})=-f(x).$$

所以 $f(x)=\lg(x+\sqrt{1+x^2})$ 为 $(-\infty,+\infty)$ 上的奇函数.

13. **证** $\forall x_1,x_2\in(0,+\infty),x_1<x_2$,则 $0>-x_1>-x_2$;由于 $y=f(x)$ 在区间 $(-\infty,0)$ 上是减函数,所以 $f(-x_1)<f(-x_2)$,但 $f(x)$ 是偶函数,所以有 $f(x_1)<f(x_2)$,从而 $f(x)$ 在区间 $(0,+\infty)$ 是增函数.

14. **证** $\forall x_1,x_2\in(-\infty,0),x_1<x_2$,则 $-x_1>-x_2>0$;由于 $y=f(x)$ 在区间 $(0,+\infty)$ 上是增函数,所以 $f(-x_1)>f(-x_2)$,但 $f(x)$ 是奇函数,所以有

$$-f(x_1)>-f(x_2),\quad 即\ f(x_1)<f(x_2).$$

从而 $f(x)$ 在区间 $(-\infty,0)$ 是增函数.

15. **解** (1) $f(x)=\cos^2 x=\dfrac{1}{2}(1+\cos 2x)$,而 $1+\cos 2x$ 的周期是 π,所以 $f(x)=\cos^2 x$ 的周期是 π.

(2) 因为 $\tan x$ 的周期是 π,所以 $f(x)=\tan 3x$ 的周期是 $\dfrac{\pi}{3}$.

(3) 因 $\sin x,\cos x$ 的周期是 2π,所以 $\cos\dfrac{x}{2}$ 的周期是 4π,$\sin\dfrac{x}{3}$ 的周期是 6π,故 $f(x)=\cos\dfrac{x}{2}+2\sin\dfrac{x}{3}$ 的周期是 12π.

16. **解** 因为 $f(x)=f(x-1)+f(x+1)$,所以 $f(x+1)=f(x)+f(x+2)$.

两式相加得

$$0=f(x-1)+f(x+2),\quad 即\ f(x+3)=-f(x).$$

所以 $f(x+6)=f(x)$,$f(x)$ 是以 6 为周期的周期函数.而 $2004=6\times334$,故 $f(2004)=f(0)=2004$.

17. **证** 令 $\alpha=\arctan x,\beta=\text{arccot} x$,那么 $x=\tan\alpha=\cot\beta$,并且

$$-\dfrac{\pi}{2}<\alpha<\dfrac{\pi}{2},0<\beta<\pi,故-\dfrac{\pi}{2}<\alpha+\beta<\dfrac{3}{2}\pi.$$

而 $\cot\beta=\tan\left(\dfrac{\pi}{2}-\beta\right)$,$-\dfrac{\pi}{2}<\dfrac{\pi}{2}-\beta<\dfrac{\pi}{2}$,此时在同一个单调区间 $\left(-\dfrac{\pi}{2},\dfrac{\pi}{2}\right)$ 内有 $\tan\alpha=\tan\left(\dfrac{\pi}{2}-\beta\right)$,那么 $\alpha=\dfrac{\pi}{2}-\beta\Rightarrow\alpha+\beta=\dfrac{\pi}{2}$.

18～24. 略.

思考与练习题 5

1～5. 略.

6. **解** 对原方程配方变形,有

$$0 = 2x - 2\sqrt{x - \frac{1}{x}} - 2\sqrt{1 - \frac{1}{x}} = \left[\left(x - \frac{1}{x}\right) - 2\sqrt{x - \frac{1}{x}} \right]$$

$$+ \left[(x-1) - 2\sqrt{1 - \frac{1}{x}} + \frac{1}{x} \right]$$

$$= \left(\sqrt{x - \frac{1}{x}} - 1 \right)^2 + \left(\sqrt{x-1} - \frac{1}{\sqrt{x}} \right)^2.$$

故得 $\begin{cases} \sqrt{x - \dfrac{1}{x}} = 1, \\ \sqrt{x-1} = \dfrac{1}{\sqrt{x}}. \end{cases}$ 方程组同解于 $x^2 - x - 1 = 0$. 解之取正值,得 $x = \dfrac{1 + \sqrt{5}}{2}$.

7. **解** 因为 $\sqrt{x^2+4} \geqslant 2$,所以 $4 - |x| \geqslant 2$,解得 $-2 \leqslant x \leqslant 2$.

当 $0 \leqslant x \leqslant 2$ 时,原方程可变形为 $(4-x)^2 = (\sqrt{x^2+4})^2$,即 $8x = 12$,解得 $x = \dfrac{3}{2}$.

当 $-2 \leqslant x < 0$ 时,原方程可变形为 $(4+x)^2 = (\sqrt{x^2+4})^2$,即 $8x = -12$,解得 $x = -\dfrac{3}{2}$.

8. **解** 由于 $\log_8 2\sqrt{2} = \dfrac{1}{2}$,原方程同解于 $\begin{cases} x - 2 > 0, \\ 16 - 3x > 0, \\ 16 - 3x \neq 1, \\ \sqrt{16 - 3x} = x - 2. \end{cases}$ 解这个混合方程组,得原

方程的根为 $x = 4$.

9. **解** 由 $x - my - (2+m) = 0$ 可解得 $x = my + 2 + m$,以此代入 $x^2 + 9y^2 - 9 = 0$,可消去 x,得未知元 y 的二次方程

$$y^2(m^2 + 9) + 2m(m+2)y + m^2 + 4m - 5 = 0. \tag{$*$}$$

(1) 如果 $m^2 + 9 = 0$,那么 $m = \pm 3\mathrm{i}$,对于 m 的每一个值,$(*)$ 式是一次方程,且 $2m(2+m) \neq 0$. 由 $\begin{cases} x - my - (2+m) = 0, \\ 2m(m+2)y + m^2 + 4m - 5 = 0 \end{cases}$ 可得唯一的解.

(2) 如果 $(*)$ 式是二次方程,且有二重根,那么

$$m^2(m+2)^2 - (m^2 + 9)(m^2 + 4m - 5) = 45 - 36m = 0,\ \text{即}\ m = \frac{5}{4}.$$

综上所述,原方程有唯一的解时 $m = 3\mathrm{i}$,或 $m = -3\mathrm{i}$,或 $m = \dfrac{5}{4}$.

10. 略.

11. 由于 $x = -1$ 是原方程的根,所以原方程可以分解为

$$(x+1)(x^6 + x^5 - 6x^4 - 7x^3 - 6x^2 + x + 1) = 0.$$

对于 $x^6 + x^5 - 6x^4 - 7x^3 - 6x^2 + x + 1 = 0$,用 x^3 除方程两边得

$$(x^3 + x^{-3}) + (x^2 + x^{-2}) - 6(x + x^{-1}) - 7 = 0.$$

令 $y = x + x^{-1}$,则 $x^2 + x^{-2} = y^2 - 2$,$x^3 + x^{-3} = y(y^2 - 3)$. 于是得

$$y^3 + y^2 - 9y - 9 = 0.$$

分解因式得 $(y-3)(y+1)(y+3) = 0$,所以有

$$x + x^{-1} = -1, \quad x + x^{-1} = 3, \quad x + x^{-1} = -3,$$

用 x 乘上面三式,并移项得
$$x^2 + x + 1 = 0, \quad x^2 - 3x + 1 = 0, \quad x^2 + 3x + 1 = 0.$$
于是
$$x = \frac{-1 \pm \sqrt{3}\,\mathrm{i}}{2}, \quad x = \frac{3 \pm \sqrt{5}}{2}, \quad x = \frac{-3 \pm \sqrt{5}}{2}.$$

所以原方程的根为 $x = -1, x = \dfrac{-1 \pm \sqrt{3}\,\mathrm{i}}{2}, x = \dfrac{3 \pm \sqrt{5}}{2}, x = \dfrac{-3 \pm \sqrt{5}}{2}.$

12. 用 x^2 除方程两边得 $(x^2 + x^{-2}) - 3(x - x^{-1}) = 0$,配方得
$$(x - x^{-1})^2 - 3(x - x^{-1}) + 2 = 0.$$
所以 $x - x^{-1} = 1$,或 $x - x^{-1} = 2$,即 $x^2 - x - 1 = 0$,或 $x^2 - 2x - 1 = 0$.所以原方程的根为 $x = \dfrac{1 \pm \sqrt{5}}{2}$ 和 $x = 1 \pm \sqrt{2}$.

13. **解** $f(x) = x^5 - 7x^4 + x^3 - x^2 + 7x - 1 = 0$ 是第二种奇次倒数方程,则
$$\begin{aligned} f(x) &= (x - 1)(x^4 - 6x^3 - 5x^2 - 6x + 1) \\ &= (x - 1)\left[(x^4 + 1) - 6(x^3 + x) - 5x^2\right] = 0. \end{aligned}$$
解得 $x = 1$ 或 $(x^4 + 1) - 6(x^3 + x) - 5x^2 = 0$.
因为 $x \neq 0$,将 $(x^4 + 1) - 6(x^3 + x) - 5x^2 = 0$ 的两端除以 x^2 得
$$\left(x^2 + \frac{1}{x^2}\right) - 6\left(x + \frac{1}{x}\right) - 5 = 0.$$
设 $x + \dfrac{1}{x} = y$,则 $x^2 + \dfrac{1}{x^2} = y^2 - 2$,于是方程变为 $y^2 - 6y - 7 = 0 \Rightarrow y = 7$ 或 $y = -1$.
由 $x + \dfrac{1}{x} = 7 \Rightarrow x = \dfrac{7 \pm \sqrt{45}}{2}$; 由 $x + \dfrac{1}{x} = -1 \Rightarrow x = \dfrac{-1 \pm \sqrt{3}\,\mathrm{i}}{2}$.
所以原方程的根是 $1, \dfrac{7 \pm \sqrt{45}}{2}, \dfrac{-1 \pm \sqrt{3}\,\mathrm{i}}{2}$.

14. **解** $f(x) = 0$ 是第二种偶次倒数方程,必有根 ± 1.
设 $g(x) = f(x) \div (x^2 - 1) = x^8 - 2x^6 + 3x^4 - 2x^2 + 1 = 0$.
因为 $x \neq 0$,将 $g(x)$ 两边除以 x^4,得
$$\left(x^4 + \frac{1}{x^4}\right) - 2\left(x^2 + \frac{1}{x^2}\right) + 3 = 0.$$
令 $x^2 + \dfrac{1}{x^2} = y$,则 $x^4 + \dfrac{1}{x^4} = y^2 - 2$,于是得
$$y^2 - 2y + 1 = 0 \Rightarrow y = 1.$$
由 $x^2 + \dfrac{1}{x^2} = 1$ 知无实数解.所以 $f(x) = 0$ 的实数根是 ± 1.

15~16. 略.

17. **解** $(5, 8, 19) = 1$.

方法一 $(5, 8) = 1$.令 $5x + 8y = s$,则 $s + 19z = 50$.
由 $5x + 8y = s$ 得: $x = -3s + 8u, y = 2s - 5u$;

由 $s+19z=50$ 得：$s=-7+19v,z=3-v$.

消去 s 得
$$x=21-57v+8u, \quad y=-14+38v-5u, \quad z=3-v.$$

方法二 取系数绝对值小的项,得
$$x=10-2y-4z+(2y+z)/5.$$

令 $(2y+z)/5=u$,即 $2y+z=5u$;

令 $y=v$,得
$$z=5u-2v, \quad y=v, \quad x=10-19u+6v.$$

18. 略.

19. **解** 原方程可变形为 $y^2+3x^2y^2-30x^2-10=507$,即
$$(y^2-10)(3x^2+1)=3\times13\times13.$$

由于 $3\nmid(3x^2+1)$,所以 $3\mid(y^2-10)$.

又因为 $3x^2+1>1$,所以 $y^2-10>0$,经实验可知 $y^2-10=39,3x^2+1=13$.

所以 $x=2,y=7$.

20. **解** 设大牛、小牛、牛犊各买 x,y,z 头,则得方程组
$$\begin{cases} x+y+z=100, \\ 10x+5y+\dfrac{1}{2}z=100, \end{cases} \quad 即 \quad \begin{cases} x+y+z=100, & (*) \\ 20x+10y+z=200. & (**) \end{cases}$$

$(**)$式$-(*)$式得 $19x+9y=100$,解之有 $\begin{cases} x=1-9u, \\ y=9+10u. \end{cases}$ 代入$(*)$式得 $z=90-10u,u$ 为整数.

据题意,应求正整数解,故 $1-9u>0,9+19u>0,90-10u>0$.所以
$$-\frac{9}{19}<u<\frac{1}{9},u=0. 于是 x=1,y=9,z=90.$$

思考与练习题 6

1~3. 略.

4. $a<1$.

5. **解** $\forall x\in\mathbb{R}$,不等式 $|x|\geqslant ax$ 恒成立,则由一次函数性质及图像知 $-1\leqslant a\leqslant1$,即 $|a|\leqslant1$.

6~7. 略.

8. **证** 即证
$$\frac{2x^2}{y+z}-x+\frac{2y^2}{z+x}-y+\frac{2z^2}{x+y}-z\geqslant0,$$

即
$$\frac{x}{y+z}(x-y+x-z)+\frac{y}{z+x}(y-z+y-x)+\frac{z}{x+y}(z-x+z-y)\geqslant0,$$

其中

$$\frac{x}{y+z}(x-y)+\frac{y}{z+x}(y-x)=(x-y)\left(\frac{x}{y+z}-\frac{y}{z+x}\right)$$

$$=\frac{x-y}{(y+z)(z+x)}(xz+x^2-y^2-yz)$$

$$=\frac{x-y}{(y+z)(z+x)}[(x-y)(x+y)+z(x-y)]$$

$$=\frac{(x-y)^2}{(y+z)(z+x)}(x+y+z).$$

所以

$$原式=\left[\frac{(x-y)^2}{(y+z)(z+x)}+\frac{(y-z)^2}{(z+x)(x+y)}+\frac{(z-x)^2}{(x+y)(y+z)}\right](x+y+z)\geqslant 0.$$

故原不等式成立.

9. 证 只需证 $\dfrac{2a^4}{b^2+c^2}-a^2+\dfrac{2b^4}{c^2+a^2}-b^2+\dfrac{2c^4}{a^2+b^2}-c^2\geqslant 0$,即

$$\frac{a^2}{b^2+c^2}(a^2-b^2+a^2-c^2)+\frac{b^2}{c^2+a^2}(b^2-c^2+b^2-a^2)+\frac{c^2}{a^2+b^2}(c^2-a^2+c^2-b^2)\geqslant 0.$$

其中

$$(a^2-b^2)\left(\frac{a^2}{b^2+c^2}-\frac{b^2}{c^2+a^2}\right)=\frac{a^2-b^2}{(b^2+c^2)(c^2+a^2)}(a^2c^2+a^4-b^4-b^2c^2)$$

$$=\frac{a^2-b^2}{(b^2+c^2)(c^2+a^2)}[c^2(a^2-b^2)+(a^2+b^2)(a^2-b^2)]$$

$$=\frac{(a^2-b^2)^2(a^2+b^2+c^2)}{(b^2+c^2)(c^2+a^2)}.$$

所以

$$原式=(a^2+b^2+c^2)\left[\frac{(a^2-b^2)^2}{(b^2+c^2)(c^2+a^2)}+\frac{(b^2-c^2)^2}{(c^2+a^2)(a^2+b^2)}+\frac{(c^2-a^2)^2}{(a^2+b^2)(b^2+c^2)}\right]\geqslant 0.$$

故原不等式成立.

10. 证 记 $y=\dfrac{\sec^2 x-\tan x}{\sec^2 x+\tan x}=\dfrac{\tan^2 x+1-\tan x}{\tan^2 x+1+\tan x}$,再令 $t=\tan x$,则 $-\infty<t<+\infty$,那么 $y=\dfrac{t^2+1-t}{t^2+1+t}$,于是 $(y-1)t^2+(y+1)t+y-1=0$.

由于函数 $f(t)=y=\dfrac{t^2+1-t}{t^2+1+t}$ 的值域不是空集,而 t 是任意实数,所以关于 t 的方程 $(y-1)t^2+(y+1)t+y-1=0$ 有实数解.

当 $y\neq 1$ 时,对应的二次方程的判别式

$$\Delta=(y+1)^2-4(y-1)^2=-(3y-1)(y-3)\geqslant 0\Rightarrow\frac{1}{3}\leqslant y\leqslant 3(y\neq 1).$$

当 $y=1$ 时,方程变成 $2t=0$,这个方程有解,即 $y=1$ 是 $f(t)=y=\dfrac{t^2+1-t}{t^2+1+t}$ 在 $t=0$ 的函数值,所以,函数 $f(t)=y=\dfrac{t^2+1-t}{t^2+1+t}$ 的值域为 $\dfrac{1}{3}\leqslant y\leqslant 3$,即

$$\frac{1}{3} \leqslant \frac{\sec^2 x - \tan x}{\sec^2 x + \tan x} \leqslant 3.$$

11. 证 原不等式变形为 $n\left(\dfrac{n+1}{2}\right)^2 > \sqrt[n]{n!^3}$.

因为 $n! = 1 \cdot 2 \cdot 3 \cdot \cdots \cdot n$, 所以 $n!^3 = 1^3 \cdot 2^3 \cdot \cdots \cdot n^3$.

又因为 $\dfrac{1^3 + 2^3 + 3^3 + \cdots + n^3}{n} > \sqrt[n]{1^3 \cdot 2^3 \cdot \cdots \cdot n^3} = \sqrt[n]{n!^3}$, 故

$$\frac{[n(n+1)]^2}{n} > \sqrt[n]{n!^3} \Rightarrow \frac{n(n+1)^2}{4} > \sqrt[n]{n!^3},$$

即

$$n\left(\frac{n+1}{2}\right)^2 > \sqrt[n]{n!^3} \Rightarrow (n!)^3 < n^n \left(\frac{n+1}{2}\right)^{2n}.$$

12. 证 由于 x, y, z 是正数, 由柯西不等式有

$$(x+y+z)\left(\frac{a^2}{x} + \frac{b^2}{y} + \frac{c^2}{z}\right) = \left[(\sqrt{x})^2 + (\sqrt{y})^2 + (\sqrt{z})^2\right]\left(\frac{a^2}{x} + \frac{b^2}{y} + \frac{c^2}{z}\right)$$

$$\geqslant \left[\sqrt{x}\,\frac{a}{\sqrt{x}} + \sqrt{y}\,\frac{b}{\sqrt{y}} + \sqrt{z}\,\frac{c}{\sqrt{z}}\right]^2 = (a+b+c)^2,$$

所以 $\dfrac{a^2}{x} + \dfrac{b^2}{y} + \dfrac{c^2}{z} \geqslant \dfrac{(a+b+c)^2}{x+y+z}$ 成立.

13. 证 不失一般性, 不妨设 $a_1 < a_2 < \cdots < a_n$, 同时由于 $a_1, a_2, \cdots, a_n$ 是互不相同的正整数, 所以必有 $1 \leqslant a_1, 2 \leqslant a_2, \cdots, n \leqslant a_n$. 因此

$$1 + \frac{1}{2} + \cdots + \frac{1}{n} = 1 \cdot \frac{1}{1} + \frac{1}{2} \cdot \frac{2}{2} + \cdots + \frac{1}{n}\,\frac{n}{n} \leqslant 1 \cdot \frac{a_1}{1} + \frac{1}{2} \cdot \frac{a_2}{2} + \cdots + \frac{1}{n}\,\frac{a_n}{n}$$

$$= a_1 + \frac{a_2}{2^2} + \cdots + \frac{a_n}{n^2}.$$

14. 答 设平面上有点 $P(x_0, y_0)$, 直线为 $Ax + By + c = 0$. 由柯西不等式, 有

$$(A^2 + B^2)\left[(x - x_0)^2 + (y - y_0)^2\right] \geqslant \left[A(x - x_0) + B(y - y_0)\right]^2$$

$$= \left[(Ax + By) - (Ax_0 + By_0)\right]^2.$$

因为 $Ax + By = -C$, 且 $A^2 + B^2 > 0$ 故有

$$\sqrt{(x - x_0)^2 + (y - y_0)^2} \geqslant \frac{|Ax_0 + By_0 + C|}{\sqrt{A^2 + B^2}}$$

15. 解 不妨设 $a \leqslant b \leqslant c$, 则 $A \leqslant B \leqslant C$, 由排序不等式, 得

$$aA + bB + cC \geqslant bA + cB + aC,\ aA + bB + cC \geqslant cA + aB + bC.$$

$$\text{又 } aA + bB + cC = aA + bB + cC.$$

三式相加得

$$3(aA + bB + cC) \geqslant (a+b+c)(A+B+C) = \pi(a+b+c),\ \text{即} \frac{aA + bB + cC}{a+b+c} \geqslant \frac{\pi}{3}.$$

16. 证 由 $x + y + z = a\ (a > 0)$, $x^2 + y^2 + z^2 = \dfrac{1}{2}a^2$, 得 $x^2 + y^2 + (a - x - y)^2 = \dfrac{1}{2}a^2$, $x^2 + (y - a)x + \left(y^2 - ay + \dfrac{1}{4}a^2\right) = 0$. 其判别式 $\Delta = (y - a)^2 - 4\left(y^2 - ay + \dfrac{1}{4}a^2\right) \geqslant 0$ (因 $x \in \mathbb{R}$). 从而, $3y^2 - 2ay \leqslant 0$, 即 $0 \leqslant y \leqslant \dfrac{2}{3}a$.

同理可证 $0 \leqslant x \leqslant \frac{2}{3}a, 0 \leqslant z \leqslant \frac{2}{3}a$.

17. 证 不失一般性,设 $a \geqslant b \geqslant c$,令 $a = c+m, b = c+n$,则 $m \geqslant n \geqslant 0$. 于是有

$$3abc - a^2(b+c-a) - b^2(c+a-b) - c^2(a+b-c)$$
$$= a(a-b)(a-c) + b(b-c)(b-a) + c(c-a)(c-b)$$
$$= (c+m)(m-n)m + (c+n)n(n-m) + cmn$$
$$= (m-n)[c(m-n) + (m^2-n^2)] + cmn \geqslant 0.$$

故

$$a^2(b+c-a) + b^2(c+a-b) + c^2(a+b-c) \leqslant 3abc.$$

18. 证 设 $x^2 + y^2 = \lambda^2$,则由题设可知,$|\lambda| \leqslant 1$,并可设 $x = \lambda\cos\theta, y = \lambda\sin\theta$. 于是

$$x^2 + 2xy - y^2 = \lambda^2(\cos^2\theta + 2\cos\theta\sin\theta - \sin^2\theta)$$
$$= \lambda^2(\cos2\theta + \sin2\theta) = \lambda^2\sqrt{2}\sin\left(\theta + \frac{\pi}{4}\right).$$

故 $|x^2 + 2xy - y^2| \leqslant \sqrt{2}$.

19. 证 欲证 $\left|\frac{a+b}{1+ab}\right| < 1$ 成立,只需 $\left(\frac{a+b}{1+ab}\right)^2 < 1$,即证 $(a+b)^2 < (1+ab)^2$.

则只需 $(1+ab)^2 - (a+b)^2 > 0$,也就是 $1 + a^2b^2 - a^2 - b^2 > 0$,即证 $(1-a^2)(1-b^2) > 0$. 而 $|a| < 1, |b| < 1$,所以 $(1-a^2)(1-b^2) > 0$ 成立. 命题得证.

20. 证 $a^p b^q c^r = \sqrt[n]{\underbrace{a^n \cdots a^n}_{p} \cdot \underbrace{b^n \cdots b^n}_{q} \cdot \underbrace{c^n \cdots c^n}_{r}} \leqslant \frac{pa^n + qb^n + rc^n}{n}$.

同理 $a^q b^r c^p \leqslant \frac{qa^n + rb^n + pc^n}{n}$,$a^r b^p c^q \leqslant \frac{ra^n + pb^n + qc^n}{n}$.

三式相加,即得 $a^n + b^n + c^n \geqslant a^p b^q c^r + a^q b^r c^p + a^r b^p c^q$.

21. 解 由柯西不等式得 $(2b^2 + 3c^2 + 6d^2)\left(\frac{1}{2} + \frac{1}{3} + \frac{1}{6}\right) \geqslant (b+c+d)^2$,即 $2b^2 + 3c^2 + 6d^2 \geqslant (b+c+d)^2$. 由条件可得 $5 - a^2 \geqslant (3-a)^2$,解得 $1 \leqslant a \leqslant 2$,当且仅当 $\frac{\sqrt{2b}}{\sqrt{\frac{1}{2}}} = \frac{\sqrt{3c}}{\sqrt{\frac{1}{3}}} = \frac{\sqrt{6d}}{\sqrt{\frac{1}{6}}}$ 时等号成立.

当 $b = \frac{1}{2}, c = \frac{1}{3}, d = \frac{1}{6}$ 时,$a_{\max} = 2$;当 $b = 1, c = \frac{2}{3}, d = \frac{1}{3}$ 时,$a_{\min} = 1$.

故所求实数 a 的取值范围是 $[1, 2]$

22. 证 记 $f(x) = x^8 - x^5 + x^2 - x + 1$.

(1) 当 $x \in (-\infty, 0)$ 时,显然 $f(x) > 0$;

(2) 当 $x \in (0, 1)$ 时,$f(x) = x^8 + x^2(1-x^3) + (1-x) > 0$;

(3) $x \in [1, +\infty)$ 时,$f(x) = x^5(x^3-1) + x(x-1) + 1 > 0$.

综合 (1),(2),(3),可知 $f(x)$ 恒正. 所以方程无实根.

23. $\left(\frac{\sqrt{7}-1}{2}, \frac{\sqrt{3}+1}{2}\right)$.

24. $m > -\frac{1}{2}$.

思考与练习题 7

1. 略.

2. **解** 数列 $\left\{\dfrac{1}{a_n}\right\}$ 为等差数列. 理由如下: 因为对任意 $n\in\mathbb{N}^*$ 都有

$$a_n + b_n = 1, \frac{a_{n+1}}{a_n} = \frac{b_n}{1-a_n^2}.$$

所以 $\dfrac{a_{n+1}}{a_n}=\dfrac{b_n}{1-a_n^2}=\dfrac{1-a_n}{1-a_n^2}=\dfrac{1}{1+a_n}$. 于是 $\dfrac{1}{a_{n+1}}=\dfrac{1}{a_n}+1$, 即 $\dfrac{1}{a_{n+1}}-\dfrac{1}{a_n}=1$. 故数列 $\left\{\dfrac{1}{a_n}\right\}$ 是首项为 $\dfrac{1}{a_1}$, 公差为 1 的等差数列.

3. **解** (1) 由 $a_n=\dfrac{1}{3}(a_{n-1}-a_{n-2})$ 得 $a_n-a_{n-1}=-\dfrac{2}{3}(a_{n-1}-a_{n-2})(n\geqslant 3)$.

又 $a_2-a_1=1\neq 0$, 所以数列 $\{a_{n+1}-a_n\}$ 是首项为 1 公比为 $-\dfrac{2}{3}$ 的等比数列, $a_{n+1}-a_n=\left(-\dfrac{2}{3}\right)^{n-1}$;

$$
\begin{aligned}
a_n &= a_1 + (a_2-a_1) + (a_3-a_2) + (a_4-a_3) + \cdots + (a_n-a_{n-1}) \\
&= 1 + 1 + \left(-\frac{2}{3}\right) + \left(-\frac{2}{3}\right)^2 + \cdots + \left(-\frac{2}{3}\right)^{n-2} \\
&= 1 + \frac{1-\left(-\frac{2}{3}\right)^{n-1}}{1+\frac{2}{3}} = \frac{8}{5} - \frac{3}{5}\left(-\frac{2}{3}\right)^{n-1}.
\end{aligned}
$$

4. **解** 由 $\begin{cases} -1\leqslant b_1+b_2\leqslant 1, \\ -1\leqslant b_2\leqslant 1, \\ b_2\in\mathbb{Z}, b_2\neq 0, \end{cases}$ 得 $b_2=-1$, 由 $\begin{cases} -1\leqslant b_2+b_3\leqslant 1, \\ -1\leqslant b_3\leqslant 1, \\ b_3\in\mathbb{Z}, b_3\neq 0, \end{cases}$ 得 $b_3=1, \cdots$

同理可得, 当 n 为偶数时, $b_n=-1$; 当 n 为奇数时, $b_n=1$.

因此 $b_n=\begin{cases} 1, & n \text{ 为奇数}, \\ -1, & n \text{ 为偶数}. \end{cases}$

5. **解** 因为数列 $\{\sqrt{S_n}\}$ 是首项为 1, 公差为 1 的等差数列, 所以

$$\sqrt{S_n} = 1 + (n-1) = n, \text{ 即 } S_n = n^2.$$

当 $n=1$ 时, $a_1=S_1=1$; 当 $n\geqslant 2$ 时, $a_n=S_n-S_{n-1}=n^2-(n-1)^2=2n-1$.

又 $a_1=1$ 适合上式, 所以 $a_n=2n-1$.

6. **解** 因为 $T_n=2S_n-n^2$, 所以①当 $n=1$ 时, $S_1=1$;

② 当 $n\geqslant 2$ 时, 有

$S_n = T_n - T_{n-1} = (2S_n-n^2) - [2S_{n-1}-(n-1)^2] = 2S_n - 2S_{n-1} - 2n+1 = 2a_n - 2n + 1.$

对 $n=1$ 也符合.

当 $n\geqslant 2$ 时

$$a_n = S_n - S_{n-1} = (2a_n - 2n + 1) - [2a_{n-1} - 2(n-1) + 1]$$
$$= 2a_n - 2a_{n-1} - 2, 即 a_n = 2a_{n-1} + 2.$$

设 $a_n + k = 2(a_{n-1} + k)$，化简整理得 $a_n = 2a_{n-1} + k$，所以 $k = 2$，即 $a_n + 2 = 2(a_{n-1} + 2)$.

设 $b_n = a_n + 2$，则 $b_n = 2b_{n-1}$，因此数列 $\{b_n\}$ 是一个以 $b_1 = a_1 + 2 = 3$ 为首项，以 $q = 2$ 为公比的等比数列，所以 $b_n = 3 \times 2^{n-1}, a_n = b_n - 2 = 3 \times 2^{n-1} - 2$，对 $n = 1$ 也符合.

所以 $a_n = 3 \times 2^{n-1} - 2$.

7. **解** （1）当 $n = 1$ 时，$a_1 = S_1 = 1 + p + q$；

当 $n \geq 2$ 时，有

$$a_n = S_n - S_{n-1} = n^2 + pn + q - [(n-1)^2 + p(n-1) + q] = 2n - 1 + p;$$

因为 $\{a_n\}$ 是等差数列，所以 $1 + p + q = 2 \times 1 = 1 + p$，得 $q = 0$.

又 $a_2 = 3 + p, a_3 = 5 + p, a_5 = 9 + p$，而 a_2, a_3, a_5 成等比数列，所以 $a_3^2 = a_2 a_5$，即 $(5 + p)^2 = (3 + p)(9 + p)$，解得 $p = -1$.

（2）由（1）得 $a_n = 2n - 2$.

因为 $a_n + \log_2 n = \log_2 b_n$，所以 $b_n = n 2^{a_n} = n 2^{2n-2} = n 4^{n-1}$，故

$$T_n = b_1 + b_2 + b_3 + \cdots + b_{n-1} + b_n$$
$$= 4^0 + 2 \times 4^1 + 3 \times 4^2 + \cdots + (n-1)4^{n-2} + n4^{n-1}, \quad (*)$$
$$4T_n = 4^1 + 2 \times 4^2 + 3 \times 4^3 + \cdots + (n-1)4^{n-1} + n4^n. \quad (**)$$

（*）式 $-$（**）式得

$$-3T_n = 4^0 + 4^1 + 4^2 + \cdots + 4^{n-1} - n4^n = \frac{1 - 4^n}{1 - 4} - n4^n = \frac{(1 - 3n)4^n - 1}{3},$$

故 $T_n = \dfrac{1}{9}[(3n - 1)4^n + 1]$.

8. **证明** 因为 $a_1 = b_1$，且 $a_1 + b_1 = 1$，所以 $a_1 = b_1 = \dfrac{1}{2}$. 由（1）知 $\dfrac{1}{a_n} = 2 + (n - 1) = n + 1$.

所以 $a_n = \dfrac{1}{n+1}, b_n = 1 - a_n = \dfrac{n}{n+1}$. 所证不等式

$$(1 + a_n)^{n+1} \cdot b_n^n > 1, \quad 即 \left(1 + \frac{1}{n+1}\right)^{n+1} \cdot \left(\frac{n}{n+1}\right)^n > 1,$$

也即证明 $\left(1 + \dfrac{1}{n+1}\right)^{n+1} > \left(1 + \dfrac{1}{n}\right)^n$.

令 $f(x) = \dfrac{\ln x}{x - 1} (x > 1)$，则 $f'(x) = \dfrac{\dfrac{x-1}{x} - \ln x}{(x-1)^2}$；再令 $g(x) = \dfrac{x-1}{x} - \ln x$，则

$$g'(x) = \frac{1}{x^2} - \frac{1}{x} = \frac{1 - x}{x^2}.$$

当 $x > 1$ 时，$g'(x) < 0$，所以函数 $g(x)$ 在 $[1, +\infty)$ 上单调递减.

当 $x > 1$ 时，$g(x) < g(1) = 0$，即 $\dfrac{x-1}{x} - \ln x < 0$.

于是当 $x>1$ 时，$f'(x)=\dfrac{\frac{x-1}{x}-\ln x}{(x-1)^2}<0$，所以函数 $f(x)=\dfrac{\ln x}{x-1}$ 在 $(1,+\infty)$ 上单调

递减.

因为 $1<1+\dfrac{1}{n+1}<1+\dfrac{1}{n}$，所以 $f\left(1+\dfrac{1}{n+1}\right)>f\left(1+\dfrac{1}{n}\right)$，即

$$\dfrac{\ln\left(1+\frac{1}{n+1}\right)}{1+\frac{1}{n+1}-1}>\dfrac{\ln\left(1+\frac{1}{n}\right)}{1+\frac{1}{n}-1}，于是 \ln\left(1+\dfrac{1}{n+1}\right)^{n+1}>\ln\left(1+\dfrac{1}{n}\right)^n，所以$$

$$\left(1+\dfrac{1}{n+1}\right)^{n+1}>\left(1+\dfrac{1}{n}\right)^n,$$

故 $(1+a_n)^{n+1}b_n^n>1$ 成立.

9. 解 因为 $\dfrac{1}{a_na_{n+1}}=\dfrac{1}{(3n-2)(3n+1)}=\dfrac{1}{3}\left(\dfrac{1}{3n-2}-\dfrac{1}{3n+1}\right)$，所以

$$S_n=\dfrac{1}{a_1a_2}+\dfrac{1}{a_2a_3}+\dfrac{1}{a_3a_4}+\cdots+\dfrac{1}{a_{n-1}a_n}+\dfrac{1}{a_na_{n+1}}$$

$$=\dfrac{1}{3}\left(1-\dfrac{1}{4}\right)+\dfrac{1}{3}\left(\dfrac{1}{4}-\dfrac{1}{7}\right)+\dfrac{1}{3}\left(\dfrac{1}{7}-\dfrac{1}{10}\right)+\cdots+\dfrac{1}{3}\left(\dfrac{1}{3n-5}-\dfrac{1}{3n-2}\right)$$

$$+\dfrac{1}{3}\left(\dfrac{1}{3n-2}-\dfrac{1}{3n+1}\right)$$

$$=\dfrac{1}{3}\left(1-\dfrac{1}{3n+1}\right)=\dfrac{n}{3n+1}.$$

假设存在正整数 m,n，且 $1<m<n$，使得 S_1,S_m,S_n 成等比数列，则 $S_m^2=S_1S_n$，即

$\left(\dfrac{m}{3m+1}\right)^2=\dfrac{1}{4}\times\dfrac{n}{3n+1}$. 所以 $n=\dfrac{4m^2}{-3m^2+6m+1}$.

因为 $n>0$，所以 $-3m^2+6m+1>0$，即 $3m^2-6m-1<0$；

因为 $m>1$，所以 $1<m<1+\dfrac{2\sqrt{3}}{3}<3$；

因为 $m\in\mathbb{N}^*$，所以 $m=2$；此时 $n=\dfrac{4m^2}{-3m^2+6m+1}=16$；

所以存在满足题意的正整数 m,n，且只有一组解，即 $m=2,n=16$.

思考与练习题 8

1~19. 略.

20. 证 由正弦定理，有 $\dfrac{|PF_1|}{\sin\beta}=\dfrac{|PF_2|}{\sin\alpha}=\dfrac{|F_1F_2|}{\sin\theta}$，所以

$$\dfrac{|F_1F_2|}{|PF_1|+|PF_2|}=\dfrac{\sin\theta}{\sin\alpha+\sin\beta}=\dfrac{\sin(\alpha+\beta)}{\sin\alpha+\sin\beta},$$

于是

$$e = \frac{c}{a} = \frac{\sin(\alpha+\beta)}{\sin\alpha + \sin\beta} = \frac{2\sin\frac{\alpha+\beta}{2}\cos\frac{\alpha+\beta}{2}}{2\sin\frac{\alpha+\beta}{2}\cos\frac{\alpha-\beta}{2}}$$

$$= \frac{\cos\frac{\alpha+\beta}{2}}{\cos\frac{\alpha-\beta}{2}} = \frac{\cos\frac{\alpha}{2}\cdot\cos\frac{\beta}{2} - \sin\frac{\alpha}{2}\cdot\sin\frac{\beta}{2}}{\cos\frac{\alpha}{2}\cdot\cos\frac{\beta}{2} + \sin\frac{\alpha}{2}\cdot\sin\frac{\beta}{2}}$$

$$= \frac{1 - \tan\frac{\alpha}{2}\cdot\tan\frac{\beta}{2}}{1 + \tan\frac{\alpha}{2}\cdot\tan\frac{\beta}{2}}.$$

故 $\tan\frac{\alpha}{2}\cdot\tan\frac{\beta}{2} = \frac{1-e}{1+e}$.

21. **证** 因为 $S_{\triangle F_1PF_2} = \frac{1}{2}|F_1F_2|h = \frac{1}{2}2c|y_0|$, $S_{\triangle F_1PF_2} = b^2\tan\frac{\theta}{2}$,

$$\frac{1}{2}2c|y_0| = b^2\tan\frac{\theta}{2}.$$

因为 $y_0 > 0$, 所以 $y_0 = \frac{b^2}{c}\tan\frac{\theta}{2}$.

22. **证** 易知,弦 AB 的参数方程为 $\begin{cases} x = x_0 + t\cos\theta \\ y = y_0 + t\sin\theta \end{cases}$ (t 为参数),将其代入椭圆 C 的方程,化简得

$$(b^2\cos^2\theta + a^2\sin^2\theta)t^2 + 2(b^2x_0\cos\theta + a^2y_0\sin\theta)t + (b^2x_0^2 + a^2y_0^2 - a^2b^2) = 0,$$

由参数 t 的几何意义可知,$|PA|\cdot|PB| = |t_1t_2| = \frac{|b^2x_0^2 + a^2y_0^2 - a^2b^2|}{b^2\cos^2\theta + a^2\sin^2\theta}$.

23. **证** 在 $\triangle F_1PF_2$ 中,由余弦定理,有

$$|PF_1|^2 + |PF_2|^2 - 2|PF_1|\cdot|PF_2|\cdot\cos\theta = |F_1F_2|^2 = (2c)^2. \qquad (*)$$

因为 $||PF_1| - |PF_2|| = 2a$,所以

$$|PF_1|^2 + |PF_2|^2 - 2|PF_1|\cdot|PF_2| = 4a^2. \qquad (**)$$

由 $(*)$ 式, $(**)$ 式得 $|PF_1|\cdot|PF_2| = \frac{2b^2}{1-\cos\theta}$.

24. **证** 因为 $S_{\triangle F_1PF_2} = \frac{1}{2}|F_1F_2||y_0|$, $S_{\triangle F_1PF_2} = b^2\cot\frac{\theta}{2}$,所以

$$\frac{1}{2}\cdot2c|y_0| = b^2\cot\frac{\theta}{2}.$$

因为 $y_0 < 0$,所以 $y_0 = -\frac{b^2}{c}\cot\frac{\theta}{2}$.

25. **证** 由正弦定理,有

$$\frac{|PF_1|}{\sin\beta} = \frac{|PF_2|}{\sin\alpha} = \frac{|F_1F_2|}{\sin\theta} = \frac{|F_1F_2|}{\sin(\alpha+\beta)}.$$

因为 $\sin\beta \neq \sin\alpha$,所以 $\frac{|PF_1| - |PF_2|}{\sin\beta - \sin\alpha} = \frac{|F_1F_2|}{\sin(\alpha+\beta)}$,即

$$\frac{a}{\cos\dfrac{\beta+\alpha}{2}\cdot\sin\dfrac{\beta-\alpha}{2}}=\frac{c}{\sin\dfrac{\beta+\alpha}{2}\cdot\cos\dfrac{\beta+\alpha}{2}}.$$

又 $0<\alpha+\beta<\pi$，$\cos\dfrac{\alpha+\beta}{2}\ne 0$，所以

$$e=\frac{c}{a}=\frac{\sin\dfrac{\beta+\alpha}{2}}{\sin\dfrac{\beta-\alpha}{2}}.$$

26. **证** 参见图 8.18，设抛物线方程为 $x^2=2py(p>0)$，则点 P,Q 的坐标可分别设为 $(2pt_1,2pt_1^2)$，$(2pt_2,2pt_2^2)$．因为 P,F,Q 三点共线，所以

$$\frac{2pt_1^2-\dfrac{p}{2}}{2pt_1}=\frac{2pt_2^2-\dfrac{p}{2}}{2pt_2}.$$

化简，得 $4t_1t_2=-1$．

又 PA 的方程为 $y=t_1x$，QN 的方程为 $x=2pt_2$．

由 $y=t_1x$ 及 $x=2pt_2$ 得 $y=2pt_1t_2=-\dfrac{p}{2}$，即点 N 的坐标为 $\left(2pt_2,-\dfrac{p}{2}\right)$．

同理点 M 的坐标为 $\left(2pt_1,-\dfrac{p}{2}\right)$．于是

$$k_{MF}\cdot k_{NF}=\frac{p}{-2pt_1}\cdot\frac{p}{-2pt_2}=-1，即\ MF\perp NF.$$

27. **证** 易知，弦 AB 的参数方程为 $\begin{cases}x=x_0+t\cos\theta,\\ y=y_0+t\sin\theta\end{cases}$（$t$ 为参数），将其代入椭圆 C 的方程，化简，得

$$(b^2\cos^2\theta-a^2\sin^2\theta)t^2+2(b^2x_0\cos\theta-a^2y_0\sin\theta)t+(b^2x_0^2-a^2y_0^2-a^2b^2)=0.$$

由参数 t 的几何意义可知，$|PA|\cdot|PB|=|t_1t_2|=\dfrac{|b^2x_0^2-a^2y_0^2-a^2b^2|}{|b^2\cos^2\theta-a^2\sin^2\theta|}.$

28. **证** 易知，弦 AB 的参数方程为 $\begin{cases}x=x_0+t\cos\theta,\\ y=y_0+t\sin\theta\end{cases}$（$t$ 为参数），将其代入椭圆 C 的方程，化简，得

$$t^2\sin^2\theta+2(y_0\sin\theta-p\cos\theta)t+(y_0^2-2px_0)=0.$$

由参数 t 的几何意义可知，$|PA|\cdot|PB|=|t_1t_2|=\dfrac{|y_0^2-2px_0|}{\sin^2\theta}.$

思考与练习题 9

1. **证** $A>B\Leftrightarrow a>b\Leftrightarrow 2R\sin A>2R\sin B\Leftrightarrow\sin A>\sin B.$

2. 1.

3. $\dfrac{8}{7}.$

4.解　$\sin A = \sin 75° = \sin(30°+45°) = \sin 30°\cos 45° + \sin 45°\cos 30° = \dfrac{\sqrt{2}+\sqrt{6}}{4}$.

由 $a = c = \sqrt{6}+\sqrt{2}$ 可知,$\angle C = 75°$,所以 $\angle B = 30°$,$\sin B = \dfrac{1}{2}$.

由正弦定理得 $b = \dfrac{a}{\sin A}\cdot\sin B = \dfrac{\sqrt{2}+\sqrt{6}}{\frac{\sqrt{2}+\sqrt{6}}{4}}\times\dfrac{1}{2}=2$.

5. 等边三角形.

6. **提示**　延长 AM 至 D,使 $AM = MD$,则四边形 $ABDC$ 为平行四边形,然后在 $\triangle ABD$ 中利用余弦定理求解,也可以利用中线长公式求解.答案 $\sqrt{7}$.

7. $c = \sqrt{10}$ 或 $\sqrt{6}$.

8. $2\sqrt{3}$.

9. **解**　(1)由余弦定理及已知条件得,$a^2+b^2-ab=4$.又因为 $\triangle ABC$ 的面积等于 $\sqrt{3}$,所以 $\dfrac{1}{2}ab\sin C = \sqrt{3}$,得 $ab = 4$.

联立方程组 $\begin{cases} a^2+b^2-ab=4, \\ ab=4, \end{cases}$ 解得 $a=2,b=2$.

(2) 由题意得
$$\sin(B+A)+\sin(B-A)=4\sin A\cos A,\quad 即\ \sin B\cos A = 2\sin A\cos A.$$

当 $\cos A = 0$ 时,$A=\dfrac{\pi}{2}$,$B=\dfrac{\pi}{6}$,$a=\dfrac{4\sqrt{3}}{3}$,$b=\dfrac{2\sqrt{3}}{3}$;

当 $\cos A \neq 0$ 时,得 $\sin B = 2\sin A$,由正弦定理得 $b=2a$,联立方程组 $\begin{cases} a^2+b^2-ab=4, \\ b=2a \end{cases}$ 解得 $a=\dfrac{2\sqrt{3}}{3}$,$b=\dfrac{4\sqrt{3}}{3}$.

所以 $\triangle ABC$ 的面积 $S = \dfrac{1}{2}ab\sin C = \dfrac{2\sqrt{3}}{3}$.

10. **解**　(1)因为 A,B,C 为 $\triangle ABC$ 的内角,且 $B=\dfrac{\pi}{3}$,$\cos A = \dfrac{4}{5}$,所以 $C=\dfrac{2\pi}{3}-A$,$\sin A = \dfrac{3}{5}$,于是
$$\sin C = \sin\left(\dfrac{2\pi}{3}-A\right) = \dfrac{\sqrt{3}}{2}\cos A + \dfrac{1}{2}\sin A = \dfrac{3+4\sqrt{3}}{10}.$$

(2) 由(1)知 $\sin A = \dfrac{3}{5}$,$\sin C = \dfrac{3+4\sqrt{3}}{10}$.

又因为 $B=\dfrac{\pi}{3}$,$b=\sqrt{3}$,所以在 $\triangle ABC$ 中,由正弦定理,得 $a = \dfrac{b\sin A}{\sin B} = \dfrac{6}{5}$.

所以 $\triangle ABC$ 的面积 $S = \dfrac{1}{2}ab\sin C = \dfrac{1}{2}\times\dfrac{6}{5}\times\sqrt{3}\times\dfrac{3+4\sqrt{3}}{10} = \dfrac{36+9\sqrt{3}}{50}$.

11. 解 (2) 由 $\cos B = -\dfrac{5}{13}$, 得 $\sin B = \dfrac{12}{13}$. 由 $\cos C = \dfrac{4}{5}$, 得 $\sin C = \dfrac{3}{5}$. 所以

$$\sin A = \sin(B+C) = \sin B\cos C + \cos B\sin C = \dfrac{33}{65}.$$

(2) 由 $S_{\triangle ABC} = \dfrac{33}{2}$, 得 $\dfrac{1}{2}\cdot AB\cdot AC\cdot\sin A = \dfrac{33}{2}$.

由(1)知 $\sin A = \dfrac{33}{65}$, 故 $AB\cdot AC = 65$.

又 $AC = \dfrac{AB\cdot\sin B}{\sin C} = \dfrac{20}{13}AB$, 故 $\dfrac{20}{13}AB^2 = 65$, 于是 $AB = \dfrac{13}{2}$.

所以 $BC = \dfrac{AB\cdot\sin A}{\sin C} = \dfrac{11}{2}$.

12. 解 (1) $\triangle ABC$ 的内角和 $A+B+C = \pi$, 由 $A = \dfrac{\pi}{3}, B > 0, C > 0$ 得 $0 < B < \dfrac{2\pi}{3}$.

应用正弦定理, 知

$$AC = \dfrac{BC}{\sin A}\sin B = \dfrac{2\sqrt{3}}{\sin\dfrac{\pi}{3}}\sin x = 4\sin x, \quad AB = \dfrac{BC}{\sin A}\sin C = 4\sin\left(\dfrac{2\pi}{3}-x\right).$$

因为 $y = AB+BC+AC$, 所以

$$y = 4\sin x + 4\sin\left(\dfrac{2\pi}{3}-x\right) + 2\sqrt{3}\quad\left(0 < x < \dfrac{2\pi}{3}\right).$$

(2) 因为

$$y = 4\left(\sin x + \dfrac{\sqrt{3}}{2}\cos x + \dfrac{1}{2}\sin x\right) + 2\sqrt{3}$$

$$= 4\sqrt{3}\sin\left(x+\dfrac{\pi}{6}\right) + 2\sqrt{3}\quad\left(\dfrac{\pi}{6} < x+\dfrac{\pi}{6} < \dfrac{5\pi}{6}\right),$$

所以, 当 $x+\dfrac{\pi}{6} = \dfrac{\pi}{2}$, 即 $x = \dfrac{\pi}{3}$ 时, y 取得最大值 $6\sqrt{3}$.

13. 解 设三角形三边的长分别为 a, b, c, 三角形面积为 S.

由韦达定理知 $\begin{cases} a+b+c = -p, \\ ab+bc+ca = q, \\ abc = -r. \end{cases}$ 再由海伦公式有

$$S^2 = \left(-\dfrac{p}{2}\right)\left(-\dfrac{p}{2}-a\right)\left(-\dfrac{p}{2}-b\right)\left(-\dfrac{p}{2}-c\right) = \dfrac{1}{16}(4p^2q - p^4 - 8pr),$$

所以, $S = \dfrac{1}{4}\sqrt{p(4pq - p^3 - 8r)}$.

思考与练习题 10

1. 求证∠DAB 与∠ABC 的平分线必经过 E 点.

证 （同一法） 如题 1 图所示,设∠DAB 与∠ABC 的角平分线交于 E' 点,只需证 E' 点与 E 点重合.

因为 $AD \parallel BC$,所以∠DAB+∠ABC=180°. 而∠1=∠2,∠3=∠4,所以∠2+∠3=90°,故∠AE'B=90°.

作 Rt△ABE' 的斜边 AB 上的中线 FE',则 $FE' = \frac{1}{2}AB = AF = BF$,∠2=∠AE'F,∠3=∠BE'F,从而得∠1=∠2=∠AE'F,故 $E'F \parallel AD \parallel BC$.

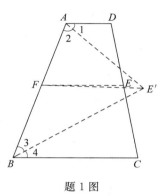

题 1 图

连结 EF,则 EF 为梯形 ABCD 的中位线,$EF \parallel AD \parallel BC$,所以 $E'F$ 与 EF 共线.

因为 $FE' = \frac{1}{2}AB = \frac{1}{2}(AD+BC)$,$FE = \frac{1}{2}(AD+BC)$,所以 $E'F = EF$,即 E' 与 E 重合.

2. **证** 如题 2 图所示,有
$$\angle CAB = \angle ADB, \angle DAB = \angle ACB.$$
在△ABC 和△ABD 中
$$\angle ABC = 180° - (\angle CAB + \angle ACB) = 180° - (\angle ADB + \angle DAB) = \angle ABD,$$
即∠ABC=∠ABD.

3. **证** 如题 3 图所示,因为 AD 是∠BAE 的角平分线,所以
$$\frac{BD}{DC} = \frac{AB}{AC}.$$

同理
$$\frac{CE}{EA} = \frac{BC}{BA}, \quad \frac{AF}{FB} = \frac{CA}{CB}.$$

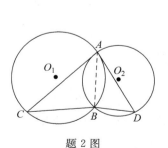

题 2 图

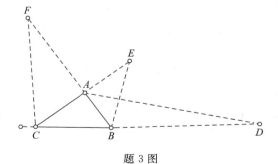

题 3 图

从而
$$\frac{BD}{DC} \cdot \frac{CE}{EA} \cdot \frac{AF}{FB} = \frac{AB}{AC} \cdot \frac{BC}{BA} \cdot \frac{CA}{CB} = -1.$$

于是 D,E,F 三点共线.

4. **证** 如题 4 图所示,因为 AB,CD 是 $\odot O_1$ 与 $\odot O_2$ 两条内公切线,则 AB,CD 必有交点. 设 AB,CD 的交点为 P. 下证点 P 在 O_1O_2 上即可.

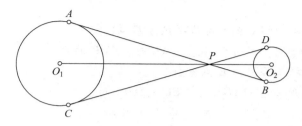

题 4 图

连结 O_1P,O_2P. 此时 PA,PC 即为从 $\odot O_1$ 外一点引 $\odot O_1$ 的两条切线. 则有 PO_1 平分 $\angle APC$,即 $\angle APO_1 = \frac{1}{2}\angle APC$.

同理可得 $\angle DPO_2 = \frac{1}{2}\angle DPB$.

从而
$$\angle O_1PO_2 = \angle APO_1 + \angle APD + \angle DPO_2$$
$$= \frac{1}{2}\angle APC + \angle APD + \frac{1}{2}\angle DPB$$
$$= \frac{1}{2}\angle APC + \angle APD + \angle APC$$
$$= \angle APC + \angle APD = 180°.$$

所以 P,O_1,O_2 三点共线,即 P 在 O_1O_2 上,由此推得 AB,CD,O_1O_2 三线共点.

5. **证** 因为 D,E,F 分别是 BC,AC,AB 的中点,所以
$$\frac{BD}{DC} = \frac{CE}{EA} = \frac{AF}{FB} = 1,\text{从而}\frac{BD}{DC} \cdot \frac{CE}{EA} \cdot \frac{AF}{FB} = 1.$$
所以 AD,BE,CF 三线共点.

6. **证** 由于 AD,BE,CF 分别是 $\triangle ABC$ 三内角平分线(参见题 6 图),所以
$$\frac{BD}{DC} = \frac{AB}{AC},\frac{CE}{EA} = \frac{BC}{BA},\frac{AF}{FB} = \frac{CA}{CB},$$

故
$$\frac{BD}{DC} \cdot \frac{CE}{EA} \cdot \frac{AF}{FB} = \frac{AB}{AC} \cdot \frac{BC}{BA} \cdot \frac{CA}{CB} = 1,$$
于是 AD,BE,CF 三线共点.

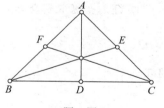

题 6 图

7. **证** 如题 7 图所示,设 AC,BD 交于点 E. 由于
$$AM:AC = CN:CD,\text{故 }AM:MC = CN:ND.$$
令 $CN:ND = r(r>0)$,则 $AM:MC = r$.
由 $S_{\triangle ABD} = 3S_{\triangle ABC}$,$S_{\triangle BCD} = 4S_{\triangle ABC}$,即 $S_{\triangle ABD}:S_{\triangle BCD} = 3:4$.
从而 $AE:EC:AC = 3:4:7$.
$S_{\triangle ACD}:S_{\triangle ABC} = 6:1$,故 $DE:EB = 6:1$,所以 $DB:BE = 7:1$.

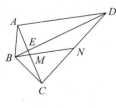

题 7 图

$$AM : AC = r : (r+1), \text{即} \ AM = \frac{r}{r+1}AC, AE = \frac{3}{7}AC, \text{所以}$$

$$EM = \left(\frac{r}{r+1} - \frac{3}{7}\right)AC = \frac{4r-3}{7(r+1)}AC, MC = \frac{1}{r+1}AC.$$

故 $EM : MC = \frac{4r-3}{7}$. 由梅涅劳斯定理,知 $\frac{CN}{ND} \cdot \frac{DB}{BE} \cdot \frac{EM}{MC} = 1$, 代入得 $r \cdot 7 \cdot \frac{4r-3}{7} = 1$, 即 $4r^2 - 3r - 1 = 0$, 这个方程有唯一的正根 $r = 1$. 故 $CN : ND = 1$, 就是 N 为 CN 中点, M 为 AC 中点.

8. **证** 如题 8 图所示,连 PQ, 作 $\odot QDC$ 交 PQ 于点 M, 则 $\angle QMC = \angle CDA = \angle CBP$, 于是 M, C, B, P 四点共圆.

由

$$PO^2 - r^2 = PC \cdot PD = PM \cdot PQ, \quad QO^2 - r^2 = QC \cdot QB = QM \cdot QP.$$

两式相减,得

$$PO^2 - QO^2 = PQ \cdot (PM - QM) = (PM + QM)(PM - QM) = PM^2 - QM^2,$$

所以 $OM \perp PQ$, 故 O, F, M, Q, E 五点共圆.

连 PE, 若 PE 交 $\odot O$ 于 F_1, 交 $\odot OFM$ 于点 F_2, 则

对于 $\odot O$, 有 $PF_1 \cdot PE = PC \cdot PD$, 对于 $\odot OFM$, 又有 $PF_2 \cdot PE = PC \cdot PD$.

所以 $PF_1 \cdot PE = PF_2 \cdot PE$, 即 F_1 与 F_2 重合于二圆的公共点 F, 即 P, F, E 三点共线.

9. **证** $\frac{XP}{XA} = \frac{S_{\triangle PBC}}{S_{\triangle ABC}}, \frac{YP}{YA} = \frac{S_{\triangle PCA}}{S_{\triangle ABC}}, \frac{ZP}{ZA} = \frac{S_{\triangle PAB}}{S_{\triangle ABC}}$, 三式相加即得证.

10. $\triangle ABC$ 外心为原点 O, 重心坐标为 $G\left(\frac{1}{3}(\cos\alpha + \cos\beta + \cos\gamma), \frac{1}{3}(\sin\alpha + \sin\beta + \sin\gamma)\right)$, 于是得 $\triangle ABC$ 的垂心坐标为 $H(\cos\alpha + \cos\beta + \cos\gamma, \sin\alpha + \sin\beta + \sin\gamma)$.

11. **证** 如题 11 图所示,在 FB 上取 $FG = AF$, 连 EG, EC, EB, 于是 $\triangle AEG$ 为等腰三角形,所以 $EG = EA$.

又 $\angle 3 = 180° - \angle EGA = 180° - \angle EAG = 180° - \angle 5 = \angle 4, \angle 1 = \angle 2$. 于是 $\triangle EGB \cong \triangle EAC$, 所以 $BG = AC$, 故 $AB - AC = AG = 2AF$.

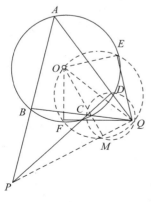

题 8 图

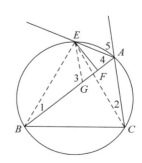

题 11 图

思考与练习题 11

1～3. 略.

4. **分析** 假设 $\triangle ABC$ 已作出,如题 4 图所示,底边 $BC=a$,中线 $BE=m_b$,$CF=m_a$,则 H 为 $\triangle ABC$ 的重心,故 $BH=\dfrac{2}{3}m_b$,$CH=\dfrac{2}{3}m_a$. 在 $\triangle BCH$ 中,三边均已知,故可作出,现只需点 A 的位置即可. 又由 BE,CF 为中线,得 E 在 AC 上,F 在 AB 上取一点 A 即在 BF 上,又在直线 CE 上,A 可确定.

作法 (1) 作 $\triangle BCH$,使 $BC=a$,$BH=\dfrac{2}{3}m_b$,$CH=\dfrac{2}{3}m_a$,延长

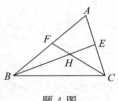

题 4 图

BH 至 E,使 $BE=\dfrac{2}{3}BH=m_b$,延长 CH 交 BA 于 F,使 $CF=m_a$;

(2) 连接 BF、CE 并延长交于 A,则 $\triangle ABC$ 为所求.

证 由作法知,$BC=a$,$BH=\dfrac{2}{3}m_b$,$BE=m_b$,$CF=m_a$,则

$$HE=BE-BH=m_b-\frac{2}{3}m_b=\frac{1}{3}m_b,\ HF=CF-CH=m_a-\frac{2}{3}m_a=\frac{1}{3}m_a.$$

所以 $HE:BH=HF:CH=1:2$,$\angle BHC=\angle EHF$,所以 $\triangle BHC\sim\triangle EHF$,$EF /\!/ BC$ 且 $EF:BC=HE:BH=1:2$,所以 $AF=BF$,$AE=EC$,即 E,F 分别为 AC,AB 的中点,故 BE,CF 是 $\triangle ABC$ 的中线. 所以 $\triangle ABC$ 为所求.

讨论 本题有无解,决定于 $\triangle BCH$ 是否存在,所以三角形的条件是

$$\frac{2}{3}m_b+\frac{2}{3}m_a=a,\ \frac{2}{3}m_b+a>\frac{2}{3}m_a,\ \frac{2}{3}m_a+a>\frac{2}{3}m_b.$$

所以,当 a,$\dfrac{2}{3}m_a$,$\dfrac{2}{3}m_b$ 满足上述条件时本题有解,否则无解.

参 考 文 献

[1] 葛军,涂荣豹.初等数学研究教程[M].南京:江苏教育出版社,2009.

[2] 石函早,郭秀清.初等数学研究[M].上海:同济大学出版社,2015.

[3] 程晓亮,刘影.初等数学研究[M].北京:北京大学出版社,2011.

[4] 李长明,周焕山.初等数学研究[M].北京:高等教育出版社,1995.

[5] 肖柏荣.初等数学研究[M].成都:成都科技大学出版社,1993.

[6] 赵慈庚.初等数学研究[M].北京:北京师范大学出版社,1990.

[7] 赵振威.中学数学教材教法(第二分册 初等代数研究)[M].上海:华东师范大学出版社,1994.

[8] 余元希,田万海,毛宏德.初等代数研究[M].北京:高等教育出版社,1993.

[9] 丁亥福赛,樊正恩,周瑞宏.初等数学研究[M].兰州:甘肃人民出版社,2014.

[10] 康纪权,邓鹏,汤强.初等数学研究概论[M].北京:科学出版社,2010.

[11] 李元中、田紫东.初等代数教程[M].西安:陕西师范大学出版社,1991.

[12] 张奠宙,张广祥.中学代数研究[M].北京:高等教育出版社,2006.

[13] 曹才翰,沈伯英.初等代数教程[M].北京:北京师范大学出版社,1986.

[14] 林国泰.初等代数研究教程[M].广州:暨南大学出版社,1996.

[15] 赵立宽.初等代数研究[M].北京:航空工业出版社,1997.

[16] 柯召,孙琦.数论讲义[M].北京:高等教育出版社,2001.

[17] 沈文选.初等数学研究教程.长沙:湖南教育出版社,1996.

[18] 罗增儒.数学解题学引论[M].西安:陕西师范大学出版社,2001.

[19] 查鼎盛,余鑫晖,黄培铣,等.初等数学研究[M].南宁:广西师范大学出版社,1991.

[20] 叶立军.初等数学研究[M].上海:华东师范大学出版社,2008.

[21] 张奠宙,沈文选.中学几何研究[M].北京:高等教育出版社,2006.

[22] 邱祝三.初等几何研究[M].哈尔滨:黑龙江教育出版社,1987.

[23] 吴炯圻,林培榕.数学思想方法——创新与应用能力的培养[M].2版.厦门:厦门大学出版社,2009.

[24] 钱佩玲,邵光华.数学思想方法与中学教学[M].北京:北京师范大学出版社,1999.

[25] 胡炳生.现代数学观点下的中学数学[M].北京:高等教育出版社,1999.

[26] 中华人民共和国教育部制定.普通高中数学课程标准(实验)[M].北京:人民教育出版社,2003.

[27] 中华人民共和国教育部制定.全日制义务教育数学课程标准(实验稿)[M].北京:北京师范大学出版社,2001.

[28] 陈传理,张同君.竞赛数学解题研究[M].2版.北京:高等教育出版社,2006.